中国自动化学会发电自动化专业委员会　组编

发电厂热工故障分析处理与预控措施

（第五辑）

金建新 / 主编　孙长生 / 主审

中国电力出版社
CHINA ELECTRIC POWER PRESS

内 容 提 要

在各发电集团、电力科学研究院和发电厂热控专业人员的支持下，中国自动化学会发电自动化专业委员会组织收集了2020年全国发电企业因热控原因引起或与热控相关的机组故障案例，从中筛选了涉及系统设计配置、安装、检修维护及运行操作等方面的91起典型案例，进行统计分析和整理、汇编。

发电厂热控专业和专业人员，可通过这些典型案例的分析、提炼和总结，积累故障分析、查找工作经验，探讨优化完善控制逻辑、规范制度和加强技术管理，制定提高热控系统可靠性、消除热控系统存在的潜在隐患预控措施，以进一步改善热控系统的安全健康状况，遏制机组跳闸事件的发生，提高电网运行的可靠性。

图书在版编目（CIP）数据

发电厂热工故障分析处理与预控措施. 第五辑/中国自动化学会发电自动化专业委员会组编；金建新主编. —北京：中国电力出版社，2023.10

ISBN 978-7-5198-7303-5

Ⅰ.①发…　Ⅱ.①中…②金…　Ⅲ.①发电厂－热控设备－故障诊断②发电厂－热控设备－故障修复　Ⅳ.①TM621.4

中国版本图书馆CIP数据核字（2022）第227470号

出版发行：中国电力出版社
地　　址：北京市东城区北京站西街19号（邮政编码100005）
网　　址：http://www.cepp.sgcc.com.cn
责任编辑：娄雪芳（010-63412375）
责任校对：黄　蓓　常燕昆
装帧设计：王红柳
责任印制：吴　迪

印　　刷：三河市万龙印装有限公司
版　　次：2023年10月第一版
印　　次：2023年10月北京第一次印刷
开　　本：787毫米×1092毫米　16开本
印　　张：19.75
字　　数：480千字
印　　数：0001—1500册
定　　价：98.00元

编 审 单 位

组编单位：中国自动化学会发电自动化专业委员会

主编单位：国网浙江省电力有限公司电力科学研究院、浙江浙能嘉华发电有限公司

参编与编审单位：国家电投集团内蒙古白音华煤电有限公司坑口发电分公司、浙江省能源集团有限公司、浙江省电力建设有限公司、中电华创电力技术研究有限公司、浙江浙能乐清发电有限责任公司、陕西延长石油富县电厂发电有限公司、中国电机工程学会、杭州意能电力技术有限公司、西安热工研究院有限公司、华电电力科学技术研究院有限公司、浙江浙能温州发电有限公司、中国大唐集团科学技术研究总院有限公司华北电力试验研究院、国能南京电力试验研究有限公司、南京国电南自维美德自动化有限公司、神华集团循环流化床技术研发中心、内蒙古京宁热电有限责任公司、华能伊敏煤电有限责任公司、广东华电清远能源有限公司、杭州华电江东热电有限公司、华电浙江龙游热电有限公司、神华国神技术研究院

参 编 人 员

主　编　金建新

副主编　张建宇　张基标　马　辉　张江丰

参　编　张　磊　马　强　何永君　任　凯　袁岑颉　徐文辉　杨　勇

杨毅均　林　特　曲广浩　赵　锐　赵长祥　吴胜华　张明惠

韩新建　崔　斌　王友权　李　宁　胡程斌　席建忠　段彩丽

主　审　孙长生

前　言

火电机组防非停管控是一项复杂的管理工作，涉及多个专业及大量设备，其中热控系统的可靠性在机组的安全经济运行中起着关键作用。热控专业除必须重点关注直接引起锅炉 MFT 或汽轮机跳闸的信号可靠外，逻辑不完善、运行人员事故处理不恰当、辅助设备故障时的联锁和可靠性等原因造成机组的非停也时有发生。由于缺少交流平台，相同的故障案例在不同电厂多次发生。

为此，中国自动化学会发电自动化专业委员会秘书处于 2017～2019 年相继出版了《发电厂热工故障分析处理与预控措施》（第一至第四辑）后，在各发电集团、电力科学研究院和电厂专业人员的支持下，进行了 2020 年发电厂热控或与热控相关原因引起的机组跳闸案例的收集，筛选了 91 起，组织国网浙江省电力有限公司电力科学研究院、浙江浙能嘉华发电有限公司、国家电投集团内蒙古白音华煤电有限公司坑口发电分公司、浙江省能源集团有限公司等单位专业人员，进行了提炼、整理、专题研讨、汇总成本书稿，供专业人员工作中参考并采取相应的措施，以提高热控系统的可靠性。

本书第一章对火力发电设备与控制系统可靠性进行了统计分析；第二～六章分别归总了电源系统故障、控制系统硬件与软件故障、系统干扰故障、就地设备异常故障，以及运行、检修、维护不当引发的机组跳闸故障，每例故障按事件过程、事件原因查找与分析、事件处理与防范三部分进行编写，第七章在总结前述故障分析处理经验和教训，吸取提炼各案例采取的预控措施基础上，提出提高热控系统可靠性的重点建议，给电力行业同行作为参考和借鉴。

在编写整理中，除对一些案例进行实际核对、发现错误进行修改外，尽量对故障分析查找的过程描述保持原汁原味，尽可能多地保留故障处理过程的原始信息，以供读者更好地还原与借鉴。

本书编写过程，得到了各参编单位领导的大力支持，参考了全国电力同行们大量的技术资料、学术论文、研究成果、规程规范和网上素材，与此同时，各发电集团，一些电厂、研究院和专业人员提供的大量素材中，有相当部分未能提供人员的详细信息，因此书中也未列出素材来源。在此对那些关注热控专业发展、提供素材的幕后专业人员一并表示衷心感谢。

最后，鸣谢参与本书策划和幕后工作人员！存有不足之处，恳请广大读者不吝赐教。

编写组

2023 年 7 月 30 日

目 录

第一章

2020 年热控系统故障原因统计分析与预控

火电机组的非计划停运（简称“非停”）对机组的经济性和电网安全造成很大影响，非停会导致机组电量损失和增加机组的维护成本，另外大型机组的非停对电网的安全运行造成冲击，影响电网稳定性。随着环保技改及供热改造等企业转型的深入、新能源发电容量的快速增加，火电机组深度调峰任务日益严峻，火电机组已进入“弱开机、低负荷、强备用、长调停”新常态，火电机组利用小时数逐年降低，火电机组需要加强设备维护以降低非停频次，提高机组可靠性，确保在日益严峻的发电形势下成功转型。

热控系统是发电机组的控制核心，一旦热控系统出现微小故障就可能引发机组非停事件，造成巨大的损失和影响。随着深度调峰的逐渐深入，火电机组的频繁启停，锅炉和汽轮机检修转化为状态检修和日常临停检修，热控系统无法进行全面检修，尤其是分散控制系统（DCS）等全面检修逐渐减少，造成近年来热控原因非停事故占比有所提升。因此，中国自动化学会发电自动化专业委员会在各发电集团、电力科学研究院和相关电厂的支持下，收集了 2020 年全国发电企业因热控原因引起或与热控相关的机组故障案，从中筛选了涉及系统设计配置、安装、检修维护及运行操作等方面的 91 起典型案例，进行了统计分析和整理、汇编，从中总结提出了提高发电厂热控系统可靠性预控措施（详见本章第二节），以供专业人员通过这些典型案例的分析、提炼和总结，积累故障分析查找工作经验，拓展案例分析处理技术和进行优化完善控制逻辑预控措施制定时参考，以进一步提高热控系统的健康状态。

第一节　2020 年热控系统故障原因统计分析

通过收集的 2020 年 145 起涉及国内各主要发电集团火电机组相关热控的故障案例统计，选取由于热控设备（系统）原因导致机组非停 91 起。热控原因非停事故原因分类与次数占比分布，如图 1-1 所示。

本章节对各类故障原因进行分类统计，并对故障趋势特点进行了分析，提出应引起关注的相关建议和应重点关注的问题，如设备性能劣化分析和更新升级、重视控制逻辑检查试验、技术管理制度的规范和执行、加强技术管理和培训等相关措施和建议，以进一步消除热控系统的故障隐患，提高热控系统的可靠性。

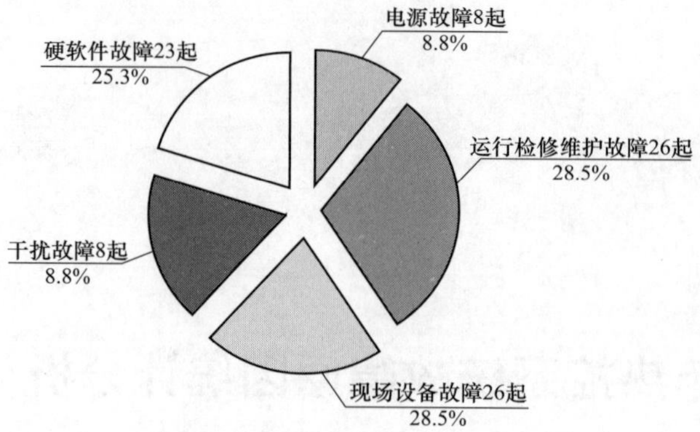

图 1-1　热控原因非停事故原因分类与次数占比分布

一、系统电源故障

控制系统电源是保证控制系统安全稳定运行的基础，收集 2020 年电源故障 8 起，电源系统故障分类见表 1-1。

表 1-1　电源系统故障分类

序号	故障原因	具体事件描述
1	运行方式或负载分配不合理	1. 脱硫事故保安 MCC 电压故障导致机组跳闸 2. 不间断电源（UPS）装置故障导致给煤机全停而主燃料跳闸（MFT） 3. 锅炉电子间 220V 电源切换器内部控制模块故障导致机组跳闸 4. UPS 装置异常引起热工仪表电源切换装置故障导致 MFT
2	控制电源或设备电源偶发性故障	1. 电源装置故障导致燃气轮机危险气体保护误动作 2. 热控电源柜 24V DC 电源模块故障导致机组跳闸 3. 分散处理单元（DPU）电源故障导致机组跳闸 4. DCS 控制柜电源模块异常导致机组停机

根据表 1-1 可知，需加强电源隐患的排查治理，在设计、调试和运行阶段对电源运行方式和负载分配进行核查，特别是机组 UPS 装置的配置和运维，应做好定期检修中电源检查测试，尽早发现存在的故障隐患。防止运行方式不合理造成的供电故障，对电源负载分配进行优化完善，减小不可控硬件故障造成电源故障的影响范围和程度。运行维护中开展日常检查，消除电源系统存在的隐患，加强同类型问题记录分析，对老化故障多发部件进行批量更换。

二、控制系统硬软件故障统计分析

收集统计的 DCS 硬软件故障中，选择典型的 23 起分类统计，控制系统硬软件故障分类见表 1-2。其中，模件通道故障引发的机组故障 8 起，控制器故障引发机组故障 4 起、网络通信系统故障引发的机组故障 3 起、DCS 软件和逻辑运行不当引发的机组故障 2 起、汽轮机数字电液调节系统/给水泵汽轮机数字电液调节系统（DEH/MEH）控制设备运行故障 6 起。

表 1-2　　控制系统硬软件故障分类

序号	故障原因	具体事件描述
1	模件通道故障	1. 卡槽地址缺陷引起信号误发汽动给水泵跳闸 2. 卡件在回装过程中发生干扰导致机组跳闸 3. DCS 输出继电器触点故障导致机组跳闸 4. 转速模件故障导致机组跳闸 5. 卡件故障导致机组跳闸 6. 汽动给水泵低压调节阀液压伺服子模件故障导致机组跳闸 7. 汽门控制伺服卡模件故障导致机组跳闸 8. 卡件故障导致一次风机失速
2	控制器故障	1. DEH 系统逻辑控制柜 LM 控制器故障导致机组跳闸 2. DCS 主控单元故障导致机组跳闸 3. DEH 控制器故障造成机组停机 4. DEH 控制器出现异常造成抗燃油压降低导致机组跳闸
3	网络通信故障	1. PNI1 卡件故障造成 DCS 服务器离线 2. 通信异常造成单侧风机跳闸导致手动停机 3. 凝结水泵变频器通信故障导致给水泵跳闸而 MFT
4	DCS 软件和逻辑运行不当	1. 锅炉“延迟点火”保护逻辑设计缺陷导致锅炉 MFT 2. 协调逻辑优化不完善导致汽包水位高保护动作
5	DEH/MEH 系统控制设备运行故障	1. 给水泵汽轮机低压调节阀液压伺服子模件故障导致机组跳闸 2. 给水泵汽轮机低压调节伺服阀航空插头故障导致机组跳闸 3. DEH 逻辑存在缺陷导致再热器保护动作停机 4. 给水泵汽轮机高压调节阀 LVDT 连杆脱落导致机组跳闸 5. 四抽旋转隔板因伺服阀卡涩关闭引起轴位移大手动停机 6. 给水泵汽轮机调节阀因伺服阀卡涩关闭引发锅炉 MFT

由表 1-2 可见，控制系统软硬件故障中，模件故障情况占首位，DEH/MEH 控制系统部件故障、控制器、软件/逻辑组态和网络通信也引发了多起机组设备停运或跳闸事件。

三、干扰故障

收集 8 起干扰因素引起的汽轮机监视系统（TSI）振动信号和 DCS 信号运行异常、故障，干扰故障统计分类见表 1-3。

表 1-3　　干扰故障统计分类

序号	故障原因	具体事件描述
1	线缆接地或接触不良	1. 温度元件电缆破损虚接引起温度虚假升高触发汽动给水泵跳闸 2. 压力信号电缆绝缘损坏短路造成炉膛压力高高保护动作 3. 发电机主开关合闸信号异常导致机组跳闸
2	接地不可靠	1. 振动探头接地和保护逻辑设置错误导致机组异常停机 2. 信号干扰引起机组振动大保护动作
3	性能下降或电磁干扰	1. 现场使用对讲机时引发振动数据异常导致机组跳闸 2. 密封瓦绝缘不良造成汽轮机 6 号轴承振动信号跳变 3. 通道线路受到干扰造成瞬间电流突变致机组非停

上述 8 起干扰案例中，包括了电缆屏蔽绝缘破损、接地和电磁干扰等相关的故障事件。

因此，应合理敷设热工信号线缆，避免因线缆破损接地造成信号受到干扰，同时确保接线端子紧固。

四、现场设备故障

现场设备中执行机构的灵敏度、仪表测量信号的准确性，以及设备运行可靠性直接决定了机组运行的质量和安全。2020 年收集的现场设备故障案例中选取了 26 起，其中，执行设备故障引起的 11 起，测量仪表与部件故障引起的 3 起，管路异常引起的 3 起，线缆异常引起的 6 起，独立装置异常引起的 3 起。

（1）12 起执行设备故障统计分类见表 1-4。主要类型包括阀门反馈装置故障、阀门磨损或卡涩、电磁阀故障和阀门附件故障。

表 1-4　　执行设备故障统计分类

序号	故障原因	具体事件描述
1	阀门反馈装置故障	1. 脱硫增压风机执行机构反馈信号故障引起炉膛压力高保护动作 2. 引风机动叶电动执行机构组合传感器故障造成机组跳闸 3. 燃气轮机防喘阀反馈装置故障触发燃气轮机自动快减负荷直至发电机解列 4. 循环水泵出口阀液控电磁阀故障造成机组低真空保护动作停机 5. 循环水泵出口蝶阀故障导致凝汽器液位高机组跳闸
2	阀门磨损或卡涩	1. LV（中低压连通管蝶阀）误动导致供热管快关阀前膨胀节泄漏停机 2. 两台给水泵相继故障导致机组被迫停运 3. 调节油系统恒压调节阀故障造成机组安全油压力高跳闸
3	电磁阀故障	1. MECV 阀及比例电磁阀故障导致燃气联合循环机组汽轮机跳闸 2. 燃气轮机天然气供应隔离阀控制用电磁阀故障导致主燃料中断机组跳闸 3. 燃气轮机安全切断阀用电磁阀故障导致机组失火焰跳闸
4	阀门附件故障	低压进汽门油动机伺服阀指令航空插头故障导致机组跳闸

（2）3 起测量仪表与部件故障统计分类见表 1-5，包括变送器故障和表计焊口故障。

表 1-5　　测量仪表与部件故障统计分类

序号	故障原因	具体事件描述
1	变送器故障	1. 高压旁路压力变送器故障导致机组跳闸 2. 主油箱液位变送器故障导致机组跳闸
2	表计焊口故障	压力表内焊口断裂导致机组抗燃油压低保护动作

（3）3 起管路异常引起机组故障统计分类见表 1-6，主要故障原因包括仪用气故障、取压管路异常和管路积气。

表 1-6　　管路异常引起机组故障统计分类

序号	故障原因	具体事件描述
1	仪用气故障	仪用气管路用过滤器故障引起安全切断阀失气导致机组跳闸
2	取压管路异常	二次风量取压管路异常导致炉膛压力低低保护动作
3	管路积气	管路积气引起安全油压波动大误开隔膜阀导致机组跳闸

（4）6起线缆异常引起机组故障统计分类见表1-7。主要表现为接线松动、线缆绝缘破损和电缆受热损坏。其中，由于线缆破损导致短路引起非停事故占比最大，需加强信号线缆的巡检、维护，并在机组检修中对重要信号电缆进行绝缘检查。

表1-7　线缆异常引起机组故障统计分类

序号	故障原因	具体事件描述
1	接线松动	端子排短接片松动引起跳闸电磁阀失电机组跳闸
2	线缆绝缘破损	1. 线缆屏蔽层接地导致汽动给水泵因振动高跳闸 2. 线缆破损引发短路导致给水泵汽轮机跳闸 3. 行程开关电缆破损接地触发“轴位移大”保护动作停机 4. 指令线缆绝缘异常导致送风机跳闸信号触发锅炉MFT
3	电缆受热损坏	电缆绝缘层受热损坏导致“油压低”保护动作

（5）3起独立装置异常引起机组故障统计分类见表1-8。

表1-8　独立装置异常引起机组故障统计分类

序号	故障原因	具体事件描述
1	汽轮机危急遮断系统（ETS）装置	1. ETS系统DI卡件故障导致机组跳闸 2. ETS系统接线端子老化短路导致机组跳闸
2	空气预热器漏风PLC控制	空气预热器漏风控制系统PLC控制器异常导致锅炉MFT

上述统计的26起就地设备事故案例中，有相当部分是由于现场执行机构故障、线缆故障造成机组跳闸或降负荷事件，部分故障存在重复性发生的情况，应引起专业人员的重视。

五、检修维护运行与试验故障

收集26起故障案例中，涉及检修维护引起的11起，运行操作不当引起的13起，检修试验引起的2起，具体分类统计如下。

（1）12起检修维护运行故障统计分类见表1-9。主要表现为检修维护操作不当、接线错误、安装维护不到位等方面。其中由于操作强制不当造成非停事故占比最大，需加强检修人员技术培训和操作监护制度的贯彻执行。

表1-9　检修维护运行故障统计分类

序号	故障原因	具体事件描述
1	检修维护操作不当	1. 退出保护误操作导致“给水流量低低”大联锁保护动作 2. 热工检修人员强制信号错误导致机组跳闸 3. 处理SIS环保数据上传中断故障时误操作导致两台机组跳闸 4. 给水泵汽轮机转速探头故障处理不当导致MFT 5. 网络施工引起根交换机连通导致两台机组跳闸 6. 热工人员解除信号时错误造成DEH失电 7. 重置燃油累积流量处理不当导致汽包水位低信号触发MFT
2	接线错误	1. 接线端子接线不规范导致汽动给水泵跳闸 2. 燃气轮机跳闸油电磁阀供电回路线虚接导致机组跳闸
3	安装维护不到位	1. 转子发生动静磨碰导致振动高保护动作 2. 给水泵机械密封泄漏导致机组被迫停运 3. 滤油管路破损导致给水泵润滑油压低引起机组跳闸

（2）13 起运行操作不当引起的故障统计分类见表 1-10，主要故障原因包括操作调整不当、监视不到位及误操作等。

表 1-10　　运行操作不当引起的故障统计分类

序号	故障原因	具体事件描述
1	操作调整不当	1. 加负荷过程中减温水调整不当造成给水流量突增导致机组跳闸 2. 给水泵定期切换操作不当导致汽包水位高高信号触发 MFT 3. 氧量控制调整不当导致锅炉总风量低 MFT 动作 4. 冲洗致使给水泵进口电动门控制柜进水而误关引发跳机 5. 给水管路切换异常导致汽包水位高保护动作
2	监视不到位	1. 运行人员未及时发现汽水分离器温度高导致锅炉 MFT 2. 运行人员监盘和应急处置不力导致锅炉 MFT 3. 运行人员监盘和处置不及时导致再热蒸汽温度低信号触发 ETS 动作 4. 磨煤机漏粉引燃电缆烧损导致汽包水位信号触发 MFT
3	误操作	1. 取样操作不当导致凝汽器真空低信号触发 ETS 动作 2. 运行人员误停空气预热器电源导致机组跳闸 3. 运行人员进行电气倒闸时误操作导致 1 号炉 MFT 动作跳闸 4. 运行人员误操作导致全部火焰失去保护动作 MFT

（3）2 起检修试验引起的异常故障统计分类见表 1-11，故障原因包括试验强制错误、联锁试验不完整。

表 1-11　　2 起检修试验引起的异常故障统计分类

序号	故障原因	具体事件描述
1	试验强制错误	未从源头进行联锁试验导致升负荷时临界火焰丧失触发 MFT
2	联锁试验不完整	DCS 升级改造后系统动态试验不全造成机组跳闸

上述统计的 26 个案例中，排首位的是人员在维护消缺过程中热工人员操作不当和运行操作调整不当引起的故障。案例与热工人员操作水平、检修操作的规范性和保护投撤的规范性相关。其中，维护过程中问题主要集中在组态修改、调试和试验规范性等方面；运行过程中的问题主要集中在人员误操作，其中大多数案例可以通过平时的故障演练、严格执行操作制度、规范检修维护内容来避免。通过对案例的分析、探讨、总结和提炼，可以提高运行、检修和维护操作的规范性和预控能力。

这些案例大多是机组检修维护期间发生的事件，案例的分析和总结有助于提高热控系统检修维护的规范性和可靠性。

第二节　2020 年热控系统故障趋势特点与主要案例思考

通过对 2020 年因热控因素导致机组故障案例原因的统计分析、总结与思考，可以从选编的事件总结报告中发现一些代表性案例，这些案例电厂给出的结论，有一些问题尚未取得最终的结论，有些尚在初步诊断过程。我们可以针对这些问题展开探讨，研究工作中应注意的事项，结合本厂的情况制定相应的措施并落实，有效提高热控系统可靠性。

一、热控系统故障主要案例

（一）控制系统硬件部件老化故障

机组DCS硬件故障仍然多发，与投运较长系统的部件老化、系统参数设置不正确或维护不到位有关。若系统硬件突发故障的同时运行人员处理不及时或应对措施不当将造成故障范围扩大。

1. 主要案例

（1）某机组卡槽地址存在缺陷，卡件回装瞬间卡件地址错误占用，引起汽动给水泵前置泵进口电动门关反馈误发，导致汽动给水泵跳闸。

（2）某机组主汽门控制伺服卡模件故障，造成主汽门关闭，主蒸汽压力升高，安全门动作，叠加安全门逻辑不合理，导致内置阀前压力低保护动作，机组停运。

（3）某机组卡件在回装过程中发生了引风机汽轮机MEH指令瞬间突变，造成引风机汽轮机调节阀关闭，汽源中断。

（4）某机组“DEH请求停机”信号输出继电器公共簧片异常接近常开触点簧片，该簧片在自由状态下明显有一个与“动合触点”簧片的接触闭合过程，继电器触点误动作，导致机组跳闸。

（5）某机组6号转速模件中DP接头断了一根插针，由于插针松动虚接或在线运行期间发生与其他端子短路，导致通信瞬间报警，报警过程中备用通信模件没有跟踪切换，6个转速模件状态报警，组态中自动选择为超速跳机。

（6）某机组高压缸排汽两点温度分别接入D42号控制器A4热电偶温度输入卡件第7、8通道，该卡件底座松动、接触不良，导致该卡件所有温度测点瞬时波动，两点取均值后超保护定值427℃，无延时触发汽轮机ETS保护。

（7）某机组汽动给水泵低压调节阀IMHSS03液压伺服子模件故障，汽动给水泵低压调节阀突关，给水流量突降，汽动给水泵未跳闸且电动给水泵不具备联启条件，电动给水泵手动启动后给水流量未能及时响应，导致汽包水位低低保护动作，锅炉MFT。

（8）某机组AO卡件故障导致A/B给煤机给煤量瞬间到0t/h，运行人员在处置拉停磨煤机时，一次风机受到过大扰动导致一次风机失速。

（9）某机组DEH系统逻辑控制柜LM控制器死机，切换至备用控制器过程中3个转速信号短时消失变坏点，110%超速动作导致机组跳闸。

（10）某机组DCS主控单元A故障，将主控单元A切换至主控单元B运行过程中，该站模拟量数据及开关量全部置0，除氧器液位1、2显示为0（实际没有变化），触发除氧器液位低，保护动作，导致两台给水泵汽轮机跳闸，给水泵全停触发锅炉MFT主保护动作。

（11）某机组DEH主控制器出现重启，自动切换至从控制器后，从控制器又发生了掉线故障，从而误发汽轮机危急遮断信号，致使锅炉MFT跳闸。

（12）某机组运行中，DEH控制器出现异常，SGC步序回跳卡顿致使机组并网后无法自动加负荷，运行人员处理中甩负荷预测保护被触发，为防止逆功率保护动作，手动开启中调节阀时触发电磁阀反复动作，抗燃油压低触发汽轮机跳闸。

2. 建议技术措施

（1）针对运行中因更换的卡件插入时占用其他卡件地址，导致多个信号瞬时跳变，汽动给水泵前置泵进口电动门关反馈触发导致汽动给水泵跳闸事件，需要优化联锁逻辑，增加延时 1s 防抖动。

(2) 运行中避免进行卡件更换插拔或控制器主备更换切换操作，必须进行时，应对机柜内其他卡件的信号进行梳理，对重要联锁保护信号可能出现的跳变情况做好风险预控措施，更换前核对卡件参数或拨码设置正确。

(3) 定期工作增加和完善重要保护 DCS/DEH/ETS 系统的输出继电器的线圈电阻检查测试内容，对现场发现的长时间使用、触点簧片老化、变形的继电器更换处理。

(4) 定期对系统中的转速模件、总线通信接线及终端电阻进行紧固，以防止松动现象发生；定期测试接地电阻，确保符合要求。

(5) 重视对柜内系统部件的故障报警信号检查分析，利用机组停运时机，对重要保护系统进行检查维护，及时发现卡件底座松动等重大隐患。

(6) 加强电子室环境温度和湿度管理，加强定期巡检工作。

(7) 对 DCS 使用时间较长的卡件等设备进行定期检测，掌握主要卡件的性能劣化趋势，对老化或故障率高的卡件设备，应及时安排进行升级改造。

(二) 热工控制逻辑或通信不完善，隐患排查不彻底

系统通信存在隐患、组态逻辑不完善及算法块应用设置不合理等问题，在就地设备发生故障时，控制系统不能进行有效的控制和联锁，很有可能引起设备跳闸等严重故障事件，因此需要做好逻辑功能检查和系统通信功能的检查维护。

1. 主要案例

(1) 某机组通信管理机故障，引起管辖的 2 号一次风机、2 号引风机、2 号二次风机相继跳闸，单侧一次风机运行锅炉无法流化，通信故障造成无法将跳闸风机紧急恢复，机组蒸汽参数快速下降，最终导致手动停机。

(2) 某机组变频器功率单元通信模块与通信光纤的接头接触不良，导致模块通信故障，造成 1B 凝结水泵变频器“重故障报警”跳闸；后续由于凝结水泵变频逻辑设置不合理、凝结水泵再循环气动调节阀开启时间过长、1B 凝结水泵出口电动门卡涩等因素，凝结水中断时间过长，汽动给水泵跳闸，最终导致 MFT。

(3) 某机组 MFT 延迟点火保护逻辑存在设计缺陷。对于机组在正常运行期间投油助燃的工况考虑欠缺，机组正常运行期间发生 OFT 后重新开启燃油快关阀且 A 给煤机未运行的情况下，如果 10min 内无油枪投入运行则会触发保护动作。在机组调试阶段设计组态时，考虑到等离子点火和 A 磨煤机相关，采取了只与 A 磨煤机相关的临时措施，事后并未恢复正常组态逻辑。

(4) 某机组控制逻辑时序错误引起机组跳闸，扫描运算时序周期造成数据选择计算失真，“燃气轮机排气温度高跳闸”报警，燃气轮机熄火，机组停机解列。

(5) 某机组 AGC 优化时，新的 PID 模块逻辑未设置超压闭锁逻辑，造成主蒸汽压力高于 16.7MPa 时，降负荷闭锁，但新 PID 输出调节阀阀位指令不保持，一直随 AGC 负荷偏差积分，最后至 0，当主蒸汽压力低于 16.6MPa 时，闭锁释放，调节阀瞬间全关，导致汽包水位高保护动作。

(6) 某机组 DEH 逻辑“与”逻辑功能模块存在漏洞，导致跟踪信号错误，负荷回路未及时跟踪，又存在负荷负向偏差，造成负荷回路输出持续降低，继而导致流量指令与实

际阀位反馈折算的流量偏差过大，触发调节阀快关保护，高中压调节阀全部关闭，延迟3s后触发再热器保护动作，锅炉MFT。

2. 建议技术措施

(1) 梳理机组控制系统卡件故障情况，针对容易出现的卡件故障，编制卡件故障应急处理标准卡，细化操作步骤，纳入DCS失灵应急处理预案中。

(2) 重要设备的控制不通过不同系统之间的通信方式实现，建议采用硬接线方式，将DCS输入输出信号接入相应的开关柜等电气控制回路。

(3) 对变频装置电气一二次元器件定期进行清扫检查，对光纤通信接头进行排查，对发现接触不良或性能差的通信光纤应进行更换。

(4) 开展机组控制逻辑合理性分析与排查工作，消除深层次逻辑隐患。将控制逻辑翻译后，讨论分析逻辑合理性，确保运行规程、逻辑说明与实际逻辑设计一致。

(5) 结合发生时序故障的逻辑，全面排查因扫描时序引起的数据选择计算失真回路，通过在保护回路中增加适当延时，排除排气温度的逻辑陷阱。

(6) 对机组优化改造实施前，应对逻辑方案进行细致审核，确认手自动切换、模块输出上下限等设置是否正确，对逻辑功能漏洞应及时修改完善，通过仿真试验确认功能满足运行要求。

(三) 汽轮机调节系统部件故障

汽轮机作为精密的旋转机械设备，运行中其调节系统LVDT、伺服阀等部件出现异常时，将直接威胁到机组的长期可靠运行。

1. 主要案例

(1) 某机组给水泵汽轮机低压调节阀液压伺服子模件显示故障信息为“伺服禁制”，该故障结果为关闭给水泵汽轮机汽门，给水流量低导致锅炉MFT。

(2) 某机组给水泵汽轮机低压调节阀油动机伺服阀指令信号航空插头焊触点断开，造成指令信号开路，低压调节阀全关，给水流量低，造成机组MFT。

(3) 某机组给水泵汽轮机高调LVDT连杆弯曲，造成LVDT套筒内部磨损，反馈无法线性显示实际位置，推测反馈值突变至0%，伺服卡输出突增，高调节阀全开，B汽动给水泵超速跳闸，导致“给水流量低”锅炉MFT保护动作。

(4) 某机组旋转隔板油动机局部区域残存机械杂质，导致伺服阀卡涩未能回到平衡状态，旋转隔板油动机持续泄油直至全关，机组轴向位移快速负向增大，为避免设备损坏，运行人员打闸停机。

(5) 某机组伺服阀卡有小颗粒杂质造成伺服阀卡涩，导致给水泵汽轮机调节阀自动关闭，给水泵汽轮机调节阀指令与反馈偏差大无报警及跳出自动逻辑和联启电动给水泵逻辑，运行人员未在给水泵汽轮机异常情况下退出给水泵汽轮机自动，导致给水流量快速降至跳闸值，机组停运。

2. 建议技术措施

(1) 对故障率高的调节阀液压伺服子模件加强检查，按照使用年限和重要性制定升级计划，逐步完成控制模件的升级改造，提高机组运行可靠性。

(2) 检修中对可能存在故障的汽轮机油动机伺服阀航空插头内部进行全面检查，排查发现航空插头内部接线焊触点开焊的隐患。

（3）对给水泵汽轮机高、低压调节阀油动机伺服阀航空插头进行升级改造，将直航空插头升级为带弯头航空插头，并对航空插头和信号电缆进行防误碰防护。

（4）加强机组设备日常检查及维护，及时发现LVDT连杆脱落故障隐患，建议采取双螺母固定方式。

（5）结合机组旋转隔板全关后通流特性，制定旋转隔板异常时的控制策略，确定不同负荷下的处置方式。

（6）规范调整抗燃油定期化验周期，及时掌控油质变化趋势。对伺服阀备品完好情况进行核查，防止污染，确保伺服阀安全可靠运行。抗燃油系统投运前先进行滤油，化验油质合格后再进入抗燃油系统。

（7）停机后检查伺服卡状态、给水泵汽轮机LVDT线圈阻值、电缆相间及对地绝缘、接线端子紧固情况、伺服卡至伺服阀电缆对地绝缘情况。

（8）对抗燃油泵联动及切换试验，给水泵汽轮机主汽门活动试验，遮断电磁阀试验，给水泵汽轮机油泵切换等可能引起给水泵汽轮机故障的试验操作要求负荷率在50%～70%执行，避免在深调期间由于试验引起的给水流量低事故。

（9）建立健全液压伺服子模件台账，加强采购需求和备件到货验收管理，规范关键备品备件技术要求和到货验收标准，确保产品质量。

（四）电源配置不合理或运行不稳定

热控电源运行可靠性决定了机组设备和热控系统的运行稳定性，收集的故障案例中存在多起电源装置运行方式、负载分配不合理、控制电源或设备电源偶发性故障情况，需要引起重视。

1. 主要案例

（1）某机组由于空调电源电缆短路，脱硫事故保安MCC电压瞬时降低，造成DCS双路电源电压随之瞬时降低（由于蓄电池容量不足处于退出状态，DCS双路电源最终均来自脱硫事故保安MCC），导致两对DPU重启，液位瞬间回零造成全部浆液循环水泵均跳闸，继而导致MFT和机组跳闸。

（2）某机组UPS功率驱动板取样电阻在运行中损坏，造成绝缘栅双极型晶体管（IGBT）击穿损坏，UPS输出开关跳闸，造成UPS所带6台给煤机控制器电源消失，运行中的A、B、C、E给煤机运行状态消失，给煤量到0t/h，触发“全炉膛火焰丧失”保护动作，造成锅炉灭火、机组跳闸。

（3）某机组电子间220V电源总切换器内部控制模块晶闸管或者输出二极管被击穿，B路向A路反送电，导致A路跳闸，B路因元器件损坏无输出，引发锅炉侧部分220V AC控制设备（包括五台磨煤机液压油站作用力、反作用力控制电源）失电，导致磨煤机失去加载油压，磨辊抬起，磨煤机不能磨制煤粉，炉膛失去燃料，触发全炉膛无火保护，机组MFT。

（4）某机组由于UPS质量不可靠，逆变器元件异常放电并损坏，导致UPS由主电源回路直接切换为旁路运行，UPS输出电压异常，引起C给煤机跳闸，又因热工仪表电源柜电源切换装置切换异常，导致给煤机出口气动插板门因电磁阀失电关闭，触发B、D给煤机跳闸，最终锅炉“全燃料丧失”MFT保护动作，机组停运。

（5）某燃气轮机双电源装置输出电压存在间歇性不稳定现象，导致负载发生瞬间失电重启，危险气体测点发生坏点，触发保护逻辑导致机组跳闸。

（6）某机组锅炉热控电源柜24V DC电源模块故障，导致A、B送风机油站润滑油压变送器失电，油压低低信号误发，联锁跳闸A、B送风机。两台送风机均停触发MFT动作，之后再热蒸汽温度降至420℃，引发汽轮机跳闸、发电机解列。

（7）某机组DCS的7号过程站电源管理模块内部接线虚接，电源输出瞬时故障造成主备双DPU断电重启，风机指令归零，炉膛压力低保护动作，机组跳闸。

（8）DCS电源模块因使用时间较长，存在插头接触处电缆电阻升高、元件老化、绝缘下降等情况，同时该模块负载较大，因局部接触电阻异常升高后，接触面发热，输出端子及电缆损坏，最终电源失电，DO卡件在失电过程中信号翻转误发导致机组跳闸。

2. 建议技术措施

（1）排查冗余电源的上级来源是否存在实际是同一电源的情况，完善电源失电报警功能，定期开展DCS电源模块的测试工作。

（2）完善给煤机的控制电源配置，将重要电源进行分散处理，实现给煤机冗余供电，或为给煤机加装独立的UPS，实现给煤机控制器电源分散可靠供电。

（3）提高电源切换装置可靠性，建议将重要设备的热工仪表电源柜电源切换装置由机械式改为晶闸管电子式。

（4）梳理燃气轮机的危险气体变送器等涉及机组保护的仪表双电源装置情况，通过增加双电源装置的配置方式进行优化，避免在某一套双电源装置故障时，保护逻辑中的仪表同时出现坏点引起保护误动。

（5）同一机组并列运行设备的辅助油站仪表设备的电源模块应独立配置，避免由于同一供电模块故障造成并列运行设备保护误动跳闸情况。

（6）对DCS的电源管理模块进行检查，对各过程站的电源配置进行核对，检查电源管理模块的输入、输出电源外部各端子排接线是否牢固、可靠。建议定期开展红外测温，并记录对比发现供电回路接线松动的隐患。

（五）热工信号干扰防护措施不足

地电位变化、接地不可靠、现场复杂电磁环境对热控系统信号造成干扰，故障案例暴露出部分机组基建期技术验收把关不严，为后续事件发生埋下隐患、TSI装置振动保护组态设计未考虑现场使用设备重要性及环境干扰的不确定性等问题。需要在热工测试、设备检修和维护的各工作环节中规范处理，提高系统的抗干扰能力。

1. 主要案例

（1）某机组现场低油压试验中，运行人员使用对讲机时，引发汽轮机1号轴瓦Y方向振动数据异常，检查发现前置器性能下降，抗干扰能力降低。

（2）某机组密封瓦绝缘监测线磨断导致密封瓦绝缘不良，当油膜绝缘不良时造成汽轮机大轴通过密封瓦与地之间形成轴电流，对振动测量带来干扰。

（3）某机组2号机组TSI机柜直接与大地导通，运行中TSI系统受外界干扰，3号轴瓦X、Y方向振动突升，振动大保护动作跳闸。

（4）某机组主开关机构箱内的主开关辅助触点端子排线氧化，回路电阻偏大，导致送至热工DEH的主开关合闸信号误动，触发三取二DEH故障停机保护动作。

（5）某机组引风机减速机后X方向振动探头至TSI装置柜的通道线路受到干扰，造成引风机跳闸，触发 MFT 保护动作。

（6）某机组给水泵轴承温度就地元件至本体接线盒延伸电缆芯线破损，且多股线线芯部分铜芯断裂，导致电磁干扰及电荷积聚，中间接线盒转接端子松动，导致接触电阻增大，引起温度虚假升高，触发汽动给水泵跳闸 RB 动作。

（7）某机组 1 号轴瓦 Y 方向相对振动探头外壳与信号线绝缘不良，振动探头接地，并且保护逻辑设置错误导致机组异常停机。

（8）某机组由于高温烟气冲刷电缆桥架导致炉膛压力信号电缆绝缘损坏短路，造成炉膛压力高高保护动作。

2. 建议技术措施

（1）对运行年限长的机组机柜内模件背板及连接电缆进行检查，并进行重新拔插及试验，将存在接触电阻增大的模件及预置电缆进行更换。

（2）对机组重要冗余参数不一致报警进行排查，确保重要信号异常报警满足要求，运行人员加强重要参数异动的监视。

（3）针对引风机减速机振动保护误动原因，对单点振动大保护逻辑组态进行优化，采用同轴系下的报警与跳闸信号相与判断后，送出本轴系振动大动作停机信号的逻辑设计。

（4）优化 DCS 报警点监视逻辑，设置突变报警记录逻辑，每日检查各重要跳闸信号报警点突变情况，确保异常报警及时发现，及时处理。

（5）优化就地接线盒配置，减少中间转接数量，升级卡件版本，将已发生干扰故障的卡件（EAI5）更换为带 EMC 防电磁干扰功能的高版本卡件。

（6）基建施工中对质量严格把关验收，在电缆敷设施工过程中避免电缆绝缘层破损，按照要求开展重要信号线缆的绝缘测试工作。

（7）在可能受到干扰的振动接线盒上张贴警示标志，划定机组巡视操作警示区域，对限制使用对讲机区域进行可视化管理。

（8）对现场线缆敷设路径进行检查，梳理可能影响的控制保护信号范围，做好应急处理措施，防止高温烟气或蒸汽造成线缆损伤接地后，信号出现异常，造成保护误动。

（六）执行机构故障

统计发现现场执行机构故障引起的机组异常案例增多，执行机构故障类型主要有阀门反馈装置故障、阀门磨损或卡涩、电磁阀故障和阀门附件故障等类型，需开展针对性的检查维护。

1. 主要案例

（1）某机组的锅炉脱硫增压风机动叶驱动电动机位置反馈信号测量装置故障，造成动叶误关小、电流突降，引起炉膛压力急升过高 MFT 跳闸。

（2）某机组锅炉引风机 B 动叶电动执行机构组合传感器的反馈磁环与传动齿轮脱开，动叶开度波动，造成炉膛压力快速降低，最终机组 MFT 动作跳闸。

（3）某燃气轮机主抽汽控制阀 MECV 的比例电磁阀故障，在指令 100%未变的情况下逐渐关闭，中排压力由 0.144MPa 上升超过汽轮机跳闸保护值 0.38MPa，最终导致机组中压排气压力高保护动作，11 号汽轮机跳闸。

（4）某间接空冷机组由于 1 号循环水泵出口液控门开度电位器上的关定位滑块偏离原位，造成循环水泵启动失败，且未联关出口液控门，2 号循环水泵出口循环水从 1 号循环水泵返回到凝汽器，造成凝汽器水位高保护动作，机组跳闸。

（5）燃气轮机天然气供应隔离阀控制用电磁阀运行中发生线圈开路故障，导致该阀失去控制气源，最终主燃料中断，燃气轮机失去火焰机组跳闸。

（6）某燃气轮机防喘阀安装小室环境温度高，防喘阀关反馈信号波动，信号波动使控制逻辑产生误判，导致燃料量被切换为最小值，机组保持旋转备用状态，同时触发机组减负荷信号动作。

（7）某机组中低压连通管蝶阀的伺服卡故障，造成中低压连通管蝶阀误动，供热管道压力突升，供热1号管快关阀前膨胀节泄漏，手动快速减负荷。

（8）某机组的2号给水泵因液力偶合器油中存在带水，勺管进油调节阀卡涩导致转速失控，进而导致液力偶合器易熔塞熔化无法正常工作，同时1号给水泵再次因润滑油泵卡涩故障导致润滑油压低跳闸，抢启给水泵不成功后，运行人员手动操作锅炉灭火，机组停机。

（9）某机组循环水泵出口蝶阀液控电磁阀O形圈老化破裂，油箱油位下降，油压下降，蝶阀在重锤自重作用下关至5%，全关信号未发，备用3号循环水泵未联启，造成汽轮机循环水中断，低真空保护动作导致机组跳闸。

（10）进行调节油泵定期自启试验及定期切换操作中，备用调节油泵自启成功后，因调节油系统恒压调节阀调节异常，造成机组跳闸。

2. 建议技术措施

（1）在DCS中增加重要执行机构故障报警。修改控制指令与反馈偏差大报警定值（由10%改为5%），提早报警以便运行人员及时判断故障原因。

（2）机组C级以上检修中开展重要设备及振动、高温环境下电动执行机构的检修。解体检查内部线路板、传动部件、插接件、接线等的固定、连接情况；检查齿轮、轴承润滑油泄漏、变质情况，更换、加注润滑剂。

（3）排查热工设备装置的航空插头内部隐患。检查内部接线焊接和保护罩壳是否存在高温、振动、外力等原因导致内部松脱情况，排查分析密封及进水短路的风险。

（4）关注执行机构的工作环境维护情况。对长周期运行的高温区域的电磁阀，应增加冷却风，降低阀门的工作环境温度，必要时将控制用电磁阀通过技术改造，移至天然气控制小间外部，改善电磁阀工作环境。加强电磁阀的定期检查和维护，同时将电磁阀检查作为开机阀门试验内容。

（5）对重要保护的执行机构单点位置反馈信号进行梳理。考虑对燃气轮机防喘阀、循环水液控蝶阀等重要阀门位置反馈装置进行技术改造，将位置反馈装置行程开关改造为三取二模式。

（6）排查主设备和主要辅助设备采用O形圈密封的液压系统，对发现的O形圈老化、变形等情况及时进行处理。

3. 管理措施

（1）开展燃气轮机频繁启停及长期带电工况下电磁阀劣化趋势研究，优化电磁阀检修维护策略。针对单一控制电磁阀的重要设备，开展专项攻关，采取冗余控制方式解决单一布置的风险，提高设备可靠性。

（2）调研重要热控设备替代性改造的可行性，避免由于备件采购周期长及费用较高导致不安全事件处置不及时带来的安全隐患。

（3）提高设备日常巡查质量。进一步优化完善就地检查人员的检查内容和要求。加强现场生产管理及设备日常维护，细化定期维护项目内容和标准。

（4）制定重要阀门故障误动事故应急预案，组织相关人员进行培训及演练，提高运行检修人员处置阀门误动的应急能力。

（七）热工仪表和气源、测量回路故障

热工仪表和气源、测量回路故障主要包括测量仪表异常、取样管路不合理或冗余保护中单个仪表故障、同时逻辑设置不合理造成的保护误动事件，需要做好热工仪表回路的日常巡检和定期检修维护工作，同时对逻辑设置进行检查。

1. 主要案例

（1）某机组高压旁路压力变送器元件老化引发变送器信号回路电压突降，误发主蒸汽压力高信号，引起高压旁路快开，运行人员处置不合理，造成汽包水位高机组跳闸。

（2）某机组抗燃油系统高压储能器弹簧管压力表进油口与压力弹簧焊接处断裂，抗燃油泄漏至压力表内并外漏，导致抗燃油压过低保护动作，机组跳闸。

（3）某机组由于润滑油箱液位变送器故障，且逻辑设置不合理，造成正常运行中，一个变送器故障，另两个变送器的允许偏差大于10mm时，保护误动，机组跳闸。

（4）某厂9F燃气机组在运行过程中，燃气安全切断阀仪用气管路上过滤器滤杯外壳破裂，造成燃气安全切断阀失气关闭，导致天然气中断，机组因失火焰跳机。

（5）某亚临界630MW机组，B侧二次风量取压管路存在堵灰，造成风量波动偏大，低负荷时送风自动调节品质不佳，二次风量大幅波动，引起送风、引风耦合扰动，调节发散，最终炉膛压力低MFT。

（6）3号机组交流润滑油泵启动试验，润滑油压波动范围偏大，出口管段的空气进入薄膜阀后，放空气门在开启状态加速油中空气的释放，引起高压保安油压瞬间失去，致使主汽门、调速汽门关闭，汽轮机跳闸。

2. 建议技术措施

（1）对运行年限较长的变送器和压力开关的仪表使用情况进行梳理排查，明显老化的仪表尽早进行更换。

（2）在抗燃油高压管路上采用高质量的压力表，合理设置抗燃油箱油位、抗燃油压低报警值，确保报警动作正常，并将抗燃油箱油位低引入光字排报警，实现声光报警。

（3）电厂需要熟悉DEH厂家润滑油箱液位保护逻辑的出厂设置，必要时组织公司技术力量进行分析，及时发现保护不合理的逻辑设置。

（4）加强全厂主重要气动阀上的过滤器等附属装置的巡检和定期维护管理，确保仪用空气正常，将滤杯材质由聚碳酸酯（PC）改型为金属材质。

（5）将二次风量测量装置的汇集管风量3点取样改为3点独立取样，设置锅炉两侧二次风量偏差大报警，以便及时发现测量装置异常并处理。

（6）针对交流润滑油泵出口管至主油泵油管路高位布置，存在积存空气的风险，重新设计交流润滑油泵出口油管道，解决管道止回阀前积存空气问题。

（八）热工线缆故障

线缆敷设不合理、长期运行后出现线缆老化破损、端子接触不良等问题引起信号回路异常，造成多起机组设备故障跳闸事件，需要从基建安装、日常维护、检修等各个阶段做好电缆敷设和防护检查，提高热工信号可靠性。

1. 主要案例

（1）某机组 DEH 系统的 24V DC 电源的 XM 端子排采用插拔式短接片，选型不合理，长期运行后出现接触不良造成汽轮机跳闸电磁阀失电，汽门异常关闭，机组负荷在 2s 内由 644MW 降至 0MW，发电机保护动作，汽轮机跳闸。

（2）某机组高压缸导汽管道部分外层保温脱落，造成其上方电缆槽盒内的电缆长期受高温辐射，导致部分电缆绝缘层受热损坏，AST 油压开关两路电缆相间阻值过低，误发油压低信号，逻辑判断输出汽轮机主汽门、调节阀关闭指令信号，触发机组程序逆功率保护动作后机组跳闸。

（3）某机组正常运行中，给水泵跳闸造成机组跳闸，检查发现电缆屏蔽层出现破损，导致破损屏蔽层接地，破损处与正常电缆屏蔽接地形成两端接地，信号受到干扰后，给水泵 4 号瓦振动测量值达到保护动作值，引起汽动给水泵跳闸。

（4）某机组间接冷却塔给水泵汽轮机主管道热水紧急泄水阀硬手操开指令线电缆破损，造成硬手操开指令线短接，信号长发，紧急泄水阀异常打开，给水泵汽轮机排汽压力升高，给水泵汽轮机跳闸，触发给水泵全停 MFT 保护动作，机组跳闸。

（5）某机组低抽液控阀开到位行程开关电缆绝缘层破损接地，拉低快关电磁阀两端电压，造成快关电磁阀失电动作，低压抽汽液控蝶阀快关，汽轮机排汽量陡然增大，引起汽轮机轴位移超过跳机值，触发汽轮机“轴位移大”保护动作。

（6）某机组 2B 送风机分闸指令两根线芯绝缘低导致 110V 直流系统接地，造成开关柜内的分闸继电器 K12 动作致使 2B 送风机开关跳闸，机组 RB 保护动作。

2. 建议技术措施

（1）排查全厂热工系统插片式短接方式端子排的紧固性，并更换为固定短接方式；将热工接线端子排的紧固性检查作为检修常规项目。

（2）检查高温区电缆布置情况，确认是否采用耐高温电缆，利用机组检修期间对高温区电缆槽盒进行移位改造，不具备改造条件的电缆槽盒做好防护措施。

（3）在机组大修期，除进行振动探头回路校验外，还应在现场用对讲机模拟开展振动回路实际抗干扰试验确认。

（4）加强对电缆沟等隐蔽工程的检查和维护。按系统重要等级，分区域对全厂电缆沟、桥架开展专项隐患排查治理。定期对电缆沟巡视检查。

（5）利用机组停运或检修期间，按照《火力发电厂热工自动化系统检修运行维护规程》（DL/T 774—2015）要求，对直接影响机组安全的主要热工设备、热工保护系统信号和指令线芯进行绝缘电阻测试。

（6）对重要阀门的现场行程开关电缆绝缘情况进行排查，易破损部位使用热缩套管提高绝缘强度。规范隐蔽区域的电缆布线及接线，做好质量检查。

（九）人为失误

热控人员的维护不当和操作失误造成多起设备故障异常或非停事件，与人员的安全意识不强、工作不细致不规范、工作能力不足，以及管理流程未严格执行有关。需要提高工作安全意识，加强技术培训和严格执行操作监护制度。

1. 主要案例

（1）在消缺过程中退出“给水流量低低”保护，误将给水流量低低保护动作模块输出值由“0”改为“1”，导致“给水流量低低”保护动作跳闸。

（2）热工人员在DCS工程师站强制信号时，由于逻辑信号跟踪错误，误将汽轮机跳闸信号强制为“1”，造成所有汽轮机侧抽汽止回阀、抽汽电动门联锁自动关闭，两台汽动给水泵汽源失去，给水流量快速下降，机组被迫快速手动减负荷。

（3）维护人员处理SIS系统上传集团公司环保数据中断故障时，误将1号机DCS网络柜B网段2号交换机23号接口与该网段1号交换机17号接口短接，造成DCS网络瘫痪，网络风暴通过公用交换机蔓延至2号机组，1、2号机组先后跳闸。

（4）在处理转速测点缺陷时，热控人员将正常的转速测点1强制，在检查过程中该测点损坏，未确认状态情况下，执行解除强制操作后，给水泵汽轮机转速突变为0，转速指令和给水泵汽轮机转速偏差大使给水泵汽轮机调节阀自动全开，给水泵汽轮机超速保护动作跳闸。

（5）DCS安全防护技改项目施工过程中，1、2号机组根交换机通过工业入侵检测装置1和2端口形成物理通路，造成1、2号机组DCS内数据产生冲突，导致1号机组和2号机组汽轮机“背压超限跳机”保护动作。

（6）消缺检查过程中，热工人员使用了万用表通断档检查时，误接端子，造成DEH超速停机保护误发，引起跳机。

（7）安装不规范，给水泵汽轮机速关油压力开关点端子的接线有少量绝缘皮压在端子下，造成导线和端子接触不良，信号未正常触发，给水泵汽轮机A停运滞后发出。

（8）燃气轮机跳闸油电磁阀电源负极供电回路的接线端子内部虚接，导致跳闸油电磁阀间断性失电，引起1号燃气轮机跳闸油系统压力失去，造成燃气轮机跳机。

（9）给水泵润滑油系统滤油机出口软管接头处破裂，润滑油大量泄漏引起耦合器油箱油位低，给水泵因润滑油压低跳闸。

（10）热工人员在重置燃油累积流量时，因误将累计流量置为燃油流量，导致燃油流量实时值突然增加，汽包水位低锅炉MFT。

2. 建议技术措施

（1）加强专业技术管理，细化热工保护投退的操作步骤，执行保护投退操作卡和监护复诵制度。严格落实执行“一人操作、一人监护”的规定，在没有监护人员的情况下禁止在工程师站进行任何操作。

（2）加强现场作业的风险管控和人员培训，提高风险防范意识，进一步落实各级人员风险管控责任制。

（3）强化热工检修人员对DCS控制逻辑的学习培训，提升热工人员的技术能力，熟悉控制逻辑及信号强制操作步骤。

（4）梳理DCS接线和SIS系统接线，明确各接线及端口位置，更新端口接线图。接线两端应有清晰准确的标识，对未使用的接口进行封闭处理，防止误插及误碰。

（5）制定DCS故障预案，包括网络中断、网络风暴，操作员站离线，控制器故障、电源故障等问题，根据严重情况分别制定处理方案。

（6）在DCS加装设备，施工方必须清楚DCS及其网络配置情况，在接入DCS控制系统前，进行软硬件兼容性的静态测试，在确保对DCS无任何影响的前提下方可施工。在施工前对系统安全防护系统的整体回路进行多种工况仿真试验，仿真试验包括对各种危险点和事故预想等极端工况的测试。

（7）对影响机组安全稳定运行的信号和端子进行梳理，列出清单，明确涉及主要保护系统需要检查的内容，结合机组日常调峰、停备消缺的时间段进行安排，定期、分批次对重要端子排进行紧固。检修过程中，落实接线端子紧固的工艺质量标准，对接线端子紧固后进行再次检查，确保质量标准到位。

（8）全面检查润滑油系统的滤油设备塑料软管情况，将滤油设备的连接软管更换为金属管道，并加装观察孔。

（9）认真开展危险点分析与预控工作，对逻辑修改组态工作应编制逻辑修改操作卡及事故应急预案，准确辨识工作中的危险源。任何测点拆除或强制时，要求事先排查清楚用途。

（十）热工试验不规范

热工试验的目的是验证逻辑功能、参数设置的正确性，在试验过程中不按照规范要求进行检查，隐含的逻辑参数错误将可能无法被发现，存在较大风险。

1. 主要案例

（1）某厂6号机组DCS升级改造后，由于联锁试验未从源头加信号，未发现F层火焰信号设置错误，导致机组运行中，临界火焰丧失MFT保护误动，触发机组跳闸。

（2）某机组于2019年10月实施DCS控制系统升级改造后，电动给水泵顺控停步序逻辑块参数错误，顺控执行至第60步时关闭给水憋压阀，导致给水中断，给水泵全停。

2. 建议措施

（1）逻辑参数检查和功能测试过程中未能发现参数错误，系统动态试验不全面，暴露出热工专业技术改造管理工作不到位，项目过程监管未全覆盖，技改质量验收流程不完善等问题，需要认真开展跳闸逻辑、报警及保护定值的检查核对。

（2）热工保护联锁试验中，尽量采用物理方法进行实际传动，如条件不具备，可在现场信号源处模拟试验，但禁止在控制柜内通过开路或短路输入端子的方法进行试验。

通过对2020年热控系统非停事故案例进行分析和统计，针对热控系统突出问题进行分析，并提出可行性建议，旨在提高热控系统的检修维护质量，消除事故隐患，减少机组非停事件的发生。

二、需引起关注的相关建议

通过对2020年因热控因素导致机组故障案例原因统计分析的总结与思考，作者认为《电力行业火力发电机组热控系统故障分析与处理》中提出的“需引起关注的相关建议”仍然适用，并在该基础上，结合2020年故障案例发生的原因与处理过程中的教训进行完善，提出以下建议供电厂热控专业人员参考。

（一）提高电源可靠性

（1）电源模块内电容的失效，有时不容易从电源技术特性中发现，但是会造成运行时抗扰动能力下降而影响系统的稳定工作，因此应记录电源的使用年限，进行电源模件劣化统计与分析工作，宜在5～8年进行更换。

（2）重要的控制系统和就地冗余的跳闸电磁阀电源，保证来自独立二路且非同一段电源（防止因共用的保安段电源故障，UPS 装置切换故障或二路电源间的切换开关故障）。就地远程柜电源直接来自 DCS 总电源柜二路电源。

（3）机组 C 级检修时应进行 UPS 电源降压切换试验，机组 A 级检修时应进行全部电源系统切换降压试验，并通过录波器记录，确认工作电源及备用电源的切换时间和直流维持时间满足要求。测试两路电源静电电压小于 70V。

（二）减少控制系统硬件老化导致机组跳闸

（1）电子元器件寿命的限制，运行周期一般在 10～12 年，其性能指标将随时间的推移逐渐变差。多家电厂 DCS、TSI 系统运行时间超过十年，硬件老化问题日渐严重，未知原因故障明显上升；燃气轮机控制系统应注意火灾保护、TSI 等独立装置老化故障的风险。建议对运行时间久、抗干扰能力下降、模件异常现象频发、有不明原因的热控保护误动和控制信号误发的 DCS、DEH、TSI、旁路等系统设备或独立装置，及时进行性能测试和评估，据测试和评估结果制定和完善 DCS 失灵应急处理预案，并按照重要程度适时更换或进行系统升级改造。

（2）完善 DCS 故障报警，尤其是 DEH、FSSS、TSI 等主重要系统的模件故障等应实现大屏报警；对于冗余的电源、控制器、通信模件等应在发现存在单个部件异常时尽早更换，将缺陷消灭于未然。

（3）电源、控制器、通信模件、工控机、网络交换机等更换前应做好功能性测试，尤其应注意通信模件、工控机、网络交换机等的更换，可采用仿真机上测试，确保所更换的部件无故障。

（4）日常应加强系统维护，每日巡检重点关注 DCS 故障报警、控制器状态、控制器负荷率、硬件故障等异常情况，可利用红外测温仪器设备加强对电源模件、伺服模件等重要设备的巡检，对于温度异常偏高的情况应及时处理；制定定期检查制度，加强 DCS 管理，定期对 DCS 设备特别是网络设备进行通信情况检查。

（5）应严格控制电子间的温度和湿度，尤其是湿度偏大的环境容易加速系统模件的老化。

（6）做好热控设备的劣化统计分析、备品备件储备和应急预案的演练工作，发现问题及时正确处置，应开展劣化评估工作，制定重要系统、部件等的更换周期。

（三）不断完善热控控制逻辑

（1）针对热控逻辑组态策略、方式方法问题，应加强热控检修及技术改造过程监督管理，实施热控逻辑组态标准化管理，在涉及 DCS 改造和逻辑修改时应加强对控制系统逻辑组态的检查审核，严格完成保护系统和调节回路的试验及设备验收。

（2）对于模拟量参与保护逻辑判断回路应该避免选择三取中、二取平均的判断方式，容易因参数设置错误、信号质量判断异常导致信号误选等，应将模拟量信号经高低限判断形成开关量信号，同时应增加信号质量判断回路等进行优化，再采用二取二、三取二等判断方式参加保护。

（3）所有重要的主、辅机保护信号应尽可能采用“三取二”逻辑判断方式：遵循从取样点到输入模件全程相对独立的原则，却无法做到，应有防保护误动措施（给水泵汽轮机轴向位移大保护、给水泵汽轮机真空低保护、润滑油压力低保护等），保护信号可逐步用模拟量信号代替开关量信号。

(4) 对于温度信号参与保护时，应设置温度速率判断和坏点切除逻辑，其中速率判断设置为5℃/s，经不同DCS控制器处理后，其速率判断结果不同（如OVATION系统控制器的扫描周期若为100ms，速率判断可能为每周期0.5℃），要经实际试验确认可靠性。必要时应与加延时结合，以提高防保护误动作的能力。另建议保护信号或装置内部的信号复归改为自动方式，一旦保护信号回归时应及时自动恢复保护投入运行，但报警信号应设置为人工恢复。同时，将次一级的报警信号在大屏上设立综合报警信号牌，点入可查找具体报警信号。

(5) 保护信号逻辑优化：若双侧取样采用2/3信号，当单侧异常时（掉焦、局部燃烧恶化），易造成锅炉MFT动作。建议：采用2/4判断逻辑可靠性高于2/3。推广到二测量管路取样信号做保护时，应为2/4判断逻辑。

(6) 汽轮机保护信号逻辑优化：根据《机械振动 在非旋转部件上测量评价机器的振动 第2部分》（GB/T 6075.2—2012），50MW以上，额定转速1500r/min、1800r/min、3000r/min、3600r/min陆地安装的汽轮机和发电机规定，至少两个独立传感器确认超过延迟时间后触发停机，典型延迟时间1～3s，为慎重，可以在报警值至停机值间插入第二次报警值，以警示操作人员正在接近停机值。同时建议保护逻辑采用：①任一保护信号发出；②除保护信号自身外的任何一个预报警信号发出（预报警信号为正常显示信号的增量超过预设值转换的信号）；延迟时间设置以1s为宜。

(7) 由于深度调峰、煤质、电网频率波动等工况变化，机组自动控制逻辑参数不能适应低负荷工况运行等，应深入开展自动控制参数优化工作，开展深度调峰等特殊工况下的扰动试验。

(8) 深入开展热控逻辑梳理及隐患排查治理工作，机组开展深度调峰工作后，以前的保护条件多是针对50%负荷以上设计的控制策略、控制参数，例如，风量、给水量等偏置控制，当处于低负荷阶段时，由于高负荷阶段设置较大的偏置，运行人员在低负荷情况下容易忘记调回参数等，容易导致异常事件发生。

(9) 应对照事故案例、反事故措施、相关标准开展隐患排查，梳理保护联锁、模拟量调节、启停允许条件中的缺陷，及时优化完善；对于单列辅机配置的发电机组，辅机的保护条件应间接上升为主保护条件，应核查辅机保护判据的可靠性。加强运行人员的培训，提高运行人员对DCS控制逻辑和控制功能的掌握，以及异常工况下的应急处置能力。

（四）提高执行机构可靠性

(1) 对于执行机构故障高发情况，应认真统计、分析每次执行机构误动发生的原因，举一反三，消除多发性和重复性故障。煤机上能够引起机组跳闸的执行机构主要包括定子冷却水压力调节阀、汽动给水泵再循环阀、除氧器水位调节阀等。燃气轮机上能够引起机组跳闸的气动执行机构、液动执行机构较多，如ESD阀、IGV阀等，很多执行机构故障是电磁阀故障所致。

(2) 执行机构故障隐患应从源头消除，从设计之初就应考虑进去，例如，重要的气动执行机构可设计为两条管路，两个阀门互相备用；燃气轮机上的电磁阀故障率较高，同时，单个电磁阀故障导致某一门关下去就可能引起跳机，应采用根据安全方向冗余配置电磁阀；阀门连杆脱开的故障率较高，可采用冗余的反馈装置，如IGV的LVDT冗余改造、防喘放气阀冗余改造等。

(3) 对执行机构加强日常巡检制度，以便及时发现执行机构异常状况。运行期间应加强对执行机构控制电缆绝缘易磨损部位和控制部分与阀杆连接处的外观检查；检修期间做好执行机构等设备的预先分析、状态评估及定检工作，针对易冲刷的阀门除全面检查外，应核实紧固力矩；对阀杆与阀芯连接部位采取切实可行的固定措施，防止门杆与门芯发生松脱现象；对气动执行机构仪用空气管路漏气点应及时安排隔离检修，过滤减压阀等应采用金属罩，运行过程中不可轻视任何小的漏点。

(4) 机组准备启动时，应加强对执行机构的试验检查工作，尤其是燃气轮机机组，应测试记录阀门的开关时间等，检查执行机构是否存在异常卡涩等情况。

(5) 开关型电动执行机构参加联锁条件时，宜采用“执行机构的开反馈与上非关反馈”或“执行机构的关反馈与上非开反馈”优化联锁条件。

（五）提高电缆可靠性

(1) 加强控制电缆安装敷设的监督，信号电缆、电源电缆的规范敷设及信号电缆的可靠接地是最有效的抗干扰措施，避免动力电缆与信号电缆同层、同向敷设，同时，电缆敷设应避开热源、潮湿、震动等不利环境。

(2) 对控制电缆定期进行检查，电缆损耗程度评估、绝缘检查列入定期检修工作中。机组运行期间加强对控制电缆绝缘易磨损部位的外观检查；在检修期间对重要设备控制回路电缆绝缘情况开展进线测试，检查电缆桥架和槽盒的转角防护、防水封堵、防火封堵情况，提高设备控制回路电缆的可靠性。

(3) 对热控保护系统的电缆应尽可能远离热源，必要时进行整改或更换高温电缆。

(4) 同一重要保护信号电缆应分开独立敷设，宜尽可能避免采用同一电缆受高温、腐蚀等环境影响造成机组保护误动停机。

（六）提升监督管理的有效性

(1) 做好给水、蒸汽、风烟、化水等系统中就地仪表的防冻保温工作，尤其是弯角、阀门、叉路、排污管、盘向管防冻伴热、保温工作。严格执行伴热投退及巡检措施。日常维修中，及时消除伴热带开路、短路、绝缘下降、蒸汽伴热管锈蚀、阀门泄漏等，保证伴热系统完好。

(2) 认真统计、分析每次热控保护动作发生的原因，举一反三，消除多发性和重复性故障。近几年，测量仪表故障主要体现在汽轮机的轴承温度及燃气轮机的排气温度测点。虽然轴承温度测点已配置有通道质量判断和温升速率判断回路，但是有时电荷累积引起的温度异常上升并不能通过通道质量判断和温升速率判断回路进行判断，因此，目前一般将一个双支温度的两个测点全部引入控制系统参加保护判断，相当于两个通道相与，同时，也提高了温度单测点的可靠性；针对燃气轮机的排气温度测点单点故障，应完善大屏报警，同时，应优化逻辑增加每点故障时可切换为平均值的逻辑，出现单点故障时及时消缺；完善燃气轮机排气温度元件、轴承温度元件等易故障测点的检修台账，研究制定合理的更换周期。

(3) 加强模拟量测点作为自动控制回路信号的可靠性分析，梳理排查模拟量测点故障情况下的风险点，例如，部分自动撤至手动控制的风险，有针对性的制定防范措施。

(4) 加强老化测量元件（尤其是压力变送器、压力开关、液位开关等）日常维护，对于采用差压开关、压力开关、液位开关等作为保护联锁判据的保护，宜采用模拟量变送器的测量信号，如炉膛压力保护信号、凝汽器真空保护信号的检测可选用压力变送器，便于随时观察取样管路堵塞和泄漏情况；有条件的情况下，汽轮机和给水泵汽轮机都应在OPC和AST管路中增加油压变送器，实时监视油压，及时发现、处理异常现象。

（5）梳理机组在运行过程中可能遇到的设备突发故障事件，有针对性的开展反事故演习，并制定相应的防范预控措施，提高运行人员在异常工况下对各类风险的预控能力和应急处置能力。

（6）对于真空泵分离器液位等容易忽视的单测点信号，应利用检修机会增加测点以提高控制系统的可靠性。

（七）重视运行维护人员技术水平与操作规范化培训

热控保护系统误动作的次数往往与有关部门的配合，专业人员的技术能力、工作状态、思想意识等多方面密切相关。一些异常工况出现或辅机保护动作，若操作得当，可避免MFT动作。从本年度案例统计中发现，由人员保护强制、逻辑修改、逻辑检查验收等人为因素导致的事件占比较高。人是生产现场最不可控的因素，控制人的不安全行为是避免人为事故的关键。因此，应从提高人员技能水平和责任意识、培养良好工作习惯着手，重视运行维护人员技术水平与操作规范化培训。

（1）持之以恒的加强管理和开展专项培训，认真学习热控保护管理细则等各项管理制度和非停事故，切实认识到热控操作的重要性和危险性，增强检修人员的工作责任心和考虑问题的全面性，提高检修人员的防误意识及防误能力。

（2）制订《热控保护定值及保护投退操作制度》，对热控逻辑、保护投切操作进行详细规定，明确操作人和监护人的具体职责，重要热控操作必须有监护人。

（3）涉及DCS改造和逻辑修改时，应加强对控制系统的硬件验收和逻辑组态的检查审核，严格完成保护系统和调节回路的试验及设备验收。

（4）收集电力同行们的技术资料、研究成果与案例素材，通过学习和分析，储备大量故障现象与分析查找方法，提高快速判断故障的能力，并从中制定并落实适合本单位的事故预防措施，避免发生重复性故障。

（5）编写现场故障处置方案：按故障现象、故障原因、故障后果、故障处理、列出所有与故障相关的关联点格式，编写现场故障处置方案，用于指导运行与维修人员进行故障判断与处理。

（6）防止人员误操作有严格规程执行、制度、奖惩等多种方法和手段，需要结合实际综合使用。积极工作的专业人员，相对而言出错的风险和概率也会增加，领导和管理层除应着眼于制定规范的工作程序、加强事前预想和处理过程监督外，还应制定有利于积极工作的专业人员发展的奖励机制。

热控专业工作质量对保证火电机组安全稳定经济运行至关重要，特别是机组深度调峰、机组灵活性提升、超低排放及节能改造等关键技术直接影响机组的经济效益。在当前发电运营模式与形势下，增强机组调峰能力（但也应综合机组的安全、经济性）、缩短机组启停时间、提升机组爬坡速度，增强燃料灵活性、实现热电解耦运行及解决新能源消纳难题、减少不合理弃风弃光弃水等方面，仍是热控专业需要探讨与研究的重要课题，特别是在如何提高热控设备与系统可靠性方面，因其直接关系到能否有效拓展火电机组运行经营绩效的基础保证问题，亟待突破。

第二章

电源系统故障分析处理与防范

热控电源系统是保持机组控制系统长期、稳定工作的基础，在整个机组生产周期过程，不但需要连续运行，还要经受复杂环境条件变化的考验（如供电、负载、雷电浪涌冲击等）。一旦控制系统发生失电故障，机组运行就将被中断，引发电网波动或主辅设备损坏的严重事故。这一切都使电源系统的可靠性、电源故障的处理和预防变得十分重要。

热控电源系统按供电性质，可划分为供电电源、动力电源、控制电源、检修电源。其中，控制电源包括分散控制系统、DEH、火焰检测装置、TSI、ETS 等电源。供电电源通常有 UPS 电源、保安电源、厂用段电源等。热控系统供电，要求有独立的二路电源，目前在线运行的供电方式有以下几种组合：①一路 UPS 电源，一路厂用保安电源；②两台机组各一路 UPS 电源，两台机组的 UPS 电源互为备用；③两路 UPS 电源。

近年来，火电机组由于控制系统电源故障引起机组运行异常的案例虽有所减少，但仍屡有发生。本章收集了 2020 年发生的供电电源故障案例 4 例，控制设备电源故障案例 4 例，通过对这些案例的统计分析，可以发现火电机组控制系统电源在设计、安装、维护和检修中都还存在或多或少的安全隐患，因此，在机组设计和安装阶段，应足够重视电源装置的可靠性；同时，在运行维护中，应定期进行电源设备（系统）可靠性的评估、检修与试验。希望借助 2016～2020 年电源故障案例的统计、分析、探讨、总结和提炼，得出完善、优化电源系统的有效策略和相应的预控措施，提高电源系统运行可靠性，为控制系统及机组的安全运行保驾护航。

第一节　供电电源故障分析处理与防范

本节收集了供电电源故障案例 4 起，分别为脱硫事故保安 MCC 电压故障导致机组跳闸、UPS 装置故障导致给煤机全停而 MFT、锅炉电子间 220V 电源切换器内部控制模块故障导致机组跳闸和 UPS 装置异常引起热工仪表电源切换装置故障导致 MFT 事件。

一、脱硫事故保安 MCC 电压故障导致机组跳闸

某热电厂 4 号机组为燃煤机组，采用亚临界、一次中间再热、单轴、双缸、双排汽、直接空冷、供热凝汽式汽轮机 CZK300/250-16.7/0.4/538/538；锅炉为东方锅炉股份有限公司生产的（DG1065/18.2-Ⅱ6 型）亚临界自然循环汽包炉，一次中间再热，四角切圆燃烧，平衡通风；脱硫采用石灰石-石膏湿法脱硫方式，并配有脱硝装置；发电机为东方电机

厂有限公司生产的QFSN-300-2-20B汽轮发电机，采用封闭式自然循环通风系统，冷却方式为水-氢-氢型。脱硫DCS 2007年投运，至今运行了近15年。

4号机组当时运行工况：负荷246MW，AGC投入，1、2号空气预热器运行，吸风机、送风机、一次风机运行，1～5号磨煤机运行，脱硫2～4号浆液循环水泵运行，1号浆液循环水泵备用，吸收塔液位8m。

（一）事件过程

2020年6月29日9时52分15秒，4号机组MFT动作，锅炉灭火，首出“四台浆液循环水泵全停”。10时03分，4号机组发电机解列，首出“主燃料跳闸”，汽轮机跳闸，发电机解列。

经检查，脱硫DCS DPU（共两对）死机，此时脱硫DCS所有参数变为蓝色报警并保持不变，随后DPU自动重启，所有模拟量2s内回零并恢复至原值、开关量置零位后恢复原值。

检查脱硫系统DPU和网络系统无异常，进行脱硫系统两对DPU主副控制器切换试验正常，锅炉重新点火启动，13时39分，机组并网。

（二）事件原因查找与分析

1. 事件原因检查与分析

（1）锅炉MFT原因分析。事件后，机组跳闸主要动作历史曲线，如图2-1所示，四台浆液循环水泵全停后机组MFT。

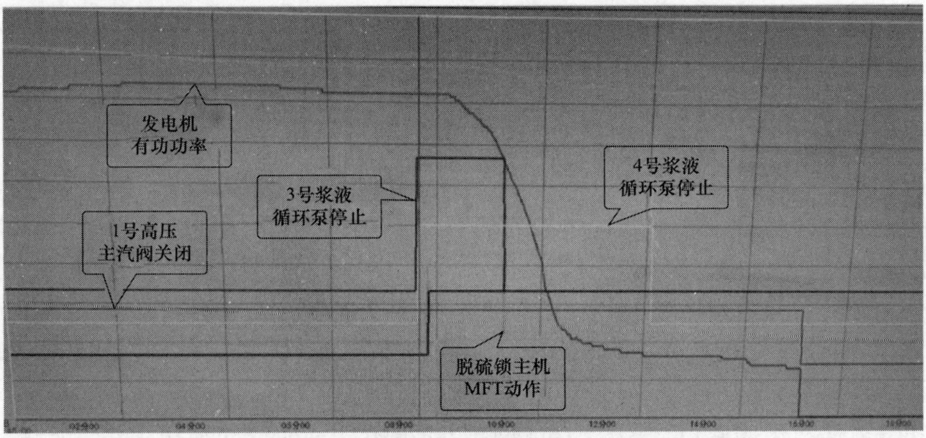

图2-1 机组跳闸主要动作历史曲线

脱硫DCS数据瞬间回零历史曲线，如图2-2所示。9时44分53秒，4号机组脱硫吸收塔三点液位计信号，瞬间出现2s的回零脉冲，吸收塔液位指示由8m直接降到零，触发“吸收塔液位低（<3.5m）浆液循环水泵”保护动作，造成2、3、4号浆液循环水泵跳闸（1号浆液循环水泵为备用状态），虽2s后液位又恢复至8m，运行人员启动1、2、3、4号浆液循环水泵正常，但已触发“四台浆液循环水泵全停延时10s MFT”停炉。

（2）4号机组汽轮机跳闸原因分析。MFT动作后，再热蒸汽温度7min内由532℃降至482℃，ETS保护逻辑“锅炉再热蒸汽温度10min内下降50℃，触发汽轮机跳闸保护”条件满足，汽轮机保护动作停机。

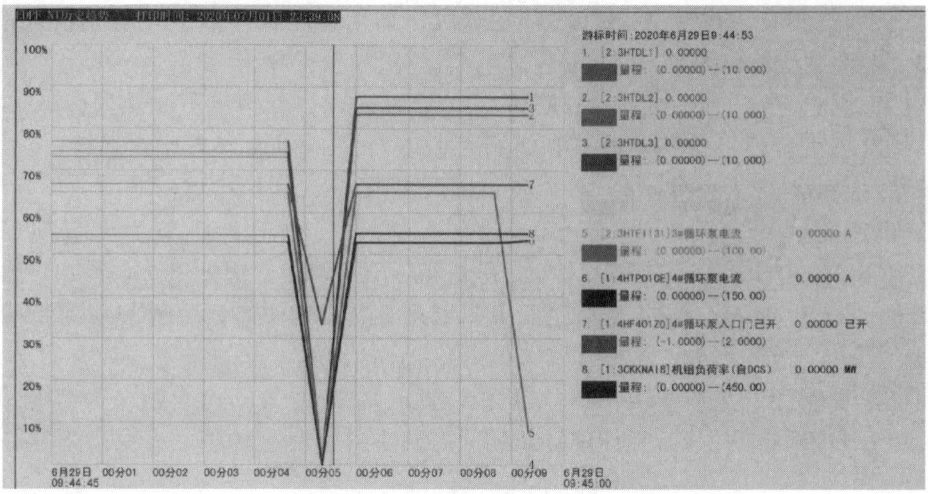

图 2-2　脱硫 DCS 数据瞬间回零历史曲线

（3）吸收塔三台液位计回零原因分析。脱硫 DCS 共有两对 DPU，通过对两对 DPU 所带卡件部分测点 DCS 历史曲线抽样检查发现，模拟量和开关量在 9 点 51 分 59 秒同一时间有一分钟 DPU 死机，随后 DPU 所有参数在重启后回零，2s 后恢复原值。在 DPU 事件文件记录中发现四个 DPU 均重新启动，故 DPU 重启后进行初始化是造成吸收塔液位计回零的根本原因。

（4）4 号机组脱硫 DPU 重启原因分析。7 月 1 日，进行脱硫全部 DPU 重启动态试验，通过试验得出以下结论。

1）脱硫操作员站 A、B 网全部拔开，只造成脱硫操作员数据保持原值离线，不会影响 DPU 和其他上位机正常工作。

2）分别拔掉 4 机组脱硫 1DPU 副控 A、B 网线，1DPU 副控离线，但未重启。

3）分别拔掉 4 机组脱硫 1DPU 主控制器 A、B 网线，1DPU 主控制器切至副控制器运行，主控离线，但未重启。

4）分别断开 4 号机组脱硫 A、B 交换机电源，断任意一路交换机电源，各 DPU 运行正常；同时断两路交换机电源，所有 DPU 副控制器均重启，所有 DPU 主控制器运行正常，未发生数据回零现象。

5）拔插 4 号机组脱硫 A、B 交换机电源切换继电器，两台交换机失电，所有 DPU 副控制器均重启，主控制器运行正常，未发生数据回零现象。

6）进行 4 号机组脱硫交换机电源切换试验，所有数据显示正常。

7）停主控制器 DPU 电源，副控制器切为主控制器运行，数据正常；停副控制器 DPU 电源，数据正常；同时停主副控制器 DPU 电源，DPU 停止工作，画面数据变蓝且保持不变，历史趋势曲线变虚；送电后 DPU 重启，所有数据瞬时回零，2s 后恢复正常，脱硫 DCS 数据瞬间回零历史曲线，如图 2-2 所示。

通过试验得出，主副控制器 DPU 同时失电重启时，会发生数据回零，与机组跳闸时现象吻合，咨询 DCS 厂家，在其他电厂也发生过此类现象。

（5）脱硫 DPU 电源检查情况。脱硫 DPU 供电，如图 2-3 所示。4 号机组脱硫 DCS 由两路电源供电，一路来自 4 号机组脱硫事故保安 MCC 段，另一路来自 4 号机组脱硫 UPS。

UPS 主电源接于 4 号机组脱硫事故保安 MCC 段，旁路电源接于 4 号机组 380V 脱硫Ⅱ段，蓄电池由于容量不足，于 5 月 21 日退出，蓄电池于 6 月 23 日招标采购。

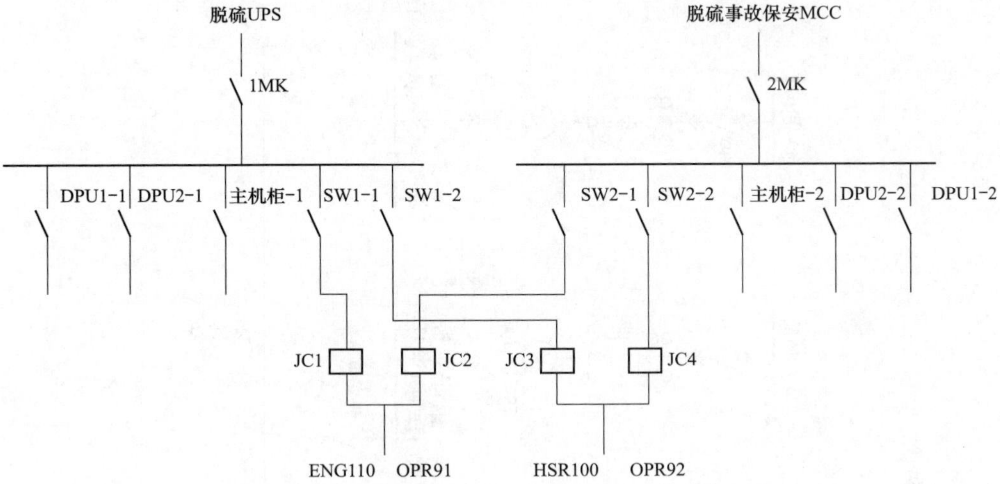

图 2-3　脱硫 DPU 供电

（6）查脱硫保安 MCC 所有负荷，4 号炉脱硫 DCS 电源接线，如图 2-4 所示，其中一路负荷为 3 号综合楼控制室空调电源，空调开关在断开状态，检查空调电源线绝缘为零，判断因电源线过热绝缘损坏短路，造成空气开关跳闸，3 号综合楼控制室空调电源线短路点，如图 2-5 所示。

两对 DPU 分别由四个供电模块供电，同时发生故障可能性较小。DPU 运行 13 年，存在抗电源波动能力差的可能，需停机后进一步试验验证。

2. 事件原因

由于空调电源电缆短路，脱硫事故保安 MCC 电压瞬时降低，造成 DCS 双路电源电压随之瞬时降低，导致两对 DPU 重启。

3. 暴露问题

（1）安全生产责任制落实不到位。设备专责人对设备特性不熟悉，巡回检查不到位，日常测试台账不健全。

（2）技术监督提出问题整改不到位。仅对“四台浆液循环水泵全停”无延时触发 MFT 增加 10s 延时，未对吸收塔液位低跳浆液循环水泵逻辑进行优化。

（3）脱硫 DCS 卡件已使用 13 年，已处于故障率上升段，但未采取有效防控措施。

（4）隐患排查不到位。脱硫 DCS 无工作电源失电报警或记录，不利于事故分析及处理；两路电源设计有缺陷，一路来自 4 号机组脱硫事故保安 MCC 段，另一路来自 4 号机组脱硫 UPS，但 UPS 主电源也接于 4 号机组脱硫事故保安 MCC 段。

（5）根据图 2-1，9 时 52 分 15 秒，4 号炉 MFT，而根据脱硫 DCS 历史曲线，如图 2-6 所示，吸收塔液位为 0 的时间是 9 时 44 分 53 秒，二者时间不一致，说明主机 DCS 时间与脱硫 DCS 时间不同步，未能及时处理。

（三）事件处理与防范

（1）加强隐患排查治理工作。对全厂 DCS 进行逻辑优化、定值核查，增加电源失电报警；对使用时间较长的设备（DPU、模件、电源等）进行定期检测。

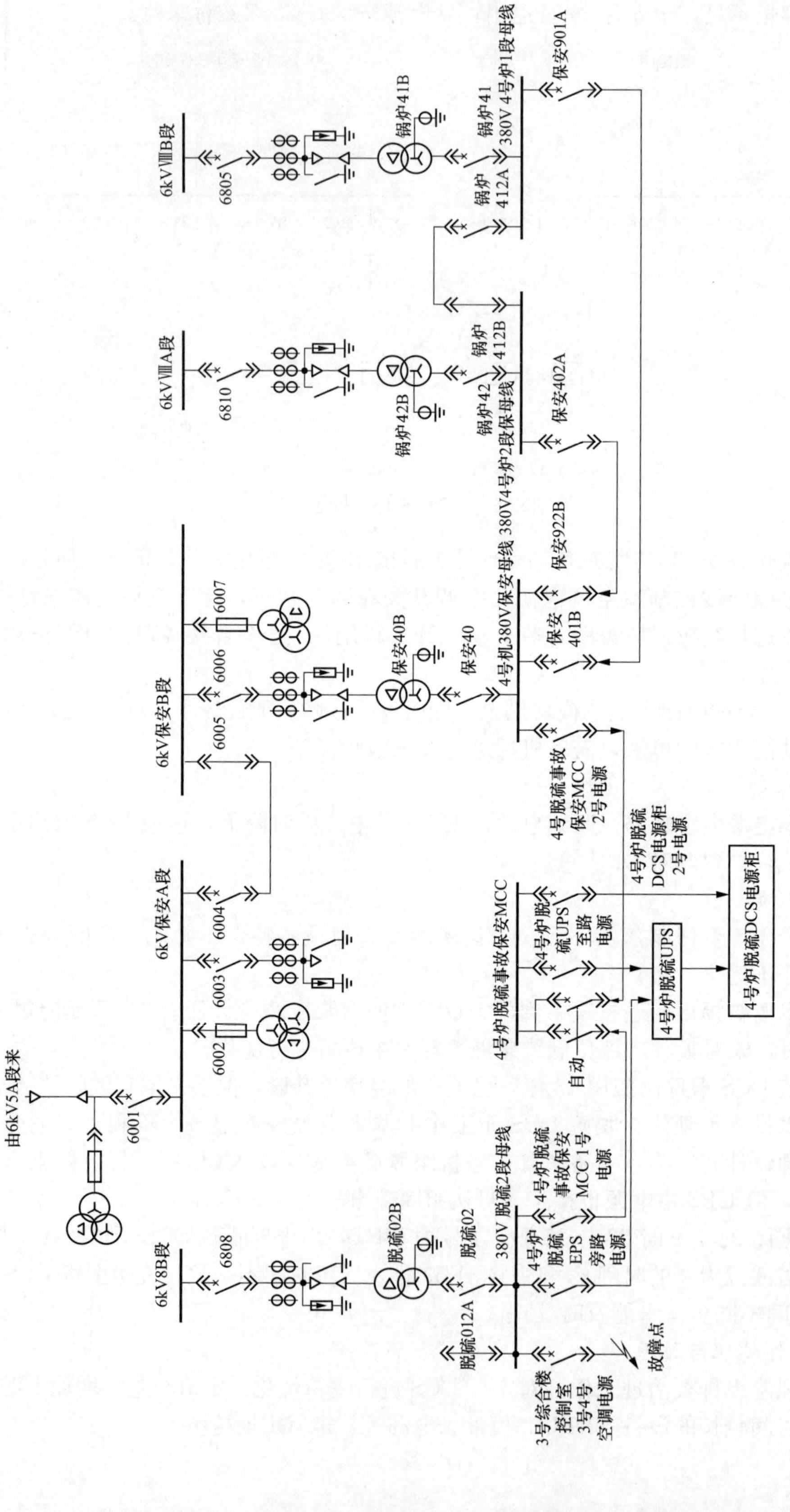

图 2-4　4号炉脱硫DCS电源接线

（2）加强设备缺陷管理，及时消除影响机组安全、稳定运行的缺陷，暂时消除不了的缺陷，制定切实可行的安全运行措施。

（3）积极推进状态检修工作，开展 DCS 模件定期测温工作。加强生产现场管理，进一步完善工程师站、电子间出入管理制度。

（4）加强人员培训，提高检修人员专业技能及风险防控能力。

图 2-5　3 号综合楼控制室空调电源线短路点

（5）为避免浆液循环水泵全停立即引发锅炉 MFT，组织讨论将“4 台浆液循环水泵全停（延时 10s），灭火保护动作，锅炉 MFT”修改为当下列条件全满足时，脱硫请求锅炉 MFT 跳闸：

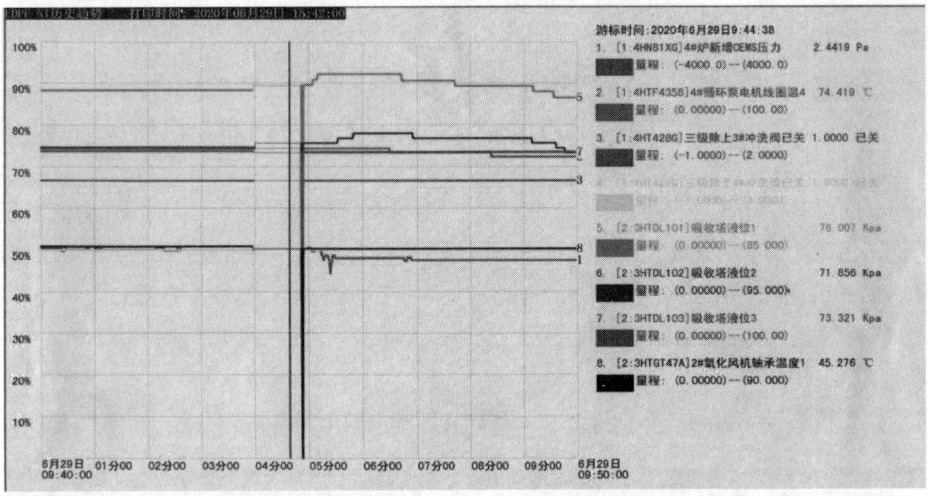

图 2-6　脱硫 DCS 历史曲线

1）4 台浆液循环水泵均停运。

2）净烟气温度大于等于 80℃。

3）在以上两条均达到的情况下，经延时 100s，延时在脱硫 DCS 实现。

（6）根据锅炉专业建议，联系吸收塔喷淋层及除雾器材料生产厂家确定喷淋层及除雾器材料许用温度限值，根据此温度限值将原保护逻辑修改为“浆液循环水泵全停且吸收塔入口原烟气温度高加延时 180～300s”“吸收塔入口原烟气温度高”定值为喷淋层及除雾器材料许用温度限值，具体延时时长与吸收塔喷淋层及除雾器材料生产厂家沟通后确定。保护逻辑优化后，当运行的浆液循环水泵全部跳闸后，运行人员可以迅速启动备用浆液循环水泵，在保证吸收塔喷淋层及除雾器运行安全性的同时，避免“浆液循环水泵全停”直接触发锅炉 MFT。

二、UPS 装置故障导致给煤机全停而 MFT

某热电公司 2 号汽轮发电机组生产厂家为东方电气股份有限公司，汽轮机型号为 C350/263-24.2/0.4/569/569，超临界、一次中间再热、双缸双排汽、8 级回热抽汽凝汽式；锅炉生产厂家为上海锅炉厂有限公司，型号为 SG-1111/25.4-M4431，超临界变压运行直流炉。机组设 UPS 一套，生产厂家为青岛艾迪森科技股份有限公司，型号为 NMP31080-380/220/220-ARS，额定输出功率 80kV·A。UPS 输出带两个馈线柜，A、B、C 给煤机控制器电源取自馈线柜 1，D、E、F 给煤机控制电源取自馈线柜 2。2 号机组于 2020 年 1 月 24 日完成 168h 试运行并移交生产。

（一）事件过程

2020 年 6 月 20 日 0 时 48 分前，2 号机组负荷 175MW，2A、2B、2C、2E 磨煤机运行，2D 磨煤机检修，煤量 105t/h，双侧引风机、送风机、一次风机运行，UPS 系统正常方式运行（交流主备电源投入，直流蓄电池投入，UPS 在整流、逆变方式运行），UPS 系统输出电流 20.2A。

0 时 48 分，2 号机组报“UPS 系统市电异常”“直流电源异常”“UPS 综合故障报警”“UPS 备用交流供电模式”，UPS 输出电流下降到 10.7A，运行人员立即就地检查，发现 2 号机组 UPS 主机柜功率模块冒烟。

0 时 52 分，MFT 保护动作锅炉跳闸（首次故障信号为“全炉膛火焰丧失”）。机炉电大联锁动作机组跳闸，厂用电切换正常，主机交流润滑油泵联启，汽轮机转速下降。1 时 46 分，主机转速到零，投入盘车运行。

23 日 15 时 49 分，2 号锅炉点火；20 时 50 分，汽轮机冲转；21 时 42 分，2 号机组恢复并网运行。本次非停影响电量按当时电网平均负荷率 55%计算，影响 1318.24 万 kWh；影响机组等效可用系数 0.45%。

（二）事件原因查找与分析

1. 事件原因查找

停机后，调阅 DCS 历史记录曲线，UPS 电压电流和给煤机反馈，如图 2-7 所示。

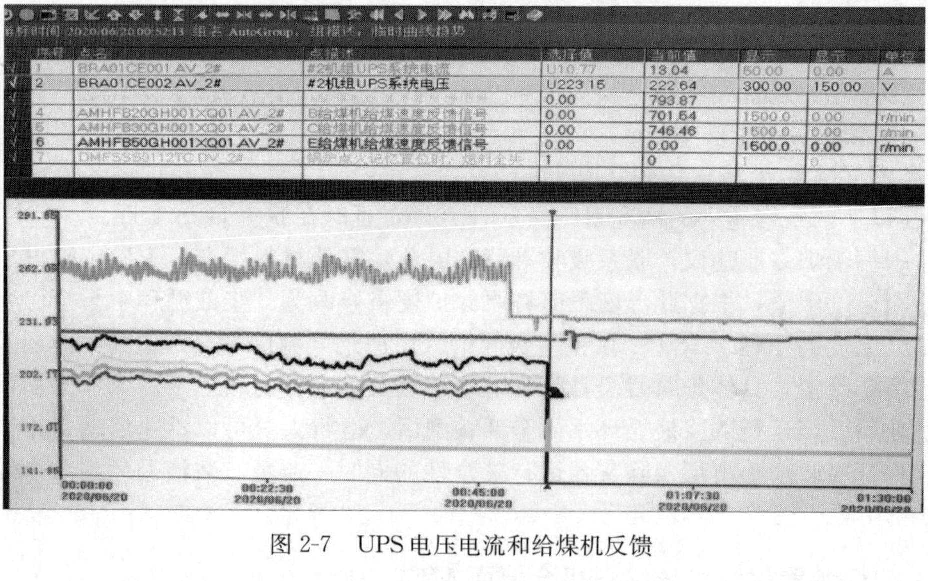

图 2-7 UPS 电压电流和给煤机反馈

0 时 52 分，2 号机组 UPS 输出开关跳闸，造成 A、B、C、E 给煤机运行状态消失、给煤量到 0t/h，触发“全炉膛火焰丧失”保护动作 MFT 跳闸。

现场检查损坏设备，包括2号机组UPS1个主模块（整流模块+逆变模块A）、1个副模块（逆变模块B和C）、主控制板2个电阻器、直流接触器控制板、静态开关控制板。损坏的IGBT和放电呲坏的对面板件，如图2-8所示。

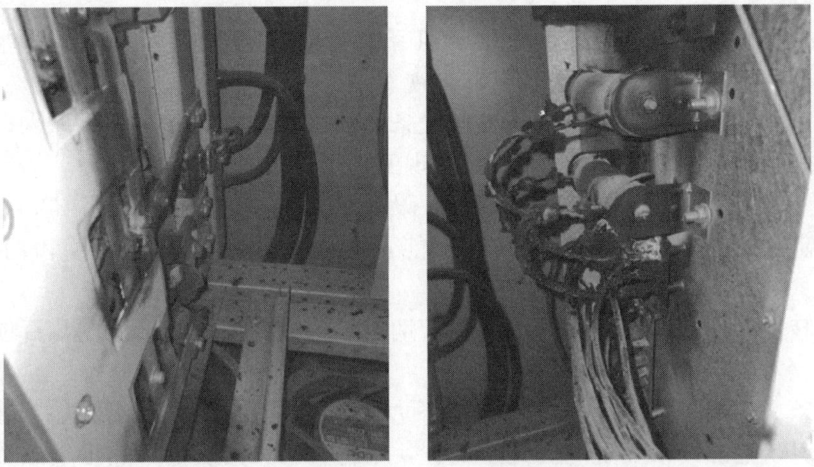

图2-8　损坏的IGBT和放电呲坏的对面板件

经厂家人员现场确认，UPS功率驱动板取样电阻在运行中损坏，造成导通角控制异常，引起IGBT漏极电流增大，进而使IGBT处于饱和状态，寄生晶闸管开通，门极失去了控制作用，便发生了擎住效应。最后导致IGBT模块损坏，之后IGBT在关断时，由于逆变电路中存在电感成分，关断瞬间产生尖峰电压，个别IGBT元件耐压性能变差，造成IGBT击穿损坏（损坏的IGBT和控制板电阻，如图2-9所示），UPS输出开关跳闸，造成UPS所带6台给煤机控制器电源消失，运行中的A、B、C、E给煤机运行状态消失，给煤量到0t/h，触发“全炉膛火焰丧失”保护动作，造成锅炉灭火、机组跳闸。

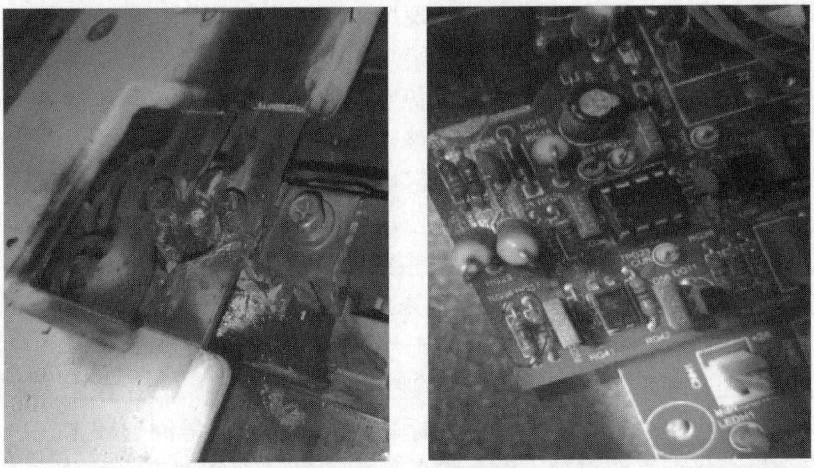

图2-9　损坏的IGBT和控制板电阻

2. 故障原因分析

(1) 直接原因。UPS故障造成UPS所带6台给煤机控制器电源消失，运行中的A、B、C、E给煤机运行状态消失，给煤量到0t/h，触发“全炉膛火焰丧失”保护动作。

（2）间接原因。给煤机控制器电源配置不合理：机组 UPS 单套配置，全部给煤机控制器电源均取自 UPS 电源，UPS 失电导致全部给煤机控制器失电，引发锅炉 MFT，机组跳闸。

（3）管理原因。

1）生产人员思想没有调整，转入生产期后，设备管理人员主要精力用于基建尾工和缺陷处理，对设备点检等工作没有引起足够重视。

2）对安全月期间安全生产重视不够，设备事故征兆排查活动开展不深入，未对设备迎峰度夏开展深入的隐患排查，导致未及时发现 UPS 等重要设备质量问题。

3）电气专业日常点检不到位，对 UPS 设备的点检周期安排两天一次，而且只检查 UPS 外部，对于设备内部温度较高问题不能及时发现，未对内部板件和功率元件测温检查。

4）基建转生产遗留问题较多，转入生产期后，各级专项检查出问题几百项，且设备标识标牌缺失、名称不准确等问题较为突出。

5）强制条文、反事故措施、规程执行不力，1、2 号机组所有给煤机控制柜电源均取自对应机组 UPS 电源，未实现电源冗余配置，不符合《火力发电厂热工电源及气源系统设计技术规程》（DL/T 5455—2012）第 3.2.2 条的要求，存在 UPS 电源消失所有给煤机停运导致机组非停隐患。

6）点检人员整体素质不高，部分人员由检修岗位调整到点检岗位时间较短，设备部在生产准备期培训工作不扎实，大部分人员忙于基建工作，忽视了安全和专业技术培训。

3. 暴露问题

（1）厂家设备质量存在缺陷。2 号机组 UPS 设备移交生产不到半年，UPS 即因设备质量问题损坏。新投设备验收把关不严，机组调试验收过程未及时发现 UPS 设备存在的质量问题。

（2）专业人员敏感性不强。对重要设备选型未认真调研，未对中标 UPS 厂家产品可靠性进行充分调研，不掌握此厂家产品在其他现场出现的类似问题。

（3）给煤机控制器电源配置不合理，使给煤机电源风险过于集中，点检人员对于强制条文、反事故措施、规程执行不到位，对设备事故征兆排查不力，防范措施不到位。

（4）基建结束后生产人员思想未及时调整，工作作风不扎实。未及时对点检定修工作的开展进行安排和检查，未对点检工作进行定量考核。

（5）安全月隐患排查工作不到位。对分公司安排的事故征兆排查工作未深入开展，对设备迎峰度夏可能存在的问题不敏感，未对重要电气设备开展红外测温工作。

（6）点检周期、点检项目安排不合理。未能及时开展重要设备的劣化趋势分析工作，未安排 UPS 等电气装置内部元件的定期检查。

（7）基建期工程管理不到位。尾工缺陷遗留较多，其中，土建尾工、缺陷，跑、冒、滴、漏，以及电缆防火封堵、现场设备标识标牌缺失、不准确等问题较多。

（8）对安全生产培训工作重视不够。设备部生产准备期间对安全培训和技术培训安排较少，以基建招标、催货、安装为由，开展技术培训不足。

（三）事件处理与防范

1. 事件处理

21 日，UPS 厂家人员到厂，开票更换损坏的 UPS 模块；22 日 16 时 50 分，更换完成，启动 UPS 运行正常，做 UPS 系统各种切换试验均正常后，带负荷试运行 23h，结票恢复正常方式；23 日 15 时 49 分，2 号锅炉点火，20 时 50 分，汽轮机冲转，21 时 42 分，2 号机组恢复并网运行。

2. 防范措施

公司组织专业分析后，提出以下防范措施。

（1）排查隐患。立即安排厂家对 UPS 损坏部件进行深入分析，对存在共性问题的部件进行升级，杜绝类似事件再次发生。对此厂家 UPS 的其他部件进行隐患排查，发现有问题的，及时联系厂家更换备件，确保当前 UPS 电源安全可靠运行。

（2）开展试验。组织专业人员对 UPS 输出开关进行反复合拉试验和带负荷试验，没有再次出现跳闸情况，目前使用正常，责成厂家提供可靠的新开关在停机时将其更换，保证 UPS 输出正常。

（3）立查立改。立即对 UPS 标识不一致问题进行整改（标识整改前，如图 2-10 所示。标识整改后，如图 2-11 所示），并举一反三，结合正在开展的基建转生产专项检查，认真对照各项标准、规程，全面检查各系统、设备设计、施工和产品质量是否符合要求，制定下半年整改计划，落实整改时间、整改责任到人，高标准验收闭环，对整改不力的责任人进行严肃考核。

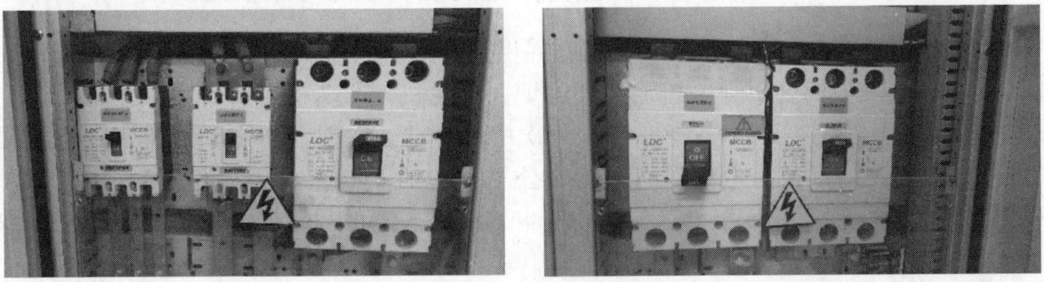

图 2-10　标识整改前

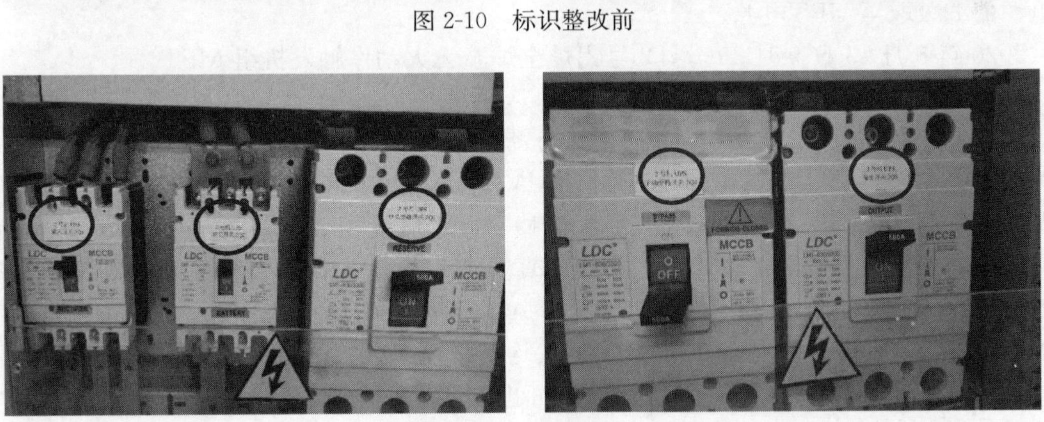

图 2-11　标识整改后

（4）制定整改方案。热控专业认真按照《火力发电厂热工电源及气源系统设计技术规程》（DL/T 5455—2012）第 3.2.2 条制定整改方案，给煤机控制电源整改方案，如图 2-12 所示，为每台给煤机加装独立的 UPS，实现给煤机控制器电源分散供电，排查其他系统是否存在同类隐患一并整改。

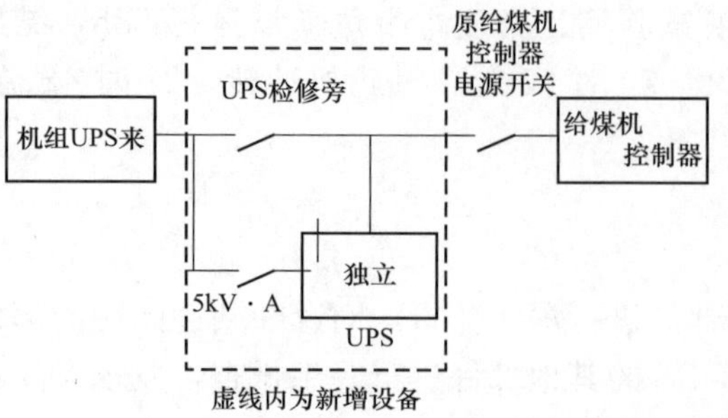

图 2-12　给煤机控制电源整改方案

（5）严格招标管理。对于投标企业的资质、业绩进行认真核查，对其产品存在质量情况进行详细调研，对于资质达不到要求、业绩不真实、产品质量不高的不得进入中标备选。

（6）夯实基础。立即根据竣工图和调试结果对规程、系统图、逻辑图、工作票、操作票进行完善修订，经过审查、批准后下发执行，并对生产人员进行培训和考试。

（7）认真落实巡检点检制度。发电部每 2h 测量各配电室温度是否处于正常范围，点检员每天对配电间重要电气设备进行点检，定期对发热元件进行红外成像测温。

（8）成立专门组织机构。对基建尾工和缺陷安排专门队伍，加强外包工程的安全管理，严把六道关口，加强过程管控和质量验收把关，确保基建尾工缺陷按时整改完成。

（9）加大培训力度。各生产部门认真复核下半年培训计划，认真开展安全培训和技术培训。

三、锅炉电子间 220V 电源切换器内部控制模块故障导致机组跳闸

某热电有限公司装机两台 350MW 超临界供热机组，锅炉型号为 HG-1110/25.4-YM3，哈尔滨锅炉厂有限责任公司制造超临界直流炉；汽轮机型号为 CLN350-24.2/566/566，哈尔滨汽轮机厂有限责任公司制造超临界、一次中间再热、单轴、双缸、双排汽、双抽凝汽式汽轮机；发电机为哈尔滨电机厂有限责任公司制造的 QFSN-350-2 型三相隐极式同步汽轮发电机，额定功率 350MW。2 号锅炉电子间 220V 电源柜的交流电源切换器生产厂家为西安航天自动化股份有限公司，设备型号为 JQ-20K，由 2 路电源输入，1 路电源输出。输入电源的上级取至 UPS 电源。

2020 年 8 月 13 日 9 时 30 分，2 号锅炉全炉膛无火动作触发机组 MFT。

（一）事件过程

2020 年 8 月 13 日 9 时 20 分，2 号锅炉负荷 175MW，总煤量 147t/h，给水流量 473t/h，主蒸汽流量 578t/h，主蒸汽温度 556℃，再热蒸汽温度 545℃，水煤比 3.3，主蒸汽压力 12.3MPa，再热蒸汽压力 1.6MPa，过热度 19℃，总风量 493t/h，氧量 4.1%，炉膛负压 −28.8Pa，一次风压 9.9kPa，排烟 145℃，真空 −92.3kPa，A、B、C、E 制粉系统运行，A、B、C 等离子投运。电源切换器切换前为 A 路工作，B 路备用，A 路工作指示灯常亮，输出指示灯常亮。220V 电源柜内各负荷开关均正常投入。

9 时 21 分 03 秒，2 号锅炉炉侧 DCS 画面出现多处坏点。

9 时 26 分 00 秒，热工专业接运行通知后迅速赶往 2 号锅炉电子间检查，发现电子间内 220V 电源柜全部失电。

9 时 27 分 20 秒，磨煤机液压油站作用力、反作用力（比例调节阀）控制电源失电，磨煤机失去加载力，磨辊升起停止制粉。热工专业人员检查切换器及上下级电源情况。

9 时 30 分 00 秒，磨煤机、出口粉管内均已无积粉，火焰检测（简称“火检”）出现摆动。10s 后炉膛丧失火焰，2 号锅炉全炉膛无火动作触发机组 MFT。

12 时 15 分 00 秒，2 号机组启动点火。因当天下雨，原煤斗内存煤很湿，6 次点火均因火检不好失败。

21 时 15 分 23 秒，将原煤斗内存煤倒出后，重新上干煤，锅炉点火成功。

14 日 1 时 28 分 41 秒，汽轮机冲转；2 时 10 分 20 秒，机组并网。

（二）事件原因查找与分析

1. 事件原因检查

（1）锅炉热控 220V AC 电源柜系统，如图 2-13 所示。检查 1 号锅炉 220V 电源盘（切换器安装在此柜内）两路进线 UPS 供电电源正常，切换器前断路器 K1、K2 均合闸，出口电压 220V AC。

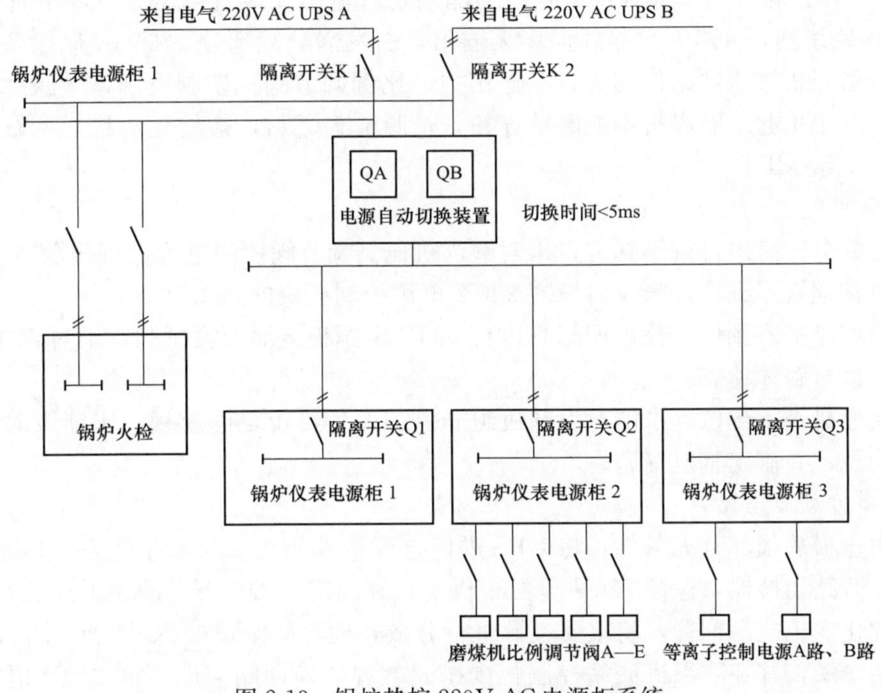

图 2-13　锅炉热控 220V AC 电源柜系统

（2）检查切换器输出至 1、2、3 号热工盘（柜）的总电源空气断路器 Q1、Q2、Q3（切换器后）未跳闸，三个开关上下口全部失电，接线无松动。

（3）检查 1、2、3 号电源盘（柜）内各空气断路器均未跳闸，说明系统无接地和短路现象。其中，磨煤机比例调节阀控制箱和等离子 220V AC 电源由上述电源盘接引，因此也处于失电状态。

（4）检查交流电源切换器，输入电源 A 路开关 QA 跳闸，B 路开关 QB 合闸，但输出电压为 0，输出指示灯未亮。热工 220V AC 电源柜切换器故障，切换器上级和下级开关均未跳闸状态，切换器故障状态，如图 2-14 所示。

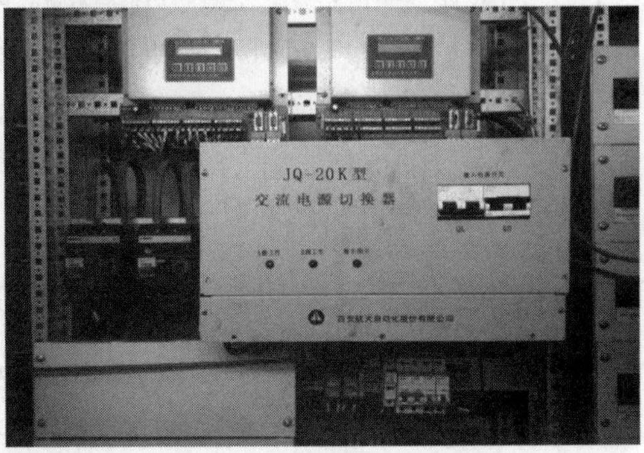

图 2-14　切换器故障状态

（5）机组 MFT 后，对交流电源切换器进行电源切换试验，由 A 路向 B 路切换时，B 路不工作且输出电压为 0V AC。单独送 A 路，输出电压 220V AC，单独送 B 路，输出电压 0V AC。经与厂家技术人员确认，判定 B 路电源控制模块故障（厂家判断可能为晶闸管或输出二极管击穿），导致工作 A 路开关过流跳闸，B 路即使合闸状态但因回路故障无法切换进行供电，进而导致磨煤机液压油站作用力、反作用力（比例调节阀）控制电源失电，磨煤机磨辊全部升起，不能有效磨制煤粉，磨煤机虽然处于运行状态，但锅炉燃烧器已失去煤粉无法继续稳定燃烧，全部火检摆动，触发全炉膛无火，引发机组 MFT。

2. 原因分析

2 号锅炉电子间 220V 电源柜共 3 个，因 220V 电源总切换器内部控制模块故障，导致 3 个电源盘（柜）均失电。经分析，判断为晶闸管或输出二极管被击穿，B 路向 A 路反送电，导致 A 路跳闸，B 路因元器件损坏无输出，引发锅炉侧部分 220V 控制设备失电，其中包括五台磨煤机液压油站作用力、反作用力（比例调节阀）控制电源，导致磨煤机失去加载油压，磨辊抬起，磨煤机不能磨制煤粉，炉膛失去燃料，最终无法稳燃，触发全炉膛无火保护，机组 MFT。

3. 暴露问题

（1）电源分布隐患排查不到位，未对磨煤机比例调节阀控制电源进行分散布置。

（2）日常巡视不到位，未及时发现 220V 电源控制模块的隐患。

（3）检修维护不到位，检修期间只进行 220V 电源柜电源切换试验，未对 220V 电源柜内切换模块进行解体检查。

（4）隐患排查不到位，未能对引起机组非停的设备给予足够重视，未能及时发现设备存在风险隐患，并制定整改措施。

（三）事件处理与防范

（1）由于模块损坏且无备件，将 UPS 进柜电源 A 路直接引至 QA 开关，并拆除 QB 开关进出线、旁路切换器，保证 220V 电源柜供电，并制定了 QA 开关跳闸的应急预案。

（2）优化热工电源配置，将重要电源进行分散处理，从保安 MCC 增加一路 A、B 磨煤机油站控制电源，并在磨煤机油站控制柜内搭建电源切换回路与电子间 220V 电源柜输出互为冗余（8 月 15 日已经完成）。

（3）采购更为可靠的电源切换器，对 1、2 号机组电子间 220、380V 电源柜内所有电源切换器进行更换。

（4）加强电子间 220、380V 电源柜巡视，及时发现电源状态切换等隐患。

（5）利用检修机会，对汽轮机、锅炉电子间内所有 220、380V 电源柜内电源切换器进行检查，并将故障的切换器进行拆解，了解内部结构，确定是否还有其他隐患。

（6）扎实开展好隐患排查治理工作，举一反三，电气、热工作专业对双电源切换器开展隐患排查，完善机组防非计划停运措施。

四、UPS 装置异常引起热工仪表电源切换装置故障导致 MFT

某热电厂 2 号机组额定容量为 350MW，锅炉是哈尔滨锅炉厂有限责任公司研制的 350MW 褐煤超临界锅炉。该锅炉为超临界参数变压运行直流炉（不带启动循环水泵的内置式启动系统），单炉膛、一次中间再热、低 NO_x 墙内切圆燃烧方式（五层燃烧器）、平衡通风、紧身封闭、固态排渣、全钢构架、三分仓回转式空气预热器、全悬吊结构Ⅱ形锅炉。汽轮机是哈尔滨汽轮机厂有限责任公司生产的超临界、单轴、双缸、双排汽、湿冷、一次中间再热供热抽汽式汽轮机。发电机是哈尔滨电机厂有限责任公司的水-氢-氢冷却汽轮发电机（型号为 QFSN-350-2），采用静态励磁方式。

2020 年 4 月 11 日 11 时 36 分，2 号机组 UPS 故障，热工仪表电源切换装置故障，在运 B、C、D 给煤机全停，锅炉 MFT，机组停运。

（一）事件过程

解列前，2 号机组负荷 118MW，给水流量 346t/h，总煤量 85t/h，B、C、D 制粉系统运行，机组 UPS 系统运行在正常主电源方式，由 400V 厂用 PCA 段母线供电，热工仪表电源柜 1 主电源为 UPS 电源。

11 时 36 分 11 秒，2 号机组 UPS 逆变器故障报警，UPS 综合报警，UPS 旁路供电报警，UPS 逆变器同步故障报警。

11 时 36 分 11 秒，C 给煤机故障跳闸，给煤机出口插板门联关。

11 时 36 分 11 秒，B、D 给煤机出口插板门开状态消失。

11 时 36 分 21 秒，B、D 给煤机出口插板门全关状态来，延时 5s，B、D 给煤机跳闸。

11 时 36 分 26 秒，锅炉 MFT，机组全停，DCS 锅炉首出“全燃料丧失”。

（二）事件原因查找与分析

1. 事件原因检查

（1）DCS 画面检查。11 时 36 分，画面显示 2 号机组“2 号机 UPS 综合报警”“2 号机 UPS 旁路供电报警”“2 号机 UPS 逆变器”“给煤机 C 跳闸”“B 出口插板门关闭”“D 出口插板门关闭”“给煤机 B 跳闸”“给煤机 D 跳闸”。

（2）UPS 系统检查。现场检查发现，UPS 电源已切换为旁路，并且 UPS 逆变器“A+”IGBT 元件放电损坏，UPS 主路切旁路电源告警，如图 2-15 所示，UPS 逆变器“A+”IGBT 元件放电损坏情况，如图 2-16 所示。

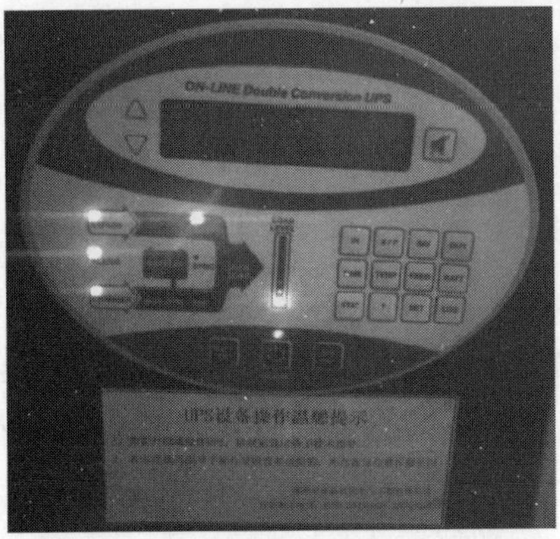

图 2-15 UPS 主路切旁路电源告警

图 2-16 UPS 逆变器“A+”IGBT 元件放电损坏情况

（3）热工仪表电源柜 1 检查。现场检查发现热工仪表电源柜电源切换装置报机械故障（MECHANICALFAILURE），热工仪表电源柜切换失败机械故障报文，如图 2-17 所示。

（4）2 号机组 UPS 切换装置切换异常原因查找分析。UPS 供电主接线，如图 2-18 所示。正常切换逻辑为主电源回路异常时切换为蓄电池组供电，蓄电池异常时再切换为旁路

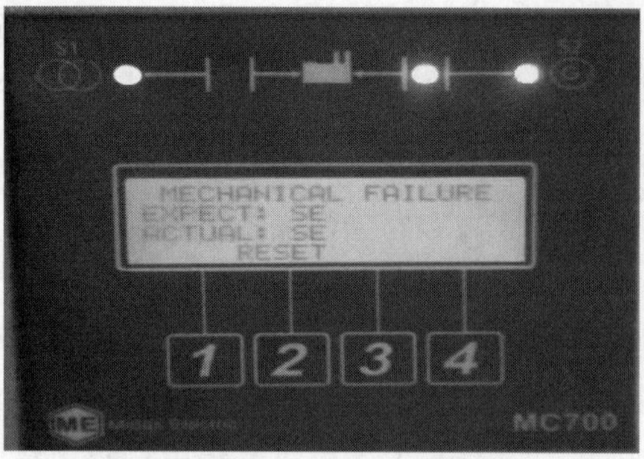

图 2-17 热工仪表电源柜切换失败机械故障报文

供电。由图 2-15 可知，由于逆变器故障，UPS 电源直接由主电源切换为旁路运行，并且已经报警。由于 UPS 质量不可靠，运行过程中，装置的逆变器“A+”IGBT 元件异常放电并损坏。

（5）C 给煤机跳闸原因查找分析。2 号机组 UPS 逆变器损坏，UPS 供电电源直接由主电源切换至旁路电源，切换过程中，机组 UPS 输出电压异常，导致 C 给煤机开关的控制电源失电，接触器失电脱扣，引起 C 给煤机开关跳闸。

（6）B、D 给煤机跳闸原因查找分析。热工仪表电源柜 1 主电源 UPS 故障后，热工仪表电源柜供电电源由 UPS 切换至保安段，由于电源切换装置存在机械故障，电源切换失败。B、D 给煤机出口气动插板门由热工仪表电源柜 1 供电、电磁阀控制，插板门打开时电磁阀常带电，因此，电源切换失败造成 B、D 给煤机出口气动插板门因电磁阀失电关闭，触发 B、D 给煤机跳闸。

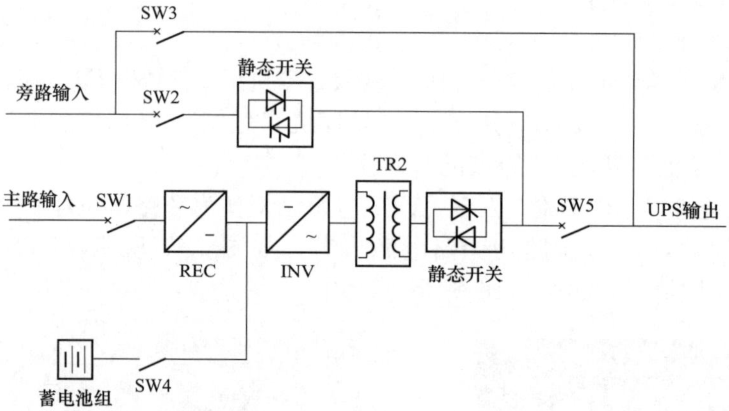

图 2-18 UPS 供电主接线

2. 事件原因分析

UPS 所用设备质量不可靠，运行过程中，逆变器“A+”IGBT 元件异常放电并损坏，导致 UPS 由主电源回路直接切换为旁路运行且切换时间较长，UPS 输出电压异常，导致 C 给煤机跳闸，又因热工仪表电源柜电源切换装置切换异常，导致给煤机出口气动插板门因电磁阀失电关闭，触发 B、D 给煤机跳闸，最终锅炉“全燃料丧失”MFT 保护动作，机组停运。

（三）事件处理与防范

（1）更换 UPS 逆变器损坏的“A+”IGBT 器件。

（2）将热工仪表电源柜电源切换装置由机械式改为晶闸管电子式，降低电源切换装置故障率，减少电源切换装置的切换时间，更换后重新做电源切换试验，切换时间为 16ms。

（3）将给煤机出口气动插板门电磁阀更换为带保位功能的电磁阀，插板门打开时电磁阀不需要常带电，避免因电源切换装置切换失败造成插板门关闭。

第二节　控制设备电源故障分析处理与防范

本节收集了控制设备电源故障案例4起，分别为电源装置故障导致燃气轮机危险气体保护误动作、热控电源柜24V DC电源模块故障导致机组跳闸、DPU电源故障导致机组跳闸、DCS控制柜电源模块异常导致机组停机。

一、电源装置故障导致燃气轮机危险气体保护误动作

2020年01月29日0时21分，第二套机组UPS电源跳闸，机组在备用电源供电下继续正常运行，3号燃气轮机负荷260MW，4号汽轮机负荷140MW。0时49分跳闸发生时，设备部、发电部人员正在对UPS电源故障原因进行排查，期间只进行目视检查，未进行任何电气操作。

（一）事件过程

0时21分31秒，第二套机组UPS配电柜总开关QF2跳闸触发报警。值长立即联系热控和继保专业值班人员，并汇报发电部领导，同时派运行人员就地查看跳闸原因。

0时31分，热控、继保、发电部人员到达集控室，确认报警信息后前往UPS配电室。

0时35分，热控、继保、发电部和运行人员进入UPS室，发现UPS馈线柜电压表显示为零，馈线柜已失电。查看总开关状态，开关在跳闸位置。

0时38分，打开柜门，观察柜内母线及端子是否存在短路放电等异常痕迹，期间未进行任何操作。在查看过程中，收到值长通知，第二套机组跳闸。

0时49分37秒，报警："主保护跳闸（master protective trip）""测点坏点报警（analoginput unhealthy，包括8个燃气轮机本体罩壳危险气体探测器，3个天然气模块危险气体探测器，共计11个测点）""危险气体高高报警（GT HAZ GAS DETECTOR LEVEL HIGH HIGH，燃气轮机本体罩壳5A、5B、5D、6B、6C、6D共计6个危险气体探测器）"。

0时49分38秒，L4T跳闸信号触发、3号燃气轮机跳闸，联锁汽轮机跳闸。

（二）事件原因查找与分析

1. 事件原因检查

机组跳闸前后主要测点曲线，如图2-19所示。分析报警记录、历史曲线及就地危险气体变送器内事件记录，发现0时49分至1时50分由同一电源装置供电的11个危险气体变送器存在8次上电记录，判断变送器出现了集体断电和重启情况。

利用机组停运时间模拟故障前工况，对该双电源装置进行单路电源供电试验，对24V DC输出电压进行24h录波，发现输出电压不定时出现异常波动，电压变化范围为10～26V，连接的危险气体变送器在电压低于16V时会出现重启现象，导致DCS上发出坏点报警。

对该双电源装置进行双路电源冗余供电，对24V DC输出电压进行24h录波，发现输出电压仍存在间歇性波动现象，但电压变化范围为23～26V，满足仪表供电需求，试验期间负载未发生重启现象，DCS上未发出坏点报警。

更换新的双电源装置，分别在单路、双路供电情况下对24V DC输出电压进行录波，均未发生电压波动情况，电压稳定输出24V，故判断原双电源装置输出模块存在故障，单路供电时不能稳定输出电源，导致负载在电压波动时瞬间失电重启。

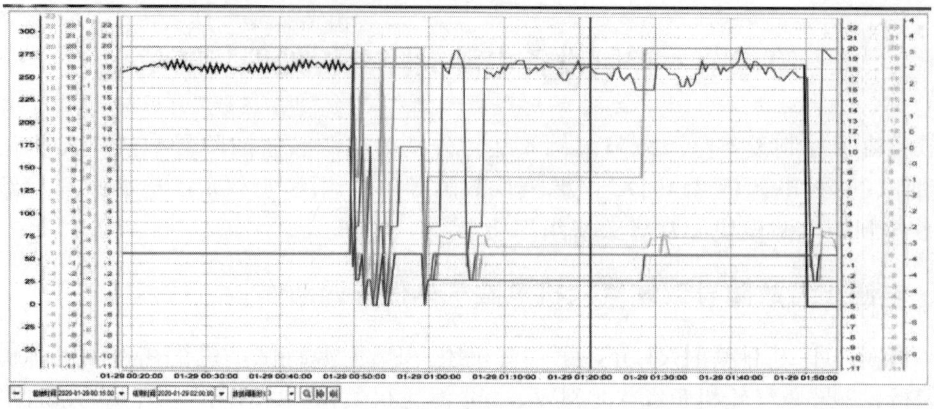

图 2-19　机组跳闸前后主要测点曲线

对其余该型号电源装置进行输出录波试验，确认均输出稳定。

2. 事件原因分析

UPS 供电回路及危险气体探测器供电回路，如图 2-20 所示。

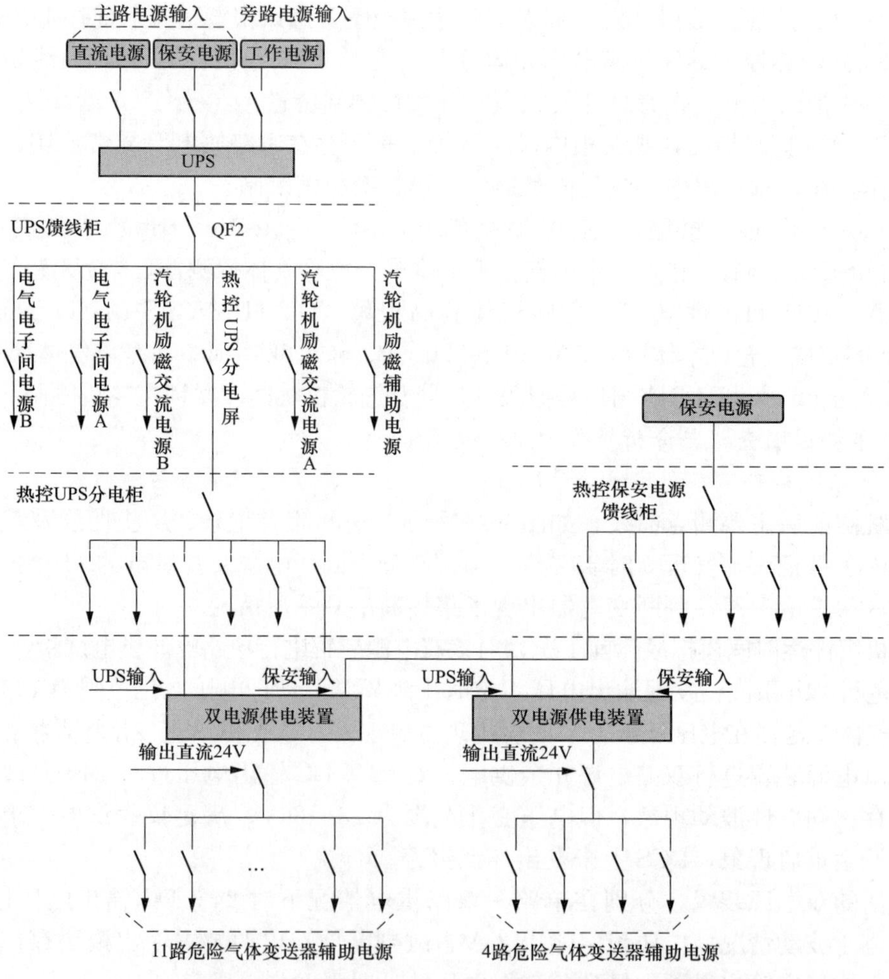

图 2-20　UPS 供电回路及危险气体探测器供电回路

UPS 开关 QF2 断开后，电气电子间电源 A、B 失电，负载包括各电气保护屏打印机、NCS 交换机、光电转换器失电，对机组运行无影响；汽轮机励磁系统 UPS 交流电源 A、B 及辅助电源失电，切换至直流电源供电，对机组运行无影响；热控 UPS 分电屏，负载中燃气轮机及汽轮机 DCS 切换至备用保安电源供电，SIS 系统、视频监控系统、火灾报警系统、门禁系统等公用系统均切换至 1 号机组 UPS 进行供电，对机组运行无影响；整套机组继续正常运行。

危险气体探测器由危险气体控制柜进行供电，柜内安装两套双电源供电装置（一路 UPS 220V AC 供电，一路保安 220V AC 供电），一套双电源装置向 11 只危险气体变送器供电（燃气轮机罩壳 8 只，天然气模块 3 只），另一套向 4 只燃气轮机发电机危险气体变送器供电。

危险气体测点逻辑保护设置如下。

（1）燃气轮机本体罩壳测点 5A、5B、5C、5D 同组，6A、6B、6C、6D 同组，同组测点报警与机组相应动作对照（一）见表 2-1。

表 2-1　同组测点报警与机组相应动作对照（一）

报警情况	机组动作
2 个坏点	自动停机
3 个坏点	燃气轮机跳闸
任 1 测点高报警	不允许燃气轮机启动
1 个坏点+1 个高报警	自动停机
2 个坏点+1 个高报警	燃气轮机跳闸
1 个坏点+1 个高高报警	燃气轮机跳闸
2 个高高报警	燃气轮机跳闸

（2）燃料小间测点 9A、9B、9C 同组，同组测点报警与机组相应动作对照（二）见表 2-2。

表 2-2　同组测点报警与机组相应动作对照（二）

报警情况	机组动作
2 个坏点	自动停机
3 个坏点	燃气轮机跳闸
1 个坏点+1 个高报警	自动停机
2 个坏点+1 个高报警	燃气轮机跳闸
2 个高高报警	燃气轮机跳闸

（3）燃气轮机发电机 7A、7B、HGT-1、HGT-2 同组，同组测点报警与机组相应动作对照（三）见表 2-3。

表 2-3　同组测点报警与机组相应动作对照（三）

报警情况	机组动作
2 个坏点	自动停机
1 个坏点+1 个高报警	自动停机
1 个坏点+1 个高高报警	燃气轮机跳闸
2 个高高报警	燃气轮机跳闸
1 个高报警	不允许燃气轮机启动

(4) 0时21分，UPS总电源故障，经后续对UPS主开关解体检查（厂家施耐德，型号为NSX630F），开关跳闸原因是跳闸测试按钮内部弹簧脱扣导致主开关异常跳闸。机组失去UPS电源后，在备用电源供电情况下继续保持平稳运行状态，运行28min后机组跳闸，首出为危险气体探测器故障跳闸，因此，UPS电源跳闸不是导致机组跳闸的直接原因。

(5) 分析报警记录和曲线，查询就地危险气体变送器事件记录，发现机组跳闸前，11个危险气体探测器报坏点，随后部分测点发出高报警，查询就地危险气体变送器内确认存在多次重新上电的信息记录，说明危险气体变送器发生断电重启情况，因此，变送器重启时测点坏点导致主保护动作。

测点故障的动作过程和现象也向厂家技术人员进行了咨询确认，答复为危险气体变送器在电源故障重启时，会进行自检测试，测试过程中会发出输出电流，因此，在坏点信号报出后，DCS收到了危险气体浓度高的报警。

(6) 经查询，报坏点的11个危险气体变送器属同一电源装置供电，而另一套电源装置供电的4个危险气体变送器未发生异常，故判断发生坏点的11个危险气体变送器所属的供电装置因内部故障在供电时输出电压失稳，造成了元件失电，测点坏点。

综上所述，机组跳闸原因是双电源供电装置的变压稳压输出模块工作异常，双电源装置输出电压存在间歇性不稳定现象，导致负载发生瞬间失电重启，危险气体测点发生坏点，触发保护逻辑导致机组跳闸。

3. 事件原因分析

(1) 直接原因：双电源供电装置异常，导致危险气体变送器发生断电重启，变送器重启时测点坏点导致主保护动作。

(2) 间接原因：机组运行UPS电源故障跳闸。

4. 暴露问题

(1) 设备存在质量问题，电源装置在使用过程中，输出模块电压发生波动，导致负载发生瞬间失电重启情况。

(2) 工作人员对设备特性掌握不到位，对设备故障的风险分析不够深入。

(三) 事件处理与防范

(1) 鉴于燃气轮机危险气体探测器为每4个一组，同组测点同时出现超过两个坏点即触发燃气轮机跳闸的情况，对现有危险气体变送器双电源装置进行优化，增加两套危险气体变送器双电源装置，使原电源装置增加至四套。同一保护逻辑下的危险气体变送器分别采用四套双电装置独立供电，避免在某一套双电源装置故障时同一保护逻辑下两个以上坏点触发机组跳闸。双电源装置优化配置见表2-4。

表2-4　　双电源装置优化配置

双电源装置1	5A	6A	9A	7A
双电源装置2	5B	6B	9B	7B
双电源装置3	5C	6C	9C	HGT-1
双电源装置4	5D	6D		HGT-2

(2) 将两套机组危险气体探测器双电源供电装置的切换及录波试验纳入停机预试预检

项目，完善定期工作台账，利用停机消缺机会对电源装置进行输出测试等排查工作。

（3）讨论优化危险气体测点坏点触发跳闸的逻辑方案。

二、热控电源柜 24V DC 电源模块故障导致机组跳闸

某热电厂 2 号机组为 300MW 高压、单轴、抽汽凝汽式发电机组，2008 年投产。采用东方锅炉股份有限公司 DG1065/18.2-Ⅱ6 型锅炉；东方汽轮机有限公司 CZK300/250-16.7/0.4/538/538 一次中间再热、两缸、两排汽抽汽式汽轮机；东方电机厂有限公司 QF-SN-300-2-20B 型发电机，额定功率/视在功率为 300MW/353MV·A。送风机为成都电力机械厂生产的动叶可调轴流式风机，型号为 AP1-19/11，设强制润滑油站。DCS 使用上海福克斯波罗有限公司 IA70 系统。

2020 年 6 月 23 日事件前，2 号机组有功功率 241MW，无功功率 80Mvar，电气系统标准运行方式。主蒸汽流量 682t/h，主再热蒸汽温度为 539/538℃，主再热蒸汽压力为 15.23MPa/2.61MPa。A、B、C、D、E 磨煤机运行，A、C 给水泵运行，A、B 凝结水泵运行，A、C 辅机循环水泵运行，回热系统加热器均投入。

（一）事件过程

0 时 23 分 25 秒，2 号锅炉 MFT，首出“送风机跳闸”，DCS 画面发 A、B 送风机“润滑油压低”“润滑油压低低”报警，就地检查发现 A、B 送风机润滑油压均正常，就地数显油压表失电，立即联系热工值班人员检查处理。运行人员根据主蒸汽压力降负荷。

1 时 02 分，汽轮机跳闸，发电机解列。

1 时 05 分，热工人员处理完毕送风机跳闸缺陷。值长立即组织人员启动送、引风机，开始吹扫，2 时 07 分，锅炉点火，开始升温升压，于 4 时 37 分机组并网。

（二）事件原因查找与分析

1. 事件原因检查与分析

事件后，热工人员检查 2 号机组锅炉热控电源柜，发现 24V DC 电源模块故障，导致 A、B 送风机油站润滑油压变送器失电，油压低低信号误发。0 时 23 分 23 秒，联锁跳闸 A、B 送风机。两台送风机均停触发 MFT 动作，之后再热蒸汽温度降至 420℃。1 时 02 分 36 秒，引发汽轮机跳闸、发电机解列。

经检查，故障电源模块自 2008 年投产使用至今，应属于电子元器件老化造成元件损坏；因已无法联系原生产厂家对具体单个电子元件进行故障检测，热工检修人员用万用表测试，现电源模块无 24V 电压输出。

2. 暴露问题

（1）隐患排查不彻底，对锅炉热控电源柜 24V 电源检查不到位，未及时发现设备隐患。

（2）热控电源柜 24V DC 配置不合理，同一台机组两台送风机油站润滑油压变送器的 24V DC 电源由同一电源模块供电，存在电源模块故障引起保护动作的安全隐患。

（三）事件处理与防范

（1）加强老化设备的日常维护，完善设备台账，制定针对性的应急处理措施。

（2）日常巡检应执行到位，重视对电源模块的检查，机组检修时完成各类电源的切换试验。

（3）增加一块24V DC电源模块，分别给A、B送风机油站润滑油压力变送器单独供电。

三、DPU电源故障导致机组跳闸

某电厂2号机组为150MW湿冷供热机组。控制系统为LN2000系统。2008年11月机组投产。

2020年3月3日7时52分57秒，机组负荷109MW，炉膛压力低低信号发出，触发锅炉MFT保护动作，2号机组跳闸。

（一）事件过程

7时50分，2号机组负荷109MW，AGC投入运行，主蒸汽压力11.88MPa，主蒸汽流量362.95t/h，给水流量362.86t/h，A、B引风机、A、B送风机、A、B一次风机运行正常，其他辅助设备运行正常。

7时50分32秒，监盘人员发现2号机组A、B送风机、A、B引风机液力偶合器勺管控制指令和反馈信号，A、B一次风机入口挡板执行器指令和反馈信号出现乱码。

7时52分44秒，数据恢复，A、B送风机液力偶合器勺管控制指令由38.4%、39.5%重置为0%，A、B引风机液力偶合器勺管控制指令由58.9%、52.0%重置为0%，A、B一次风机入口挡板执行器指令由69.68%、69.62%重置为0%，各风机反馈迅速减小。

7时52分57秒，炉膛压力由−12.21Pa迅速下降至−1868Pa。炉膛压力低低信号发出，触发锅炉MFT保护动作，2号机组跳闸。

（二）事件原因查找与分析

1. 事件原因检查

热工人员调取2号机组炉膛压力、送风机挡板、一次风机挡板等曲线，一次风机、送风机液力偶合器勺管、引风机入口阀位指令和反馈，以及炉膛压力曲线，如图2-21所示。

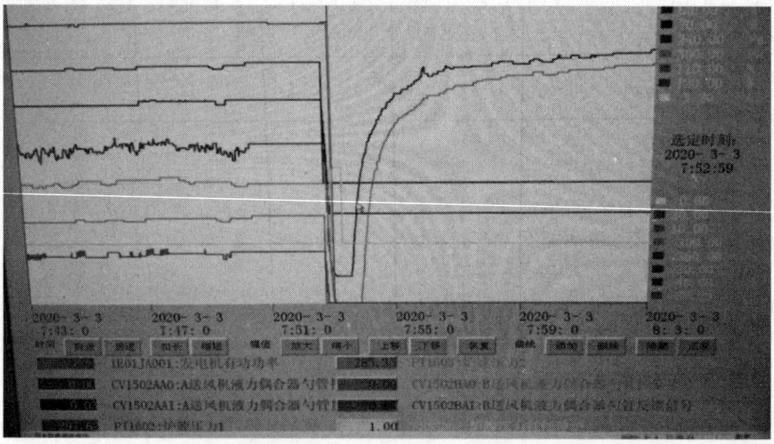

图2-21　一次风机、送风机液力偶合器勺管、引风机入口阀位指令和反馈，以及炉膛压力曲线

热工人员查看过程站历史记录，发现7号过程站7号DPU和57号DPU先后于7时50分29秒和7时50分32秒离线，7时52分04秒和7时52分31秒重启上线运行。

7号过程站DPU检查情况：热工人员对DPU电源线、网线接线及端口进行检查，未发现接线虚接或掉线情况，端口正常无松动，网络通信正常。对 DPU 内部进行检查，未发现电路板及内部接线有明显的损坏或放电痕迹。检查 DPU 系统文件，未发现异常文件，查看系统日志文件，日志记录信息与过程站离线、上线记录一致，未见异常报警信息。对 7 号过程站电源进行切换试验，动作正常。

调取 7 号过程站 DPU 运行状态记录，发现主备站 DPU 离线时间间隔 3s。经 DCS 厂家和电厂热工人员现场进行电源管理模块断电试验，主备站 DPU 离线时间间隔与事件发生时主备站 DPU 离线时间间隔一致，判断为 7 号过程站主备站 DPU 同时断电。打开模块端盖检查内部接线发现，输出电源侧 PU1 电源“L”端内部接线虚接，输出电源瞬时故障造成 DPU 断电重启。

2. 事件原因分析

7 号过程站电源管理模块内部接线虚接，电源输出瞬时故障造成主备双 DPU 断电重启，风机指令归零，炉膛压力低保护动作，机组跳闸。

3. 暴露问题

（1）安全生产管控和隐患排查不到位。历次隐患排查中，热工人员未发现 7 号过程站电源管理模块内部接线松动，也未发现电源管理模块故障有可能造成主备站 DPU 同时断电的隐患。

（2）热工专业设备维护不到位。热工专业日常维护过程中仅对电源管理模块外部接线进行检查紧固，未对模块内部接线进行检查，也未制定内部元器件的宏观检查措施。

（3）电源隐患排查不到位。未按要求开展对热工电源隐患排查，该电厂对 DCS 电源存在的隐患未能在历次排查中发现，排查工作不细不实。

（三）事件处理与防范

1. 故障处理方法与过程

热工人员对电源管理模块进行更换，并进行电源切换试验，试验正常后送电运行，DPU 及过程柜内各卡件工作正常，网络通信正常。

2. 防范措施

（1）对 DCS 的电源管理模块进行检查，对各过程站的电源配置进行核对，检查电源管理模块的输入、输出电源外部各端子排接线是否牢固、可靠。

（2）利用机组检修机会，对电源管理模块进行全面排查。检查模块内部和外部接线是否紧固牢靠，对模块内部元器件进行宏观检查，查看是否存在电路板老化变色或其他异常情况。

（3）机组检修期间开展电源切换试验，检测电源管理模块动作是否正常，电源管理模块动作后 DPU 是否出现断电重启等异常现象。

（4）开展 DCS 电源管理模块改造。利用机组检修，在每个过程站内增加一个电源管理模块，每个 DPU 分别对应一个电源管理模块，确保一个电源管理模块故障情况下不会造成两个 DPU 同时离线。

（5）向 DCS 厂家反馈电源管理模块输出电源故障后模块无法提供报警信息的问题，要求其提供整改方案，完善报警功能。

（6）将更换下来的 DPU 和电源管理模块发至 DCS 厂家进行检测，深层次查找问题原因。

四、DCS控制柜电源模块异常导致机组停机

某公司6号机组容量为135MW，2003年投产发电，DCS采用新华控制工程有限公司XDPS-400+系统。2020年12月17日6号机组正常运行过程中，由于DCS 1DPU 2号柜内5V/15V电源模块显示灯熄灭，部分模拟量输入卡件故障指示灯闪烁，热工人员立即对电源熔断器进行检查，发现熔断器正常，电源模块外观良好，立即合上电源模块电源开关，同时，机组ETS动作，锅炉MFT动作。

（一）事件过程

2020年12月17日，事件发生前，6号机组实际负荷94.86MW，主蒸汽流量420t/h，主蒸汽压力13.0MPa，6号锅炉A、B一次风机运行，自动投入；A、B送风机运行，自动未投；A、B引风机运行，自动投入。A、B、C磨组运行，自动投入。6号机组B凝结水泵运行，B给水泵运行，凝抽背压运行方式投入运行。机组协调投入，AGC方式运行正常。

19时30分左右，运行人员检查发现DCS参数泛紫色（当DCS中测点变坏时，画面显示为紫色），通知热工人员进行检查。热工人员检查发现6号机组DCS 1DPU 2号柜内5V/15V电源模块显示灯熄灭，部分模拟量输入卡件故障指示灯闪烁，随即检查电源熔断器及电源模块外观，均无异常，于是合上电源模块电源开关，随即ETS动作机组跳闸，锅炉MFT动作。

锅炉灭火后，专业人员检查各辅机动作正常（运行磨组全部跳闸，两台一次风机跳闸，主再热蒸汽减温水总电动门关闭）。相关人员就跳闸原因分析后，根据DCS设备状态，制定临时保证措施，随后进行机组恢复启动工作。

20时57分，启动3号燃油泵，投入1、3号角微油枪，锅炉点火。22时30分，锅炉熄火。0时53分，锅炉重新点火，启动A、B一次风机，启动A制粉系统，投入1、3号角粉管，保持最低煤量运行，维持汽轮机冲转参数。

4时05分，接值长令：6号机组冲转，4时15分汽轮机升速至3000r/min；4时30分，6号机组并网带负荷，机组恢复正常。

（二）事件原因查找与分析

1. 事件原因检查

（1）DCS检查情况。

DCS历史曲线，如图2-22所示。DCS跳闸历史曲线（分辨率为1s），如图2-22(a)所示。19时42分48秒，6号机组ETS动作；19时42分48秒，发电机出口开关分闸状态；19时42分50秒，锅炉MFT动作，机组跳闸。现场设备跳闸顺序与实际跳闸顺序相同。DCS内跳闸首出条件为ETS动作，ETS画面内首出条件为轴承温度高，检查DCS汽轮机轴承温度模拟量测点无跳变，无异常升高现象。轴承温度历史曲线，如图2-22(b)所示。

对1DPU 2号柜电源进行检查，检查发现5V电源模块输出接线端子明显有烧毁痕迹，部分输出接线温度偏高，电源模块5V输出损坏情况，如图2-23所示，故障DO卡随带信号，如图2-24所示。检查发现1DPU 1号柜内部分模拟量输入卡件故障指示灯闪烁，同时对本柜内DO卡件进行检查，未发现卡件异常。

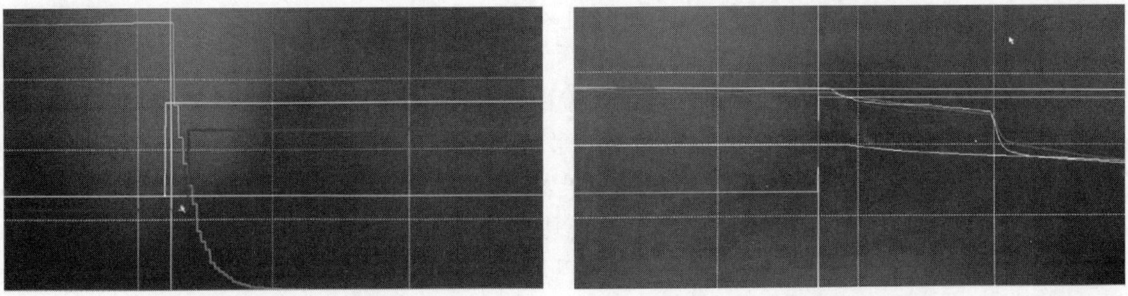

(a) DCS跳闸历史曲线(分辨率为1s)　　(b) 轴承温度历史曲线

图 2-22　DCS 历史曲线

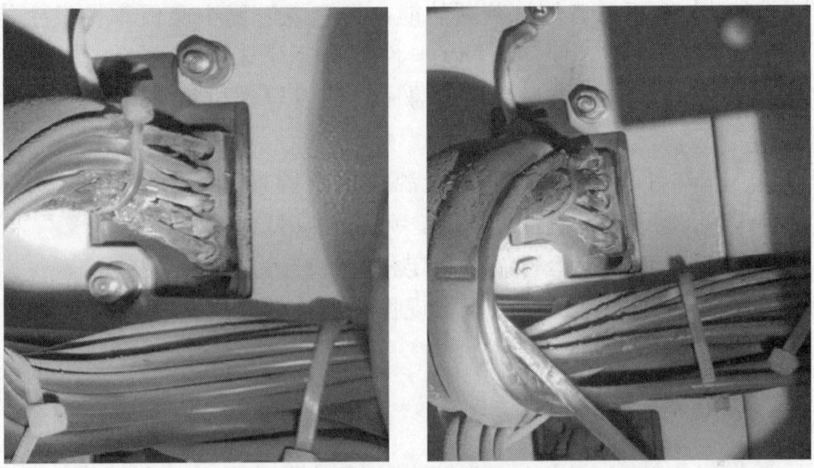

图 2-23　电源模块 5V 输出损坏情况

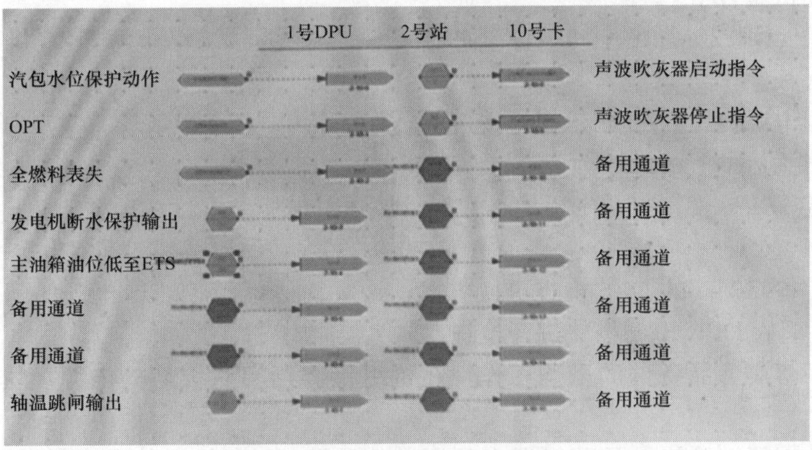

图 2-24　故障 DO 卡随带信号

（2）ETS 系统检查，ETS 面板首出为轴承温度高保护（该信号来自 1DPU 2 号柜 DO 通道），查询 ETS 逻辑，ETS 动作正确。

（3）发电机-变压器组保护柜检查，发电机-变压器组保护柜显示为“发电机断水保护”

（该信号来自 1DPU 2 号柜 DO 通道），发电机-变压器组保护动作正确。

2. 故障原因分析

（1）直接原因。DCS 误发轴承温度高及发电机断水保护信号（实际汽轮机轴承温度正常），而检查保护测点曲线显示，轴承温度信号和发电机断水信号均正常。

（2）间接原因。电源模块失电导致信号误发。电源模块失电的原因为设备长时间运行导致老化。DCS 为 2003 年投入使用，电源模块使用时间较长，存在插头接触处电缆电阻升高、元件老化、绝缘下降等情况，且该 DPU 所带卡件数量较多，负载较大，因局部接触电阻异常升高后，接触面发热，输出端子及电缆损坏，最终导致电源失电。在失电过程中，DO 卡件信号状态翻转，误发机组跳闸信号。

咨询厂家后了解到，该类型卡件 2005 年后进行升级，增加开关量输出信号判断功能，2005 年前生产该类型卡件不具备信号判断功能，在送电过程中会概率性发生信号翻转的现象。该机组 DCS 为 2003 年投入使用，DO 卡件运行正常未进行更换，因此，判断信号误发的原因为 DO 卡件在断电、送电过程中信号翻转误发导致机组跳闸。

3. 暴露问题

（1）DCS 设备运行时间较长，特别是电源模块长周期运行，存在插头接触电阻升高、元件老化、绝缘下降等情况，模块性能下降，可靠性降低。

（2）热工专业未针对长周期运行设备制定相关检查计划。

（3）检修期间检修计划安排未严格执行规程要求，仅安排对机柜及卡件进行清灰工作，未对 DCS 电源电缆进行深入检查。

（三）事件处理与防范

1. 处理情况

（1）1DPU 所带模块较多，用电负荷较大，长周期运行时，电源模块性能存在隐患，热工将 1DPU 所带的轴承温度高及发电机断水保护输出移至其他 DPU，并在更改接线及逻辑后进行传动试验合格。

（2）使用 4 块 220V AC 转 5V DC 临时电源，代替原 5V DC 电源分别供给 1DPU 2 号柜 4 排卡件底板。

（3）将原电源模块 5V DC 输出电缆解除，保证无接地及短路现象。

2. 防范措施

（1）制定 1DPU 使用电源专项检查方案，加强对电压、温度的监测力度，同时形成测量记录。

（2）制定检修期间的 DCS 检查更换方案，针对 6 号机组 1DPU 出现的问题同时对 5、6 号机组各类型的 DPU 电源模块进行检查。

（3）组织落实备品备件的采购工作，在机组检修期间对损坏的电源模块及端子进行更换。

（4）检修期间继续核查 ETS 系统备用通道数量及电气保护屏备用通道数量，在基本条件情况下，将该保护信号输出由单点保护改为三取二。

（5）全面普查 2 台机组 DI 及 DO 卡件使用年限，将不具备判断信号异常功能的卡件进行更换。

第三章

控制系统故障分析处理与防范

控制系统的配置、组态正确性和控制参数整定的合理性是影响其可靠性的主要因素，而控制系统的可靠性程度又直接影响机组运行稳定性及发电效率。随着控制系统运行时间累积，根据电子元器件的故障浴盆效应，其故障率也会跟随增加。本章针对收集到的 2020 年控制系统硬件、软件故障事件，筛选了 23 例，涉及模件设计配置不当、控制器与网络通信故障、系统软件和逻辑组态不合理、DEH/MEH 系统控制设备故障。

本章分别对收集的案例进行筛选、分析、总结和提炼，为专业人员提供经验借鉴，为提高机组控制系统设计、组态、运行和维护过程中的安全控制能力提供参考。

第一节　模件故障分析处理与防范

本节收集了因模件通道故障引发的机组故障 8 起，分别为卡槽地址缺陷引起信号误发汽动给水泵跳闸、卡件在回装过程中发生干扰导致机组跳闸、DCS 输出继电器触点故障导致机组跳闸、转速模件故障导致机组跳闸、卡件故障导致机组跳闸、汽动给水泵低压调节阀液压伺服子模件故障导致机组跳闸、汽门控制伺服卡模件故障导致机组跳闸、卡件故障导致一次风机失速。

这些案例，有的是控制系统模件自身硬件故障，有的是外部原因导致的控制系统模件损坏，还有的则是维护过程中对控制系统模件的安措不足。控制系统模件故障，尤其是关键系统的模件故障极易引发机组跳闸事故，应给予足够的重视。

一、卡槽地址缺陷引起信号误发汽动给水泵跳闸

（一）事件过程

2020 年 3 月 23 日 14 时 09 分某厂 2 号机组负荷 320MW，AGC 投入，A/B 汽动给水泵运行。14 时 09 分因 2 号机组 A/B 汽动给水泵组、电动给水泵组多点温度跳变，仪控人员进行 20CKA11 柜 03-06 槽位 AI 卡件更换工作，插入卡件后，发现卡件状态灯不亮。

14 时 09 分 2 号机组 A 汽动给水泵组跳闸，电动给水泵自启，电动给水泵勺管自动开至 70%，运行撤出 2 号机组 AGC，调节汽动给水泵、电动给水泵流量匹配后投入电动给水泵自动，调节给水流量正常后投入 2 号机组 AGC，期间 2 号锅炉水冷壁最低流量最低至 478t/h。查跳闸首出为 2 号机组 A 汽动给水泵前置泵进口电动门关信号触发。

（二）事件原因查找与分析

1. 事件原因检查

翻看曲线发现2号机组A汽动给水泵前置泵进口电动门关反馈瞬间出现过后消失（该反馈位于20CKA11柜内03-12DI卡件），就地查该阀实际未动。仪控检查20CKA11柜内03-12DI卡件内有多个信号出现0到1变化后瞬间恢复，包括2号机组A汽动给水泵前置泵进口电动门关信号。

仪控人员开具热控工作票，检查卡件背板及预置电缆接触情况良好，未发现异常。再次更换20CKA11柜03-06槽位AI卡件（新卡件来自3号机组DCS改造换下），更换后卡件状态指示正常。

2. 事件原因分析

经分析，20CKA11柜第一次更换03-06AI卡件，虽然拨码地址设置正确（地址为1），但插入的瞬间占用了03-12DI卡件地址（地址为7，更换卡件与误发信号卡件位置，如图3-1所示）。

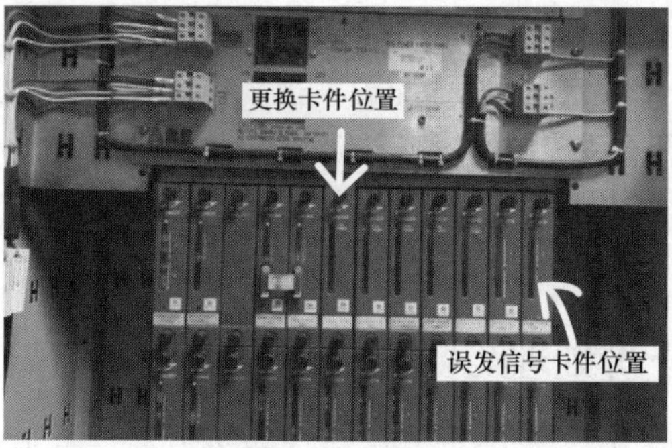

图3-1　更换卡件与误发信号卡件位置

这个过程，导致03-12DI卡件多个信号（包括2号机组A汽动给水泵前置泵进口电动门关反馈）由0变为1后瞬间恢复，2号机组A汽动给水泵前置泵进口电动门关反馈触发导致A汽动给水泵跳闸。03-12DI卡件地址被瞬时占用，2号机组A汽动给水泵前置泵进口电动门关反馈误发，导致A汽动给水泵跳闸为本次事件的直接原因。

（三）事件处理与防范

（1）优化汽动给水泵跳闸逻辑，汽动给水泵前置泵进口电动门关闭信号增加延时1s防抖动。

（2）组织一次更换卡件注意事项的培训，明确利旧卡件更换前需检测。

二、卡件在回装过程中发生干扰导致机组跳闸

某发电公司7号机组容量为660MW，2018年9月16日首次并网，10月21日168h试运结束投运。汽轮机由上海汽轮机厂有限公司制造，锅炉由锅炉哈尔滨锅炉厂有限责任公司制造，发电机由上海电气集团股份有限公司制造。

每台锅炉配备一台100%容量汽动引风机，汽动引风机汽轮机由杭州汽轮机股份有限公司制造，型号为NK63/71，单缸、单流程、反动式、纯凝式、无切换凝汽式汽轮机，凝汽器及其余辅机均布置在引风机室零米层，汽动引风机汽轮机排汽向上经Π形排汽管排入凝汽器，经凝结后由水泵送回主机凝汽器。引风机为双级动叶可调轴流式，型号为HU28450-222，动叶调节范围为−36°～16°，汽动引风机油站配置两台交流润滑油泵，一运一备，提供风机本体各轴承润滑冷却用油及动叶调整用油。

运行方式：7号机组有功功率330MW，引风机、送风机、一次风机、A磨煤机、B磨煤机、C磨煤机、E磨煤机运行，主蒸汽压力16.76MPa、主蒸汽温度603.7℃、再热蒸汽压力2.54MPa、再热蒸汽温度614.7℃。

（一）事件过程

2020年4月21日6时00分，运行人员发现7号机组汽动引风机汽轮机CCS输出指令与MEH指令输入偏差144r/min。

10时36分，热控人员开票检查，退出7号机组引风机汽轮机CCS遥控，转入MEH转速自动控制方式。

10时49分，开始对46站A4模拟量输入卡件进行更换，该卡件有4个信号接入，分别为引风机汽轮机遥控转速设定值、引风机汽轮机调节阀反馈、汽动引风机汽轮机速关油压力、汽动引风机汽轮机速关阀反馈，更换前对以上信号全部进行强制。

10时49分14秒，7号机组引风机汽轮机调节阀指令37%，转速设定3031r/min，实际转速3031r/min（引风机与引风机汽轮机转速比为1∶7.18）。

10时49分17秒，转速开始下降，因在“转速自动方式”，调节阀指令开始自动增大，在10时49分23秒增大至95%，引风机汽轮机MEH转速自动切除（原因为指令与实际转速偏差大于600r/min），转速仍在下降，至10时49分37秒最低降至1718r/min，此时转速开始上升，10时50分01秒，转速升至4400r/min，炉膛压力－2500Pa，锅炉MFT，首出“炉膛压力低低”，汽轮机跳闸，发电机跳闸。

10时50分06秒，转速升至4501r/min（最高值）。

14时00分，将7号机组引风机汽轮机CSS至MEH输出指令由硬接线暂时改为网络点，汽轮机MEH转速自动投入正常，引风机汽轮机CCS遥控投入正常。

12时09分，根据高度指令，7号机组启动。

16时10分，7号汽轮机转速升至3000r/min。

16时15分，7号发电机并网，负荷逐渐加至100MW。

（二）事件原因查找与分析

1. 事件原因检查与分析

（1）在10时49分17秒转速开始下降时，四抽压力指示曲线有明显的阶跃式抬升。比较10时50分01秒跳机后引风机汽轮机转速记录曲线和10时49分17秒的转速变化都呈现相似的惰走式下降特征。另四抽到引风汽轮机供汽管路上止回阀、电动门、主汽门状态正常。因此，初步分析卡件在回装过程中发生了引风机汽轮机MEH指令瞬间突变，造成引风机汽轮机调节阀关闭，汽源中断。

（2）引风机汽轮机调节阀反馈因被强制，故无法追忆变化趋势。

（3）经现场核实，引风机汽轮机进汽压力、引风机汽轮机调节油压、引风机调节阀电液转换器未见异常。

（4）之前对DI卡件进行过在线更换，严格按照DCS厂家提供的操作步骤，未见异常。

（5）具体原因需待DCS厂家OVATION人员到场进一步协助分析。

2. 暴露问题

未查明卡件拔出和回装到位时间，是否与汽轮机转速下降和回升时间相对应，拔出卡件是否造成了引风机汽轮机转速输出指令的丢失。

未从引风机汽轮机机前进汽压力、温度及给水泵汽轮机排汽压力变化趋势曲线，分析引风机汽轮机转速下降及上升的原因。

（三）事件处理与防范

（1）作为临时措施，将7号机组引风机汽轮机CCS输出指令由硬接线方式改为网络点传输《火力发电厂热工自动化系统可靠性评估技术导则》（DL/T 261—2019）6.2.3.6 项要求：“CCS 到 DEH 的不同控制系统间的控制指令应采用冗余输出通道，由硬接线冗余连接至控制对象”。

（2）利用停机机会对引风机汽轮机 MEH 输出指令电缆及 AO 端口进行检查。

三、DCS 输出继电器触点故障导致机组跳闸

某热电有限公司采用三炉两机母管制供热机组，配备两台 CB50-10.0/2.6/1.6 型汽轮机组，生产厂家为上海汽轮机厂有限公司，型式为高压、超高温、单缸、单轴、反动、抽汽背压式汽轮机，以热定电，中压抽汽与主蒸汽经压力匹配器混合后供 4.3MPa，低压排汽供 1.6MPa；锅炉采用上海锅炉厂有限公司生产的 SG-480/11.5-M2207，型式为高压、超高温、自然循环、单汽包、单炉膛、无再热、Π 形锅炉。锅炉正压直吹冷一次风机制粉系统，单炉膛四角切圆燃烧、平衡通风、固态排渣、喷水减温、全钢构架悬吊结构的露天布置；为保证供热的可靠性，低压供热系统设有一套减温减压装置，主蒸汽通过减温减压装置接入低压供热母管，作为供热的补充或备用。

事前工况：2 号锅炉、1 号机组运行，1 号机组负荷 47.4MW，主蒸汽压力 10.8MPa、温度 562℃，锅炉主蒸汽流量 442t/h，汽轮机进汽流量 404/h，总燃料量 63.5t/h。低压供热量 271t/h，4.3MPa 供热量 42.5t/h，减温减压站热备用。

（一）事件过程

2020 年 6 月 2 日 18 时 49 分 02 秒，1 号机组跳闸，首出“DEH 请求跳闸”，1 号发电机程序逆功率保护启动。1 号机组跳闸至炉侧 RB 动作正常，锅炉燃料量快速降至 46t/h，减温减压站联锁开启。

18 时 49 分 13 秒，1 号发电机程序逆功率保护动作，1 号发电机解列灭磁。厂用电系统检查，运行正常。

18 时 50 分 22 秒，2 号锅炉汽包液位高＋210mm 保护动作，2 号锅炉 MFT。

19 时 04 分，2 号锅炉完成吹扫，热态启动。

19 时 06 分，2 号锅炉点火，逐步投用油枪及制粉系统。

19 时 18 分，恢复供热，低压供热量 200t/h，4.3MPa 供热量 42t/h。停机后发现 1、2 号高压调节阀关闭至 96％和 97％位置卡住，无法正常关闭，目前正在处理。

（二）事件原因查找与分析

1. 事件原因检查与分析

（1）经现场检查，1 号机组跳闸首出“DEH 请求停机”，查阅历史曲线，DEH 逻辑未发出“DEH 请求停机”信号，而 ETS 侧收到对应 DI 信号。检查 DEH 输出继电器端子至 ETS 机柜电缆绝缘，合格。初步怀疑 DEH 侧输出继电器或 ETS 侧 DI 通道有问题，检查 DI 通道未见异常；检查“DEH 请求停机”信号输出继电器，发现该继电器公共簧片异常接近动合触点簧片，用螺丝刀头拨开该簧片再轻轻释放后，该簧片在自由状态下明显有一个与“动合触点”簧片的接触闭合过程，就此判断为继电器触点误动作。

（2）“DEH 请求停机”信号输出继电器触点误动，导致 1 号机组跳闸，随即造成 2 号锅炉汽包水位发生大幅度波动，汽包水位高保护动作，2 号锅炉 MFT。

2. 暴露问题

（1）设备维护不够严细、认真，重要保护继电器触点检查不到位。设备日常维护、定

期检修存在死角，各级专业管理人员监督管理不到位。

(2) 设备隐患排查不到位，对重要继电器未进行定期检查。

(三) 事件处理与防范

(1) 更换“DEH 请求停机”指令输出继电器。

(2) 组织全员针对非停事件全面反思，分专业、班组开展现场隐患排查，并制定整改完善措施。

(3) 定期工作增加和完善保护输出继电器的定期检查、测试内容，对现场同类型重要继电器进行全面检查，对现场长时间使用、触点簧片老化、变形的继电器更换处理。

(4) 对全厂热工逻辑进行全面梳理，开展热工逻辑隐患排查，考虑增加两路 DEH 至 ETS 请求停机信号，在 ETS 控制器进行三取二判断后生成跳闸指令。

(5) 有针对性制订同类型事故应急预案，并进行应急演练，提高相关人员对现场故障的预判能力，确保机组安全运行。

四、转速模件故障导致机组跳闸

某发电公司 1 号机组为 660MW 燃煤发电机组。锅炉为东方锅炉股份有限公司生产的超临界变压直流炉（DG2250/25.4-Ⅱ6 型），一次再热、平衡通风、尾部双烟道结构、前后墙对冲燃烧方式、紧身封闭、固态排渣、全钢构架、全悬吊结构Ⅱ形锅炉。汽轮机为哈尔滨汽轮机厂有限责任公司优化型 660MW 超临界机组（型号为 NJK660-24.2/566/566），一次中间再热、单轴、三缸四排汽、间接空冷凝汽式汽轮机。发电机为哈尔滨电机厂有限责任公司生产的型号为 QFSN-660-2，经主变压器升压后接入 500kV 系统，发电机-变压器组系统为单元接线方式，发电机出口封闭母线接励磁变压器、厂用变压器，停机时通过启动/备用变压器接带厂用电系统。机组配置一台 100%容量启动给水泵，1 台电动给水泵只作为启停机用。自动控制系统为 ABB symphony plus。

2020 年 8 月 30 日，机组负荷 660MW，协调方式运行，总煤量 360t/h，A、B、C、D、E 磨煤机运行，双侧一次风机、送风机、引风机运行，汽动给水泵（单台 100%）运行。主蒸汽压力 24.5MPa，主蒸汽温度 566℃，再热蒸汽压力 3.9MPa，再热蒸汽温度 567℃。

(一) 事件过程

18 时 33 分 32 秒，1 号机组汽动给水泵 6 个转速卡状态同时故障报警。

18 时 33 分 33 秒，汽动给水泵超速保护动作，汽动给水泵跳闸，锅炉 MFT，汽轮机跳闸，发电机-变压器组程序逆功率动作。随后对锅炉密闭，汽轮机交流润滑油泵、启动油泵联启正常，机组转速下降，厂用电切换正常，机组安全停机。

19 时 17 分，汽轮机转速到零投入盘车。

(二) 事件原因查找与分析

1. 事件原因检查

(1) 测点与保护逻辑检查。给水泵汽轮机共设六个转速测点，共设计两路保护：第一路是三个测点用于给水泵汽轮机紧急跳闸系统（METS）跳闸，采用硬接线方式，超速发生后，“三取二”通过继电器回路硬件线跳闸；第二路是三个转速测点和转速模件状态，通过 DCS 组态“三取二”方式，任何一路保护动作（转速超速或模件故障）均发转速超速

METS 跳闸。

给水泵汽轮机 MDEH/METS 供电方式为从 DCS 电源柜取两路电源作为本机柜的供电电源，分别加入本机柜 K1、K2 开关，两路开关下口接入 220V AC 转 24V DC 电源模块（电源为 ABB 专用生产），输出两路 24V DC 直接给本机柜通信模块供电。

保护组态逻辑设计为转速卡故障（三取二），转速将自动切换为最大值（106），延时 0.25s，给水泵汽轮机超速保护动作，汽动给水泵跳闸。

（2）历史曲线检查。调取历史曲线（转速历史趋势，如图 3-2 所示），在 18 时 33 分 32 秒，六个转速测点同时故障，显示数字为虚线，延时 0.25s 后触发六个转速模件动作，引发给水泵汽轮机超速保护动作（超速保护为三取二，无延时），汽动给水泵跳闸。3s 后，六个转速测点又同时恢复正常。

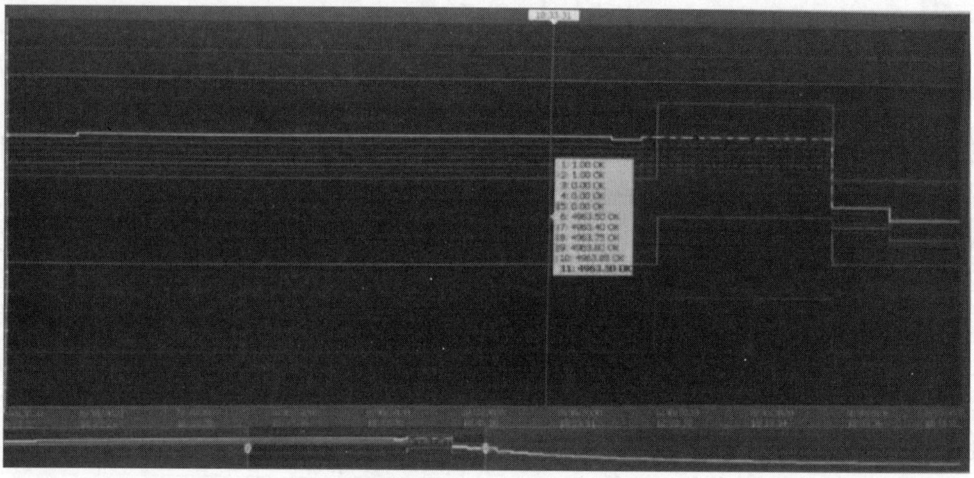

图 3-2　转速历史趋势

经分析，给水泵汽轮机设计为控制器 HC800，总线通信模件 PDP800，6 个转速模件为 CP810，导致转速测点同时故障的原因如下。

1）在机组运行过程中，通信模件 PDP800 主路突发报警（PDP800 模件故障及转速模件故障趋势，如图 3-3 所示），报警过程中，备用通信模件没有跟踪切换，6 个转速模件状态报警（转速模件故障及给水泵汽轮机跳闸记录，如图 3-4 所示），组态中自动选择为超速跳机。

2）现场检查 MEH/METS 中通信模件 PDP800，与 6 个转速模件采用总线方式进行通信，逐一拨开总线插件检查发现 6 号转速模件中 DP 接头断了一根插针（转速模件与 PDP800 总线连接的末端 DP 接头，如图 3-5 所示），可能由于插针松动虚接或在线运行期间发生与其他端子短路，导致通信瞬间报警，经过 3s 后通信又自动恢复正常。

3）现场检查机柜接地、电缆屏蔽地均未有松动，使用对讲机对转速卡件进行干扰、插拔通信卡件均未发现有类似现象发生，只有在拔下 DP 电缆头瞬间插上时，网络瞬间报警且在 3s 内能够恢复。

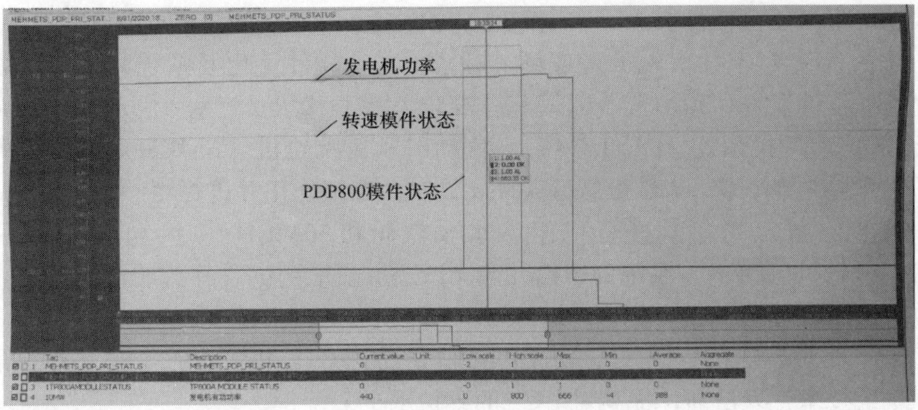

图 3-3　PDP800 模件故障及转速模件故障趋势

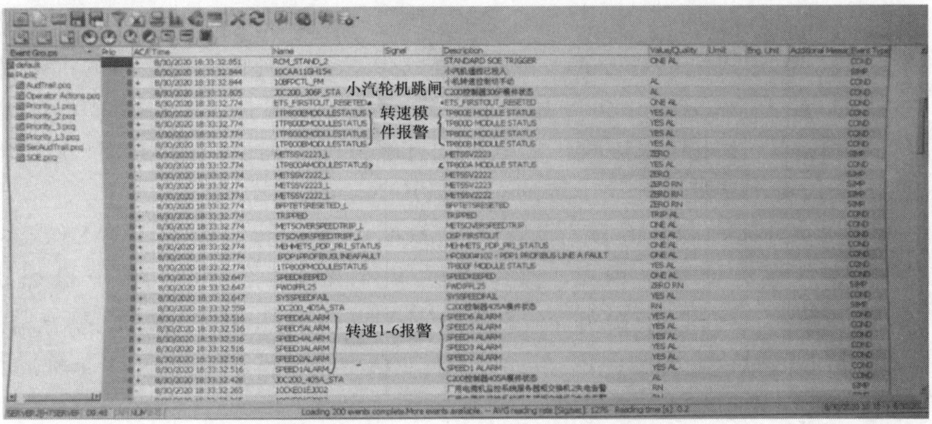

图 3-4　转速模件故障及给水泵汽轮机跳闸记录

2. 暴露问题

（1）MEH/METS 系统的超速保护网络架构整体设计在软件回路中存在漏洞，瞬间单通道报警，没有及时切换为备用通道运行。

（2）转速模件总线通信不稳定。

（3）热工人员维护技能不熟悉，利用检修机会，使用专用总线通信测试 Pro-fitrace 软件，进行在线监视，逐一记录，及时排查隐患。

（4）热控盘柜维护不到位。

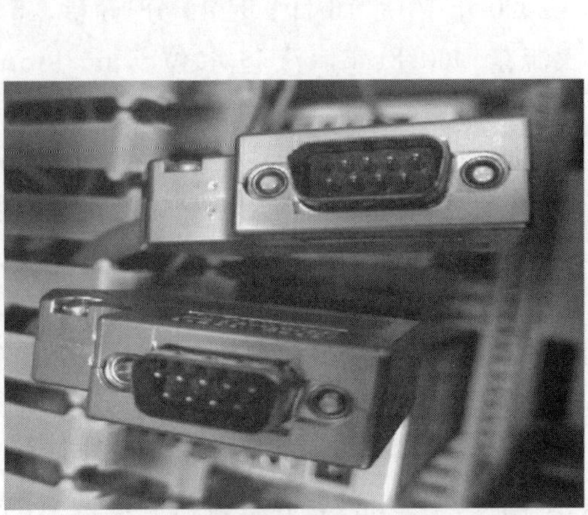

图 3-5　转速模件与 PDP800 总线连接的末端 DP 接头

（三）事件处理与防范

（1）更换通信模件 PDP 与转速模件的 DP 插头、电源供电模块，并在更换后做了通信线路的切换试验，试验正常；做了电源模块的切换试验，试验正常。

（2）重新对电源模块、转速模件、总线通信接线、终端电阻进行紧固，未发现有松动现象，接地电阻测试符合要求。

（3）联系ABB厂家技术人员来现场，对系统进行软件优化及系统测试，及时排除隐患，避免类似事件发生；2020年9月3日，ABB厂家技术人员已对2号机组给水泵汽轮机（MEH系统）、汽轮机系统（DEH系统）、汽动引风机汽轮机（FMEH）中转速模件内部参数做了优化并组态下装，1号机组待条件允许时，继续优化并进行组态下装。

（4）定期（暂定半年）进行机组给水泵汽轮机（MEH）、汽动引风机小汽轮机（FMEH）、汽轮机（DEH）系统的通信冗余测试及屏蔽地测试，并按照检修规范，在检修作业中进行全面检查。

（5）举一反三，对全厂DCS的软硬件进行全面排查，包括系统接地、电缆屏蔽的检查，加强班组技术管理培训，提高对DCS的维护水平。

五、卡件故障导致机组跳闸

某电厂5号机组为600MW燃煤机组，2006年投产。锅炉为东方锅炉股份有限公司生产的亚临界参数、W形火焰燃烧方式、自然循环汽包锅炉。汽轮机为哈尔滨汽轮机厂有限责任公司生产的N600-16.67/538/538型亚临界、一次中间再热、三缸四排汽、单轴、双背压、凝汽式汽轮机。发电机采用哈尔滨电机厂有限责任公司生产的QFSN-600-2YHG型发电机。DCS采用美国艾默生公司生产的OVATION系统。

事前工况：2020年10月16日，5号机组AGC方式运行，负荷310MW，主蒸汽压力10.6MPa，主蒸汽流量960.8t/h，汽包水位－66.9mm。B、C、E、F磨煤机运行。A、B给水泵汽轮机运行。高缸排汽温度MYA10CT055XQ00（HEP蒸汽温度1）、MYA10CT056XQ00（HEP蒸汽温度2）测量值分别为300.6、307.4℃，系统运行稳定，高缸排汽温度测量正常，无波动。

（一）事件过程

2020年10月16日9时44分48秒，5号机组负荷310MW，主蒸汽压力10.6MPa，主蒸汽流量960.8t/h，汽包水位－66.9mm。高缸排汽温度两点测量值分别为300.6、307.4℃。

9时44分49秒，5号机组负荷310MW，汽轮机跳闸，锅炉MFT，随后发电机程序逆功率动作。汽轮机跳闸首出“高缸排汽温度高”。

机组跳闸后，立即调取DCS历史曲线，并对现场设备进行检查。

（1）DCS历史曲线。9时44分48秒，高缸排汽温度MYA10CT055XQ00、MYA10CT056XQ00两点测量值分别为300.6、307.4℃。

9时44分49秒，高缸排汽温度两点测量值分别跳变为699.7、711.7℃。

9时44分50秒，高缸排汽温度两点测量值分别为300.6、711.5℃。

9时44分51秒，高缸排汽温度两点测量值分别为300.8、307.4℃，恢复正常。

（2）检查高缸排汽温度两个测量元件及接线，未见异常。

（3）检查高缸排汽温度所在的D42控制器，无故障报警。

（4）检查高缸排汽温度所在DCS输入卡件的I/O通道、接线回路，发现高缸排汽温度MYA10CT055XQ00、MYA10CT056XQ00分别配置在D42号控制器A4热电偶输入卡件第7、8通道上。检查A4卡件无故障报警，信号电缆接线未见异常，拔下A4卡件检查时，发现 A4 卡件底座松动。进一步查看 A4 卡件上其他温度测点历史曲线，发现同时刻均出现不同幅度的波动（A4 卡件 8 点温度曲线，如图 3-6 所示）。由此判断 A4 卡件所有温度测点出现的瞬时波动是由卡件底座松动、接触不良引起。

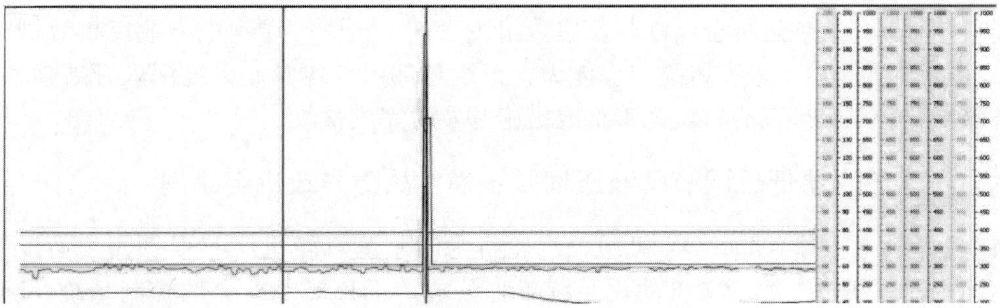

图 3-6　A4 卡件 8 点温度曲线

更换底座并紧固，将高缸排汽温度 MYA10CT056XQ00 重新分配至 D42 号控制器的 D6 热电偶输入卡件第 8 通道上。为提高保护的可靠性，对高缸排汽两点温度设置滤波，保护出口设置 2s 延时。

10 时 06 分，机组点火；11 时 43 分，机组并网。

（二）事件原因查找与分析

1. 事件原因检查与分析

（1）5 号机组跳闸原因。高缸排汽温度测量元件采用 K 形热电偶，分别安装于高缸两个排汽管道上，机组跳闸时两点测量值分别由 300.6、307.4℃跳变为 699.7、711.7℃，两点取均值后超保护定值 427℃，无延时触发汽轮机 ETS 保护。

（2）高缸排汽温度突变原因。高缸排汽两点温度分别接入 D42 号控制器 A4 热电偶温度输入卡件第 7、8 通道，该卡件底座松动、接触不良，导致该卡件所有温度测点瞬时波动。

2. 暴露问题

（1）对 DCS 设备巡视维护不到位，未合理利用机组停运时机对重要保护回路检查维护，未能及时发现 A4 卡件底座松动的重大隐患。

（2）隐患排查不系统、不全面、不深入，多次隐患排查均未能排查出作为保护的高压缸排汽两点温度都接入同一卡件。该温度保护设置为 2 点温度取均值，取门槛值和质量判断信号组成与判断逻辑以防止保护误动，但未设置滤波及延时。

（3）检修人员技术技能水平不足，对 DCS 控制系统底座等硬件故障可能产生的风险认识不到位。

（三）事件处理与防范

（1）落实各级生产人员安全生产岗位职责，树牢设备主人责任意识，梳理岗位责任清单，严格考核，确保责任制落实到位。

（2）举一反三，利用机组停运时间，对所有机组 DCS 卡件、底座、通道接线进行全面检查，制定排查方案、整改措施并落实到人，立即进行整改。

（3）全面清理机组重要保护及调节逻辑，列清单逐一核实，并合理设置测量信号的冗余、质量判据、滤波、延时等功能，同时对机组主要保护及调节系统开展控制逻辑及现场设备的隐患排查，提高设备可靠性。

（4）开展DCS硬件、软件技术培训，提高检修人员风险辨识能力，完善检修维护项目，提高设备检修维护质量。

（5）针对非停事件进行全面深刻反思，组织生产人员学习《火电专业反事故措施标准汇编》，提高专业技术水平和风险辨识能力，组织各部门、各专业系统深入开展隐患排查，制定整改计划，拟定排查清单，完善整改措施并及时完成整改。

六、汽动给水泵低压调节阀液压伺服子模件故障导致机组跳闸

某热电有限公司2×200MW机组，汽轮机为哈尔滨汽轮机厂有限责任公司设计、制造。DCS控制系统为上海华文自动化系统工程公司的HPCS3000分散控制系统；DEH控制系统为ABB公司的Symphony控制系统；ETS控制系统为随机供货的西门子200PLC控制系统。

事前工况：2号机组有功功率181MW，汽动给水泵运行、电动给水泵勺管33%备用，21、22送风机运行，21、22引风机运行，21、23、24、25磨煤机运行（22、26磨煤机备用），主蒸汽流量650t/h、给水流量630t/h、汽动给水泵流量682t/h、主蒸汽温度540℃、主蒸汽压力12.5MPa、炉膛负压－31Pa，汽包水位－9mm、汽动给水泵转速4301r/min、机组控制方式为TF，RB投入运行。3时51分19秒，2号机组跳闸。

（一）事件过程

2020年12月16日3时32分，运行部汽轮机主值发现2号机组汽动给水泵低压调节低反馈故障，立即联系检修部热工值班人员处理，并对主机各系统及汽动给水系统画面进行检查，安排巡检人员就地检查阀门开度状态，未发现异常。

3时49分59秒，2号机组给水泵汽轮机进汽低调节阀由47%突关至0%，汽动给水泵流量由682t/h降至368t/h。

3时50分02秒，汽动给水泵流量升至698t/h，此时给水自动跳至手动。

3时50分23秒，汽动给水泵流量由698t/h降至0t/h，汽动给水泵再循环阀联开。汽轮机主值立即解除电动给水泵联锁，紧急启动电动给水泵。

3时50分50秒，锅炉主值停运23、25制粉系统，投入21、24角大油枪。

3时50分56秒，锅炉燃料量由113.4t/h减至66t/h。

3时51分02秒，2号机组给水泵汽轮机进汽低压调节阀突开至85%。

3时51分03秒，电动给水泵启动。

3时51分14秒，汽动给水泵流量升至723t/h、主给水流量升至510t/h，此时汽包水位－226mm（保护动作值－250mm）。

3时51分19秒，汽包水位由－226mm降至－250mm，汽包水位低低保护动作，锅炉MFT，机组跳闸。

（二）事件原因查找与分析

1. 事件原因检查与分析

（1）事件原因检查。经MEH曲线分析（过程中MEH主要曲线，如图3-7所示），检查2号机组MEH控制柜IMHSS03液压伺服子模件显示无故障报警，操作员站画面2号机

组汽动给水泵低压调节阀阀位反馈显示粉色故障报警（故障状态），初步判定为 2 号机组汽动给水泵低压调节阀 IMHSS03 液压伺服子模件故障。更换该 IMHSS03 液压伺服子模件后画面无故障报警，2 号机组汽动给水泵低调节阀阀位显示恢复正常（试验进行了两次）。该 IMHSS03 液压伺服子模件为 ABB 公司 2009 年生产，2010 年安装使用，具体故障原因需联系 ABB 公司进一步检测分析。

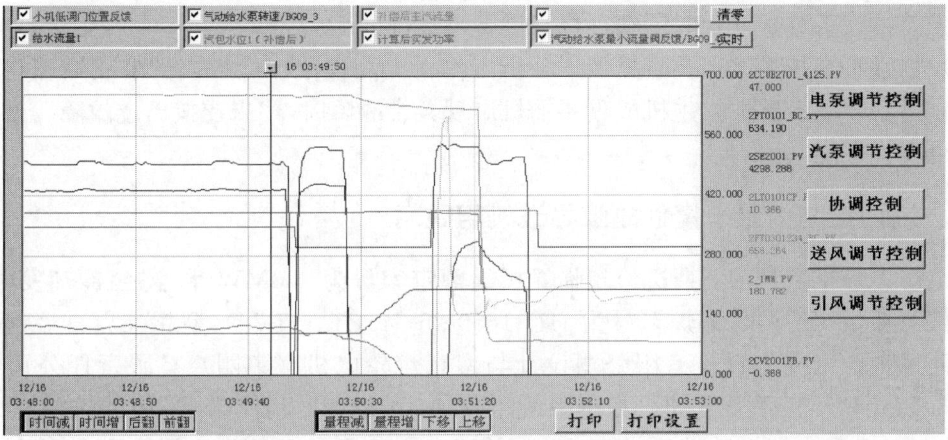

图 3-7　过程中 MEH 主要曲线

对 2 号机组汽动给水泵低调节阀控制指令控制线及 LVDT 反馈线测量电缆绝缘，测量结果合格，调节阀伺服阀线圈直阻分别为 85.4、85.3Ω，测量 LVDT 线圈直阻及交流电压均在合格范围内。

（2）原因分析。2 号机组跳闸的直接原因为汽动给水泵低调节阀 IMHSS03 液压伺服子模件故障，汽动给水泵低调节阀突关，给水流量突降，汽动给水泵未跳闸且电动给水泵不具备联启条件。电动给水泵手动启动后给水流量未能及时响应，导致汽包水位低低保护动作，锅炉 MFT。

2. 暴露问题

（1）2 号机组汽动给水泵低调节阀 IMHSS03 液压伺服子模件已使用 10 多年，存在使用年限过长的隐患。虽然 IMHSS03 液压伺服子模件未显示故障报警，但从故障现象发现 IMHSS03 液压伺服子模件的输出故障导致低调节阀误动关闭。

（2）针对汽动给水泵 IMHSS03 液压伺服子模件多次出现的故障问题，检修部未开展针对性的故障分析及防范，故障预警及技改规划落实不到位，缺陷管理存在漏洞。

（3）检修人员应急处置能力不足，专业技术能力不够，尤其在夜间或其他休息时间，不能根据事件现象正确分析、判断，排查技术手段不全面、不细致，对设备结构具体数据、各系统间逻辑联系不清晰。

（4）运行人员事故处理能力不足，事故预想不到位，对画面出现“粉点”等类似情况的敏感度不够，未能第一时间采取有效措施。

（三）事件处理与防范

（1）对故障的 IMHSS03 液压伺服子模件进行返厂检测，以确定未显示故障的原因。

（2）统计两台机组 IMHSS03 模件使用数量，利用机组检修机会将 DEH、MEH 控制系统液压伺服子模件 IMHSS03 升级至 IMHSS13，以确保设备可靠性。

（3）加强设备巡检力度，发现 DCS、DEH、MEH 控制系统各卡件出现异常立即处理。同时，对就地高中压调节阀反馈（LVDT）进行检查，检查固定螺栓是否松动、线圈内的铁芯是否弯曲、有裂纹，发现异常立即处理。

（4）加强设备缺陷管理，梳理重要、唯一的设备是否合理安装，做好缺陷分析工作，重点加强热控设备维护，及时消缺，提高设备可靠性。

（5）加强日常技术培训及事故预想分析工作，提高检修、运行人员事故处理能力，加强安全运行意识和敏感性，主机或重要辅机出现异常故障时，“未遂按已遂故障”处理，避免不安全事件发生。

七、汽门控制伺服卡模件故障导致机组跳闸

某电厂 1 号机组是俄罗斯进口超临界机组额定容量为 500MW 水-氢-氢冷却发电机组，锅炉为俄罗斯生产的两台锅炉型号为 ПП-1650-25-545БТ（П-78）型超临界直流锅炉，汽轮机为北京全四维动力科技有限公司设计与南京汽轮电机（集团）有限责任公司制造的 A550-23.54/540/540 型汽轮机。控制系统采用 ABB 北京贝利控制有限公司的 DCS。1 号机组于 2003 年 7 月 DCS 改造后投产。2020 年 04 月 10 日，乙侧内置阀前压力低保护动作，机组停运。

（一）事件过程

16 时 20 分，1 号机组运行正常，机组负荷 363MW，11、13、15、16、18 制粉系统运行，给煤机转速 5796r/min，给水流量 1044t/h，甲、乙侧主蒸汽压力分别为 24.07、24.06MPa，内置阀前甲、乙侧压力分别为 25.15、25.11MPa，机组运行稳定。

16 时 24 分 33 秒，1 号高压主汽门关闭，锅炉主蒸汽压力升高，负荷降至 216MW；16 时 22 分 10 秒，主蒸汽压力达到 27.36MPa（画面显示），主蒸汽安全门 RA045、RA046 启座；16 时 22 分 14 秒，主蒸汽压力降至 24.65MPa，RA045 回座正常，RA046 显示故障。

16 时 23 分 09 秒，主蒸汽压力再次升至 27.19MPa，主蒸汽安全门 RA045 再次动作（RA046 显示故障）。

16 时 23 分 12 秒，主蒸汽压力降至 25MPa，主蒸汽安全门 RA045 未联锁回座，DCS 画面手动关闭 RA045 关闭正常，RA046 手动（立盘）强制关闭。16 时 24 分 33 秒，乙侧内置阀前压力降至 22.5MPa 以下。

16 时 25 分 03 秒，乙侧内置阀前压力低保护动作，机组停运。保护首出为乙侧内置阀前压力低保护动作。

（二）事件原因查找与分析

1. 事件原因检查与分析

停机后查阅，过程中主要测点曲线，如图 3-8 所示。

检查发现 1 号主汽门控制伺服卡模件故障，造成主汽门关闭，主蒸汽压力升高，安全门动作，内置阀前压力降低至 22.5MPa 延时 30s 保护动作，机组停运，是造成此次事件的主要原因。

主蒸汽压力达到 27.5MPa，RA046 脉冲阀上线圈带电，下线圈失电，脉冲阀开启，脉

冲阀 RA046 开启过程中显示故障，经查原因为无开启到位反馈，触发故障。脉冲阀故障状态下压力降低至 25MPa 以下，脉冲阀关闭信号无法发出，下线圈无法带电，上线圈一直带电，脉冲阀一直接收开启信号（逻辑设计和试验结果一致），无法进行关闭。16 时 24 分 41 秒，值班在立盘上手动强制（硬手操）进行关闭。

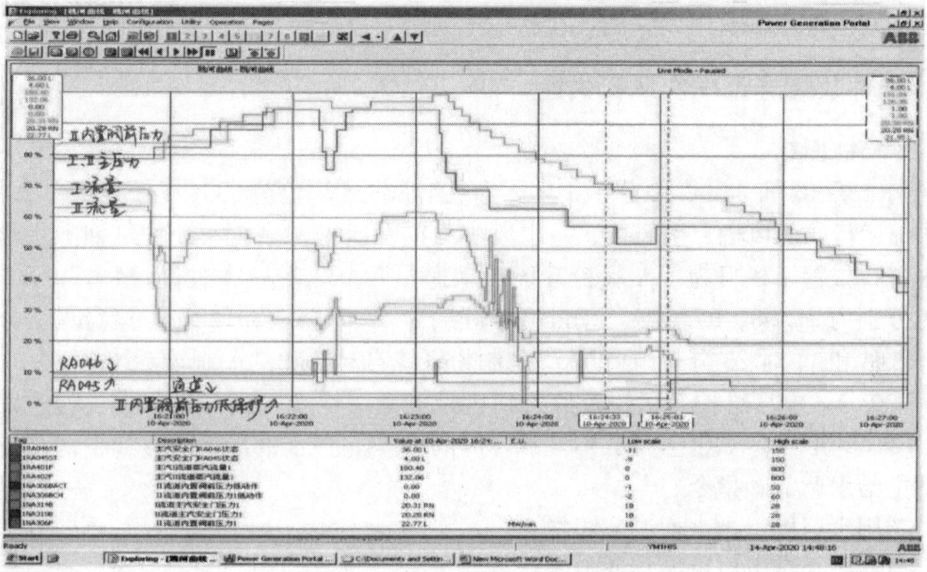

图 3-8 过程中主要测点曲线

16 时 23 分 12 秒，主蒸汽压力降至 25MPa，主蒸汽安全门 RA045 未联锁回座，经查联开、联关指令均为 4s 脉冲信号，当联锁条件触发时，阀门动作，其 4s 联锁信号会使阀门在动作一次 4s 内处于手动位，联关联锁条件在 4s 内发出，手、自动不发生切换，阀门关闭信号无法发出。本次压力达到 27.5MPa 时安全阀联开 3s 降至 25MPa，所以无法触发联关信号。

现场检查主蒸汽安全门脉冲阀 RA046 未完全关闭，解体检查发现阀门部件存在氧化痕迹，未发现其他杂质。对阀杆和阀瓣打磨回装后传动正常，分析脉冲阀阀瓣处存在氧化皮导致关闭不严。

2. 暴露问题

（1）1 号主汽门液压伺服卡存在质量问题，导致模件故障，停止工作。

（2）主蒸汽安全门脉冲阀 RA046 开到位行程反馈信号故障，导致压力降低后脉冲阀联关信号无法发出，暴露出检修专业对脉冲阀行程反馈维护不到位。

（3）主蒸汽安全门脉冲阀 RA046 阀瓣存在氧化皮，阀门卡涩，暴露出检修维护不到位。

（4）主蒸汽安全门控制逻辑不完善，压力变化 4s 内信号不能正常转换。

（5）一期俄制机组主蒸汽安全门为脉冲启动，脉冲阀可靠性差，不符合 DL/T 959《电站锅炉安全阀技术规程》中“电站锅炉应配用弹簧式直接载荷安全阀”和“电站锅炉应装设一个或更多个与承受着压力的锅炉直接相通的动力驱动泄压阀”的规定。

（三）事件处理与防范

（1）联系ABB公司技术人员，将1号主汽门液压伺服模件返厂检测，查找故障原因，根据检测结果制定具体措施。

（2）对安全门动作控制逻辑进行完善，保证压力快速变化时能及时发出控制信号。

（3）定期对安全门进行检修维护，防止氧化皮积聚在阀体造成阀体卡涩。

（4）针对一期俄制机组安全阀存在的结构问题，进行弹簧式安全门改造可行性研究。

八、卡件故障导致一次风机失速

（一）事件过程

2020年8月23日11时22分，某厂2号机组353MW负荷AGC方式运行。A、B、D、E制粉系统运行，送风机、引风机、一次风机均正常运行。11时22分44秒，大屏“自动撤出”报警，报警子栏目为“A制粉系统自动撤出”“B制粉系统自动撤出”，A、B一次风机电流分别为97.08、97.67A，动叶开度分别为47.76%、49.28%。运行人员分别于11时23分28秒和11时23分59秒投入“B制粉系统自动”和“A制粉系统自动”。

11时56分，电厂维护部仪控人员接到运行电话，快速赶到一期集控，检查发现2号机组20CKA04机柜4-7AO卡件故障，故障时间为5s，该卡件涉及信号如下。

（1）主给水调节阀指令。

（2）杂用水至机组排水槽调节阀指令。

（3）启动疏水泵出口再循环调节阀指令。

（4）启动疏水泵出口母管调节阀指令。

（5）A给煤机煤量指令。

（6）B给煤机煤量指令。

（7）主给水流量指令1至汽轮机MCS控制柜。

（8）分离器疏水至一级过热器调节阀指令。

（9）分离器疏水至除氧器调节阀指令。

（10）E层燃料风指令送至风烟控制柜。

（11）F层燃料风指令送至风烟控制柜。

（12）机组实发功率送至AGC屏。

（13）一次调频测试信号返回至RTU。

第一次卡件故障期间主要参数变化情况如下，AO卡件第一次故障主要参数历史曲线，如图3-9所示。

（1）A、B给煤机煤量反馈下降了20t/h。

（2）主给水调节阀反馈由100%下降到94.91%。

（3）启动疏水泵出口再循环调节阀反馈由15.5%下降到6.8%。

（4）主给水流量指令1至汽轮机MCS控制柜由1038t/h下降到−151.32t/h。

（5）分离器疏水至一级过热器调节阀反馈由11.5%下降到0%。

12时16分，设备部仪控组人员接到维护部仪控人员电话，快速赶到一期集控，经检查后给出初步方案：主给水调节阀切至就地控制方式，停运A、B制粉系统，E、F层燃料风控制切至手动方式。12时56分02秒，将主给水调节阀切至就地控制。

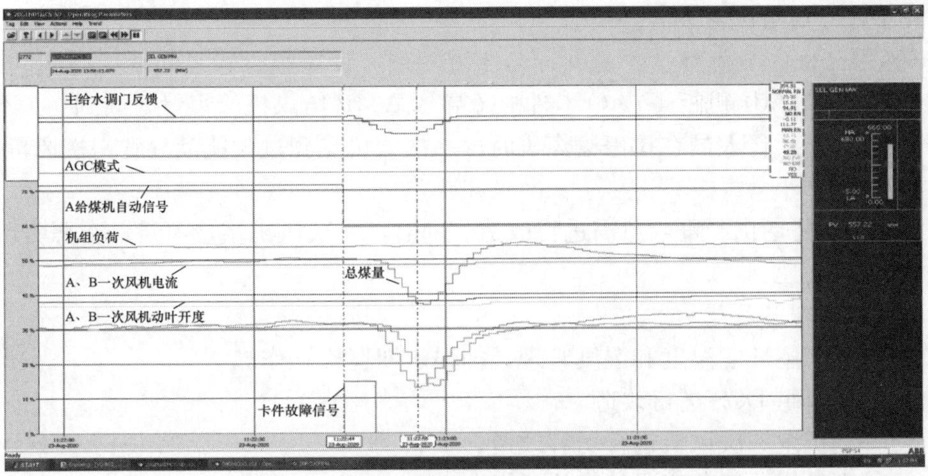

图 3-9 AO 卡件第一次故障主要参数历史曲线

13 时 04 分 08 秒，20CKA04 机柜 4-7AO 卡件再次发生故障，此时机组负荷 451.36MW，A、B 给煤机煤量到 0t/h，总煤量由 191t/h 下降至 111t/h（13 时 04 分 31 秒），过热度由 40.7 快速下降，最低至 3.3（13 时 09 分 50 秒）。

13 时 04 分 48 秒，运行人员撤出 AGC，启动 F 磨煤机，并停运 B 磨煤机，燃料 RB 触发。

13 时 06 分 04 秒，启动 F 给煤机，随后手动停运 A 磨煤机。

13 时 07 分 35 秒，2A 一次风机发生失速，一次风机电流分别为 78.26、86.99A，撤出 2A 一次风机自动。

13 时 10 分 34 秒，A、B 一次风机电流分别为 90.5、186.9A。

15 时 11 分 49 秒，A、B 一次风机恢复并列运行。

15 时 22 分 45 秒，仪控人员完成 AO 卡件更换。

15 时 45 分 41 秒，投入 AGC。

AO 卡件第二次故障主要参数历史曲线，如图 3-10 所示。

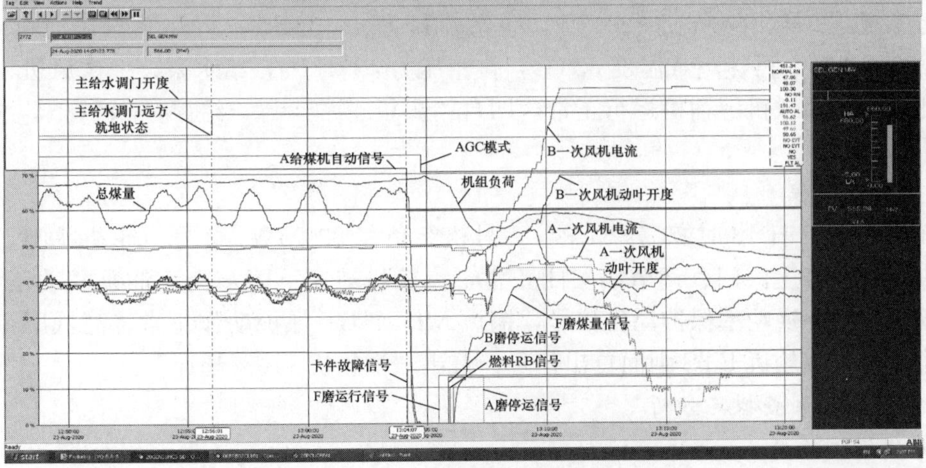

图 3-10 AO 卡件第二次故障主要参数历史曲线

（二）事件原因查找与分析

1. 事件原因检查与分析

2 号机组 20CKA04 机柜 4-7AO 卡件故障导致 A、B 给煤机给煤量瞬间到 0 是本次事件发生的直接原因。运行人员在拉停磨煤机时，一次风机受到过大扰动导致一次风机失速。

2. 暴露问题

该厂 DCS 卡件老化严重，急需进行改造。同时，一次风机裕量不足，在恶劣工况时可能导致一次风机失速。

（三）事件处理与防范

（1）加强电子室环境温度和湿度管理，加强定期巡检工作。

（2）对一期机组 DCS 进行改造。

（3）对一期机组一次风机进行增容改造。

（4）运行人员加强复杂工况的事故预想。

第二节　控制器故障分析处理与防范

本节收集了因控制器故障引发的机组故障事件 4 起，分别为 DEH 系统逻辑控制柜 LM 控制器故障导致机组跳闸、DCS 主控单元故障导致机组跳闸、DEH 控制器故障造成机组停机、DEH 控制器出现异常造成抗燃油压降低导致机组跳闸。

控制器作为控制系统的核心部件，虽然大都采用了双冗余配置，然而控制器的异常、主控制器的掉线、主副控制器之间的切换等异常却很容易引发机组故障，尤其是重要设备所在的控制器，一旦故障处理不当，都可能导致机组跳闸。

一、DEH 系统逻辑控制柜 LM 控制器故障导致机组跳闸

某发电公司 2 号机组为 N300-16.7/538/538 亚临界中间再热、单锅筒自然循环、循环流化床、一次中间再热、反动式、单轴、双缸双排汽凝汽式机组。DCS 和 DEH 系统均采用霍尼韦尔公司 TPS 系列产品，软件版本号 R660，ETS 为 AB PLC，机组于 2007 年 11 月投运。

运行工况：2 号机组负荷 220MW，主蒸汽压力 14.3MPa，再热蒸汽压力 2.64MPa，主蒸汽温度 540℃，再热蒸汽温度 538℃，排汽压力 18.1kPa，给水泵、一次风机、二次风机、流化风机、引风机等辅机运行正常，四台给煤机正常运行，给煤量 187t/h，主蒸汽流量 727t/h。

（一）事件过程

2020 年 7 月 2 日 13 时 39 分 54 秒，2 号机组负荷 220MW，2 号汽轮机跳闸，负荷到零，检查汽轮机各主汽门、调节阀关闭正常，汽轮机转速下降，交流油泵联动正常，202 开关跳闸，发程序逆功率保护动作信号，锅炉 MFT、BT 保护动作正常，高低压旁路系统动作正常。检查汽轮机 ETS 画面首出信号：首出“汽轮机 110%超速”。

（二）事件原因查找与分析

1. 事件原因检查

事件后，汽轮机转速历史曲线，如图 3-11 所示，未见转速超速现象。检查 ETS 系统，

并进行传动试验均正常，联系上海汽轮机厂家（ETS系统配套厂家）技术人员分析认为，ETS系统正常，首出逻辑顺序无误，导致ETS系统动作跳机是DEH系统侧故障造成110%超速误发。

检查DEH系统发现逻辑控制柜，逻辑控制柜内配置冗余电源、冗余LM控制器、3个转速表和继电器等，通过逻辑组态实现汽轮机超速保护逻辑判断功能。DEH控制柜LM39、LM40分布，如图3-12所示（说明：LM控制器曾发生多次切换故障。其中，图3-12中LM40控制器上方的电源开关为后期增加，用于控制器故障后重启）。3个转速表的24V工作电源由保安段和UPS来的两路电源经220V AC电源转换装置提供，检查发现LM39控制器运行指示灯灭（死机），LM40正常工作，重启LM39后恢复正常。

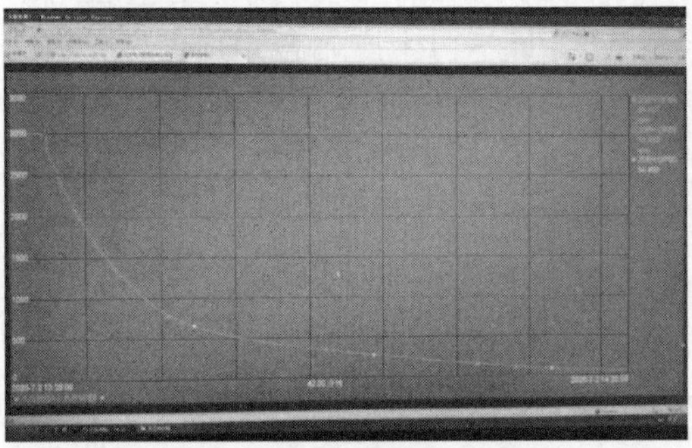
图3-11　汽轮机转速历史曲线

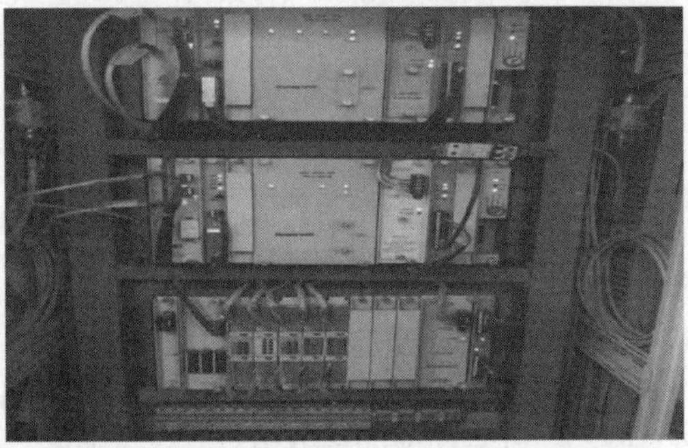
图3-12　DEH控制柜LM39、LM40分布

检查DEH系统110%超速控制逻辑：3个转速信号经三取二后输出两路信号，分别至ETS系统作为跳机信号和DCS作为SOE信号。为确认逻辑正常进行传动试验，过程记录如下。

（1）汽轮机挂闸，在DEH控制柜短接110%超速至ETS系统信号，保护正常动作，首出正确。

（2）汽轮机挂闸，在DEH控制柜短接110%超速至DCS信号正常，SOE正确记录。

（3）汽轮机挂闸，在DEH系统强制转速A、B大于3300r/min，逻辑判断正确，两路输出正常传至ETS和DCS。

试验结果证明，逻辑回路正常。咨询霍尼韦尔厂家技术人员分析，认为LM控制器产品开发年代较长、运行时间长（自2007年投产至今）、元器件老化、稳定性差，导致LM39控制器死机切换至LM40控制器过程中出现扰动，3个转速信号短时消失变坏点，逻辑判断3个转速信号均故障（切换至常数9999r/min），转速故障信号三取二，110%超速直接动作。

2. 事件原因分析

根据上述查找、分析与试验，专业人员认为事件原因如下。

（1）直接原因。DEH系统逻辑控制柜LM控制器死机，切换至备用控制器过程中3个转速信号短时消失变坏点，110%超速保护动作。

（2）间接原因。隐患排查不到位，LM控制器元器件老化，稳定性差，未能及时进行升级改造。

3. 事件暴露问题

(1) 安全生产责任制落实不到位。设备专责人员对设备使用寿命预估不足，日常检查不到位。

(2) 设备管理不到位。DCS和DEH系统卡件已使用13年，老化卡件未及时升级改造或采取有效防控措施。

(3) 隐患排查不到位。热工专业对近年来系统内外电厂因卡件老化等问题造成的非计划停运事件排查不细致。

（三）事件处理与防范

1. 事件处理

因LM控制器为霍尼韦尔公司20世纪70年代推出的产品，设备技术工艺相对落后(霍尼韦尔公司曾通知各用户，该设备于2015年3月31日不再生产，各用户做好升级改造计划)，事件后，热工专业制定了DCS升级改造计划，提交公司待批。

2. 事件防范

(1) 强化安全生产责任制，加强设备的日常维护。

(2) 加强隐患排查治理工作。对两台机组DCS和DEH系统使用时间较长的卡件等设备进行定期检测。

(3) 加强设备缺陷管理，及时消除影响机组安全、稳定运行的缺陷，对于暂时消除不了的缺陷，制定切实可行的安全运行措施。

(4) 加强人员培训，提高检修人员专业技能及风险防控能力。

(5) 针对热工DCS和DEH系统运行时间较长的老化卡件设备，及时安排升级改造。

(6) 完善热工双电源切换试验方法和质量验收标准。

二、DCS主控单元故障导致机组跳闸

某热电厂1号机组容量350MW，2009年12月投产。锅炉型号为HG-1110/25.4-HM2，汽轮机型号为C350/272-24.2/0.4/566/566，发电机型号为QFSN-350-2。

事前工况：1号机组负荷255MW，给水流量880t/h，A、B汽动给水泵运行，电动给水泵备用，除氧器液位2120mm，A、B凝结水泵变频运行，C凝结水泵备用。

（一）事件过程

2020年12月14日15时45分47秒，1号机组除氧器液位1点从2180mm突变为0mm，除氧器液位2从2167mm突变为0mm。

15时45分47秒，1号机组除氧器液位低低触发。

15时45分50秒，A、B给水泵汽轮机跳闸，首出“DCS远方跳闸”。

15时45分50秒，给水泵全停信号触发。

15时45分50秒，MFT信号触发，首出“给水泵全停”，汽轮机跳闸，机炉各联锁保护动作正常。

热工人员查明机组跳闸原因，并经试验控制系统恢复正常后，恢复机组启动。

18时25分06秒，汽轮机冲转。

19时01分06秒，机组并网。

（二）事件原因查找与分析

1. 事件原因查找

机组跳闸后，热工人员检查给水泵汽轮机控制系统，发现1号机组30号站主控单元A故障，进行以下操作。

（1）登录30号站主控单元B时，提示“初始化下装”，对30号站主控单元B进行初始化下装。下装完成后，30号站主控单元内系统参数、画面等显示恢复正常。

（2）更换30号站主控单元A，对30号站主控单元A进行组态下装。

（3）进行30号站主控单元A、B多次切换无异常后，恢复30号站主控单元运行。

2. 事件原因分析

1号机组DCS控制系统设备运行过程中，30号站主控单元A故障，“error”故障灯闪烁（此时主控单元A为主运行，主控单元B为备用）。在对主控单元A进行更换，将主控单元A切换至主控单元B运行过程中，30号站模拟量数据及开关量全部置0，除氧器液位1、2显示为0（实际没有变化），触发除氧器液位低，保护动作，导致A、B给水泵汽轮机跳闸，给水泵全停触发锅炉MFT主保护动作，汽轮机跳闸。

据上查找与分析，热工人员认为事件的直接原因是30号站主控单元A冗余芯片故障，导致站内主控单元A、B无法自动进行无扰切换，在人为手动对主控单元切换过程中出现数据归0情况，进而导致机组跳闸。

3. 事件暴露问题

（1）技术管理不到位，热控检修人员未能做好相应的风险防范，保护解除不彻底。

（2）热控专业人员培训不到位，专业技术人员对热控DCS主控单元切换认知不足，没有意识到可能存在的风险。

（3）事故预想不到位，未对可能造成的影响充分分析，运行人员对该检修项目认识不足。

（4）卡件质量可靠性差，该DCS主控单元出现过多次故障。

（三）事件处理与防范

1. 事件处理

检查确认机组30号站主控单元A故障后，进行以下操作。

（1）登录30号站主控单元B时，提示“初始化下装”，对30号站主控单元B进行初始化下装。下装完成后，30号站主控单元内系统参数、画面等显示恢复正常。

（2）更换30号站主控单元A，对30号站主控单元A进行组态下装。

（3）进行30号站主控单元A、B多次切换无异常后，恢复30号站主控单元运行。

2. 预控措施

（1）热控检修人员再处理故障时，做好相应的风险防范，对涉及的保护应仔细梳理。

（2）热控专业人员提高风险意识，对可能造成的影响进行充分分析。

（3）针对DCS主控单元故障率较高的情况，对多次出现的主控单元故障需加强日常巡查。

三、DEH控制器故障造成机组停机

（一）事件过程

2020年5月19日5时，2号机组AGC投入，机组负荷576MW，主蒸汽压力

26.04MPa，主蒸汽温度592℃，再热蒸汽压力4.94MPa，再热蒸汽温度594℃，背压17.9kPa，汽动给水泵运行，A、B、D、E、F磨煤机运行，煤量277t/h。

5时05分，2号机组运行中跳闸，DCS首出“汽轮机危急遮断保护动作”，随后锅炉MFT保护动作并发“锅炉MFT至DEH”、汽轮机主汽门关闭、发电机解列。

5时06分，检查2号机组联锁保护正确动作，开启2号机组高、低压旁路对锅炉进行泄压，2号锅炉进行炉膛吹扫。

5时12分，2号锅炉吹扫完成，锅炉MFT复位。

5时25分，汽轮机转速降至510r/min，A、B顶轴油泵联启正常，汽轮机转速降至59r/min，投入主机盘车运行。

（二）事件原因查找与分析

1. 事件原因检查

机组解列后，调取DEH控制系统报警记录：发现5时05分23秒，DEH41/91号控制站“41号主控制器”重启，“91号从控制器”发出N4口掉线故障（N4口为主、从“控制器”冗余连接网线）。由于“主、从控制器”均出现故障，故DEH41/91号控制站误发汽轮机危急遮断信号，锅炉MFT接收到汽轮机发出的危急遮断信号后跳闸，同时，锅炉MFT继电器柜发“锅炉MFT至DEH”信号，汽轮机关闭主汽门、调节阀。

进一步排查分析，DEH41号主控制器重启原因是控制器内有部分SOE点扫描周期出厂设置错误、控制器内存在部分无用点等问题导致控制器报错，由于错误信息的长期累积，从而导致主控制器重启。自动切换至DEH91号从控制器后，系统检索到主控制器重启，故发出连接主控制器的N4口掉线故障。

2. 事件原因分析

（1）直接原因。DEH41/91号控制站运行中，41号主控制器出现重启，自动切换至91号从控制器后，91号从控制器又发生掉线故障，从而误发汽轮机危急遮断信号，致使锅炉MFT跳闸。

（2）间接原因。

1）热控点检人员在日常运行维护中，未能及时发现DEH41号控制器内存在部分SOE点扫描周期出厂设置错误、控制器内存在部分无用点等问题，致使控制器错误信息不断累积，造成主控制器重启。

2）2号机组调停期间，对DEH控制器安排开展了预防性检查，但热控人员工作不细致、检查不全面，对控制器存在的潜在隐患未及时发现。

3. 暴露问题

（1）设备管理不到位。专业技术人员对DEH41号控制器内存在的问题未能及时发现，点检人员虽然利用机组调停期间对2号机组DEH系统通信模件、控制器及其冗余电缆进行全面检查，同时对电源、网络和控制器进行了冗余切换试验，但排查不细致，未能及时发现控制器存在漏洞、隐患，暴露出专业技术人员对DEH控制系统运行状况掌握不清，日常点检工作不细致，隐患消除不彻底等问题，对上级公司下发的“降非停”攻坚计划和实施方案执行不到位，设备管理责任没有得到有效落实。

（2）技术培训不到位，专业人员技术水平欠缺。热控专业人员对DEH控制系统技术掌握不够、底数不清，日常维护中不能及时发现潜在隐患，且问题发生后，未能及时、准确地分析出问题原因，反映出专业技术人员水平不高、专业不精等问题。

(3) 制度贯彻落实不到位。在集团公司下发《发电设备设施事故征兆管理指导意见（试行）》后，没有第一时间按照上级公司要求开展对照检查工作，未能深入排查 DEH 控制系统可能存在的风险隐患。

(三) 事件处理与防范

1. 事件处理

热控专业人员对 DEH41/91 号站“主、辅控制器”报错问题进行排查并消除错误，对 DEH41/91 号站通信模件、控制器及其冗余电缆进行全面检查，对电源及网络和控制器冗余切换进行试验等工作，确认故障消除后恢复系统运行。

2. 事件防范措施

(1) 深刻吸取教训，认真学习上级公司下发的非停报告，举一反三。特别是针对公司基建转生产第一年发生的各类不安全事件，深入班组开展反思、讨论，进一步加强对运行及设备管理工作，做好日常危险点分析、事故预想、降非停措施落实工作的动态管理。

(2) 立即再次组织学习《集团公司发电设备设施事故征兆管理指导意见（试行）》（生产〔2020〕16 号），对照《集团公司发电设备设施事故征兆管理指导意见（试行）》中的设备事故征兆内容进行认真排查，对排查出的预警问题组织做好统计、分析，重点问题纳入督办，做到限期治理，定期检查，闭环管理，有效防范、遏制相关典型设备事故或带来的安全隐患。

(3) 针对 2 号机组 DEH41/91 控制器出现重启的问题，利用停机机会连同 DEH42/92、DEH43/93 号站，共计 6 个控制器全部进行更换，同时对 1 号机组 DEH 控制器内部 SOE 点扫描周期、无用点等进行排查，检查控制器是否存在自动切换、重启的报警记录，做到报警及时发现、查明原因，并消除。

(4) 强化技术管理，开展 DEH 系统专题培训，制定运行技术措施，做到问题及时发现，隐患及时消除，措施落实能到位，安全生产有保障。

四、DEH 控制器出现异常造成抗燃油压降低导致机组跳闸

(一) 事件过程

2020 年 5 月 19 日 12 时 45 分，2 号机组负荷 53MW，基本方式运行，主蒸汽压力 11.8MPa，主蒸汽温度 526℃，再热蒸汽压力 1.16MPa，再热蒸汽温度 522℃，背压 9.3kPa，电动给水泵运行，A、F 磨煤机运行，煤量 71t/h。

12 时 46 分 00 秒，负荷 47MW，运行人员手动设定负荷从 128MW 加至 220MW，升速率 20MW/min。12 时 50 分 09 秒，实际负荷 53MW，目标负荷 158MW（设定负荷折算），触发甩负荷预测保护动作，设定负荷自动到零，控制方式由负荷控制切换为转速控制，负荷开始快速降低。

12 时 50 分 47 秒，机组负荷降低至 0MW，转速维持 3000r/min，调节阀开度 4.9%。

12 时 54 分 05 秒，运行人员联系维护部热控人员手动缓慢开启高压调节阀。

12 时 55 分 01 秒，GV1 手动开启至 12%，抗燃油压从 15.86MPa 快速降低。

12 时 55 分 29 秒，汽轮机跳闸，首出原因为“抗燃油压低保护动作”，发电机程跳逆功率动作。

12 时 13 分，汽轮机转速 510r/min，A、B 顶轴油泵联启正常。

13 时 52 分，汽轮机转速 57r/min，投入盘车运行。

（二）事件原因查找与分析

1. 事件原因检查

并网前，为防止 DEH42/92、DEH43/93 号控制站发生类似某机组 DEH 41/91 号控制站“错误信息不断累积，造成主控制器重启”的故障，在机组定速 3000r/min 后，对 DEH 42/92、DEH 43/93 号站“主、从控制器”进行切换试验。机组解列后，经认真检查发现 DEH43/93 号站“主、从控制器”切换后，SGC 步序由第 31 步跳回至 30 步，当时运行、热控人员均未发现 SGC 步序的异常变化，机组并网后 SGC 步序停留在 30 步。由于 TAB 值由 SGC 启动步序控制，启动步序的卡顿导致 TAB 值停留在 33。

机组并网后，升负荷中运行人员发现升负荷受限，手动将设定负荷从 128MW 加至 220MW。当目标负荷达到 158MW（设定负荷折算）时，而实际负荷仅为 53MW，触发了“甩负荷预测保护”动作（甩负荷预测保护为“目标负荷-实际负荷＞104MW”触发），设定负荷自动到零，控制方式由“负荷控制”切换为“转速控制”，负荷开始快速降低。

为防止发电机逆功率动作，联系热控人员手动开启两个高调节阀，此时高调节阀处于“转速控制”状态（调节阀开度指令与汽轮机的转速维持匹配），人为干预后造成手动设定开度与调节阀指令冲突，DEH 逻辑中调节阀指令与开度偏差大，导致调节阀跳闸电磁阀开启逻辑触发，调节阀跳闸电磁阀打开，调节阀关闭至实际开度和逻辑内调节阀指令偏差接近时，电磁阀重新关闭，由于此时手动指令一直存在，调节阀继续开启，导致跳闸电磁阀重复动作，造成抗燃油压快速下降，当抗燃油压力低于 10.5MPa 时，汽轮机跳闸。

（1）直接原因。DEH 控制器出现异常，发生 SGC 步序回跳卡顿现象，致使机组并网后无法自动加负荷，运行人员处理中甩负荷预测保护被触发，为防止逆功率保护动作，手动开启调节阀中触发电磁阀反复动作，抗燃油压降低。

（2）间接原因。热控人员在控制器切换试验后，未仔细核对试验后状态，运行人员在并网前，也未对 SGC 步序进行核对，致使在 SGC 步序异常变化后，热控人员及运行人员均未及时发现，未采取相应的措施，造成升负荷受限。

在升负荷受限的情况下，运行人员未认真分析原因，将机组设定负荷进一步提高，造成实际负荷与目标负荷偏差大，触发甩负荷预测保护动作。机组负荷到零后，运行人员未发现控制方式已由“负荷控制”自动切换至“转速控制”方式，要求热控人员手动开启高压调节阀，热控人员接到通知后未对机组运行的不正常现象进行分析，开启调节阀造成高压调节阀跳闸电磁阀频繁动作，最终因抗燃油压低，造成机组跳闸。

2. 暴露问题

（1）设备管理不到位。设备管理人员对 DEH 控制系统运行状况掌握不清，DEH 控制器存在异常、TAB 启动程序逻辑模块存在错误，均未能及时发现，暴露出日常点检检查不细致，隐患排查不彻底，设备管理责任没有得到有效落实，设备管理存在漏洞的问题。

（2）运行管理不到位，专业技术水平不足。运行人员在机组实际负荷未按照给定目标负荷正常增加时，未能预判出机组可能存在的问题并进行分析，简单将机组设定负荷进一步提高，在触发甩负荷预测保护动作，控制方式自动切换至转速控制后仍未及时发现，盲目要求热控人员开启高调节阀，暴露出运行人员对 DEH 逻辑不清楚、技术水平不足、应急处理能力薄弱、事故预想不到位的问题。

（3）专业技术人员责任心不强。运行人员在并网前未核对 SGC 步序、热控人员在试验后同样未认真核对 SGC 步序，导致 SGC 步序由 31 返回至 30、TAB 值停留在 33 的问题未及时发现，最终造成高、中压调节阀自动关，暴露出运行及热控人员对重要操作的风险点把控不到位、责任心不强、技术水平能力不足的问题。

公司各级安全生产人员对安全生产基础性地位认识不足，未充分吸取集团公司内非停事件经验教训，未严格落实新疆公司降非停攻坚计划，安全生产管理存在漏洞。

（三）事件处理与防范

1. 事件处理

事件发生后，热控专业对 DEH43/93 号站通信模件、控制器及其冗余电缆进行了全面检查，对电源及网络和控制器进行 6 次冗余切换试验，出现一次 SGC 步序回跳现象，随后对 DEH 控制站共 6 个控制器进行更换，更换后试验未见异常。

2. 事件防范措施

（1）深刻吸取教训，认真学习集团公司、新疆公司下发的非停报告，举一反三，进一步加强对运行设备日常危险点分析、事故预想、降非停措施落实动态管理。

（2）立即再次组织学习《集团公司发电设备设施事故征兆管理指导意见（试行）》，对照《集团公司发电设备设施事故征兆管理指导意见（试行）》中的设备事故征兆内容进行认真排查，对排查出的预警问题组织做好统计、分析，重点问题纳入督办，做到限期治理，定期检查，闭环管理，有效防范、遏制相关典型设备事故带来的安全隐患。

（3）组织运行与热控人员开展调节保安系统的专项学习，加强 DEH 操作培训及 DEH 故障的分析处理培训。

（4）梳理同类型电厂的相关事故案例，并组织培训，进一步提升专业技术水平及应急处理能力。

（5）发电部运行人员深入开展事故预想工作，各值人员接班后对当班计划内的重点工作开展事故预想，提高运行人员的应急处理能力。

第三节 网络通信系统故障分析处理与防范

本节收集了因网络通信系统故障引发的机组故障 3 起，分别为 PNI1 卡件故障造成 DCS 服务器离线、通信异常造成单侧风机跳闸导致手动停机、凝结水泵变频器通信故障导致给水泵跳闸而 MFT。

网络通信设备作为控制系统的重要组成部分，其设备及信息安全易被忽视。这些案例列举了网络通信设备异常引发的机组故障事件，希望能提升电厂对网络通信设备安全的关注。

一、PNI1 卡件故障造成 DCS 服务器离线

某厂 2 号机组容量 1050MW。2020 年 5 月 23 日，2 号机组 DCS 2、3 号操作员站锅炉汽水系统画面中多个测点离线异常。

（一）事件过程

2020 年 5 月 23 日 21 时整，运行人员发现 2 号机组 DCS 2、3 号操作员站锅炉汽水系

统画面中多个测点离线，通知热工处理。热工人员立即通知运行将 2、3 号操作员站切至 3 号服务器运行，并检查测点离线原因。

（二）事件原因查找与分析

1. 事件原因检查

经过将操作员站切换至 2、3 号服务器进行检查对比，发现 1 号服务器的画面离线，然后查看 DCS 画面组态软件中的 ICI 状态，发现 1 号服务器 PNI1 状态显示“DEAD”（正常运行的各 PNI 状态为“ONLINE”），进一步检查分析 2 号机组 DC2，3 号操作员站 S 画面中测点离线的原因是 1 号服务器 PNI1 卡件停运离线。热工人员立即咨询 DCS 厂家，并查阅说明书，判断该卡件当时的状态为 ROM 自检出错，停止数据交换。根据 DCS 厂家意见，复位该 PNI 卡件后，2 号机组 DCS 1 号服务器画面离线测点恢复正常。

2. 事件原因分析

本次异常事件的直接原因初步分析为 2 号机组 1 号服务器 PNI1 卡件运行中出现 ROM 自检出错导致卡件停运离线。

（三）事件处理与防范

（1）编制 PNI1 卡件故障应急处理标准卡，制定详细的处理步骤，纳入 DCS 失灵应急处理预案中。

（2）加强 DCS 电源、通信卡件、控制器及 I/O 卡件巡检，发现异常应制定好措施及时处理。

（3）订购 PNI 卡件备件，备件到货后，利用检修机会更换测试。

二、通信异常造成单侧风机跳闸导致手动停机

某厂 7 号机组 ECS 系统与 DCS 通过通信管理机相连，DCS 将启动、停止指令传至通信管理机，再由 ECS 系统传至 6kV 一次风机、引风机、二次风机等开关设备，控制开关的启动和停止。2020 年 6 月 17 日，通信异常引起单侧风机跳闸且重新启动不了，手动停机。

（一）事件过程

22 时 00 分，7 号机组负荷逐渐增加到 150MW，7 号锅炉 2 号一次风机突然跳闸，工频未正常联动，立即尝试工频启动 7 号锅炉 2 号一次风机未成功，7 号机组安排减负荷运行。

22 时 03 分，7 号锅炉 2 号引风机、2 号二次风机相继跳闸，此时机组负荷 146MW、床压 8.8kPa，单侧一次风机已无法正常流化。因 DCS 与 ECS 系统 4 号通信管理机通信中断，4 次现场重新启动 4 号通信管理机无效，已无法在 DCS 操作画面上正常启动风机。紧急先后三次直接通过电气 ECS 系统紧急启动 7 号锅炉 2 号一次风机、2 号二次风机，均未成功。

23 时 19 分，机组负荷 10MW，蒸汽参数无法维持运行，手动将 7 号机组与系统解列。经处理，6 月 18 日 7 时 28 分，7 号机组并网运行。

（二）事件原因查找与分析

1. 事件原因检查

事件后，检查发现 7 号机组 ECS 系统 4 号通信管理机死机，该通信管理机管控的 7 号

锅炉 2 号一次风机、2 号二次风机、2 号引风机均显示无通信状态。由时间顺序向前检查，发现一次风机、引风机、二次风机跳闸时，7 号机组 ECS 系统 4 号通信管理机已死机，该通信管理机管控的 7 号锅炉 2 号一次风机、2 号二次风机、2 号引风机就已显示无通信状态。

检查现场 6kV 保护装置（该装置为北京同控电力系统技术有限公司生产的 MPS-4A 型数字式电动机综合保护及测控装置，已停产且联系不到厂家人员），装置内看不见动作记录及故障波形，无法为分析提供参考。据了解，6kV 保护装置故障率高，常误发报警信号、装置黑屏、装置故障；误发 TA 及 TV 断线信号、无法跳闸信号等故障，且原因不明，无法调出故障记录进行分析。检查小修时 6kV 部分开关柜（如一次风机、引风机等开关柜）校验报告未见。

在 DCS 调取故障记录检查，发现 2 号一次风机、2 号引风机、2 号二次风机电流在故障时下降为 0，但故障时跳位开入量没有变化，无显示，引风机故障时刻跳闸电流历史曲线，如图 3-13 所示。

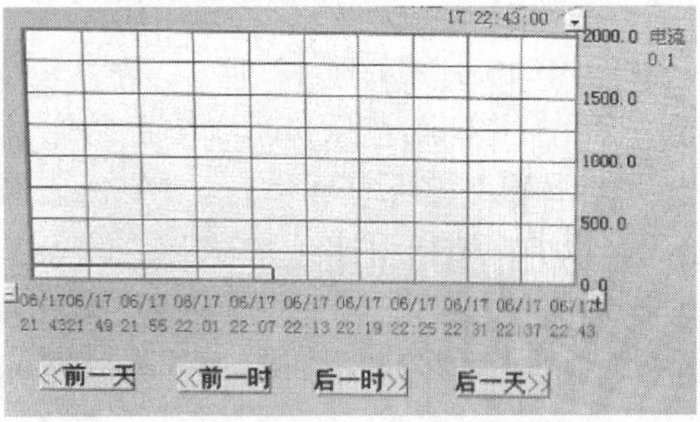

图 3-13 引风机故障时刻跳闸电流历史曲线

2. 原因分析

(1) 直接原因：7 号机组 6kV 重要设备启动停止回路设计存在缺陷，投产至今多次发生设备自启停事件，系统可靠性低。4 号通信管理机故障，引起管辖的 2 号一次风机、2 号引风机、2 号二次风机相继跳闸，7 号锅炉单侧一次风机运行锅炉无法流化，通信故障无法将跳闸风机紧急恢复，机组蒸汽参数快速下降，最终导致手动停机。

(2) 间接原因：公司隐患排查治理与安全风险分级管控工作不扎实，对当前开展的安全生产专项整治三年行动计划、安全生产月和安全生产万里行活动要求落实不到位。对长期存在设备隐患重视不够，防范措施制定与落实，以及应急处置演练管理不力。

3. 暴露问题

(1) 6kV 重要设备启动停止回路设计缺陷，重要设备的启停应通过硬接线，直接由 DCS 接入开关柜中的控制回路，通过通信控制，存在可靠性差的问题。

(2) 6kV 保护装置已使用 15 年，超过《继电保护和安全自动装置运行管理规程》(DL/T 587—2016) 规定的 10～12 年的使用年限且在大小修时，检修工作未能按照《继电保护和电网安全自动装置检验规程》(DL/T 995—2016) 严格执行，对 6kV 开关柜进行定期检验。

(3) 公司安全生产主体责任未能层层压紧压实，隐患排查治理和安全风险分级管控的“双重预防机制”建设工作开展不扎实。生产技术部、维护部、运行部安全生产保障职责履行不到位。现场设备隐患排查治理不到位，对长期存在的设备隐患重视不够，未制定有效的防范措施，应急处置演练管理不到位，现场处置能力不足。

(三) 事件处理与防范

1. 事件处理

(1) 对 6kV 重要设备的开关分合由通信线改为从 DCS 直接引入硬接线，并对 ECS 系统进行升级改造。

（2）对6kV保护装置进行升级改造，对6kV开关柜在内的继电器、保护装置、二次回路的绝缘电阻全部进行校验。

2. 事件防范

（1）进一步进行源头治理，强化隐患排查治理与安全风险分级管控机制建设。

（2）建立完善公司“安全风险与制度措施清单”和“隐患与制度措施清单”。

（3）汲取教训、举一反三，通过安全巡查、月度例检、安全生产“回头看”、专项治理等工作，全面排查治理安全风险隐患和管理短板，制定制度措施，落实整改，确保安全生产稳定。

三、凝结水泵变频器通信故障导致给水泵跳闸而MFT

2020年10月08日12时52分，1号机组AGC投入，负荷231MW，主蒸汽压力20.17MPa，主蒸汽温度568℃，主给水流量794t/h，总给煤量119t/h，工业供汽流量130t/h，1B凝结水泵变频运行，1A凝结水泵工频备用。

（一）事件过程

12时52分52秒，声光报警发“凝结水泵变频器重故障报警”，变频器KM4、KM5接触器断开，KM6接触器合闸，1B凝结水泵变频器报通信故障跳闸，由“变频切换工频”运行。

12时52分54秒，1B凝结水泵“变频切工频”过程中，凝结水泵出口母管压力由1.07MPa下降至0.34MPa，触发1A凝结水泵工频启动运行，除氧器水位主、辅气动调节阀由100%自动关至35%。除氧器水位仍快速上涨，手动关小上水调节阀。

12时52分56秒，1B凝结水泵工频启动运行，凝结水出口母管压力3.4MPa，主凝结水流量1001t/h。A、B凝结水泵工频启动曲线，如图3-14(a) 所示；A、B凝结水泵工频跳闸曲线，如图3-14(b) 所示。

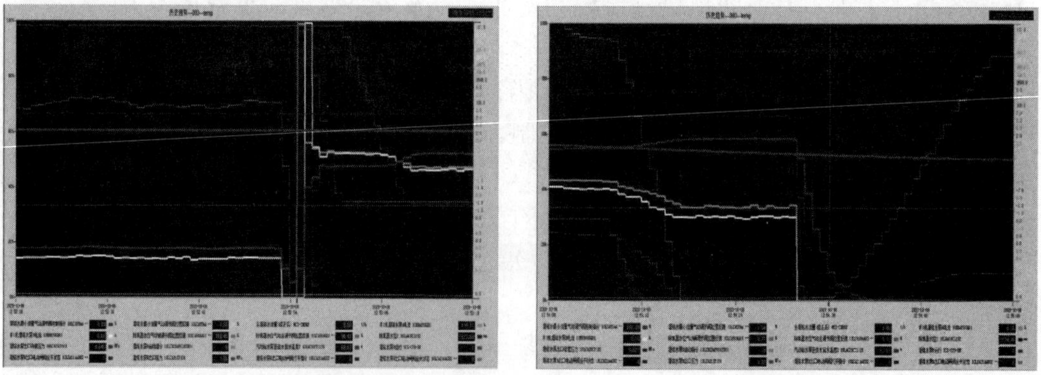

(a) A、B凝结水泵工频启动曲线　　(b) A、B凝结水泵工频跳闸曲线

图3-14　A、B凝结水泵工频启动、跳闸曲线

12时53分46秒，手动关小上水主调节阀至23%，上水辅调节阀至29%。

12时54分09秒，除氧器水位上涨至高二值1950mm，除氧器事故放水、溢流放水门联锁打开，除氧器水位主、辅调节阀联锁关闭。12时54分16秒，凝结水流量低于250t/h，延时 2s 联锁全开凝结水再循环气动调节阀指令发出。6s 后手动关闭 1B 凝结水泵出口电动门，准备停运 B 凝结水泵。

12 时 54 分 22 秒，启动 1B 凝结水泵；12 时 54 分 31 秒，1A、1B 凝结水泵保护跳闸（凝结水流量低，再循环反馈小于 5%，延时 15s）触发，汽动给水泵组密封水回水温度由 52℃开始上升（汽动给水泵组密封水由凝结水供给）。12 时 54 分 37 秒，凝结水再循环气动调节阀反馈至 5%并逐步全开；12 时 54 分 55 秒，快速切除本机供汽（由 129t/h 减少至 0t/h）维持除氧器液位。12 时 54 分 58 秒，再循环反馈开至 100%。

12 时 55 分 06 秒，手动停运 1D 磨煤机，解除汽轮机主控快速降低机组负荷。

12 时 56 分 09 秒，1B 凝结水泵出口电动门关闭到位，启动 1B 凝结水泵。12 时 56 分 22 秒，1A 凝结水泵出口电动门关闭到位。12 时 56 分 26 秒，1B 凝结水泵出口电动门报“电气故障”，运行人员立即就地检查电动门是否失电，并准备恢复送电。经检查电源正常，DCS 显示母管压力未上升，压力值为 0MPa，判断 B 凝结水泵出口电动门实际未开，立即启动 A 凝结水泵。

12 时 57 分 18 秒，启动 A 凝结水泵。12 时 57 分 55 秒，凝结水泵出口母管升至 1.80MPa，流量 1001t/h。B、A 凝结水泵启动凝结水升压曲线，如图 3-15(a) 所示；汽动给水泵因密封水回水温度高跳闸曲线，如图 3-15(b) 所示。

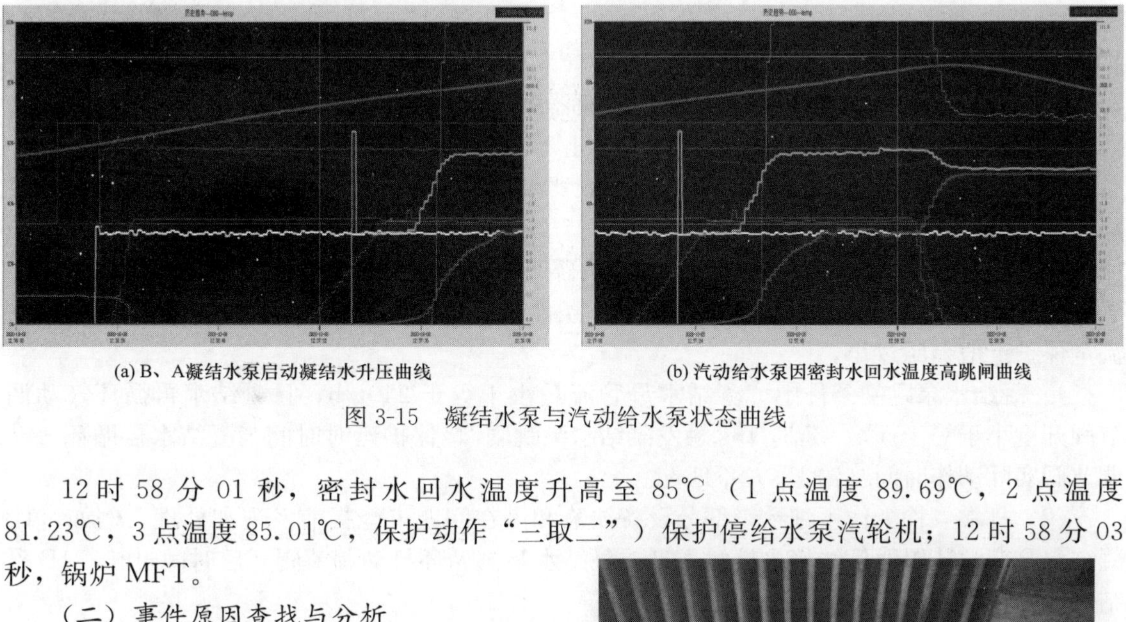

(a) B、A凝结水泵启动凝结水升压曲线　　(b) 汽动给水泵因密封水回水温度高跳闸曲线

图 3-15　凝结水泵与汽动给水泵状态曲线

12 时 58 分 01 秒，密封水回水温度升高至 85℃（1 点温度 89.69℃，2 点温度 81.23℃，3 点温度 85.01℃，保护动作“三取二”）保护停给水泵汽轮机；12 时 58 分 03 秒，锅炉 MFT。

（二）事件原因查找与分析

1. 事件原因检查

（1）设备停电后，检查通信光纤及光纤接头，未发现设备损坏，分析判断由于通信光纤接头接触不良造成故障。通信光纤接头，如图 3-16 所示。

（2）变频器重新上电后故障消失，功率模块电压及温度显示正常。

图 3-16　通信光纤接头

（3）对汽动给水泵及其密封水系统进行检查，油质、油位无明显异常变化。

（4）对1A、1B凝结水泵轴承振动、温度及联轴器连接情况进行检查，未发现异常。

（5）对汽轮机本体及其他重要辅机参数进行检查，未发现异常。

2. 事件原因分析

（1）直接原因。由于变频器功率单元通信模块与通信光纤的接头接触不良，导致模块通信故障，造成1B凝结水泵变频器“重故障报警”跳闸。

（2）间接原因。

1）由于变频器功率单元通信模块与通信光纤的接头接触不良，导致模块通信故障，造成1B凝结水泵变频器“重故障报警”跳闸。

2）凝结水泵变频切工频运行（延时3s）过程中，因凝结水母管压力低，触发备用泵联启，造成1A、1B凝结水泵同时工频运行，除氧器水位快速上升。

3）除氧器水位高保护动作后，因凝结水再循环气动调节阀未能及时开启（保护动作20秒时反馈至5.04%，35秒时全开），致使凝结水流量低于240t/h，同时，凝结水再循环气动调节阀位置反馈小于5%，触发1A、1B凝结水泵保护值，两台凝结水泵同时跳闸。

4）两台凝结水泵跳闸后，因出口电动门未能在有效时间内全开，1B凝结水系统未能及时启动，致使凝结水中断时间延长，给水泵密封水回水温度上升至跳闸值，汽动给水泵组跳闸。

3. 暴露问题

（1）凝结水系统逻辑保护设置不合理。

1）凝结水泵变频逻辑设置不合理，变频器故障切换故障泵、工频时间较长，引发两台凝结水泵同时工频运行，对系统造成极大冲击。

2）凝结水泵在工频运行时，未配置除氧器水位主、辅气动调节阀自动跟踪逻辑，造成除氧器水位无法及时跟踪调整。

3）联锁保护定值设置不合理。凝结水再循环气动调节阀联锁开启条件（凝结水流量小于等于250t/h）与凝结水泵流量低保护动作条件（凝结水流量小于等于240t/h）中凝结水流量保护定值差距过小。

4）凝结水泵跳闸条件中“凝结水母管流量小于等于240t/h，且凝结水再循环气动调节阀开度小于等于5%，延时15s触发凝结水泵跳闸”，保护延时时间与凝结水再循环气动调节阀实际动作时间（约15s）不匹配。

（2）日常点检工作不细致，部分设备缺陷和潜在问题未能提前发现和处理，例如，1B凝结水泵变频装置通信线接头接触不良、凝结水泵再循环气动调节阀开启时间过长、1B凝结水泵出口电动门卡涩等。

（3）设备管理不到位，部分技术管理责任没有得到有效落实，例如，辅机逻辑优化工作开展不到位、专业技术管理不到位；定期工作计划不合理，部分重要电动门、气动门定期开关试验计划缺失；降非停行动计划措施执行不到位。

（4）事故预想培训不到位，运行异常处置能力不足。在两台凝结水泵同时工频运行状态下，未能立即停止一台凝结水泵，也未采取其他有效措施，导致除氧器水位高保护动作。

（三）事件处理与防范

1. 事件处理

对变频装置电气一、二次元器件和变频器通信接头进行清扫排查。

确认通信光纤接头接触良好，变频器重新上电故障消失，各项试验均正常后，生产启动机组恢复运行。

2. 防范措施

(1) 制订排查计划和检测方法，加强对全厂机组重要辅机电气设备的隐患排查，变频装置电气一、二次元器件的定期清扫检查，变频器通信接头的紧固排查，发现问题及时处理。

(2) 结合机组及重要设备实际运行状态，优化凝结水系统保护逻辑。

1) 确保在凝结水泵变频故障时只启动备用凝结水泵，避免两台凝结水泵同时工频运行。

2) 增加凝结水泵在工频运行时，除氧器水位主、辅气动调节阀自动跟踪逻辑，除氧器水位气动主、辅调节阀能够自动跟踪除氧器水位，并优化除氧器溢流阀和事故放水动作条件。

3) 优化凝结水再循环气动调节阀保护开启保护定值。

4) 优化凝结水泵保护跳闸条件，增加凝结水泵最小流量保护动作延时时间，确保保护能够及时准确动作。

5) 举一反三深入开展一次针对全厂主辅机保护的隐患排查工作，提高保护系统可靠性。

(3) 强化阀门类设备隐患排查，利用机组停备机会，对凝结水再循环门进行解体检修，查找阀门开启时间过长原因，并有针对性的处理，对其他带有联锁保护的重要阀门运行状态定期检查、分析及维护，及时发现存在的设备隐患，避免因此引发不安全事件。

(4) 加强设备管理，提高设备可靠性。

1) 制定重要阀门定期活动试验计划，并按期执行，确保阀门动作正常。

2) 加强重要辅机巡检及日常维护管理，尤其是重要辅机变频器的维护管理，利用设备检修机会对变频器功率单元柜进行清扫、检查和试验，防止变频器故障引发影响机组安全稳定运行的异常事件。

(5) 加强培训管理，做到学有成效。定期组织学习集团公司非停周报，开展对照检查和问题整改，严格落实降非停管理和技术措施。加强对检修规程、运行规程、事故征兆预警、事故预想的培训学习，提高设备检修和运行人员的技术水平，将培训考试成绩纳入绩效考核，在机制上调动人员学习技术积极性。

第四节　DCS软件和逻辑运行故障分析处理与防范

本节收集了因DCS软件和逻辑运行不当引发的机组故障2起，分别为锅炉“延迟点火”保护逻辑设计缺陷导致锅炉MFT、协调逻辑优化不完善导致汽包水位高保护动作。通过对这2起案例的分析，希望能加强对机组控制品质的日常维护、保护逻辑的定期梳理管理等工作。

一、锅炉“延迟点火”保护逻辑设计缺陷导致锅炉MFT

某电厂建设有两台600MW机组，于2007年底建成投产。锅炉为哈尔滨锅炉厂有限责任公司 HG-2070/17.5-YM9 型，亚临界一次中间再热、控制循环、四角切圆燃烧 Л 形汽包炉，制粉系统配置有 6 套中速碗式磨煤机（最大出力 55t），配有 12 支机械雾化式油枪供点火及低负荷稳燃，每支油枪出力耗油量 1.8t/h，A 层燃烧器配有等离子点火装置；汽轮机为东方汽轮机有限公司 NZK600-16.67/538/538 型，单轴三缸四排汽、直接空冷凝汽式；发电机为东方电机厂有限公司 QFSN-600-2-22D 水-氢-氢冷却型。DCS 为艾默生公司 OVATION 系统。

事件前，2020 年 7 月 13 日 17 时前，1 号机组处于 AGC 方式，机组负荷 296MW，主蒸汽压力 11.94MPa，A、B、D、E 磨煤机运行，总煤量 157t/h。C 磨煤机因石子煤刮板有异声，消缺后正在恢复送动力电源，各风门挡板均已恢复正常；F 磨煤机备用。燃油系统备用正常，炉前油滤网差压为 1.4kPa。

（一）事件过程

17 时 00 分 29 秒，运行监盘人员发现 A 给煤机发出断煤信号，立即派巡检人员就地检查，发现 A 给煤机皮带上无煤，经敲打落煤管无效后，磨煤机出口温度快速上升；17 时 03 分 06 秒，运行人员手动停运 A 磨煤机。

17 时 03 分 19 秒，运行人员手动投运 AB 层、BC 层共 7 支油枪助燃，油枪投运后发现炉前燃油 1 号滤网差压由 1.8kPa 快速上涨至 10.3kPa，炉前油压力缓慢下降，为减缓炉前油压力下降速度，手动退出 AB1、AB3 油枪。

17 时 11 分 28 秒，启动 C 磨煤机，锅炉保持 B、C、D、E 四台磨煤机运行。

17 时 15 分 05 秒，炉前燃油压力降至 1.99MPa，燃油压力低低报警，延时 3s 后 OFT 动作，燃油快关阀关闭，AB2、AB4、BC1、BC2、BC3 油枪退出运行，就地巡检人员将炉前油滤网由 1 号切换至 2 号。

17 时 16 分 04 秒，切换完滤网后，运行人员再次开启燃油快关阀，恢复炉前燃油备用。

17 时 26 分 04 秒，锅炉 MFT 保护动作，首出保护信号为“延迟点火”。

机组停机过程中，各设备动作正常。19 时，锅炉点火；14 日 0 时 13 分，机组并网。相关保护动作 DCS 历史记录，如图 3-17 所示。

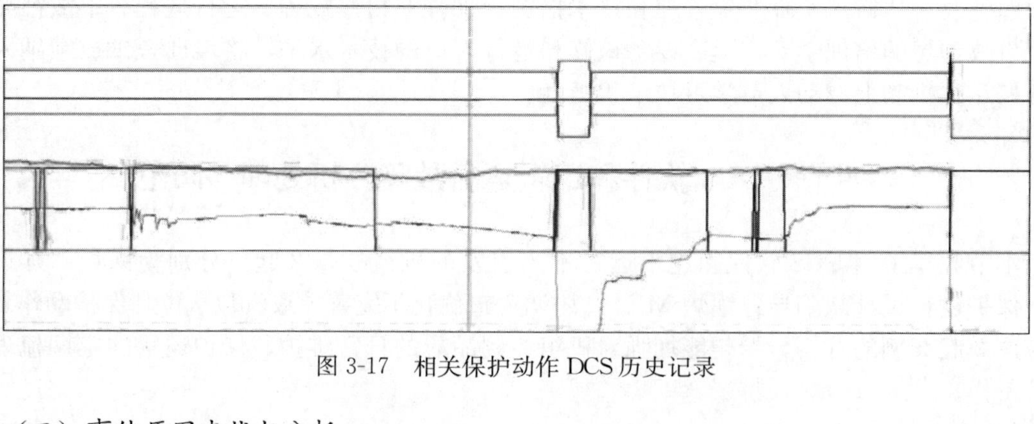

图 3-17　相关保护动作 DCS 历史记录

（二）事件原因查找与分析

1. 事件原因检查

（1）热工逻辑组态核查。核查“延迟点火”保护组态逻辑如下。

1）非等离子模式。

2）锅炉吹扫完成。

3）炉膛吹扫条件不满足。

4）燃油快关阀开启（阀门由关闭至开启，触发脉冲）。

5）无油枪投运且给煤机 A 停运。

当上述条件全部满足时，即开始计时，10min 内上述各状态没有改变，则将触发“延迟点火”保护。据核查，该保护的逻辑组态在机组调试阶段即设定完成，投产后没有进行过修改。

在运行人员开启燃油快关阀的时刻：A 给煤机因断煤停运（肯定在非等离子模式）、所有油枪均未投运（C 磨煤机启动正常后，再无继续投油的必要）；炉膛吹扫完成状态始终存在；燃油系统 OFT 后再次投入备用（燃油快关阀打开，触发脉冲信号）、炉膛吹扫条件不满足等上述五个条件均出现，延时 10min 后触发“延迟点火”保护动作，锅炉 MFT。动作过程与逻辑设计相符。MFT 延迟点火逻辑及说明，如图 3-18 所示。

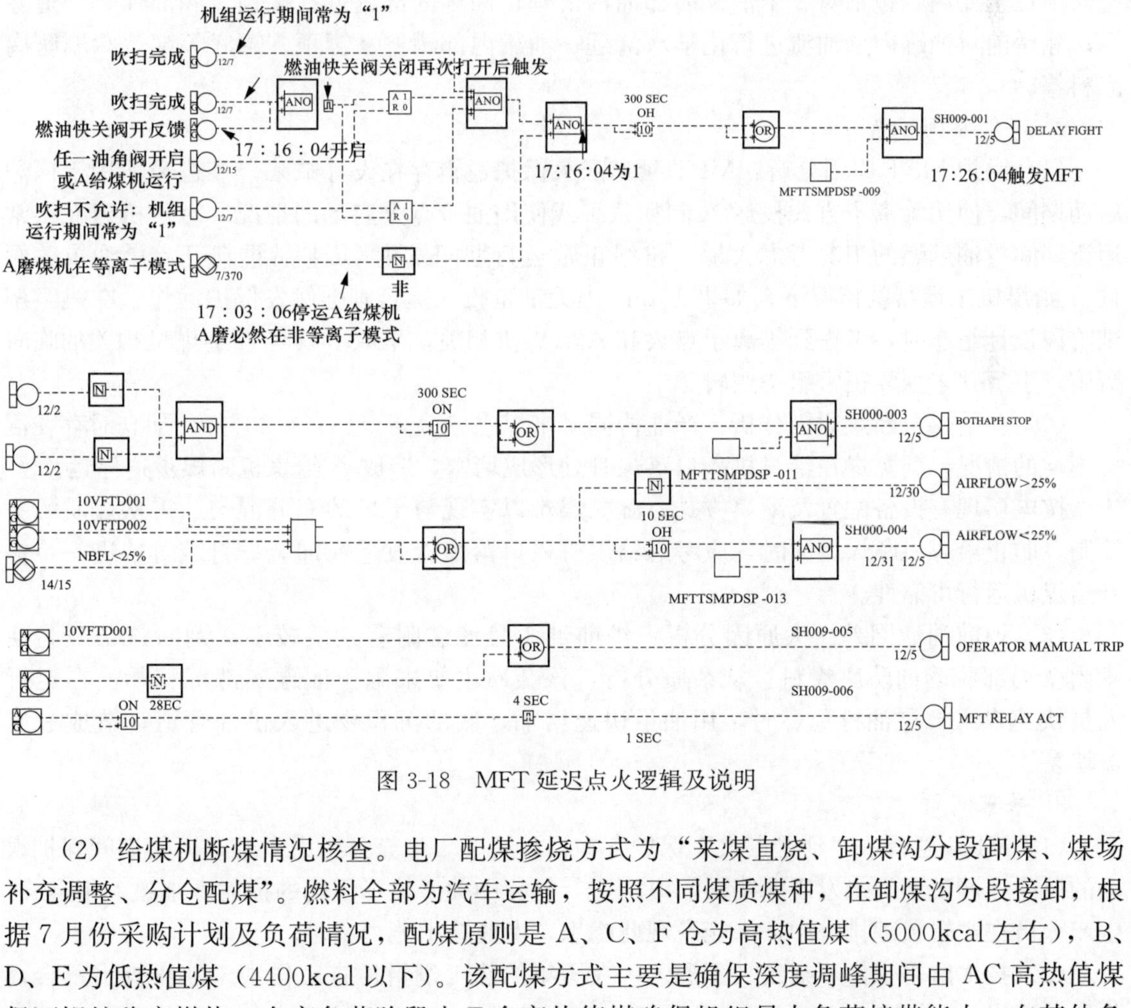

图 3-18　MFT 延迟点火逻辑及说明

（2）给煤机断煤情况核查。电厂配煤掺烧方式为“来煤直烧、卸煤沟分段卸煤、煤场补充调整、分仓配煤”。燃料全部为汽车运输，按照不同煤质煤种，在卸煤沟分段接卸，根据 7 月份采购计划及负荷情况，配煤原则是 A、C、F 仓为高热值煤（5000kcal 左右），B、D、E 为低热值煤（4400kcal 以下）。该配煤方式主要是确保深度调峰期间由 AC 高热值煤保证锅炉稳定燃烧，在高负荷阶段由 F 仓高热值煤确保机组最大负荷接带能力，在其他负荷段加大经济煤种的掺烧比例，兼顾机组安全与经济运行。

7 月 13 日，A 原煤仓总加仓量约为 1000t，均为高热值煤，其中包含产业协同矿的水洗煤约 200t，该批次煤化验报告水分为 16.2％（入炉设计煤种水分为 11％以内）。

A 给煤机断煤停运后，经过约 10min 持续敲打后下料正常。

（3）炉前燃油滤网差压大核查。7 月 13 日 17 时 03 分，运行人员投油稳燃前，炉前油滤网差压为 1.8kPa，差压在合理范围内。在投入油枪后的 17 时 15 分，燃油滤网差压即上升至 10.3kPa，导致燃油跳闸（OFT）保护动作。19 时，检修人员对炉前油 1 号滤芯进行更换，检查发现滤芯附着杂质较多。

经现场检查缺陷统计分析，从 2020 年 4 月份起，炉前油滤网差压大缺陷量增加，电厂组织对油罐内部检查，发现油罐内部有沉积物后将全部存油（约 130t）全部倒入 1 号罐，并于 4 月 13 日至 17 日对 2 号油罐进行清理，组织技术人员对沉积物进行分析，沉积物为罐内防腐涂料脱落软化后形成。5 月 18 日采购新油 200t，全部存入清理后的 2 号油罐，5 月 20 日将运行油罐从 1 号切换至 2 号，截至 7 月 13 日，一直为 2 号油罐运行。

针对油罐内部防腐层脱落问题，电厂于 5 月 6 日完成特殊检修项目立项审批。该特殊检修项目主要内容包括对 2 个油罐内部油污清理；油罐内部罐壁、罐顶、底部加热管道除锈；除锈前对油罐内壁油渍进行化学水清理；油罐内部罐壁、罐顶、罐底等部位涂刷防腐涂料等。

2. 事件原因分析

（1）锅炉 MFT 原因分析：MFT 延迟点火保护逻辑存在设计缺陷。该逻辑适用于锅炉启动期间，使用等离子方式投运 A 制粉系统或使用油枪点火启动的情况。对于机组在正常运行期间投油助燃的工况考虑欠缺，机组正常运行期间发生 OFT 后重新开启燃油快关阀且 A 给煤机未运行的情况下，如果 10min 内无油枪投入运行则会触发保护动作。在机组调试阶段设计组态时，考虑到等离子点火和 A 磨煤机相关，采取了只与 A 磨煤机相关的临时措施，事后并未恢复正常组态逻辑。

（2）A 给煤机断煤原因分析：产业协同矿来煤水分偏高（16％～20％），加仓时存在混合不均的情况，湿黏煤在给煤机入口落煤管处形成堵塞，造成 A 给煤机断煤被迫停运。

按电厂现有设备配置及配煤方式，湿黏煤难以实现与干煤的充分混匀，需从煤质源头控制，防止给煤机断煤。同时，应考虑给煤机入口落煤管改造或加装振打装置，进一步提升给煤机运行可靠性。

（3）炉前油滤网差压大原因分析：炉前油 1 号滤芯附着杂质较多，判断该杂质为油罐内壁局部脱落的防腐涂料。从杂质分析，该杂质主要来源于油罐底部沉积物，在运行人员快速投入 2 层油枪稳燃时，用油量快速增加，底部沉积物进入供油管道，造成过滤器堵塞。

3. 暴露问题

（1）MFT 逻辑中“延迟点火”保护存在设计缺陷，未充分考虑机组在运行期间保护误动的风险，调试期间未发现此错误。电厂运行规程中关于热工逻辑的描述不细致、不准确，生产人员在逻辑梳理排查中，未能发现此隐患，专业技术能力不足。

（2）技术监督工作不细致、不深入，在历年的热工逻辑检查工作中未能排查出不合理的组态逻辑。

（3）煤源煤质控制中对水分大的湿黏煤针对性措施不完善，给煤机防堵设施简单。

（4）燃油油质管理不到位。在已经发现油罐内存在防腐涂料脱落形成沉积物的情况下，未能彻底清理和消除缺陷，导致燃油系统再次发生堵塞。

（三）事件处理与防范

1. 事件处理

完善“延迟点火”逻辑措施：先采取临时措施，在机组启动正常后，将“延迟点火”输出强制为0。然后待1、2号机组停机期间，修改“延迟点火”保护逻辑，将保护复位信号中“任一油角阀打开或A给煤机运行”修改为“任一油角阀打开或任一给煤机运行”。另主要保护长延时加上倒计时，增加报警提醒功能。

2. 事件防范

（1）防止给煤机断煤措施：提高卸煤沟掺配均匀性，避免湿黏煤直接入炉加仓。优化来煤结构，控制水分、湿黏煤的供应。研究原煤仓至给煤机落煤管防堵改造可行性。

（2）防止燃油滤网堵塞措施：加快“燃油库区油罐内部防腐工程项目”实施进度。增加燃油供油母管压力高保护逻辑，防止供油管道超压运行，造成燃油泄漏。

（3）认真开展热控DCS逻辑可靠性深度评估工作，梳理热控逻辑，排查深层次隐患，重点排查主辅机保护、联锁、报警逻辑定值、延时参数设置、逻辑关系组成、控制策略、测点I/O通道配置，包含保护回路信号源头、逻辑中间环节及保护末端出口等内容，对发现的问题制定防范措施、整改计划及整改后的复查，确保排查后控制逻辑动作可靠。逻辑审查工作由电厂生产管理部牵头，检修部热工专业负责技术执行，运行和检修各个专业深度参与，邀请研究院等单位专家进行技术支持。

（4）热工逻辑整改后及时修订到运行操作规程中。

（5）结合近几年发生的非停事件，组织修订《火电厂热控逻辑可靠性评估技术导则》，指导电厂开展逻辑梳理工作。

二、协调逻辑优化不完善导致汽包水位高保护动作

某电厂1号机组为300MW亚临界循环流化床直接空冷机组。控制系统为杭州和利时MACSV DCS。1号机组于2011年5月投产。

2020年10月29日21时28分48秒，1号机组汽包水位高三值动作，汽轮机跳闸。机组负荷60MW，跳闸首出“汽包水位高”。

（一）事件过程

21时05分，1号机组AGC指令300MW，实际负荷298MW，主蒸汽压力14.67MPa，总煤量274t/h，总风量877t/h，机组CCS投入，给煤机投自动，引风机、一次风机、二次风机投自动。

21时06分，1号机组AGC指令开始降负荷，从300MW降至283MW，实际负荷从298MW降至284MW，总煤量由274t/h减至243t/h，总风量降至824t/h。

21时18分，主蒸汽压力上涨至17.16MPa，机组降负荷闭锁，机组负荷涨至288MW，主蒸汽压力最高涨至17.18MPa，开始下降，AGC指令降到276MW，总煤量233t/h，总风量795t/h。

21时27分14秒，1号机组主蒸汽压力降至16.6MPa，机组降负荷闭锁解除，机组甩负荷，主蒸汽压力上涨，汽包水位先降至−288mm，后开始上涨。

21 时 28 分 40 秒，1 号机组实际负荷甩至 60MW，水位上涨至 270mm，水位高触发 BT。

21 时 28 分 48 秒，1 号机组水位汽包水位高三值动作，汽轮机跳闸。

（二）事件原因查找与分析

1. 事件原因检查

为提高机组 AGC 跟踪协调能力，北京某公司于 10 月 28 日优化了 1 号机组协调控制系统，上午 8 时 50 分，投入运行。本次优化在汽轮机主控增加了新 PID 模块（PID16CCS1010），新 PID 模块投入后，原 PID 模块（PID16CCS0501）为跟踪模式，跟踪新 PID 模块指令，然后送指令给汽轮机主控手操器（MAN16CCS0501），输出指令为总阀位。

21 时 18 分，主蒸汽压力大于 16.7MPa，协调逻辑原 PID 模块输出下限闭锁（输出指令一直为 63%），由于 AGC 指令下降，新 PID 模块输出的减负荷指令未被执行，负荷未随之下降，导致新 PID 模块输出指令持续下降直至 0。

21 时 27 分，主蒸汽压力降至 16.6MPa 以下，协调逻辑原 PID 模块输出下限闭锁释放，跟踪新 PID 模块输出指令 0，调节阀全部关闭，实际负荷降至 60MW。

21 时 28 分，汽包水位高三值保护 MFT 动作，汽轮机跳闸。跳闸过程趋势中的参数变化，如图 3-19 所示。

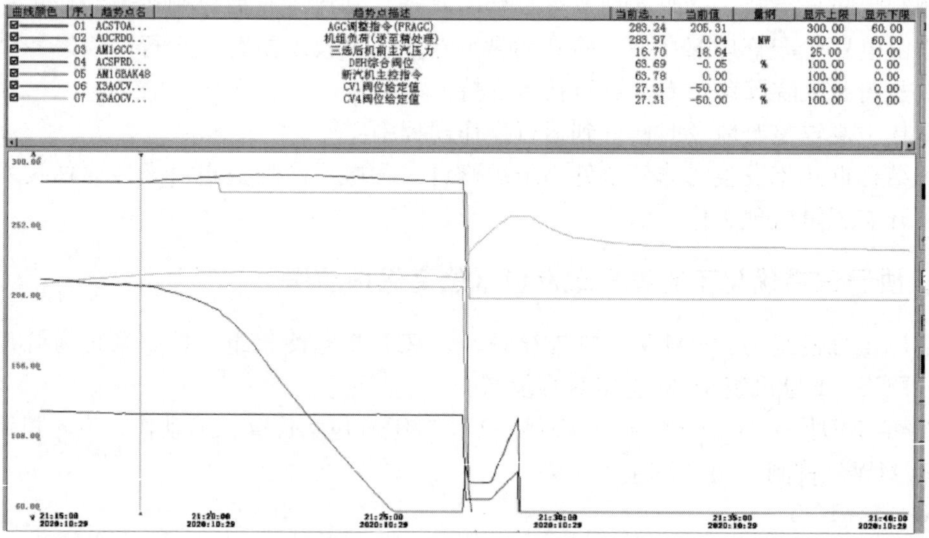

图 3-19　跳闸过程趋势中的参数变化

2. 事件原因分析

1 号机组协调逻辑原 PID 模块有主蒸汽压力高于 16.7MPa 时降负荷闭锁，调节阀阀位指令保持，当主蒸汽压力低于 16.6MPa 时闭锁释放，阀门跟随原 PID 模块输出。技改项目厂家在本次 1 号机组 AGC 优化时逻辑设置不合理，新 PID 模块逻辑未设置超压闭锁逻辑，造成主蒸汽压力高于 16.7MPa 时降负荷闭锁，但新 PID 输出调节阀阀位指令不保持，一直随 AGC 负荷偏差积分，阀位指令调整至 0，当主蒸汽压力低于 16.6MPa 时闭锁释放，调节阀瞬间全关，导致汽包水位高三值动作，机组跳闸。

根据上述查找与分析，造成本次事件的原因如下。

(1) 直接原因。技改项目厂家在本次1号机组AGC优化时逻辑设置不合理；新PID模块逻辑未设置超压闭锁逻辑。

(2) 间接原因。电厂人员在1号机组AGC优化技改项目逻辑审查中不严格，未查出AGC优化时逻辑设置不合理的漏洞。

3. 暴露问题

(1) 安全管理不到位，各级管理人员在1号机组AGC优化技改项目审查不严格，未查出改造方案逻辑中存在漏洞，如偏差大无报警、无切换，导致自动系统未能及时切除。技改施工方案不具体，虽组织了方案审查，但审查过程只有厂家的方案介绍，对该方案逻辑审查未能提出疑问。

(2) 安全生产管理不扎实，生产部门相关管理人员业务能力欠缺，按制度、标准办事的原则性不强。自动管理麻痹大意，重要逻辑异动事前风险管控不严格、重视程度不够，虽有异动和三措两案，但施工方案不具体，方案论证不细不实，审核不严格，未能真正起到监督作用，技术管理存在问题，给运行人员的技术交底不清楚，未具体交代运行人员在投运期间需要监视哪些参数。

(3) 对集团火电机组降非停"三个专项治理"措施落实不到位，未能吸取其他电厂非停的经验教训，只做了静态试验，没有做真正仿真试验，未能论证自动的可靠性。对技改厂家的方案排查工作落实不力，对重要保护（如主蒸汽压力）高闭锁设置未认真核对，给系统应对特殊工况留下隐患。

(4) 热工专业业务能力不足，自动、保护管理不规范，对重要参数设置、自动调节系统、保护等，以及存在的问题缺乏认真分析、研究，缺少针对性的措施。机组自动投退未按要求登记，未能在DCS组态中推敲手自动切换、模块输出上下限等相关内容的合理性。热工保护定值清册内缺少逻辑关系说明，定值清册存在漏洞，定值管理混乱。

(5) 设备管理基础薄弱，管理人员安全生产风险意识欠缺。工作票措施和技术交底不全面，风险预控针对性不强，运行人员未制定相应的应急预案，各级生产管理、运行、热工人员对机组协调工况下自动PID闭锁信号存在的风险认识不清，对优化参数的修改未认真核算和论证。对有可能引发的负荷扰动重视不足。重要系统未开展优化前进行参数分析，事故预想不够深刻，反映出设备安全风险辨识不到位。

(三) 事件处理与防范

1. 事件处理

完善1号机组AGC优化逻辑设置，新PID模块中设置超压闭锁逻辑，主蒸汽压力高于16.7MPa时降负荷闭锁，新PID输出调节阀阀位指令保持，当主蒸汽压力低于16.6MPa时闭锁释放，阀门跟随原PID模块输出。

2. 防范措施

(1) 加强安全管理力度，对各级管理人员进行再教育，任何技改项目都要严格审查，审查要有相应的问题和处理措施，编制施工方案要具体、有针对性。强化设备异动管理和方案审核，严格执行"三措两案"。

(2) 针对此次非停事件，组织全体人员按照"四不放过"原则进行全面分析总结，从责任落实、制度执行、工作作风、人员培训、现场管理等方面全面查找问题和不足，以问题为导向，制定并落实针对性措施，举一反三进行整改，切实提升安全生产管理水平。组织各级管理人员对集团火电机组降非停“三个专项治理”措施重新学习，提高认识，深刻吸取本次机组非停的教训，举一反三进行隐患排查，对发现的问题进行整改。

（3）针对本次事件中暴露的问题，全面梳理重要参数设置、自动调节系统、保护等，以及存在的问题，认真分析、研究，制定针对性的措施，不断在DCS组态中推敲手自动切换、模块输出上下限等相关内容的合理性，全面梳理定值清册，清册要与实际保持绝对一致，要有逻辑关系说明和延时、脉冲时间。

（4）利用保护逻辑排查的机会，组织生产各部门全面开展热工保护、报警、逻辑、定值和配置情况的交叉培训，确保培训到人、取得效果。提高生产人员对保护、报警、逻辑、定值认识程度，做到运行人员对逻辑保护“知原理，会使用”，检修人员“懂逻辑，会排查”。

（5）加强风险辨识能力，全面梳理应急预案管理，认真核查自动逻辑的正确性。针对自动投入期间的风险说明，对机组参数异常等工况的针对性措施编制在应急预案内，运行人员针对新增自动投入过程中的危险因素开展风险辨识，制定相应的应急预案。调试人员在调试过程中，对参数的修改要进行仿真、论证、审批，每天、每值都要针对当天的工作开站班交底会，通过一系列工作提升各级管理人员的风险辨识能力。

第五节　DEH/MEH系统控制设备运行故障分析处理与防范

本节收集了和DEH/MEH控制系统运行故障相关的案例6起，分别为给水泵汽轮机低压调节阀液压伺服子模件故障导致机组跳闸、给水泵汽轮机低调伺服阀航空插头故障导致机组跳闸、DEH逻辑存在缺陷导致再热器保护动作停机、给水泵汽轮机高调LVDT连杆脱落导致机组跳闸、四抽旋转隔板因伺服阀卡涩关闭引起轴位移大手动停机、给水泵汽轮机调节阀因伺服阀卡涩关闭引发锅炉MFT。

这些案例都和DEH/MEH系统相关，由于DEH/MEH系统控制周期短、控制设备重要等因素，DEH/MEH的任何小故障都可能直接引发机组跳闸事件，因此，加强对DEH/MEH系统设备的日常维护管理显得格外重要。

一、给水泵汽轮机低压调节阀液压伺服子模件故障导致机组跳闸

某电厂5号机组为国产60MW超临界燃煤火力发电机组，2010年12月投产。汽轮机由哈尔滨汽轮机厂有限责任公司设计、生产，超临界、一次中间再热、三缸四排汽、单轴、双背压、凝汽式汽轮机，机组型号为CLN600-24.2/566/566。锅炉为哈尔滨锅炉厂有限责任公司制造的超临界直流锅炉，型号为HG-1900/25.4-HM14，采用墙式八角切圆燃烧方式、一次中间再热，单炉膛、平衡通风、全钢构架、全悬吊结构、固态排渣、风扇磨直吹式制粉系统。发电机由哈尔滨电机厂有限责任公司生产，为三相交流隐极式同步汽轮发电机，型号为QFSN-600-2YHG。

2020年07月28日17时45分，5号机组负荷300MW，双引、双送风机运行，5A汽动给水泵运行，转速4020r/min，给水压力15.43MPa，给水流量858t/h，主蒸汽压力13.25MPa，主蒸汽温度574℃。2020年7月24日，5B汽动给水泵因前轴振动大已经退出运行进行检修。

（一）事件过程

17时47分35秒，5号机组发5A给水泵汽轮机低压调节阀“故障”报警，运行人员

检查 5A 给水泵汽轮机画面发现低压调节阀阀位反馈坏点，同时，5A 给水泵汽轮机转速及汽动给水泵出口流量下降，高压进汽调节阀自动开启至全开，5A 给水泵汽轮机转速继续下降，高、低压供汽电动门和供汽压力均正常，运行人员就地核实 5A 给水泵汽轮机低压调节阀情况。

17 时 47 分 45 秒，主保护 MFT 动作，锅炉跳闸，首出故障信号“主给水流量低”。随后触发汽轮机 ETS 主保护“锅炉 MFT”动作，5 号机组跳闸。

（二）事件原因查找与分析

1. 事件原因检查

停机后，5 号机组跳闸曲线，如图 3-20 所示。17 时 47 分 45 秒，5 号机组主给水流量下降至 486t/h（给水流量低保护动作值为 486t/h），延时 20s 后触发锅炉主保护“主给水流量低”动作，锅炉跳闸。

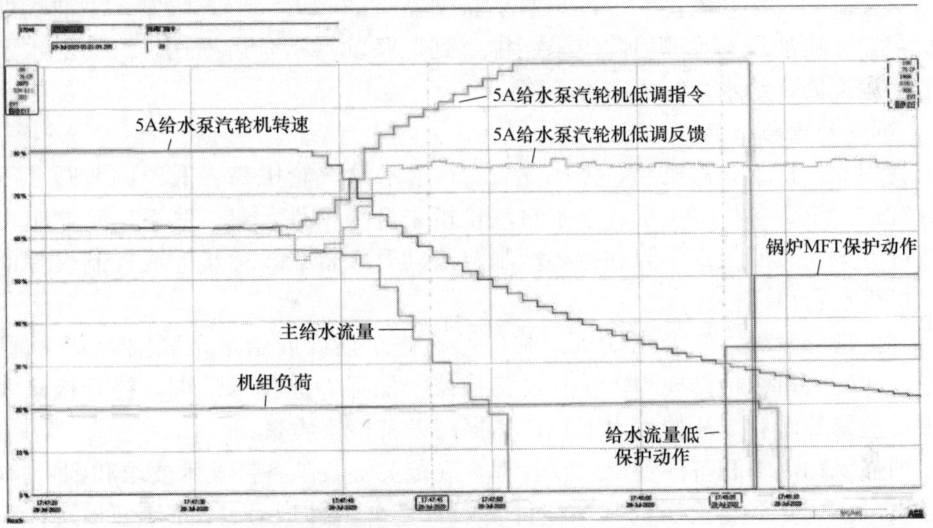

图 3-20 5 号机组跳闸曲线

（1）检查 5 号机组 5A 给水泵汽轮机低压调节阀位置反馈信号变粉色（正常为绿色），检查 5A 给水泵汽轮机低压调节阀液压伺服子模件（ABB 公司生产），4 通道故障灯亮，故障信息为“伺服禁制”，该故障结果为关闭汽门。检查 LVDT、伺服阀控制回路电缆及插头未见异常，测量绝缘阻值均合格。检查历史站操作记录，该期间无异常操作。更换液压伺服子模件后，5A 给水泵汽轮机低压调节阀位置反馈恢复正常。

根据故障液压伺服子模件出厂序列号联系 ABB 公司查询，该模件为 ABB 印度工厂 2014 年生产，符合采购合同要求。模块故障的具体原因有待 ABB 公司进一步检测分析。

（2）由于 5B 汽动给水泵齿形联轴器润滑油喷油嘴积存油污堵塞，齿形联轴器润滑油量不足，联轴器啮合齿无法形成稳定油膜，联轴器齿轮磨损，导致前轴振动增大停运。由于无联轴器备件，通过修复齿间磨损，重新做动平衡等手段进行处理后，5B 汽动给水泵投入运行。

2. 事件原因分析

（1）直接原因：5A 给水泵汽轮机低压调节阀液压伺服子模件故障。

（2）间接原因：5B汽动给水泵齿形联轴器润滑油喷油嘴积存油污堵塞。

3. 暴露问题

（1）2014年至今，IMHSS03模件在某电厂已出现过19次故障（2015年6月5日，北京ABB公司发函说明IMHSS03模件对外界敏感，易于损坏）。暴露出热工专业技术管理上不到位，对IMHSS03模件故障率高的问题重视程度不够，未能及时采取有效措施，使设备安全隐患长期存在。

（2）检修管理不到位，机组检修存在管理漏洞，检修工艺不规范，没有将汽动给水泵联轴器喷油管路检查、清洗列入检修规程。检修质量把关不严，未能发现检修质量存在的问题。专业技术培训不到位，部分检修人员不能胜任检修工作，导致设备隐患不能得到有效消除。

（3）液压伺服子模件台账不完善，无模件进口原产地证明及故障模件检测证明。设备采购需求管理存在漏洞，关键备品备件未约定产地证明。

（4）隐患排查工作开展不到位。给水泵联轴器喷油管设计形式限制，喷油嘴处易发生杂质堆积，导致喷油量不足的风险点未能排查到，联轴器啮合齿损伤，汽动给水泵振动恶化，被迫停运检修，给水系统可靠性下降。

（三）事件处理与防范

（1）利用5号机组检修机会，完成5A、5B给水泵汽轮机高、低压调节阀液压伺服子模件升级改造。统计各机组主机、给水泵汽轮机未升级模件数量，联系厂家制定可靠的模件升级改造方案，按照使用年限和重要性制定滚动升级计划，逐步完成控制模件的升级改造，提高机组运行可靠性。

（2）规范检修管理，结合三期机组临停及检修定期开展给水泵联轴器喷油管路检查、清洗工作，并列入机组检修规程。结合设备检修，加强专业技术培训，提升检修人员及专业技术人员检修技能和专业技术水平，切实提高设备检修质量。

（3）加强采购需求和备件到货验收管理，规范关键备品备件技术要求和到货验收标准，确保产品质量。建立健全液压伺服子模件台账，完善模件型号、出厂序列号、生产时间、模件更换时间、模件进口设备原产地证明、故障模件检测证明等信息。

（4）结合电厂实际开展辅机设备状态检修，加强与集团内其他电厂的交流，提升辅机设备状态检修水平。

二、给水泵汽轮机低压调节伺服阀航空插头故障导致机组跳闸

某电厂1号机组为600MW超临界湿冷机组。控制系统为霍尼韦尔（Honeywell）公司的TPS系统。1号机组于2020年8月1日投产。

2020年5月14日12时52分00秒，机组负荷302MW，1A汽动给水泵及电动给水泵均未出力。给水流量低逻辑触发（给水流量低于510t/h延时30s），锅炉MFT，跳闸首出“给水流量低”。

（一）事件过程

2020年5月14日12点48分，1号机组负荷302MW，AGC未投入运行，主蒸汽压力13.73MPa，主蒸汽流量916t/h，给水流量879.41t/h，A引风机、B引风机、A送风机、B送风机、A一次风机、B一次风机运行正常，B汽动给水泵运行，A汽动给水泵正在投运，电动给水泵低转速备用，其他辅助设备运行正常。

12 时 48 分 46 秒，1B 给水泵汽轮机低压调节阀全关，给水流量波动至 324t/h。

12 时 48 分 51 秒，1B 给水泵汽轮机低压调节阀开启，给水流量回升至 1025t/h。

12 时 49 分 33 秒，主蒸汽压力 13.75MPa，给水流量 970t/h，1B 汽动给水泵组运行（转速：4300r/min，压力：15.38MPa，B 汽动给水泵转速指令：42.89%），1A 汽动给水泵出口电动门全开，运行人员准备汽动给水泵并泵操作。此时 1A 汽动给水泵转速 3101r/min，电动给水泵 1012r/min 备用（出口压力 2.44MPa）。

12 时 51 分 30 秒，1B 给水泵汽轮机低压调节阀再次关闭；低压调节阀全关，给水流量降低至 510t/h，高压调节阀联开至 65mm（全开），因高压汽源电动门未开启，故高压汽源未投入（给水泵汽轮机高压汽源电动门安装在 6.9m 层，高压主汽门安装在 13.7m 层，疏水点安装在 6.9m 层，暖管过程中存在湿蒸汽进入给水泵汽轮机的风险，故每次机组启动在两台汽动给水泵并入运行后，逐台微开高压汽源电动门进行高压汽源暖管疏水。若因高压汽源暖管导致一台给水泵汽轮机异常，另一台仍可保证给水流量）。

12 时 51 分 34 秒，运行人员手动增加 1A 汽动给水泵及电动给水泵转速，1A 汽动给水泵转速指令由 14.66%增加至 50%，电动给水泵勺管指令由 3%增加至 50%。由于并泵操作时间太短，1A 汽动给水泵及电动给水泵出口压力低于主蒸汽压力，两台备用泵未能投入正常运行。

12 时 52 分 00 秒，1A 汽动给水泵转速升高至 3418r/min，出口压力 12.98MPa（此时，主蒸汽压力 13.57MPa），电动给水泵转速升高至 3415r/min，电动给水泵出口压力 12.97MPa，1A 汽动给水泵及电动给水泵均未出力。给水流量低逻辑触发（给水流量低于 510t/h 延时 30s），锅炉 MFT，跳闸首出“给水流量低”。

（二）事件原因查找与分析

1. 事件原因检查

过程主要参数变化曲线，如图 3-21 所示。

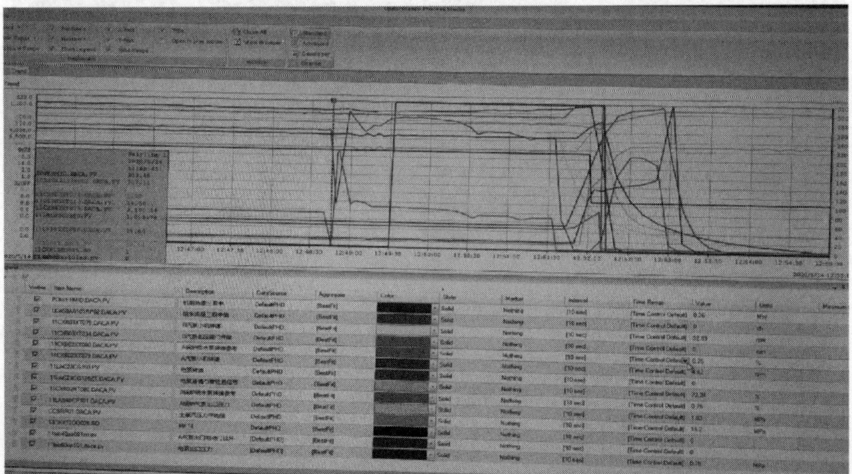

(a) 过程主要参数变化曲线1

图 3-21　过程主要参数变化曲线（一）

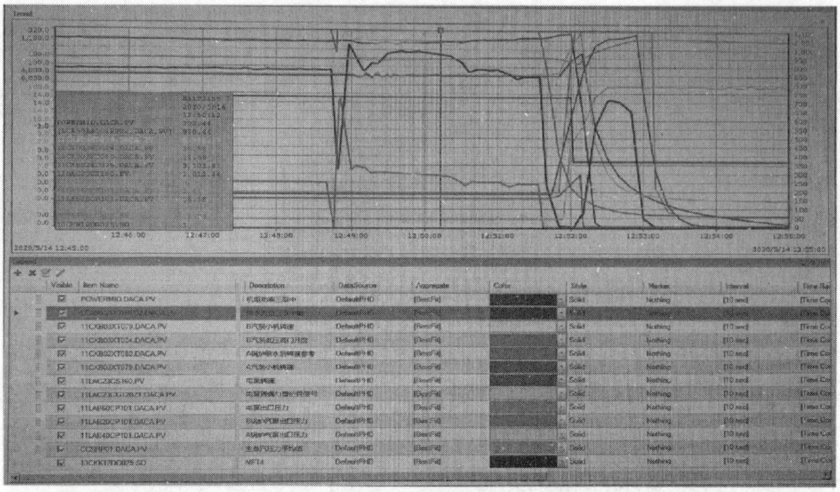

(b) 过程主要参数变化曲线2

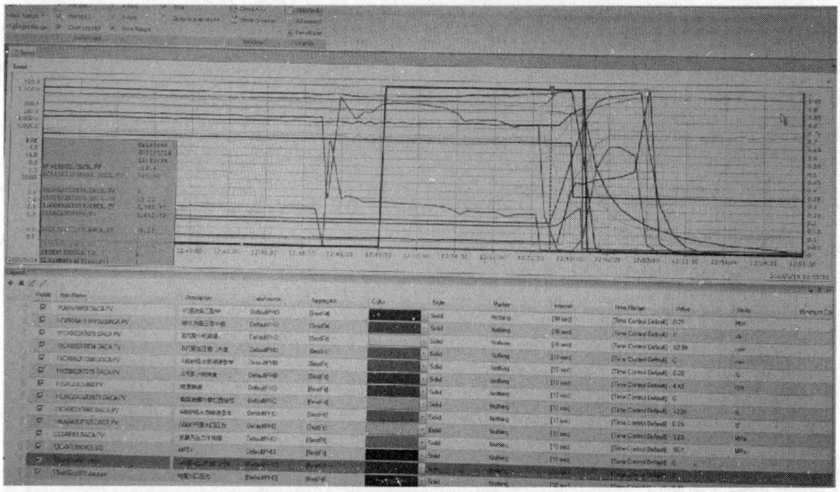

(c) 过程主要参数变化曲线3

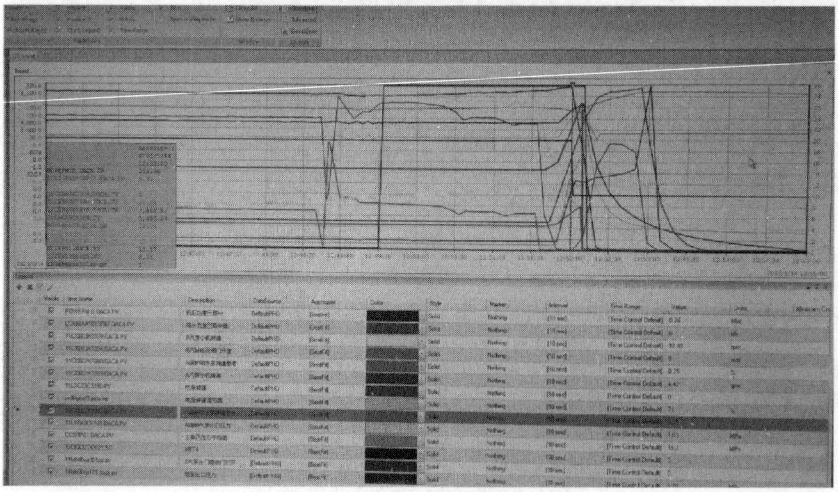

(d) 过程主要参数变化曲线4

图 3-21　过程主要参数变化曲线（二）

机组跳闸后，汽轮机、热工人员分别对1号机组汽轮机给水泵进行检查。检查中发现1B给水泵汽轮机低压调节阀油动机伺服阀指令信号航空插头焊触点断开，造成指令信号开路，低压调节阀全关，给水流量低。1B给水泵汽轮机低压调节阀油动机伺服阀油动机航空插头接线松动，如图3-22所示。

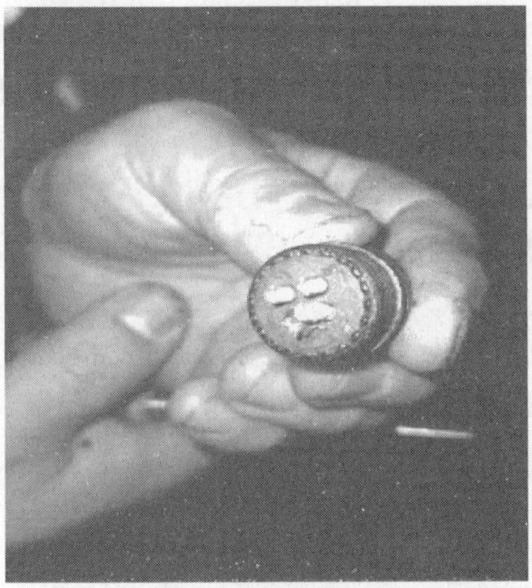

图3-22　1B给水泵汽轮机低压调节阀油动机伺服阀油动机航空插头接线松动

检查检修记录，1号机组临修对给水泵汽轮机ETS系统的电磁阀线圈电阻进行了测试，对给水泵汽轮机高低压调节阀伺服阀指令线等进行了绝缘测试，但未对航空插头内部进行解体检查，未能发现航空插头内部焊触点断开的隐患。同时，因为1A给水泵汽轮机顺控启动时就地LOP操作盘低压主汽门开启条件不满足，未能及时将1A汽动给水泵组投运。

给水泵汽轮机顺控启动为就地LOP盘进行操作，通过RS-232串口与给水泵汽轮机PLC进行通信，在检查过程中发现，就地LOP操作盘低压主汽门开启指令发出后，低压主汽门不动作。

随后，热工人员对给水泵汽轮机PLC程序进行检查，发现1A给水泵汽轮机低压主汽门开启逻辑中L3为OFF状态，导致就地LOP操作盘低压主汽门开启条件不满足，L3为PLC逻辑中自定义中间点，无输入输出触点及线圈，故L3为OFF状态无任何触发条件，就地LOP操作盘及远方TCP操作盘上也无该点触发按钮，热工重新下装1A给水泵汽轮机PLC程序后，L3由OFF状态变为ON状态，1A给水泵汽轮机重新顺控启动正常。影响1A汽动给水泵组正常投运约3h。

由于1A汽动给水泵未能投入运行，汽动给水泵出口电动门较长时间内处于关闭状态，且关闭位置偏下，导致阀门上腔室封闭；上腔室内介质受系统介质温度辐射影响，温度超过100℃，导致腔室内介质气化，上腔室内介质压力成几何级增长，压力作用于阀芯组件，导致阀门无法开启，后采取措施对上腔室进行冷却降温，使其低于100℃，介质液化，1A汽动给水泵出口电动门正常开启。影响1A汽动给水泵正常投运约1h。

2. 事件原因分析

(1) 直接原因：1B给水泵汽轮机低压进汽调节阀油动机伺服阀指令信号线故障，导致低压调节阀全关；同时，1A 汽动给水泵及电动给水泵均未出力，导致给水流量低保护动作，造成锅炉 MFT。

（2）间接原因：高压汽源未投入，造成 1A 给水泵汽轮机顺控启动时，就地 LOP 操作盘低压主汽门开启条件不满足，未能及时将 1A 汽动给水泵组投运。

3. 暴露问题

（1）安全生产管控和隐患排查不到位。历次隐患排查中，热工人员未对给水泵汽轮机油动机伺服阀航空插头内部进行检查，未发现航空插头内部接线焊触点开焊的隐患。

（2）热工专业设备维护不到位。热工专业日常维护过程中仅对给水泵汽轮机油动机伺服阀航空插头外部接线进行检查紧固，未对航空插头内部接线进行检查。

（3）热工专业培训不到位。热工人员对给水泵汽轮机顺控逻辑不熟悉，就地 LOP 盘顺控逻辑执行停止后，故障排查时间过长。

（4）1A 汽动给水泵出口电动门上腔室温度高导致气化，造成该阀门未能及时开启。汽轮机专业后续对阀门状态进行检查，汽动给水泵启动前微开启阀门，破坏上腔室封闭状态，以防止开启力矩过大，确保阀门能够正常开启。

（三）事件处理与防范

1. 事件处理

（1）对 1B 给水泵汽轮机油动机伺服阀航空插头内部连线重新焊接，经试验正常后，1B 给水泵汽轮机恢复正常运行。

（2）重新下装 1A 给水泵汽轮机 PLC 程序。对 1A 汽动给水泵出口电动门上腔室进行冷却降温，使其低于 100℃后介质液化，1A 汽动给水泵出口电动门正常开启。

2. 事件防范措施

（1）按照"四不放过"原则，对此次事故进行全面总结分析，严格落实降非停专项治理行动要求，举一反三，深刻吸取事故教训，制定专项整改措施，杜绝类似事故再次发生。

（2）对两台机组四台给水泵汽轮机高低压调节阀油动机伺服阀航空插头内部焊接部位进行专项检查。

（3）对给水泵汽轮机高低压调节阀油动机伺服阀航空插头进行升级改造，将直航空插头升级为带弯头航空插头，并对航空插头和信号电缆进行防误碰防护。

（4）加强热工专业培训工作，对给水泵汽轮机逻辑开展培训，利用机组检修机会对给水泵汽轮机 PLC 逻辑进行检查核对，咨询厂家逻辑块 L3 作用，优化给水泵汽轮机 PLC 逻辑。

（5）利用机组停备或检修机会，对给水泵出口电动门进行检查，重新标定阀门零位，确保阀门能够正常开启。

（6）加强事故预想及事故应急演练，根据机组不同工况及设备情况，优化设备运行方式，降低机组运行风险。

三、DEH 逻辑存在缺陷导致再热器保护动作停机

某电厂 1 号机组锅炉由上海电气集团股份有限公司生产，型号为 SG-2035/26.15-M6011 的超超临界、单炉膛、一次中间再热、四角切圆燃烧方式、平衡通风、Π 形半露

天布置。汽轮机为上海汽轮机厂有限公司和德国 SIEMENS 公司联合设计制造的超超临界汽轮机，型号为 N660-25/600/600，该汽轮机为一次中间再热、单轴、四缸四排汽、双背压、纯凝汽式汽轮机。最大连续出力为 692.223MW，额定出力 660MW。给水系统按每台机组配 2×50%容量汽动给水泵，两台机组公用 30%容量电动定速启动给水泵。

（一）事件过程

2020 年 2 月 21 日 10 时 37 分 58 秒，1 号机组负荷 363.2MW，AGC 指令 363.6MW，A、C、D、E 磨煤机运行，B 磨煤机停运检修，A、B 汽动引风机运行，A、B 汽动给水泵运行，DEH 中汽轮机控制方式为限压方式，机组 AGC 负荷控制投入，CCS 投入，主蒸汽压力 15.6MPa，总煤量 127.4t/h，给水流量 1034.7t/h，主蒸汽温度 589.8℃，高调节阀开度 30.9%，中调节阀开度 99.8%，机组变负荷率为 9MW/min。

10 时 49 分 24 秒，1 号机组负荷 453MW，AGC 指令 470MW，开始加负荷。

10 时 54 分 59 秒，1 号机组负荷加至 505.7MW，负荷指令 503.5MW，AGC 指令 515.0MW，主蒸汽压力设定 19.07MPa，主蒸汽压力 19.02MPa，主蒸汽温度 580.1℃，总煤量 192.8t/h，启动 1F 磨煤机运行。

10 时 56 分 06 秒，机组负荷升至 512MW，AGC 目标指令 534.4MW，主蒸汽压力及主蒸汽温度持续降低至 19.18MPa 和 573.4℃，不能满足省调 AGC 负荷指令接带负荷，手动切除 AGC。

10 时 58 分 30 秒，省调令投入 1 号机组 AGC，随即投入 1 号机组 AGC。此时，机组负荷升至 533MW，负荷指令 534MW，AGC 目标指令 529MW。

10 时 58 分 48 秒，省调 AGC 降负荷，AGC 指令由 534MW 降至 509MW，负荷指令以 9MW/min 负荷速率下降，功率控制回路输出指令由 104%开始下降。

11 时 00 分 21 秒，受负荷偏差作用，功率控制回路输出指令降至 77.3%，总阀门指令（OSB）降至 77.3%，高调开度关至 74%。

11 时 00 分 22 秒，AGC 目标负荷 509MW，负荷指令 517MW，机组负荷 547MW，负荷指令与实际功率偏差大于 30MW 切锅炉主控由自动为手动，机组由限压方式为初压模式（TF），DEH 控制回路由负荷回路切至压力控制回路，汽轮机高调节阀关至 69.9%；此时主蒸汽压力设定值为 21.45MPa，实际主蒸汽压力为 20.3MPa，为保证主蒸汽压力达设定值继续关汽轮机高调节阀。

11 时 00 分 23 秒，压力控制回路作用引起汽轮机总阀位指令降由 76%突降至 36%，汽轮机高压调节阀关小至 12.9%，中压调节阀由 100%关小至 23.7%，此时压力设定值 21.17MPa，实际压力值 20.23MPa，机组负荷 546MW。

11 时 00 分 24 秒，总阀位指令已在 DEH 压力控制回路下由 36%降为 20%，此时高调节阀开度 2.3%，中调节阀开度 0%。2s 后汽轮机总阀位指令为 20%，汽轮机高压调节阀由 2.36%开启至 6.68%，中压调节阀由 0%开启至 2.38%。

11 时 00 分 27 秒，触发锅炉“再热器保护丧失”，锅炉 MFT 保护动作。联锁跳闸汽轮机、发电机，大联锁保护动作正常。

机组跳闸后，全面检查主辅机保护动作正常，逐步恢复机组各系统。

14 时 35 分，1 号机组重新并网运行。

（二）事件原因查找与分析

1. 事件原因检查

（1）SOE 和对历史记录曲线检查。SOE 事件追忆和对历史曲线的查询，如图 3-23 所示。

查阅历史记录曲线，其中，阀门突降历史数据曲线，如图 3-24(a) 所示，MFT 前历史曲线，如图 3-24(b) 所示，调节阀快关逻辑，如图 3-24(c) 所示，再热器保护逻辑，如图 3-24(d) 所示。

(a) 中、高调节阀快关指令触发记录

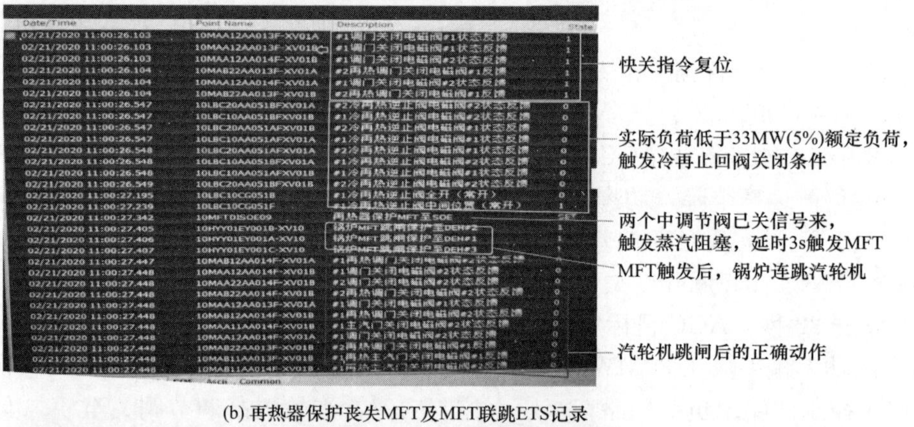

(b) 再热器保护丧失MFT及MFT联跳ETS记录

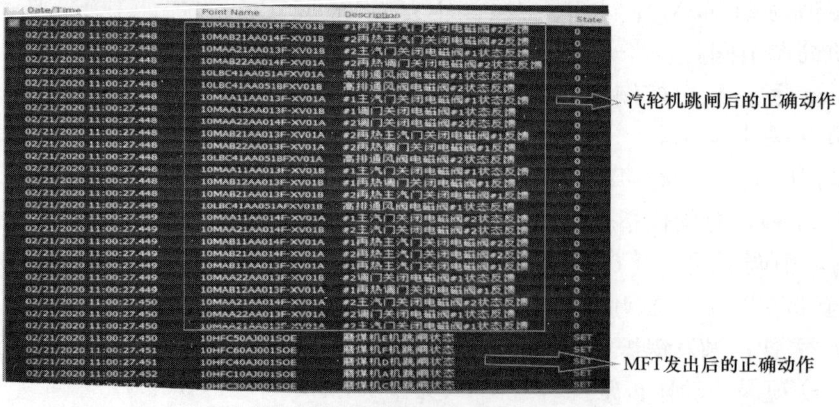

(c) ETS与MFT的正确动作记录

图 3-23 SOE 事件追忆和对历史曲线的查询（一）

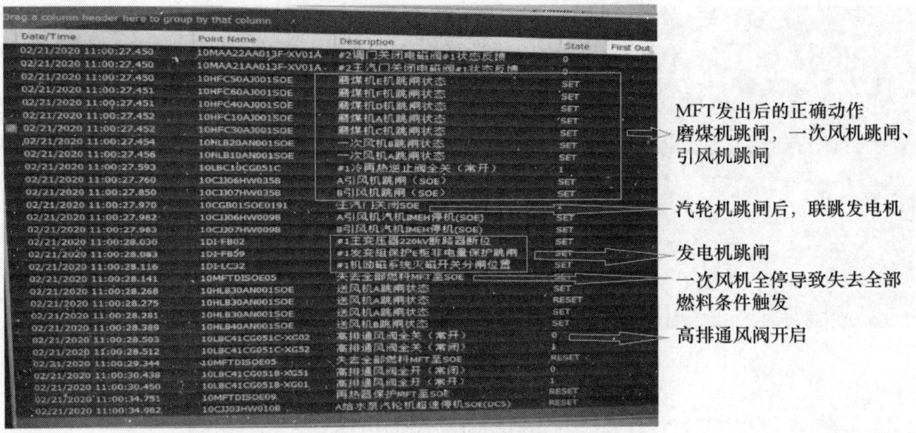

(d) ETS联跳发电机记录

图 3-23 SOE 事件追忆和对历史曲线的查询（二）

结合 SOE 曲线和历史记录曲线，1 号机组 AGC 及 CCS 切除后的动作逻辑分析如下。

协调切除前，10 时 58 分 48 秒，省调 AGC 降负荷，AGC 指令由 534MW 降至 509MW。

11 时 00 分 22 秒，AGC 目标负荷 509MW，负荷指令 517MW，机组负荷 547MW，负荷指令与实际功率偏差大于 30MW 切锅炉主控由自动为手动，机组由限压方式为初压模式（TF），压力回路输出 76.27%，负荷回路输出 76.32%，DEH 控制回路由负荷回路切至压力控制回路，汽轮机高调节阀关至 64.6%；此时，主蒸汽压力设定值为 21.45MPa，实际主蒸汽压力为 20.3MPa，为保证主蒸汽压力达设定值继续关汽轮机高调节阀。

11 时 00 分 21 秒 952，负荷指令 517MW，实际负荷 547MW，实际压力 20.2MPa，压力设定 21.1MPa。由于负荷偏差大于 30MW，锅炉主控切手动，协调自动切除，压力控制方式由限压方式切至初压方式，压力控制回路输出开始有效。

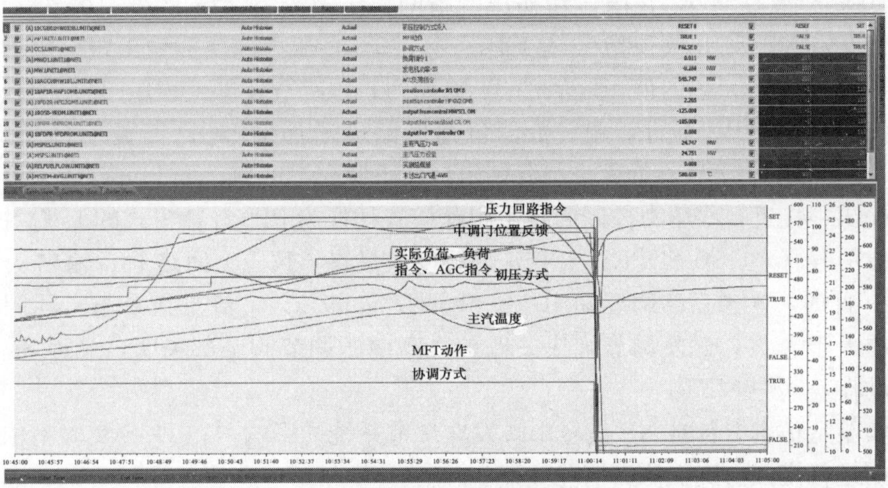

(a) 阀门突降历史数据曲线

图 3-24 调节阀和再热器逻辑（一）

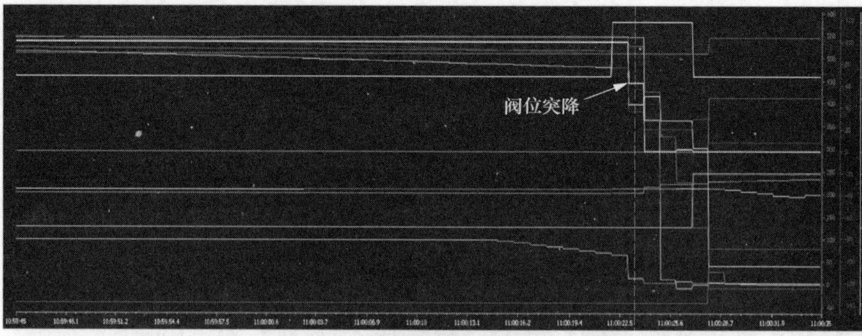

(b) MFT前历史曲线

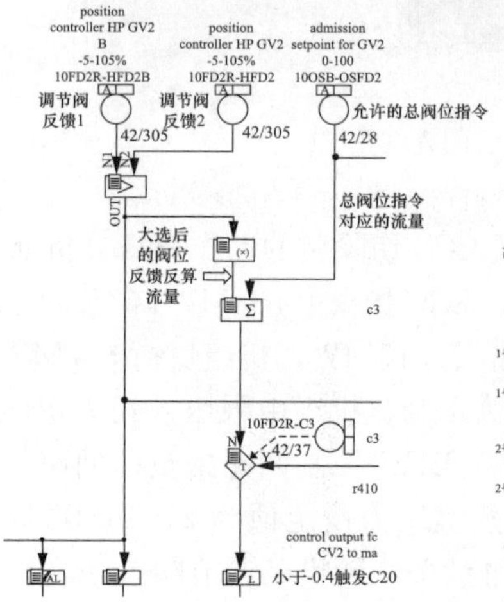

(c) 调节阀快关逻辑

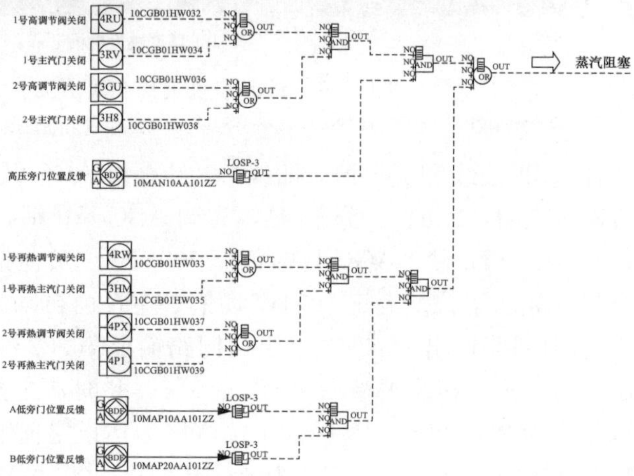

(d) 再热器保护逻辑

图 3-24　调节阀和再热器逻辑（二）

11 时 00 分 22 秒 000，在限压切初压的瞬间，压力控制器输出 76.275%，转速/负荷控制器输出 76.326%，总阀位指令（OSB）76.275%，压力控制器输出跟踪负荷控制器前一个扫描周期（50ms）内的值，之后的 1s 脉冲内，跟踪 YR 即 OSB；负荷控制器受实际负荷大于设定负荷 30WM 的影响，抵消负荷回路应增加的 DGD 偏置（2%的额定负荷 14MW），所以切为初压后，负荷控制器输出持续下降（0.96s），加上负荷控制器输出和压力控制器输出很接近，在压力控制回路由跟踪模式切换为PID 计算模式的 1s 脉冲内，压力控制器有效信号（10OSB-FDPRIE）会延迟触发，最终导致压力回路 PID 输出从 76%快速降至 36%。此时，大选后高调反馈 50%，中调反馈 99.9%，流量指令与实际阀位反馈反算流量偏差大于 40%，触发调节阀快关保护，高中压调节阀全部关闭，延迟 3s 后触发再热器保护动作，锅炉 MFT。

（2）实验室仿真。针对 NF 信号未触发对调节系统的影响，在 DCS 实验室依据机组异常期间数据进行模拟仿真，仿真情况如下。

1）当初压切换前，数据曲线压力控制输出 88.6%，负荷控制输出 76.2%，OSB 总阀位指令跟踪负荷控制输出 76.2%，初压投入信号、压力控制激活信号均未作用。

2）当初压信号投入信号、压力控制激活信号均作用，但 NF 未及时跟踪（将延时负荷设定值跟踪实际负荷设定值的时间延时 2s，模拟 NF 延时 2s 后触发），压力控制输出由 88.6%快速降至 34.1%，OSB 跟踪压力控制输出快速下降。仿真曲线，如图 3-25 所示。

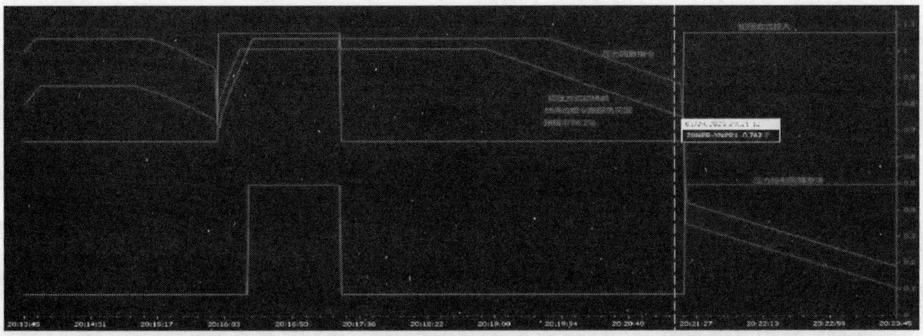

(a) 仿真曲线1

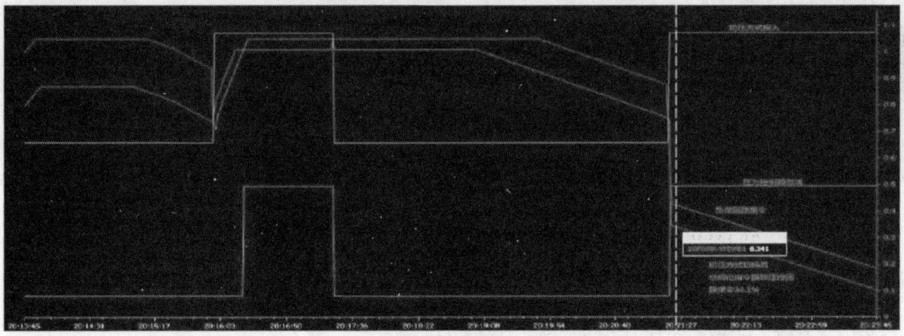

(b) 仿真曲线2

图 3-25 仿真曲线

仿真实验证明，当压力控制激活信号 FDPRIE，负荷跟踪信号 PSNF 均为 1 时，负荷跟踪信号 NF 延时 2s 后触发，会引起总阀位指令输出快速下降，从而导致调节阀关闭。

(3) NF 逻辑补充说明。NF 逻辑图示例，如图 3-26(a) 所示，当与门逻辑出现漏洞时，导致 NF 信号未及时翻转，从而引起有效负荷设定切换逻辑［图 3-26(b)］中的有效负荷设定值未能及时跟踪实际负荷。

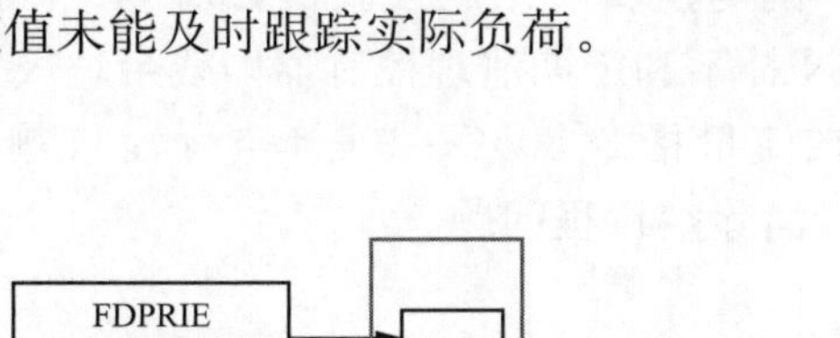

(a) NF逻辑图示例

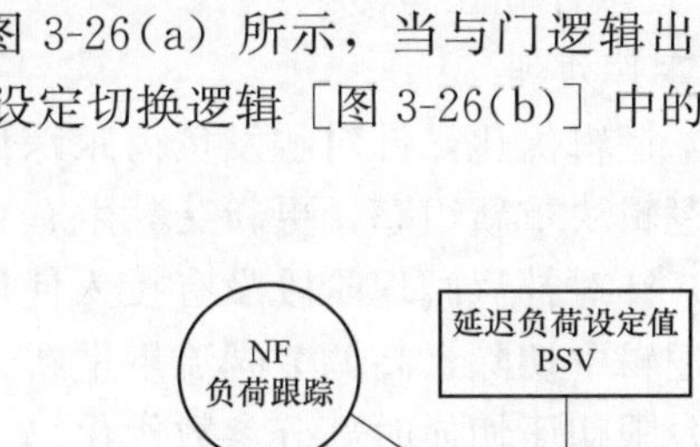

(b) 有效负荷设定切换逻辑

图 3-26 负荷跟踪与负荷设定切换逻辑

2. 事件原因分析

（1）直接原因：DEH 逻辑存在缺陷，触发负荷跟踪信号 NF 与逻辑块存在漏洞未及时触发，导致再热器保护动作停机。调节阀快关前后曲线，如图 3-27 所示。

（2）间接原因：西门子一键启动机组，自动化程度较高，DEH 安全隐患隐藏比较深，未及时发现。

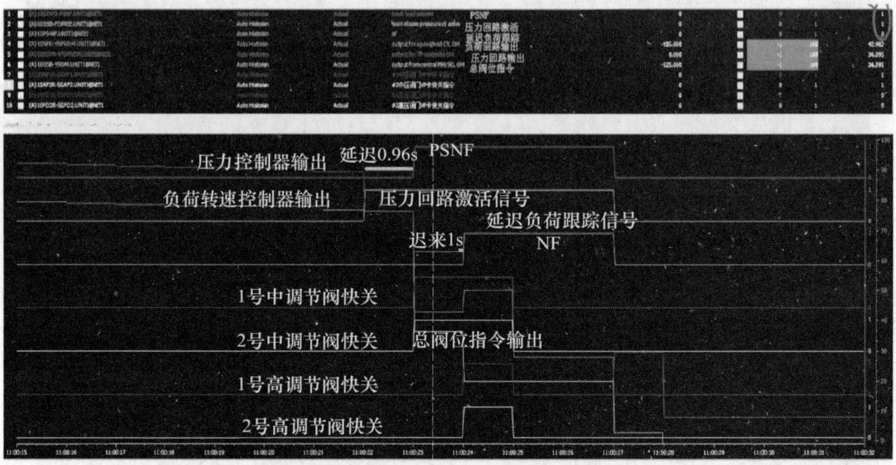

图 3-27　调节阀快关前后曲线

3. 暴露问题

（1）触发负荷跟踪信号 NF 的与逻辑块存在漏洞。

（2）补汽阀现阶段没有投入使用，存在流量指令 80%～100%空行程。

（3）限初压切换时部分参数不合理，需优化。

（4）再热器保护丧失延迟时间不合理，需优化。

（5）CCS 侧现有逻辑存在隐患，需优化。

（三）事件处理与防范

1. 事件处理

（1）逻辑优化：针对触发负荷跟踪信号 NF 的与逻辑块未触发漏洞，对 NF 负荷跟踪信号与逻辑块重新组态，更新艾默生 OVATION 补丁和定期清理控制器内残余垃圾文件。

（2）针对补汽阀现阶段没有投入使用而存在流量指令 80%～100%空行程问题，将补汽阀在逻辑中切除，高调节阀流量重新分配，以消除空行程问题。

（3）限初压切换时部分参数优化。

1）在限压切初压过程中，负荷跟踪延时时间过长（0.96s）。当负荷回路存在负向偏差（大于 14MW）时，负荷回路 0.08 的偏置无法及时作用，导致初压模式下负荷回路还会继续作用。针对这一问题，将限压切初压时的设定负荷跟踪实际负荷的延时时间改为 0.48s。

2）机组正常限压运行时，由于压力偏差大导致负荷回路与压力回路来回切换。针对这一问题，将压力回路 DGD 由－15 改成－20。

（4）再热器保护丧失延迟时间优化：由于 KU 触发后调节阀快关延时 3s 触发 MFT，延时时间较短，不利于甩负荷后的机组自动恢复。因此，结合同类型机组进行调研（部分电厂再热器保护丧失延时10s触发MFT；也有电厂采用总燃料条件判断，总燃料低于80t/h，再热器保护延时20s，总燃料大于80t/h，则再热器保护延时10s）修改，C20快关指令动作后，调节阀关闭；当C20条件不满足时，调节阀将再次缓慢开启，并维持机组2倍厂用电负荷运行。

（5）CCS侧现有逻辑存在的隐患及优化方案。

1）锅炉主控自动切手动后，压力设定值没跟踪实际值。锅炉主控自动切手动后，压力设定改为瞬时跟踪实际压力，目标压力维持原目标压力，经速率（25bar/min）限制后送DEH。

2）机组升降负荷过程中，蒸汽温度变化较大；将水、煤变化幅度相应减弱。

3）锅炉主控切除条件需要增加延时，防止信号突变后切除锅炉主控自动。

2. 事件防范

加大机组隐患排查力度，联系上海汽轮机厂有限公司对已投产的同类型机组目前存在和已发生过的问题进行梳理、核查，进行逻辑功能完善，彻底消除隐患和漏洞。

四、给水泵汽轮机高调LVDT连杆脱落导致机组跳闸

某公司11号机组装机容量为350MW，汽轮机型号C350/296-24.2/0.4/566/566，是东方汽轮机有限公司生产的超临界、单轴、一次中间再热、双缸双排汽、抽汽凝汽式汽轮机，采暖期更换转子高背压供热。机组采用复合变压运行方式，汽轮机具有八级非调整回热抽汽。本机组为热电联产凝汽式汽轮机，设置两级供热抽汽，也可在采暖期更换高背压转子供热。

机组配两台50%额定容量的汽动给水泵，每台汽动给水泵配备一台前置泵，提供给汽动给水泵足够的汽蚀余量；还配有一台30%额定容量的电动调速给水泵，作为启动或备用给水泵。

DCS控制设备采用南京国电南自美卓控制系统有限公司的MaxDNA控制系统，采用炉、机、电集中控制方式，设1套主机DCS，1套辅网DCS。DCS的主要功能包括数据采集、模拟量控制、顺序控制和锅炉炉膛安全监控。

（一）事件过程

2020年9月21日18时55分00秒，机组负荷300MW，机组各项参数及各辅机设备运行正常，机组主蒸汽流量920t/h，给水流量960t/h；A汽动给水泵入口水流量650t/h、低压调节阀开度77%、高压调节阀开度23%；B汽动给水泵入口水流量660t/h、低压调节阀开度97%、高压调节阀开度100%。

19时00分00秒，机组负荷300MW，B汽动给水泵转速4969r/min，高压调节阀给定指令91%，但高压调节阀反馈显示103%，运行人员联系热控及检修人员，汇报值长。热控及检修人员到达现场检查后发现，B汽动给水泵高压调节阀反馈LVDT连杆有单侧脱落，联系运行人员，要求将给水自动切手动运行，待停B汽动给水泵后处理该缺陷（高压调节阀配备2路LVDT反馈取大值参与位置伺服卡调节）。

19时52分00秒，机组负荷291MW，B汽动给水泵转速4925r/min，高压调节阀给定指令64%，高压调节阀反馈降至59%，与指令仍有偏差。

20时04分00秒，机组负荷降至280MW，A汽动给水泵入口给水流量604t/h，B汽

动给水泵入口水流量 594t/h，参数稳定。运行人员答复为“高压进汽调节阀为开满位置，担心B汽动给水泵高调节阀无法远程关闭，无法停泵，待降完负荷后倒电动给水泵运行后停B泵”（此时，机组保持协调控制及给水自动控制方式运行）。

20时20分，热控人员签发11号机组B汽动给水泵调节LVDT检查抢修工作票，开始进行现场处理。

20时27分25秒，机组负荷 280MW，机组各项参数及各辅机设备运行正常，给水流量 897t/h；A汽动给水泵入口水流量 604t/h、低压调节阀开度 76%、高压调节阀开度指令 20%、转速 4810r/min；B汽动给水泵入口水流量 608t/h、低压调节阀开度 76%、高压调节阀给定指令 20%、高压调节阀反馈 60%、转速 4813r/min。

20时27分26秒，B汽动给水泵转速突增至 5381r/min，高压调节阀给定指令 0%、高压调节阀反馈 60%，低压调节阀指令 60%。B汽动给水泵入口给水流量增加，由于总给水流量增加，在给水主控的自动控制下，A汽动给水泵输出至 MEH 的给水转速指令设定值开始快速减小，A汽动给水泵入口给水流量快速降低。

20时27分28秒，B汽动给水泵转速增至 5964r/min，高压调节阀给定指令快速减至 0%、高压调节阀反馈 60%，低压调节阀指令减至 43%。此时，由于转速突增导致B汽动给水泵转速自动控制切除遥控，B汽动给水泵给水控制和 MEH 转速控制均保持手动状态。A汽动给水泵高低压调节阀反馈继续减少。

20时27分32秒，因主给水控制的给水流量设定值与实际值偏差大于 300t/h 切除自动方式，A汽动给水泵 DCS 侧保持当前转速指令，之后由运行人员手动增加指令。B汽动给水泵转速突增至给水主控切手动过程中，A汽动给水泵转速指令由 4804r/min 减至 3303r/min。

20时27分37秒，总给水流量增至 1257t/h，B汽动给水泵转速增至 6195r/min，入口流量 738t/h，高压调节阀给定指令 0%，高压调节阀反馈 60%，低压调节阀指令 43%，A汽动给水泵入口水流量降至 517t/h，高压调节阀开度 7%，低压调节阀开度 72%。

20时28分32秒，总给水流量 926t/h，A汽动给水泵入口水流量降至 0t/h，B汽动给水泵入口流量 738t/h。

20时28分34秒，B汽动给水泵转速 6202r/min（转速保护定值 6202r/min），超速保护动作，B汽动给水泵跳闸，高压调节阀给定指令 0%、高压调节阀反馈 60%，低压调节阀开度 43%。

20时28分35秒，联锁启电动给水泵，机组 RB 动作，D制粉系统跳闸，手动停止电动给水泵辅助油泵，增加电动给水泵及A汽动给水泵出力。由于前期B汽动给水泵转速突增，给水量增加，A汽动给水泵在给水自动状态下自动降低出力后给水偏差大切手动，出力过低，而B汽动给水泵超速跳闸后，手动状态下A汽动给水泵和电动给水泵后未能及时增加出力，导致总给水流量快速下降。

20时29分01秒，锅炉 MFT 保护动作，汽轮机跳闸，发电机解列。首出信号“主蒸汽流量大于 360t/h 且给水流量低”[主蒸汽流量大于 360t/h 且给水流量低于 324t/h（三取二），延时 20s]。

9月28日6时17分，机组并网恢复运行。

(二)事件原因查找与分析

1. 事件原因检查

(1)B汽动给水泵超速系统参数,如图3-28所示。

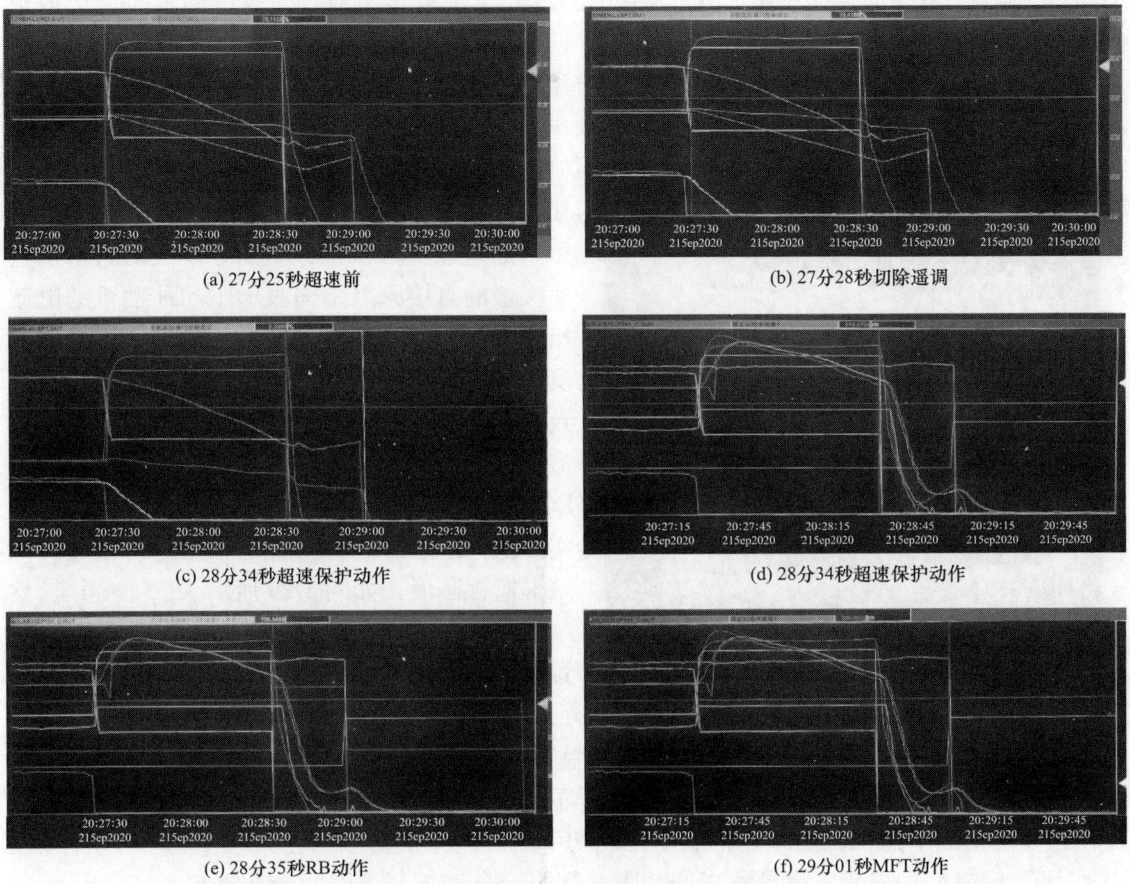

(a) 27分25秒超速前　(b) 27分28秒切除遥调

(c) 28分34秒超速保护动作　(d) 28分34秒超速保护动作

(e) 28分35秒RB动作　(f) 29分01秒MFT动作

图3-28　B汽动给水泵超速系统参数

(2)保护动作及逻辑。检查保护动作,机组运行过程中工作在AGC协调控制方式,给水自动状态,自动切除及保护逻辑动作准确无误,其中:

1)B汽动给水泵超速跳闸:MEH中超速保护定值为6202r/min,保护动作正确。

2)给水主控自动切除:B转速突增后总给水流量增加,给水主控设定值与实际值偏差超过300t/h,自动切除,动作正确。

3)给水泵RB:两台汽动给水泵运行,RB功能投入且实际负荷大于195MW且一台给水泵跳闸,触发给水泵RB,跳D磨煤机,保留3台磨煤机运行,整个RB动作过程正确无误。

4)"主蒸汽流量大于360t/h且给水流量低"锅炉MFT:总给水流量低于324t/h(三取二),延时20s触发,保护动作正确。

5)锅炉MFT联锁汽轮机跳闸,发电机解列,保护动作正确。

(3)给水控制逻辑。

1)在DCS控制系统中,给水主控接收协调控制系统输出的主控制指令和中间点温度调整修正的给水指令作为给水主控设定值，采用PID“一拖二”控制方式通过调整A、B汽动给水泵转速指令跟踪总给水流量设定值。

2）A、B汽动给水泵转速指令通过硬接线分别送至A、B汽动给水泵MEH控制系统。MEH控制系统投入遥控方式接收DCS发出的汽动给水泵转速指令，通过调整高低压调节阀开度指令跟踪汽动给水泵转速设定值。

3）高低压调节阀开度指令传送给调节阀开度位置伺服卡。伺服卡根据设定的开度指令和LVDT位置反馈的偏差向油动机发出驱动电流指令，进而控制抗燃油压，使LVDT位置反馈跟踪调节阀开度指令。另外，每个调节阀LVDT位置反馈均采用双冗余配置，实际参与控制的调节阀位置LVDT反馈由2个LVDT位置反馈值取大获得。

图3-29 转速控制伺服卡监视画面

通过以上分析可以看出，B汽动给水泵转速突增的直接原因是伺服卡驱动油动机的电流指令增加，使抗燃油压增加，实际高调节阀开度增加，进而汽动给水泵进汽量增加，最终导致超速跳闸，但由于位置伺服卡相关的控制电流和取大值前的2个LVDT反馈信号没有进入DCS历史数据库，因此无法查询事故发生时的实际值，给事故分析增加了难度。转速控制伺服卡监视画面，如图3-29所示。

（4）高压调节阀伺服卡。汽轮机阀门位置调节器模件采用一对一的阀门卡配置，单路输出驱动一个阀门的电液伺服阀的线圈；冗余的LVDT位置反馈信号（智能高选），能够有效判断LVDT断线等各类工况；用户定制程序以5ms的速度执行卡件内部程序。汽动给水泵调节阀伺服卡控制原理，如图3-30所示。而当LVDT反馈出现故障时，如果事先在转速控制伺服卡监视画面未将伺服卡控制切手动，则不能有效防止处理LVDT连杆过程中LVDT反馈信号突变，将导致高调节阀在伺服卡自动控制下瞬间全开进汽。

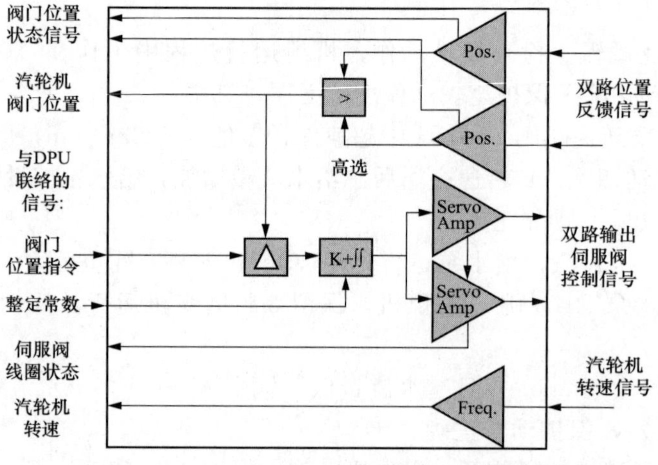

图3-30 汽动给水泵调节阀伺服卡控制原理

（5）现场设备检查。检修人员与运行人员在B汽动给水泵运行过程中确认就地B汽动给水泵 LVDT 位置，首次检查 LVDT 实际位置，如图 3-31(a) 所示。停泵后，现场检查 LVDT 连杆脱落情况与就地 0%位情况，LVDT 连杆脱落情况，如图 3-31(b) 所示。检查高压调节阀反馈单侧脱落的连杆，可见细微弯曲。

(a) 首次检查LVDT实际位置　　(b) LVDT连杆脱落情况

图 3-31　LVDT 检查

检修人员对脱落的 LVDT 构件进行更换处理，停机状态下进行静态试验，调节阀行程无卡涩，反馈正常。

(6) 工作票检查情况。现场检查事故应急抢修单内容可见，抢修人员安全措施中要求运行人员加强给水流量等主要参数监视，危险源点控制中要求注意勿走错间隔，但未提及转速伺服卡控制切手动运行，给水控制切手动运行，启动电动给水泵等防止事故处理过程中 B 汽动给水泵超速跳闸的重要措施，而运行人员也没有其他补充，事故预想不充分，给机组运行带来了安全隐患。

2. 事件原因分析

(1) 主要原因。综合考虑各种情况分析，机组停机的主要原因是 B 汽动给水泵超速跳闸，总给水流量迅速降低且低于 324t/h（三取二），延时 20s 触发“主蒸汽流量大于 360t/h 且给水流量低”锅炉 MFT 保护动作，联锁汽轮机跳闸，发电机解列。

B 汽动给水泵超速的原因是脱落 LVDT 连杆弯曲，造成 LVDT 套筒内部磨损，反馈无法线性显示实际位置，存在反馈值突变至 0%的可能，进而通过伺服卡自动控制回路计算输出较大控制电流指令，驱动油动机开门进汽。事件经过流程分析，如图 3-32 所示。

(2) 总给水流量降低原因。由于 B 汽动给水泵转速突增，B 汽动给水泵入口给水流量由 594t/h 迅速增大至 738t/h，总给水流量突升至 1257t/h。由于总给水流量增加，在给水主控的自动控制下，A 汽动给水泵输出至 MEH 的给水转速指令设定值开始快速减小，A 汽动给水泵入口给水流量快速降低。此后，给水主控因设定值与总给水量偏差大切手动，A 汽动给水泵入口给水流量由 604t/h 迅速降低至 0t/h。B 汽动给水泵超速保护动作跳闸后，尽管联锁启动电动给水泵，运行人员试图手动增加电动给水泵及 A 汽动给水泵出力，但因调整不够及时导致总给水流量迅速降低触发锅炉 MFT 保护动作。

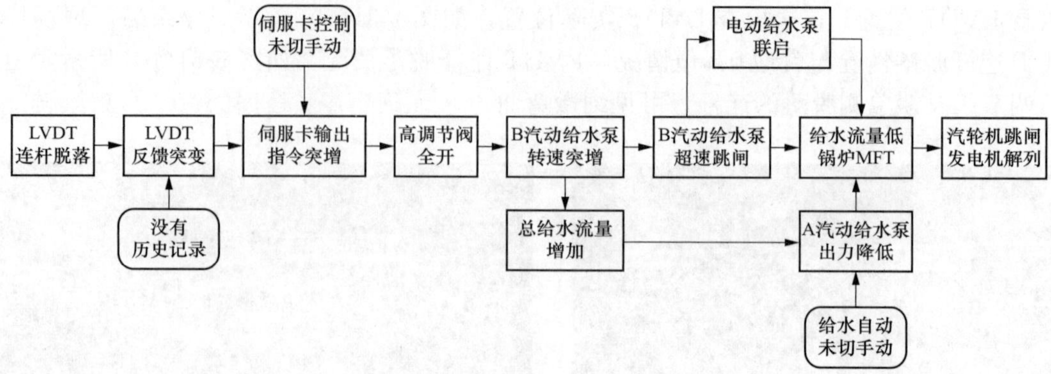

图 3-32　事件经过流程分析

（3）B汽动给水泵超速跳闸原因。B汽动给水泵跳闸的原因是B汽动给水泵转速突增达到MEH中超速保护定值6202r/min，保护动作。B汽动给水泵转速突增的直接原因是伺服卡驱动油动机的电流指令增加，使抗燃油压增加，实际高调节阀开度增加，进汽量增加。

伺服卡驱动油动机的电流指令增加的原因是位置伺服卡自动控制过程中LVDT反馈信号突变至0%，比设定值低，通过PID计算输出较大控制电流指令，驱动油动机开门进汽。

LVDT反馈信号突变的原因是高选LVDT反馈值为连杆脱落LVDT反馈。在运行过程中由103%变化至59%。对脱落连杆LVDT检查发现，LVDT连杆弯曲造成LVDT套筒内部磨损，反馈无法线性显示实际位置，存在反馈值突变至0%的可能。由于该测点无历史记录，无法提供相关数据进行确认。

3. 暴露问题

（1）设备维护不到位。设备巡视及日常维护有疏漏，未及时发现处理LVDT反馈连杆脱落缺陷。

（2）隐患认识不足，处理时机不当，处理措施不当。工作票安全措施存在漏洞，事故预想不充分，未考虑汽动给水泵转速突增情况，增加后续处理难度。未第一时间启动电动给水泵，停止故障泵运行。

（3）技术管理有疏漏，专业技术储备不足。发现缺陷后，未及时切除给水自动和位置伺服卡自动，进行人为干预调整。重要测点未进入历史数据库，不利于故障检修及日常维护。

（三）事件处理与防范

1. 事件处理

对脱落的LVDT构件进行更换处理，停机状态下进行静态试验，调节阀行程无卡涩，反馈正常。

2. 事件防范

（1）加强机组设备日常检查及维护。

（2）加强检修及运行人员对设备掌握程度，避免后期发生误判。

（3）加强专业技能培训，提高运行人员事故处理能力：出现汽动给水泵汽门LVDT脱落情况，应解除汽动给水泵自动，手动调整，调整无效应立即启动电动给水泵，停止故障泵运行，调整给水流量与机组负荷匹配。

(4) 加强对 MEH 系统故障处理的学习力度，增加 LVDT 反馈故障的应急处理预案。

(5) 组织专业人员对汽动给水泵逻辑进行讨论，确认是否应该增加汽动给水泵转速偏差大及高低压调节阀指令与反馈偏差大报警，并组织论证偏差大是否跳给水主控，防止两台汽动给水泵偏差持续增大，由值班人员手动调整给水流量与机组负荷匹配。

(6) 将汽动给水泵 LVDT 反馈点及伺服卡控制指令输出电流等测点加入历史数据库，便于日常维护和监视。

五、四抽旋转隔板因伺服阀卡涩关闭引起轴位移大手动停机

2020 年 04 月 18 日 18 时 55 分，某电厂 1 号机组检修后启动并网，电负荷升至 187.5MW 时，运行 1A、1B、1C、1D 磨煤机运行，1E 磨煤机检修，总煤量 98.13t/h，主蒸汽压力 15.81MPa，主蒸汽温度 539.2℃，再热蒸汽温度 556.8℃，给水流量 571.49t/h，四段抽汽压力 0.67MPa，四段抽汽旋转隔板 LCV 油动机行程指示 99.64%，工业抽汽未投入，AGC 未投入。

(一) 事件过程

22 时 05 分，1 号机组电负荷升至 187.5MW，准备切换汽动给水泵、汽动引风机、除氧器、辅助蒸汽联箱汽源至本机四段抽汽。

22 时 08 分，主值班员缓慢将四段抽汽旋转隔板由 99.64%逐步关小至 75%，稳定四段抽汽压力。

22 时 13 分 29 秒，主值班员检查抽汽隔板开度指令 75%，反馈值 73.79%，四段抽汽压力由 0.67MPa 上升至 0.69MPa。

22 时 14 分 20 秒，主值班员将旋转隔板指令给至 70%，发现四抽旋转隔板 LCV 油动机行程反馈持续下降。36s 后抽汽隔板反馈值关至 0%，隔板全关。

22 时 15 分 24 秒，值长令将机组减负荷至 160MW。

22 时 15 分 29 秒，值班员连续两次给定“开启四抽旋转隔板指令”至 77.35%无效。检查 TSI 画面，机组轴向位移由 0.01mm/−0.09mm 降至最低−0.37mm/−0.48mm（变化量最大 0.39mm，报警定值−1.08、+0.6mm，保护定值−1.28、+0.8mm），汽轮机各轴承振动无变化，最大 6X 为 53.45μm，四段抽汽压力升至 1.26MPa。

22 时 15 分 46 秒，值长下令紧急打闸停机。

23 时 03 分 02 秒，1 号机组转速到 0r/min，惰走时间 47min，与历次机组停机惰走时间相同，启动盘车后转速（4r/min）、电流（26.66A）、挠度（19.68μm）均正常，1 号机组逐步恢复系统至启动前状态。

04 月 19 日 0 时 32 分，1 号机组重新吹扫，点火成功。

3 时 03 分 17 秒，1 号机组重新并入系统。

(二) 事件原因查找与分析

1. 事件原因检查与分析

机组停机后，调出历史曲线查看四段抽汽安全门动作相关参数变化曲线，如图 3-33 所示，其中，旋转隔板开度情况，如图 3-33(a) 所示；轴向位移变化情况，如图 3-33(b) 所示；各轴瓦温度情况，如图 3-33(c) 所示。

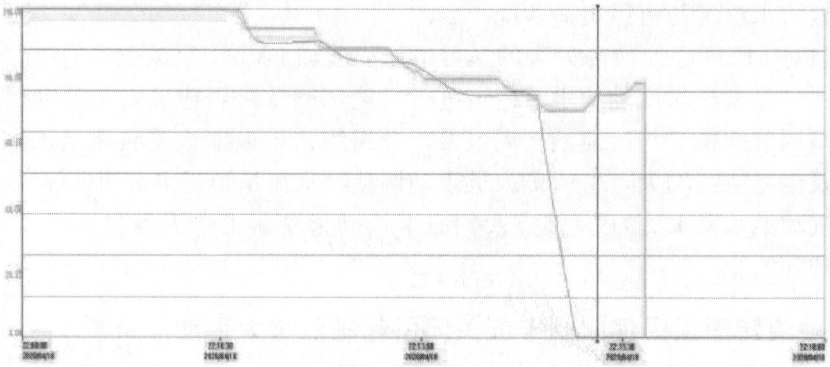

(a) 旋转隔板开度情况

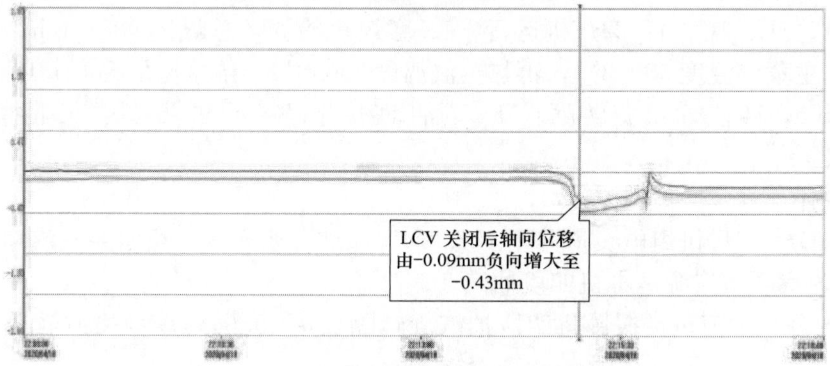

(b) 轴向位移变化情况

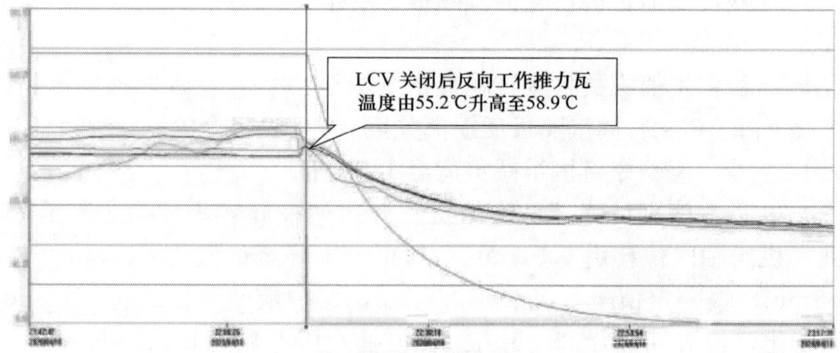

(c) 各轴瓦温度情况

图 3-33　相关参数变化曲线图

设备部、检修部、发电部专业专工及运行人员对现场设备进行全面检查，外观无异常，对可能造成机组旋转隔板突然全关的相关因素进行如下检查。

（1）检查伺服阀卡涩。旋转隔板伺服阀在油动机泄油过程中发生卡涩，未能回到平衡状态，导致旋转隔板油动机持续泄油直至全关。

（2）检查 OPC 供油。机组运行中其他调节阀 OPC 未动作，排除 OPC 供油异常。OPC 指令动作情况，如图 3-34 所示。

（3）检查 DEH 中 LCV 控制系统。机组停机后检查 LCV 控制系统无报警，调取 LVDT 状态自检曲线，LVDT 未发现异常，试验 LCV 动作正常。

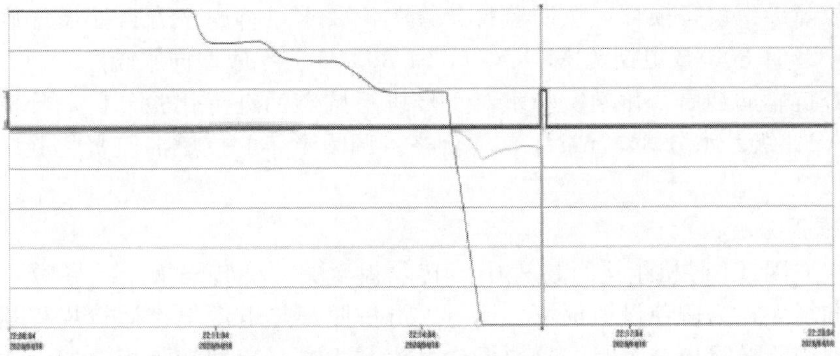

图 3-34　OPC 指令动作情况

（4）检查抗燃油系统。调取抗燃油测量信号曲线，图 3-35 所示，其中抗燃油压力、抗燃油跳闸压力开关动作信号的历史曲线如图 3-35(a) 所示，可见抗燃油压力、压力开关动作情况，设备运行正常；抗燃油箱油位曲线如图 3-35(b) 所示，可见油位无变化，排除抗燃油系统失压、抗燃油箱油位变化引起的可能性。

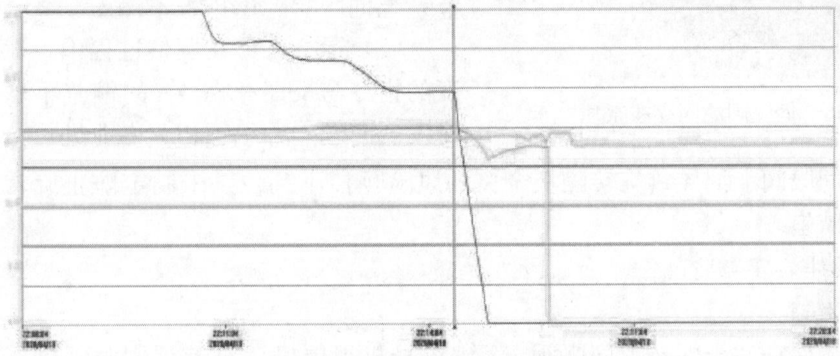

(a) 抗燃油压力、压力开关动作情况

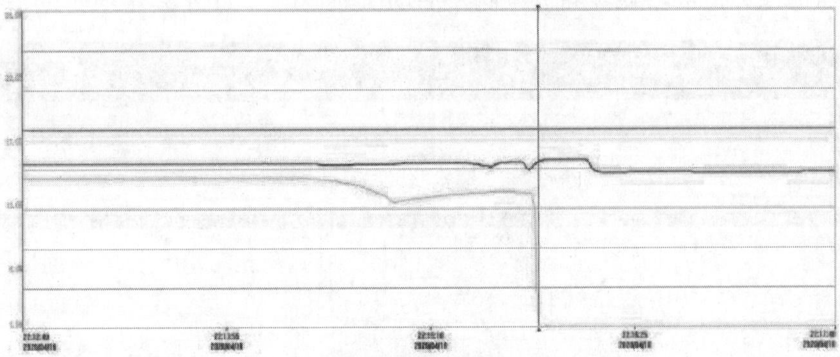

(b) 抗燃油箱油位变化情况

图 3-35　抗燃油测量信号曲线

（5）检查 LCV 就地控制阀组油路。更换伺服阀后进行旋转隔板拉阀试验，工作正常，排除 LCV 就地控制阀组油路短路故障。

（6）检查旋转隔板伺服阀选型。2016 年 12 月 21 日机组投产后，为防止旋转隔板伺服阀控制系统故障导致设备损坏，按照监督分管单位要求，将原东方自控设计旋转隔板伺服阀由 MOOG-G761-3033B 更换为 MOOG-G761-3034B 正零偏型伺服阀。

（7）检查抗燃油油质。化学实验室对 1 号机组抗燃油进行化验分析，分析结果为抗燃油颗粒度 NAS 3 级，水分 34.7mg/L，均合格。调阅半年的抗燃油监督化验结果，均在合格范围内。

2. 事件原因分析

（1）直接原因：1 号机组运行过程中旋转隔板全关。旋转隔板全关导致 1 号机组轴向位移快速负向增大，为避免设备损坏，运行人员按照某热电厂集控运行规程相关规定将机组手动打闸（当旋转隔板全关时，尽快操作抽汽减少，开启回转隔板，如无法恢复隔板开度，打闸停机）。

（2）间接原因：1 号机组运行过程中旋转隔板油动机局部区域残存机械杂质，导致伺服阀卡涩。经拆解，伺服阀滤网存在杂质，如图 3-36 所示。

图 3-36　伺服阀滤网存在杂质

3. 暴露问题

（1）热控专业技术管理不到位，对汽轮机调节系统伺服阀隐患排查不深入。

（2）运行人员在调整过程中，对旋转隔板开度的指令与反馈存在 4%的偏差不敏感，未能及时发现问题，并组织相关专业进行分析。

（3）对伺服阀卡涩导致旋转隔板全关的风险预控不到位，未制定防止旋转隔板突发状态下的防控措施。

（三）事件处理与防范

1. 事件处理

通过上述检查初步判断为伺服阀卡涩，1 号机组停机后对卡涩伺服阀进行更换。拉阀试验后旋转隔板开关正常，旋转隔板拉阀及活动试验情况，如图 3-37 所示。

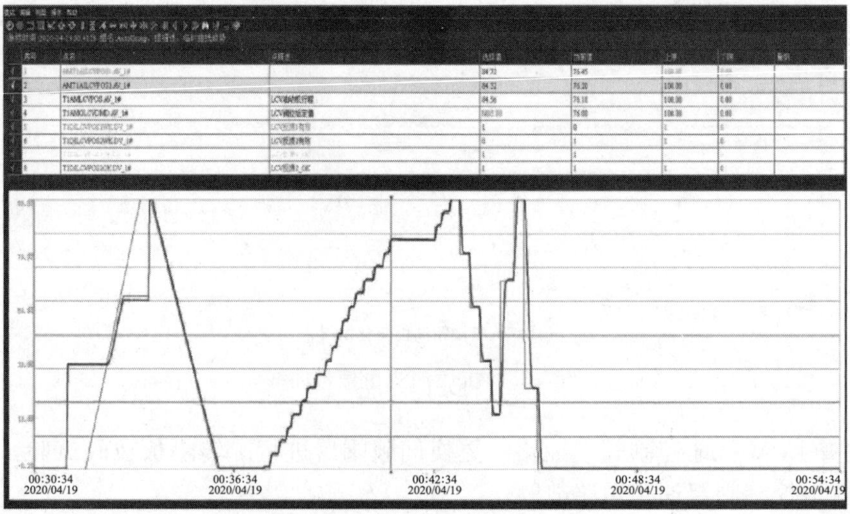

图 3-37　旋转隔板拉阀及活动试验情况

2. 事件防范

(1) 设备部热控专业每年结合机组检修对油动机伺服阀进行检查清洗。

(2) 2021 年机组 A 级检修期间，对 1 号机组旋转隔板油动机进行整体返厂清洗维修。

(3) 利用机组 A 级检修，重点对 1 号机组旋转隔板及旋转隔板前后叶轮及轴、推力盘进行相控阵检查，判断是否存在缺陷。

(4) 加强运行人员技术培训，发现参数异常及时组织相关专业进行分析。

(5) 调研旋转隔板控制油系统自保持功能改造的可行性，实现突发状态下的液动自保持，并同时满足厂家设计需要的 OPC、AST 油路控制功能。

(6) 结合机组旋转隔板全关后通流特性，制定旋转隔板异常时的控制策略，确定不同负荷下的处置方式。

(7) 联系东方电气集团东方汽轮机有限公司，计算汽轮机不同进汽量对应旋转隔板的最小开度函数，设置相应参数下的报警及跳闸动作逻辑。

六、给水泵汽轮机调节阀因伺服阀卡涩关闭引发锅炉 MFT

2020 年 5 月 5 日，某电厂 2 号机组负荷 252MW，CCS 方式运行，AGC 投入。主蒸汽流量 781t/h，省前给水流量 808.4t/h，总煤量 129t/h，2A、2B、2C、2D 制粉系统运行。2A、2B 汽动给水泵运行，给水泵汽轮机调节阀指令 33%/34.6%，反馈 33.1%/34.6%。2A 汽动给水泵流量 406t/h，2B 汽动给水泵流量 422t/h，电动给水泵备用。

(一) 事件过程

根据给水泵参数变化曲线，如图 3-38 所示可见事件过程如下：

11 时 05 分 26 秒，运行人员执行定期工作：2B 抗燃油泵切换为 2A 抗燃油泵运行，启动 2A 抗燃油泵，抗燃油系统压力 11.31MPa。

11 时 07 分 27 秒，2B 抗燃油泵停运，抗燃油系统压力 11.3MPa，油泵切换后油压稳定，无波动。抗燃油泵切换及 2A 给水泵汽轮机调节阀反馈曲线，如图 3-38(a) 所示。

11 时 08 分 34 秒，2A 给水泵汽轮机调节阀指令未变，反馈开始波动，波动范围由小到大呈发散状，省煤器前给水流量 805t/h 稳定［汽动给水泵参数变化曲线，图 3-38(b) 所示］。2A 给水泵汽轮机调节阀伺服卡输出电压信号指令跟随调节阀波动增加，并一直跟随调节阀波动变化。2A 给水泵汽轮机伺服卡电压与指令反馈曲线，如图 3-38(c) 所示。

11 时 09 分 34 秒，2A 给水泵汽轮机调节阀反馈由 33.1%持续下降至 25%，指令由 33%自动增加至 58%。

11 时 09 分 42 秒，2A 汽动给水泵实际转速 3722r/min 开始低于指令转速 3736r/min，并持续下降，2A 汽动给水泵流量由 405t/h 开始下降。2B 汽动给水泵转速 3706r/min，流量 417t/h 未变化。

11 时 09 分 44 秒，省煤器前给水流量由 791t/h 开始下降，此时给水流量指令 800t/h 稳定。

11 时 09 分 47 秒，2A 汽动给水泵转速指令 3758r/min，实际转速 3658r/min，汽动给水泵流量降至 336t/h，2B 汽动给水泵转速自动升至 3731r/min，给水流量自动加至 423t/h，之后 2B 汽动给水泵出力一直自动增加，最高流量达到 590t/h（机组跳闸前）。汽动给水泵转速流量曲线，如图 3-38(d) 所示。同时，省煤器前给水流量低至 750t/h 报警，运行人员发现给水流量低，8s后省煤器前给水流量低至600.2t/h。

11时09分48秒，2A汽动给水泵入口流量低至320t/h，汽动给水泵再循环自动开启（设定值330t/h）。

11时09分58秒，汽动给水泵再循环阀全开。手动启动电动给水泵，10s后电流恢复正常。

11时10分05秒，省煤器前给水流量低于600.2t/h，延迟10s触发MFT保护，机组解列。

13时44分51秒，2号机组重新并网运行。

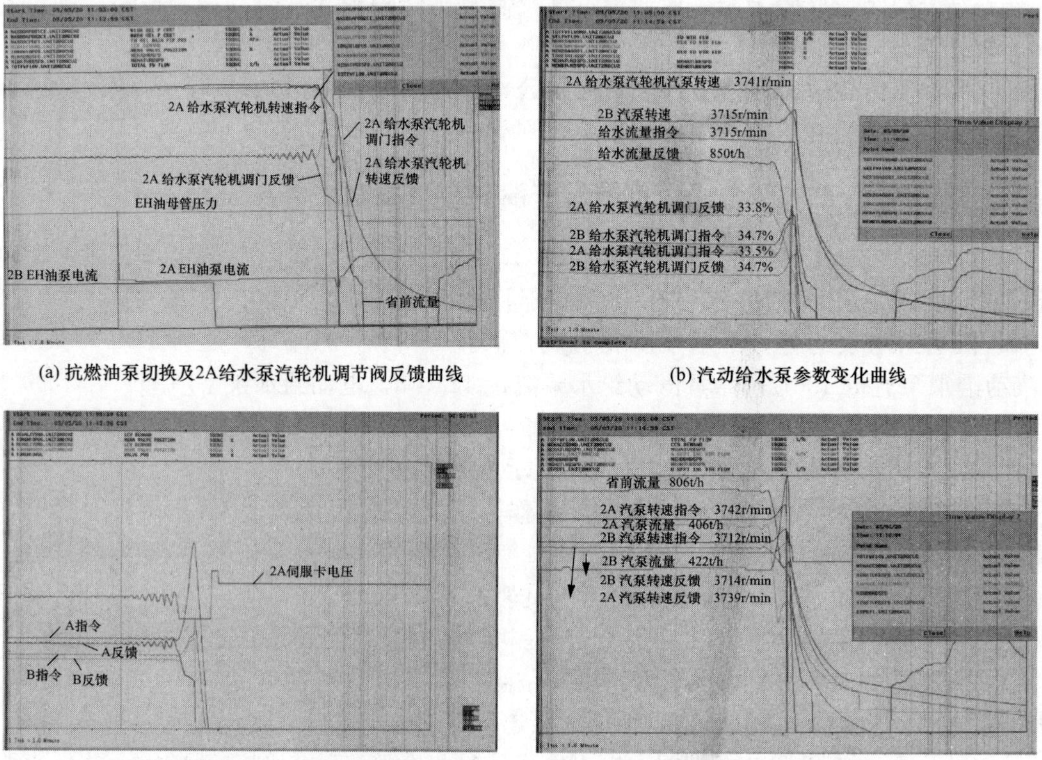

(a) 抗燃油泵切换及2A给水泵汽轮机调节阀反馈曲线　(b) 汽动给水泵参数变化曲线

(c) 2A给水泵汽轮机伺服卡电压与指令反馈曲线　(d) 汽动给水泵转速流量曲线

图3-38　给水泵参数变化曲线

（二）事件原因查找与分析

1. 事件原因检查

机组停机后，专业人员进行事件原因查找，首先对稳定工况时，没有关闭指令情况下给水泵汽轮机调节阀发生关闭的几种可能进行查找分析。

（1）DCS逻辑错误，误发关指令引起调节阀误关。调出历史曲线，DCS给水指令和DEH转速指令逻辑正确。在2A给水泵汽轮机阀位反馈开始振荡时，DCS给2A给水泵汽轮机伺服阀的阀位指令、转速指令方向正确。

11时09分35秒，2A给水泵汽轮机调节阀不受控，反馈持续下降，至11时09分54秒，反馈由34.7%降至25.6%，指令由33.6%升至39.3%，伺服卡输出电压为−2V（开门指令最大），反馈未回头，转速指令由3736r/min升至3800r/min，转速反馈由3722r/min

降至3608r/min。2A给水泵汽轮机流量由395t/h（11时09分35秒）降至214t/h（11时09分54秒）。

11时09分46秒至11时10分05秒，此期间2B给水泵汽轮机流量由417t/h升至590t/h，指令和反馈一致，调节方向正确。

以上分析排除DCS逻辑错误，误发关指令引起调节阀误关的可能。

（2）给水泵汽轮机调节阀伺服卡故障引起调节阀误关。正常情况时，伺服卡输出控制电压正常为－0.1V左右，当电压为正值时调节阀关方向动作，当电压为负值时调节阀开方向动作。伺服卡至伺服阀为冗余电压信号。

调阅DCS曲线，发现11时08分40秒，2A给水泵汽轮机调节阀指令未变，调节阀反馈首先向下波动，随即伺服卡输出电压信号指令跟随调节阀向下波动负值增加，伺服卡发给伺服阀的电压值方向正确，并一直跟随调节阀波动变化，直至11时09分35秒给水泵汽轮机调节阀持续下降不受控制，伺服卡输出控制电压信号开方向－2V，但调节阀仍持续下降，同时2A给水泵汽轮机给水流量持续下降。这个过程说明伺服卡的工作正常，排除给水泵汽轮机调节阀伺服卡故障引起调节阀误关的可能。

（3）伺服卡输出指令回路异常引起调节阀误关。机组停运后，检查伺服卡至就地电缆绝缘无穷大，电缆无接地，航空插头紧固未脱落，就地端子箱接线未有开路、断路现象。伺服阀更换后进行拉门试验正常；阀门开至10%时对伺服阀控制电缆进行断线试验，拔掉伺服阀的就地插头，调节阀瞬间关至0%；恢复接线后调节阀快开至指令位置，保护功能正常。因此，排除伺服卡输出指令电缆绝缘下降，就地端子箱接线开路、断路，伺服阀航空插头脱落等引起调节阀误关的可能。

（4）给水泵汽轮机调节阀机械连接异常引起调节阀误关。现场检查低压调节阀连杆与油动机活塞杆连接牢固，各处销子、锁紧螺母均无异常。排除连接头、连杆、联杆销子脱落，螺柱锁紧螺母脱落等原因造成低压调节阀连杆与油动机活塞杆脱开，给水泵汽轮机调节阀在提升板、阀碟自重及进汽压力下快速关闭的可能。

（5）油动机活塞杆密封失效、上部油口接头脱落（断裂）等造成给水泵汽轮机调节阀关闭。检查油动机活塞杆除微量渗油外未见其他异常。油动机上部油口接头未见渗漏油，排除油动机活塞杆密封失效，大量泄油，活塞杆在下部油压的作用下向上移动，造成给水泵汽轮机调节阀快速关闭的可能。

（6）安全油管道问题引起给水泵汽轮机调节阀快速关闭。检查安全油管道、接头无异常，未见渗漏油。排除安全油管道破裂、接头脱落及保护动作等原因引起安全油泄压，给水泵汽轮机调节阀快速关闭的可能。

（7）油动机入口滤网破损，含有大颗粒杂质的抗燃油进入伺服阀导致伺服阀卡涩，给水泵汽轮机调节阀关闭。

检查2A给水泵汽轮机调节阀油动机使用颇尔过滤器（北京）有限公司生产HC9021FCP4Z型滤芯，滤芯内外有金属护网，过滤比大于等于200，承受差压为21MPa，过滤精度为3μm，密封材料为氟橡胶。滤芯安装于油动机控制模块内，其供油来自抗燃油泵出口母管，将油过滤后分两路，供至伺服阀和安全油。投产以来共更换6次（2012年06月、2013年05月、2015年02月、2016年05月、2018年04月、2019年10月），均为同一公司同型号产品，历次更换均未发现旧滤芯有破损现象。本次滤芯仅使用7个月，判断2A给水泵汽轮机调节阀油动机入口滤网无破损。

（8）给水泵汽轮机调节阀在关闭过程中，由于喷嘴堵塞、滑阀与滑阀套卡死等原因造成伺服阀卡涩，可能造成给水泵汽轮机调节阀快速关闭。

给水泵汽轮机伺服阀接受MEH来的信号控制油缸活塞上下腔的油量，当需要开启调节阀时，伺服阀将压力油引入活塞上腔，则活塞上腔油压力克服调节阀阻力作用向下运动，使调节阀蒸汽通流面积增大，LVDT将调节阀油动机行程信号反馈至MEH。当需要减小调节阀蒸汽通流面积时，伺服阀将活塞上腔接通排油，活塞下腔接通压力油，使调节阀蒸汽通流面积减小，同时，LVDT适时将油动机行程信号反馈至MEH。当调节阀到达需要的位置时，MEH将其指令和LVDT反馈信号综合计算后使伺服阀输出信号为零，处于保持状态，调节阀停留在指定位置上。低调油动机系统，如图3-39所示。

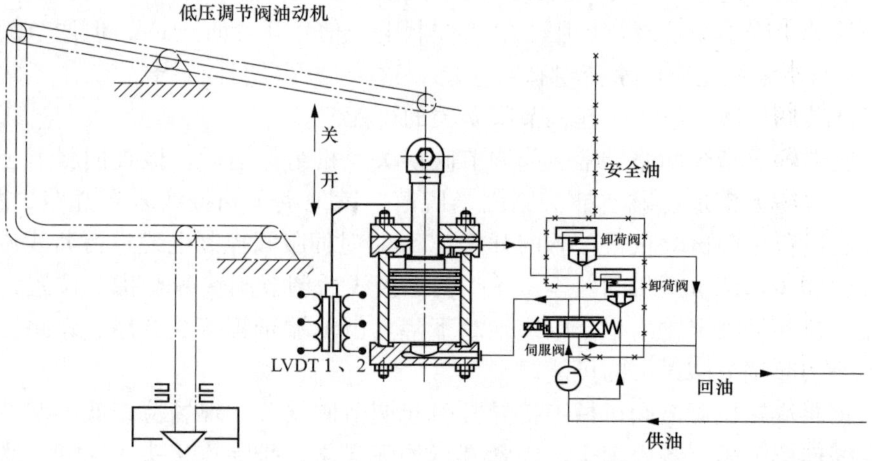

图3-39　低调油动机系统

抗燃油泵切换后1分7秒，发生给水泵汽轮机调节阀摆动现象，随后持续关小，分析认为，备用抗燃油泵启动后将油箱中的杂质带至2A给水泵汽轮机伺服阀，造成伺服阀卡涩至关门状态，引起调节阀向关的方向移动。机组跳闸后杂质被冲回油箱，再次进行试验均正常。对2A给水泵汽轮机调节阀伺服阀进行更换后，做给水泵汽轮机调节阀拉门试验、伺服阀失电试验、遮断电磁阀试验均正常。伺服阀更换前、后拉门试验曲线，如图3-40所示。

2. 事件原因分析

（1）直接原因：综上排查结果进行分析，伺服阀卡有小颗粒杂质造成伺服阀卡涩，导致给水泵汽轮机调节阀自动关闭。事故后抗燃油箱取样化验，油质为6级（NAS 1638）。该公司控制为5级。事故前油质化验情况见表3-1，事故后油质化验情况见表3-2。

（2）间接原因：运行人员事故处置不果断，在发现给水流量下降时，未能撤出自动逻辑，第一时间启动电动给水泵。给水泵汽轮机调节阀指令与反馈偏差大无报警及跳出自动逻辑和联启电动给水泵逻辑，运行人员未在2A给水泵汽轮机异常情况下撤出给水泵汽轮机自动，导致给水流量快速降至跳闸值，造成机组非计划停运事件。

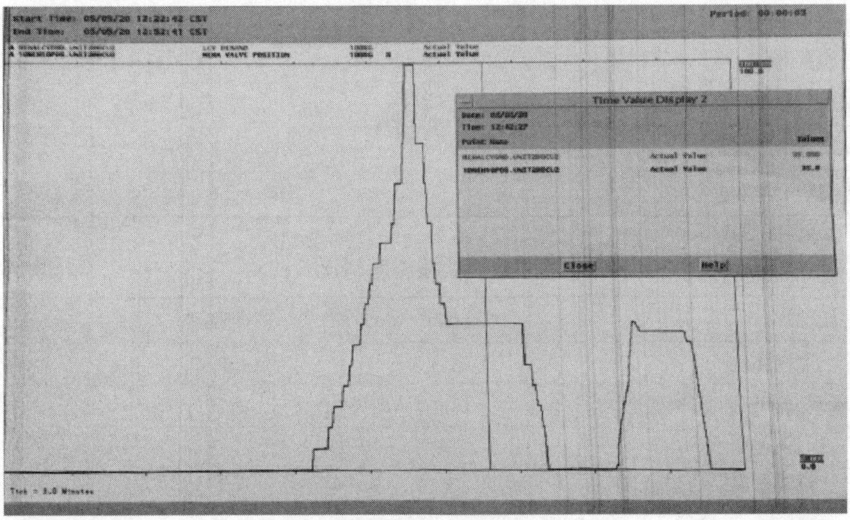

(a) 伺服阀更换前拉门试验曲线

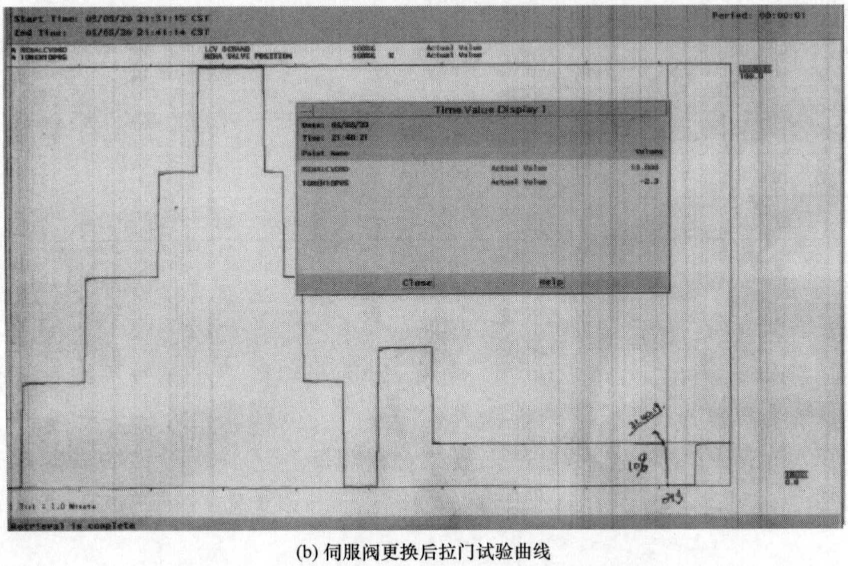

(b) 伺服阀更换后拉门试验曲线

图 3-40　伺服阀更换前、后拉门试验曲线

表 3-1　　　　　　　　　事故前油质化验情况

油样名称	抗燃油	采样时间	2020.04.01
取样部位	油箱底部	分析时间	2020.04.01
分析项目	标准	1号机	2号机
外观	透明	透明	透明
机械杂质	无	无	无
水分（mg/L）	≤1000	254.7	714.1
开口闪点（℃）	≥235	/	/
运动黏度（mm^2/s）	39.1～52.9	46.81	48.06

续表

酸度（mg KOH/g）	≤0.15	0.15	0.15
体积电阻率（Ω·cm）	≥6.0×10^5	13.8×10^5	13.3×10^5
颗粒度 NAS1638（级）	≤5	5	4
分析结论	合格		

表 3-2　　事故后油质化验情况

油样名称	抗燃油	采样时间	2020.05.05
取样部位	油箱底部	分析时间	2020.05.05
分析项目	标准	1 号机	2 号机
外观	透明		透明
机械杂质	无		无
水分（mg/L）	≤1000		744.7
开口闪点（℃）	≥235		/
运动黏度（mm^2/s）	39.1～52.9		/
酸度（mg KOH/g）	≤0.15		0.18
体积电阻率（Ω·cm）	≥6.0×10^5		/
颗粒度 NAS1638（级）	≤5		6
分析结论	2 号机油酸度、颗粒度不合格		

3. 暴露问题

（1）安全管理方面。生产管理人员对当前安全生产工作严峻形势重视程度不够，对提升安全生产管控措施落实情况督办不力。部门管理人员组织隐患排查不彻底，设备安全风险、人员作业风险辨识分析不全，未能深入现场开展安全管理和指导。

班组人员危机意识、警惕性不足，未能结合机组运行方式、设备缺陷劣化分析等认真开展事故预想，预控措施缺失。各级管理人员未能始终以心存敬畏、如履薄冰的心态抓好安全生产。

（2）运行管理方面。

1）隐患排查治理不彻底。对机组深度调峰非正常工况的认识不到位，运行人员对于防范省前给水流量低异常未能扎实开展隐患排查治理，未意识到机组深调期间省煤器前给水流量安全裕量较小的隐患；对近期系统内频发的调速汽门故障未能引起警觉进行自查。暴露出问题整改不到位，未能做到举一反三。

2）人员培训不扎实，安全基础不牢固。一是运行人员盘前操作分工不明确，协调配合无序，重要参数监控不到位；二是异常处置反应迟缓、应对措施单一，未能抓住事故主要矛盾，发现给水流量异常下降未能第一时间启动电动给水泵、手动干预给水调整；三是仿真事故演练针对性差，深度不足，重结果、轻过程，未能真正起到练兵作用。

3）技术管理缺乏敏感性、超前预控能力不强。随着公司 1、2 号机组运行年份的不断增加，再加上近年来机组参与深度调峰频次逐渐增加，累积效应造成的设备异常事故和设备隐患在逐步增多，技术管理人员对机组深度调峰期间主要参数抗扰能力及安全风险未引起高度警觉，未能有效制定防范措施，暴露出技术管理不够深入、发现问题的敏感性不足，分析问题、解决问题的能力亟待提高，技术管理缺乏深度。

（3）设备管理方面。

1）思想认识不到位。专业管理人员对设备劣化趋势把握不精准，未能预见设备可能存在的缺陷，及时进行预防性维护检修。伺服阀在运行中会出现卡涩现象，点检应随时注意伺服阀运行情况，随时了解抗燃油质是否有劣化。

2）专业管理不到位。缺乏对同类事故教训的专业敏感性，点检员对设备劣化程度未做到全面分析，设备隐患排查不彻底，对设备的重要性认识不够，思想上没有引起重视。

3）油质管理不到位。公司制定有油质化验规定，并按制度定期化验，但对劣化油质未能预防性增加化验次数。点检员对油质劣化危害认识不足，滤油工作督促不力，油质不合格处理缓慢；未能对油质劣化深入分析原因，有针对性地采取措施，油质超标时有发生。油质劣化处理工作被动，仅在超标后进行处理，未能定期进行预防性滤油以保持油质长期合格。

（三）事件处理与防范

1. 事件处理

将抗燃油定期化验周期由每月一次调整为每半月一次，及时掌控油质变化趋势。对伺服阀备品完好情况进行核查，防止污染，确保伺服阀安全可靠运行。抗燃油系统投运前先进行滤油，化验油质合格后再进入抗燃油系统。对抗燃油再生装置进行改造：在1、2号机组C级检修时，对抗燃油进行更换；完成抗燃油再生装置滤芯改型更换；抗燃油再生装置改造完成后，每周运行大于等于24h。

2. 事件防范

（1）按照“四不放过”原则，组织生产面全员学习本次非停事件，结合自身岗位，制定防范措施。开展全员安全生产大讨论活动，从思想、管理、技术根源上剖析发生事故的原因，制定扭转安全生产不利局面的具体整改措施。

（2）持续开展管理人员“转作风、提效率、保安全”专项活动，转变管理人员思想、作风，严格落实管理人员深入现场查问题、反违章，坚持“一切从问题出发”的工作原则，从人的不安全行为、物的不安全状态、环境的不安全因素出发不断改善安全生产。

（3）规范抗燃油系统设备管理，提高设备点检质量及标准，点检员每天点检时确认：

1）所有泵出口滤油器压差小于0.5MPa。

2）再生装置的每个滤油器压差小于0.138MPa。

3）所有滤芯差压报警器工作正常。如有报警，及时更换滤芯。

4）严格按照标准进行抗燃油油质管理，加强滤油确保颗粒污染度（NAS 1638）$b \leqslant 5$级。

5）对卡涩伺服阀及时检测、清洗，保证备品充足。

（4）规范值组运行管理。修订完善运行人员监控及操作分工，协作配合、监盘纪律，交接盘等运行管理要求，明确人员工作职责，各司其职，对各自负责的重要参数监控到位，设备自动异常时及时退至手动操作，专业管理人员落实监督考核。

（5）开展仿真机专项演练。主值岗位以上人员进行深度调峰、机组满负荷运行期间重要辅机故障、重要参数扰动大处理专项仿真演练，逐人逐项进行达标考评。

（6）完善技术管理标准。补充修订电动给水泵使用规定，指导运行人员在给水流量异常时及时启动电动给水泵维持给水流量稳定；增加主机、给水泵汽轮机调节阀指令与反馈偏差大报警，给水泵汽轮机转速指令与反馈偏差大报警，完善电动给水泵联动逻辑，增加给水泵汽轮机调节阀指令与反馈偏差大联启电动给水泵；修改给水流量低报警值，提高发现异常的及时性；规定事故状态下运行人员将异常给水泵自动解除，保证正常运行给水泵自动根据给水流量进行调节；在抗燃油泵切换操作票及“六规”讲解材料中增加检查切换过程及切换后对调速系统阀门指令及反馈的内容，及时发现伺服阀异常。

（7）修订定期工作执行要求。对抗燃油泵联动及切换试验，给水泵汽轮机主汽门活动试验，遮断电磁阀试验，给水泵汽轮机油泵切换等可能引起给水泵汽轮机故障的试验操作要求负荷率在50%～70%执行，避免在深调期间由于试验引起的给水流量低事故。

（8）补充设备定检定修项目。热控专业每次停机后检查伺服卡状态指示灯情况；给水泵汽轮机LVDT线圈阻值、电缆相间及对地绝缘情况；电缆有无接地、开路现象；接线端子紧固情况；伺服卡至伺服阀电缆对地绝缘情况。

第四章

系统干扰故障分析处理与防范

热控系统干扰是影响机组正常稳定运行的重要原因之一，也是机组故障异常案例中最难定量分析的一类障碍现象，具有难复现、难记录、难定量和难分析等特征。因此，对于不能确定原因的机组故障事件，往往较多地归结为干扰。

干扰往往与热控系统接地不规范、接地缺陷、信号线缆防护不足有关。除本书收录的案例外，现场还有不少由于干扰引起参数异常的事件未收录，但这些干扰现象在遇到环境变化时有可能造成大的事故。因此，对于热控系统干扰案例，尤其是可以确定原因的热控系统干扰故障案例一定要深入分析，举一反三，提高热控系统的抗干扰能力。

机组热控系统的干扰来源很多，包括地电位变化、接地对系统带来的干扰、现场复杂环境带来的干扰等。这些干扰中有些是可防不可控的，有些是可防可控的。随着电厂异常事件记录能力的增强，越来越多的干扰事件能被记录下来，并进行分析。本章中将就 TSI 振动信号和 DCS 信号干扰引起的故障事件分别进行介绍，并专门就干扰事件的分析方法进行讨论。希望借助本章案例的分析、探讨、总结和提炼，能减少机组可能受到的干扰，并提高机组的抗干扰能力。

第一节　TSI 系统干扰故障分析处理与防范

本节收集了 TSI 振动信号产生干扰引发的机组故障 5 起，分别为现场使用对讲机时引发振动数据异常导致机组跳闸、密封瓦绝缘不良造成汽轮机 6 号轴承振动信号跳变、信号干扰引起机组振动大保护动作、线路干扰引起信号突变致机组非停、振动探头接地和保护逻辑设置错误导致机组异常停机事件。TSI 系统容易受到电磁干扰，需从提高系统的接地可靠性、增强抗干扰能力方面避免此类事件的再次发生。

一、现场使用对讲机时引发振动数据异常导致机组跳闸

某热电厂 7 号机组汽轮机为上海汽轮机厂有限公司生产的 C300-16.7/0.38/538/538 型汽轮机。锅炉为上海锅炉厂有限公司生产的 SG-1025/17.5－M897 型锅炉。发电机是上海电机厂有限公司生产的 QFSN-300-2 型发电机。机组于 2006 年 12 月投产，汽轮机振动保护为本特利 3500 系统。

事前工况：7 号机组电负荷 180MW，热负荷 35MW，总煤量 110t/h，主蒸汽流量

713t/h，风机双列运行，A、B汽动给水泵运行，汽轮机轴振本特利3500系统工作正常，1号瓦X方向轴振为77μm，Y方向轴振为68μm。

（一）事件过程

2020年12月24日，运行人员执行7号机组低油压定期试验工作（主机低油压试验每14天进行一次，前两次试验日期分别为11月25日、12月9日）。11时12分开始，期间主值班员和就地巡检操作通过对讲机下达命令和回复完成操作情况，11时14分18秒工作完成。试验期间，11时12分16秒，机组1号瓦Y方向振动突升至137μm；11时13分13秒，机组1号瓦Y方向振动突升至217μm；11时14分15秒，机组1号瓦Y方向振动突升至436μm（跳闸值254μm），机组振动大保护跳闸。

13时43分，检修人员对现场1号瓦X、Y方向轴振探头前置器进行更换，现场使用对讲机对1号瓦前置器区域进行测试，未出现振动信号突变现象。18时46分，7号机组恢复并网。

（二）事件原因查找与分析

1. 事件原因检查

事件后，专业人员查阅1号瓦X、Y方向振动曲线，Y方向振动在11时12分13秒至11时12分32秒、11时13分02秒至11时13分13秒、11时14分10秒至11时14分15秒出现了3次较大波动，波动幅度最大至436μm，由于第三次波动大于机组跳闸值254μm造成机组停运，停机曲线，如图4-1所示。由于1号瓦振动信号波动发生时现场正进行低油压试验，运行人员操作区域位于1号瓦振动接线盒附近，分析现场使用对讲机时引发1号瓦Y方向振动数据异常。11时37分35秒，在1号瓦振动接线盒处使用对讲机进行干扰试验，Y方向振动出现类似数据波动，波动幅度最大至347μm，停机后现场干扰试验曲线，如图4-2所示。

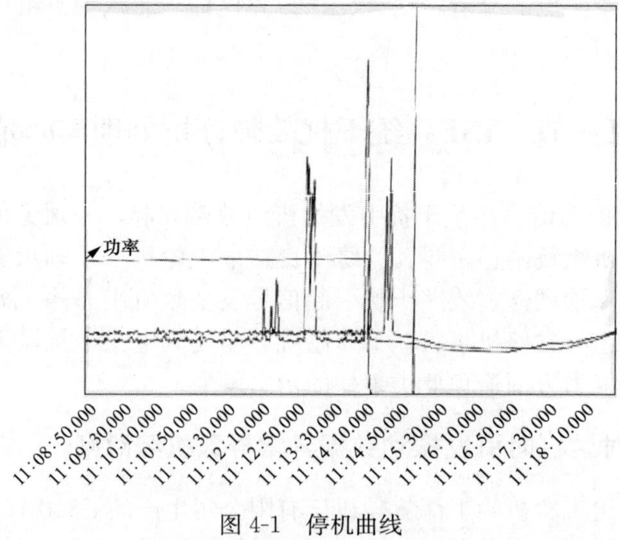

图4-1　停机曲线

检查1号瓦接线盒内安装的X、Y方向前置器及接线，电缆接线牢固无问题；更换Y方向前置器后进行试验（接线盒打开与封闭两种工况），Y方向振动数据未出现异常波动，更换前置器后试验曲线，如图4-3所示。分析1号瓦Y方向振动数据异常原因为使用年限长（2006 年安装，2013 年结合机组大修，厂家到厂进行了回路校验，探头回路校验报告，如图 4-4 所示），前置器性能下降，抗干扰能力降低。同一批次前置器和对讲机在使用过程中未发现类似问题。

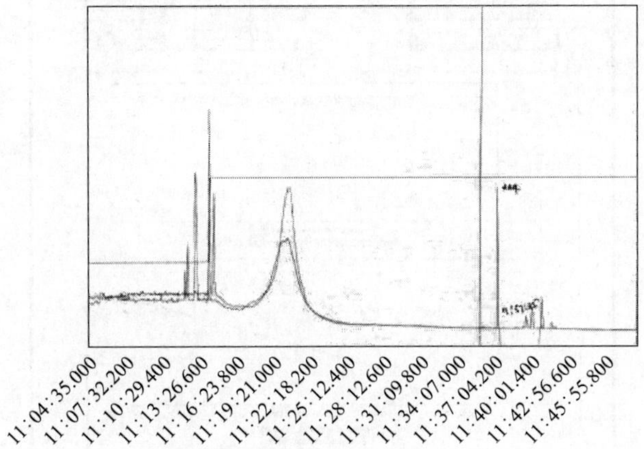

图 4-2　停机后现场干扰试验曲线

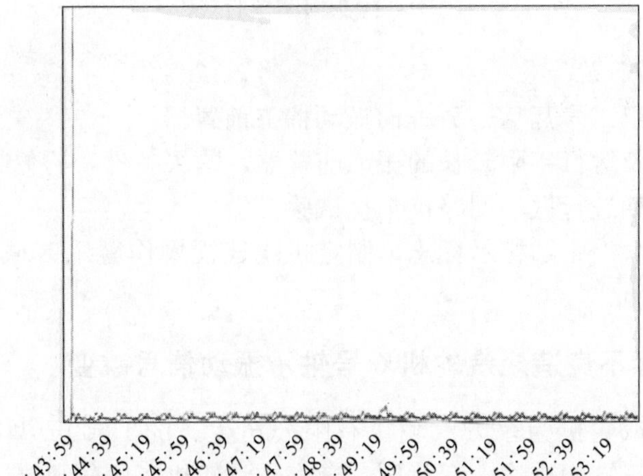

图 4-3　更换前置器后试验曲线

2. 事件原因分析

（1）直接原因：*Y* 方向前置器抗干扰能力下降，现场使用对讲机时引发振动数据跳变导致机组跳闸。

（2）间接原因：管理不到位，运行定期试验设备附近，检修时未进行抗干扰性能试验。

3. 暴露问题

（1）1*Y* 振动前置器使用年限过长，电子元器件性能下降，抗干扰能力下降，通过安装抗干扰接线盒仍无法有效防范。

（2）2013 年机组大修期进行振动探头回路校验，主要检测探头线性是否合格，没有进行抗干扰能力方面的检查。

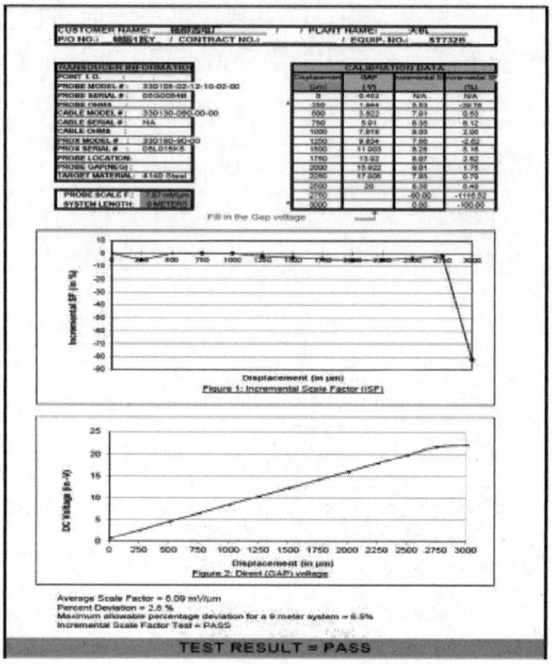

图 4-4　探头回路校验报告

（三）事件处理与防范

（1）更换 7 号机组 1 号瓦 X、Y 方向振动探头前置器。

（2）排查同批次及运行年限较长的振动前置器，购买备件，检修期间进行检查更换。

（3）在机组检修期进行振动回路抗干扰试验。

（4）在振动接线盒上张贴警示标志，制定机组巡视操作警示区域，对限制使用对讲机区域进行可视化管理。

二、密封瓦绝缘不良造成汽轮机 6 号轴承振动信号跳变

某电厂 2 号机组汽轮机为东方汽轮机有限公司生产的 D600E 型超临界、一次中间再热、冲动式、单轴、三缸四排汽、双背压、凝汽式汽轮机。汽轮机在 1～8 号轴承处每个轴承安装 2 只轴振传感器（PR6423/01），分别命名为 X 方向与 Y 方向，两只传感器分别与汽轮机转子中分面成 45°夹角。

自 2020 年 5 月 29 日开始，2 号机组 6 号轴承多次出现振动测点跳变现象，对机组的安全稳定运行造成极大威胁。

（一）事件过程

1. 第一次故障现象及处理过程

2020 年 5 月 29 日 23 时 40 分，2 号机组主机 6X 轴振出现跳变现象，6Y 轴振测量稳定，5 月 29 日 6X 轴振跳变曲线，如图 4-5 所示；2020 年 5 月 31 日 9 时整，2 号机组主机 6Y 轴振也开始出现跳变现象，5 月 31 日 6Y 轴振跳变曲线，如图 4-6 所示。

机务人员用手动测振仪就地测量轴承振动，振动数据为 17～45μm。热控人员退出该轴振动保护，办理工作票分别对 2 号机组 6X、6Y 振动测点进行检查：

（1）6X、6Y 轴振前置器处、TSI 卡件均接线紧固，未见接线端子松动现象。

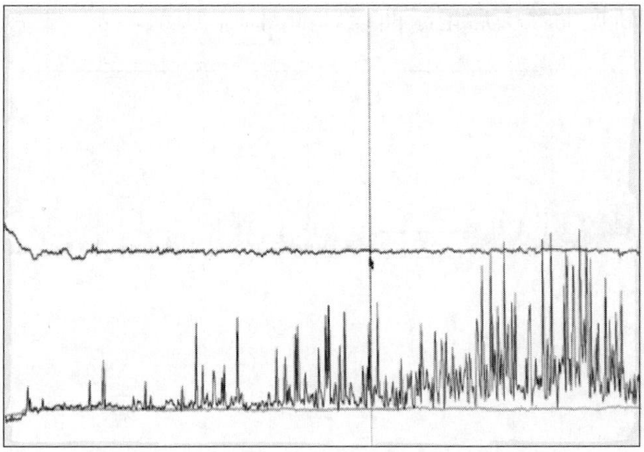

图 4-5　5 月 29 日 6X 轴振跳变曲线

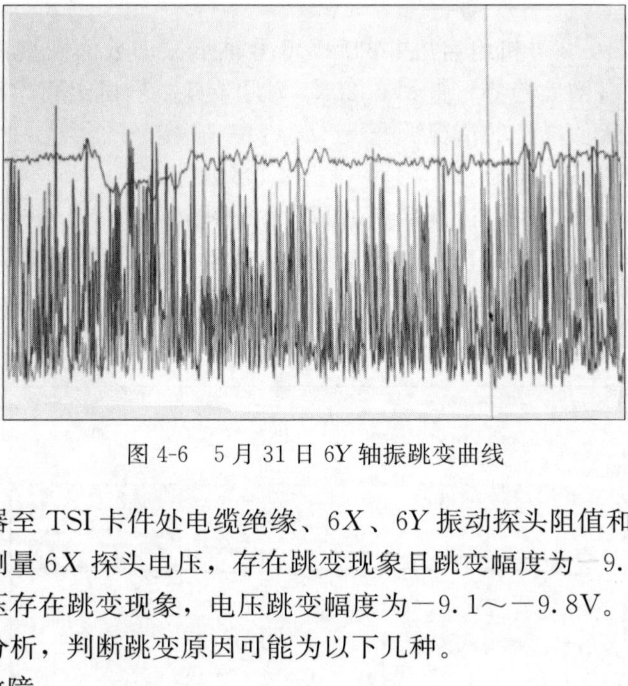

图 4-6　5 月 31 日 6Y 轴振跳变曲线

（2）测量前置器至 TSI 卡件处电缆绝缘、6X、6Y 振动探头阻值和绝缘均正常。

（3）前置器处测量 6X 探头电压，存在跳变现象且跳变幅度为－9.0～－9.72V。在 6Y 探头处测量探头电压存在跳变现象，电压跳变幅度为－9.1～－9.8V。

根据上述检查分析，判断跳变原因可能为以下几种。

（1）TSI 卡件故障。

（2）前置器至 TSI 柜之间电缆存在干扰。

（3）前置器与探头之间延长电缆存在干扰。

（4）轴振探头故障。

由于机组运行，无法进一步检查分析，暂退出该轴振动保护，待停机后进行深入排查。

2020 年 6 月 5 日，2 号机组停机过程和调停期间，对 2 号机组 6 号轴承振动进行检查：将 2 号机组 6X、6Y 振动的 TSI 卡件与 7X、7Y 振动的 TSI 卡件进行对调，调后 6X、6Y 振动数值仍不正常，排除 TSI 卡件原因。

停机后，热控专业人员敷设两根控制电缆，对 6X、6Y 振动前置器至 TSI 机柜之间电缆进行更换，对电缆屏蔽进行重新连接。汽轮机专业人员揭开 6 号瓦上盖，热控人员临时在外部走线方式更换新振动探头进行测量，新探头与原探头测量数值基本一致，排除振动探头故障原因。更换新振动探头后记录曲线，如图 4-7 所示。

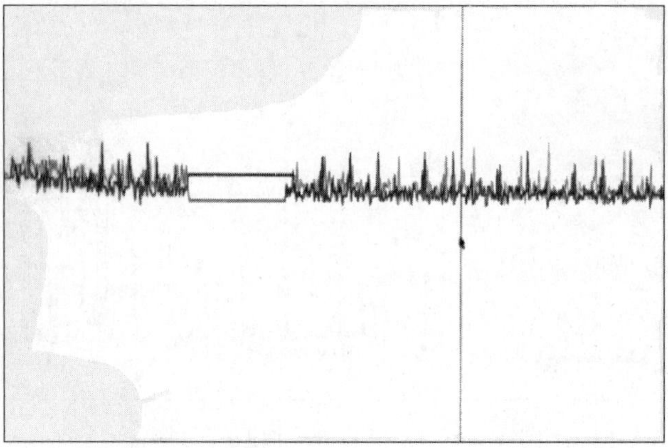

图 4-7　更换新振动探头后记录曲线

2020 年 6 月 15 日，2 号机组启机并网后，6 号轴承振动数值恢复正常，但通过每日巡检发现振动变化幅度有增大趋势。直到 2020 年 7 月 4 日 2 号机组再次调停前，6 号轴承振动均未出现跳变至报警值以上的情况。

2. 第二次故障现象及处理过程

2020 年 7 月 6 日，2 号机组计划启机并网，2 号机组在 3000r/min 运行状态但未带初负荷过程中，6 号轴承振动显示正常，未出现跳变现象。在 2 号机组并网后，6 号轴承 6*X* 振动跳变现象再次出现，6*X* 振动再次跳变曲线，如图 4-8 所示。热控人员办理工作票对 2 号机组 6 号轴承 6*X* 振动测点进行检查：

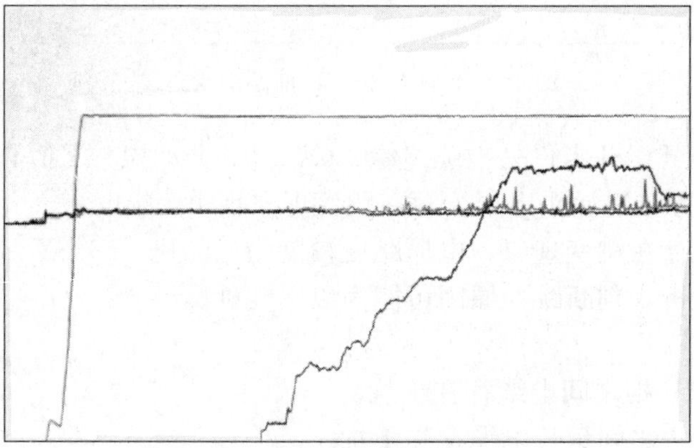

图 4-8　6*X* 振动再次跳变曲线

（1）检查 6*X* 轴振前置器处接线紧固，未见接线端子松动现象。

（2）检查 6*X* 轴振 TSI 卡件处接线紧固，未见接线松动现象。

（3）对前置器至 TSI 卡件处电缆进行绝缘测量，绝缘正常。

（4）对 6*X* 振动探头进行阻值和绝缘测量，探头绝缘正常。

由于 6*Y* 振动测量正常，将 6*X* 振动探头接至 6*Y* 轴振前置器进行观察，发现 DCS 上 6*Y* 振动数据出现跳变现象，说明故障原因出现在前置器至就地探头侧。

2020 年 7 月 7 日至 7 月 20 日，热控人员每天对 2 号机组 6*X* 振动测点进行巡检，这段时间内发现 6X 振动跳变有变大趋势，最大振动值跳变至 180μm 以上。2020 年 7 月 24 日，6Y 振动开始出现跳变增大趋势，最大达到 147μm。

（二）事件原因查找与分析

1. 事件原因检查

通过以上现象分析，每次均是快速跳变，维持时间不长。机务专业手动测振，振动数据在 17～45μm，基本可以排除轴承实际振动的可能；在多次处理过程中，热控专业分别对 TSI 卡件、振动探头及前置器、信号电缆进行了更换排查，也可以排除热控测量回路误差的可能；从目前检查情况判断 2 号机组 6 号轴承振动跳变是由干扰引起，干扰源初步判断为汽轮机转子电磁干扰。

热控、电气、汽轮机专业经过讨论，制定后续检查计划。利用 2 号机组 C 级检修机会，电气专业检查发电机大轴接地连接情况，运行期间定期清理发电机电刷；热控专业更换新的 6X、6Y 轴承振动探头；汽轮机专业检查处理油膜绝缘情况。

2020 年 11 月 2 日机组 C 级检修中，汽轮机、电气、热控专业对可能引起 2 号机组 6 号瓦振动跳变的设备、设施进行进一步排查。热控专业检查探头无异常，电气专业检查电刷与大轴接触面大，大轴接地情况良好。

汽轮机专业排查发电机密封瓦、汽轮机轴瓦、顶轴油管 3 处绝缘监测线连接情况，发现密封瓦绝缘监测线有磨断现象，密封瓦绝缘监测线磨断情况，如图 4-9 所示。此现象可能会导致密封瓦绝缘不良，当油膜绝缘不良时，可能会造成汽轮机大轴通过密封瓦与地之间形成轴电流，对 6 号瓦振动测量带来干扰。解体后，也发现轴瓦有灼伤印迹（如图 4-10 所示）。

图 4-9 密封瓦绝缘监测线磨断情况

图 4-10 轴瓦灼伤印迹

2. 事件原因分析

密封瓦绝缘监测线磨断，导致密封瓦绝缘不良，当油膜绝缘不良时，会造成汽轮机大轴通过密封瓦与地之间形成轴电流，对 6 号瓦振动测量产生干扰。

（三）事件处理与防范

热控、电气、汽轮机专业经过讨论，采取如下处理措施。

（1）电气和汽轮机专业对发电机密封瓦、汽轮机轴瓦、顶轴油管 3 处绝缘监测线连接装置优化。装置在励磁小室房内，因空间限制不便测量；优化后，可实现运行期间的定期检测。连接线也需连接可靠、接线规范，防止被外物磨损、积压或误碰。

（2）热控专业更换 6 号瓦振动探头时，对其中一个可采取绝缘式安装，仿照 7 号瓦振动探头安装方式，方便机组启机后对比观察；同时，对瓦缸底部振动探头的延长电缆走向进行排查，确认周围无动力电缆等造成的强电场干扰，并根据现场条件增加合适的金属电缆槽盒。

(3) 经过机组检修期间采取的两项措施，2020 年 12 月 1 日机组启动后运行至今，2 号机组 6 号瓦振动 X、Y 方向都显示正常，再未发生跳变现象。

三、信号干扰引起机组振动大保护动作

某公司一期工程建设 4×200MW 燃煤抽凝汽式发电机组，锅炉形式为超高压、中间一次再热、自然循环、平衡通风、固态排渣、Ⅱ形布置、旋流燃烧器、前后墙布置，对冲燃烧、全钢架单汽包悬吊结构燃煤锅炉，锅炉型号为 UG-670/13.7-M，制造厂家为江苏无锡锅炉集团股份有限公司。汽轮机是东方汽轮机有限公司生产的 NJK200-12.7/535/535 型汽轮机、单轴、三缸双排汽、中间再热、间接空冷凝式汽轮机，整个机组共 32 级。汽轮机监视系统（TSI）采用的是 Emerson CSI6300。

2020 年 7 月 14 日 4 时 09 分，2 号机组正常运行中，因 3 号瓦振动大，汽轮机 ETS 保护动作，机组跳闸。

（一）事件过程

4 时 08 分，2 号机组负荷 125.6MW 运行，主蒸汽压力 9.97MPa、主蒸汽温度 543.7℃，再热蒸汽压力 1.42MPa、再热蒸汽温度 521.7℃、炉膛压力－64.7Pa；2、4、5 号磨煤机运行，1、3 号磨煤机备用。1、2 号引风机，1、2 号送风机，1、2 号一次风机，1、2 号空气预热器，2 号密封风机，2 号火检风机运行，1 号给水泵运行。

4 时 08 时 55 秒，2 号机组 3 号瓦轴振 X、Y 方向均突升，3X 由 49.55μm 跳变至 243μm，3Y 由 54.38μm 跳变至 109μm。

4 时 09 分，2 号机组轴振 3X 跳变至 253.2μm，3Y 跳变至 261.3μm 触发 ETS 轴振大保护动作，汽轮机跳闸锅炉 MFT，首出“轴振大停机”。

跳机后，技术人员现场检查汽轮机轴系、3 号轴承振动信号等设备未发现异常，决定重新启机。

5 时 16 分 49 秒，汽轮机定速，发现 1～7 号瓦轴振，高、中、低压缸胀差，轴向位移信号开始频繁跳变。

5 时 28 分 44 秒，各参数恢复稳定，2 号机组并网。

（二）事件原因查找与分析

1. 事件原因检查

(1) 历史信息检查情况。机组跳闸振动历史曲线，如图 4-11 所示。

曲线显示 7 月 14 日 4 时 08 分 55 秒，2 号机组轴振 3X 由 49.55μm 跳变至 243μm，3Y 由 54.38μm 跳变至 109μm。4 时 09 分，2 号机组轴振 3X 跳变至 253.2μm，3Y 跳变至 261.3μm 触发 ETS 轴振大保护，此时，3 号瓦盖振从 6.945μm 最大上升到 17.18μm；1X 从 14.50μm 最大上升到 74.97μm，1Y 从 52.08μm 最大上升到 106.5μm；2X 从 18.8μm 最大上升到 109.0μm、2Y 从 46.1μm 最大上升到 81.55μm；4～7 号瓦的瓦振变化较小。

(2) 机组启动后信号跳变历史曲线检查。5 时 16 分 49 秒，汽轮机定速后，1～7 号瓦轴振，高、中、低压缸胀差，轴向位移信号开始频繁跳变，机组启动后信号跳变历史曲线，如图 4-12 所示。

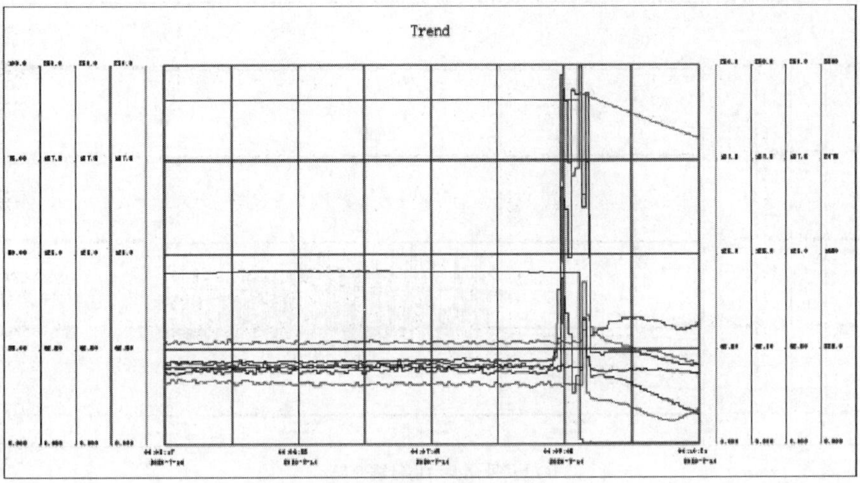

(a) 跳机时刻1~3号瓦振动显示

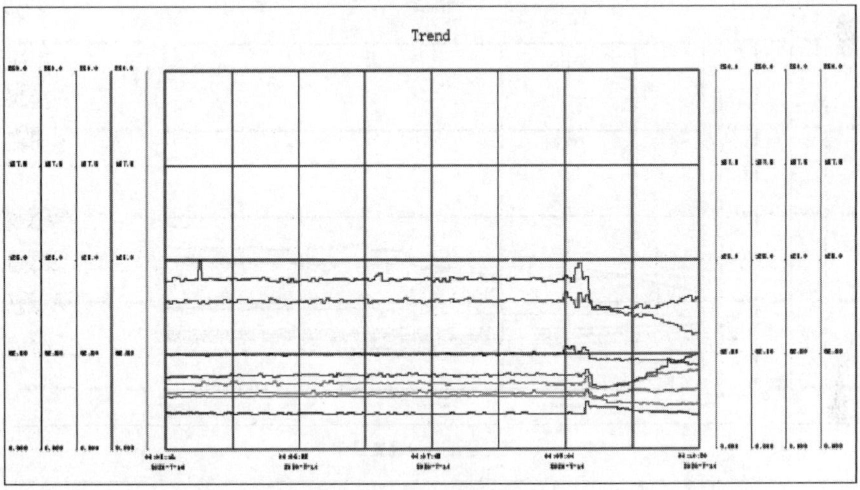

(b) 跳机时刻4~7号瓦振动显示

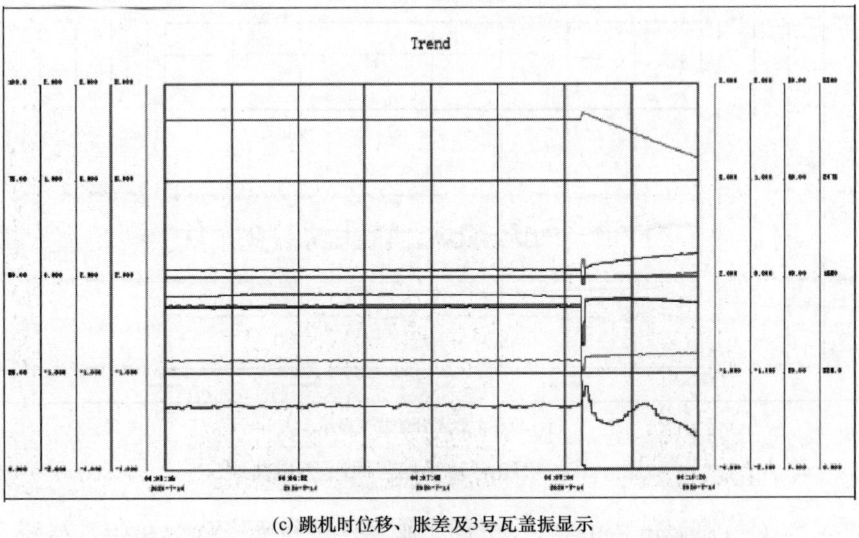

(c) 跳机时位移、胀差及3号瓦盖振显示

图 4-11　机组跳闸振动历史曲线

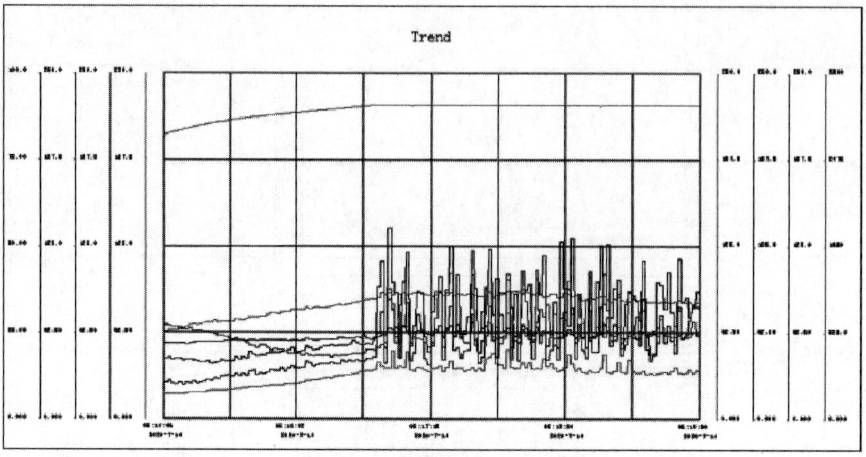

(a) 1~3号瓦振动信号跳变显示

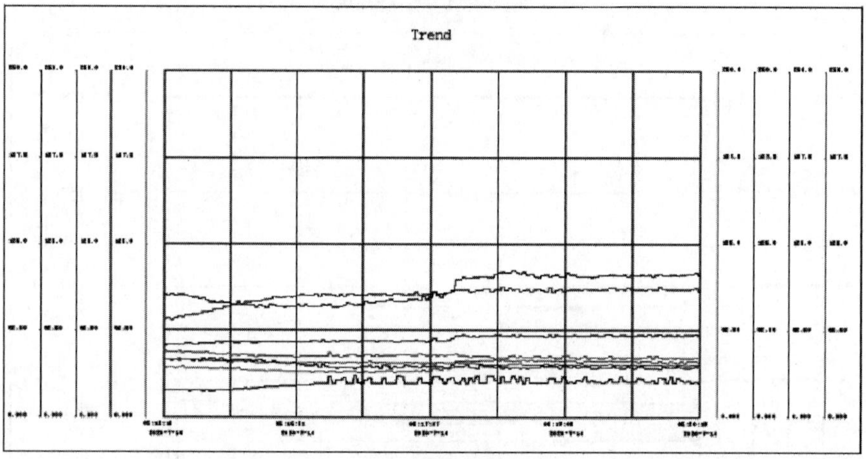

(b) 4~7号瓦开始跳变显示

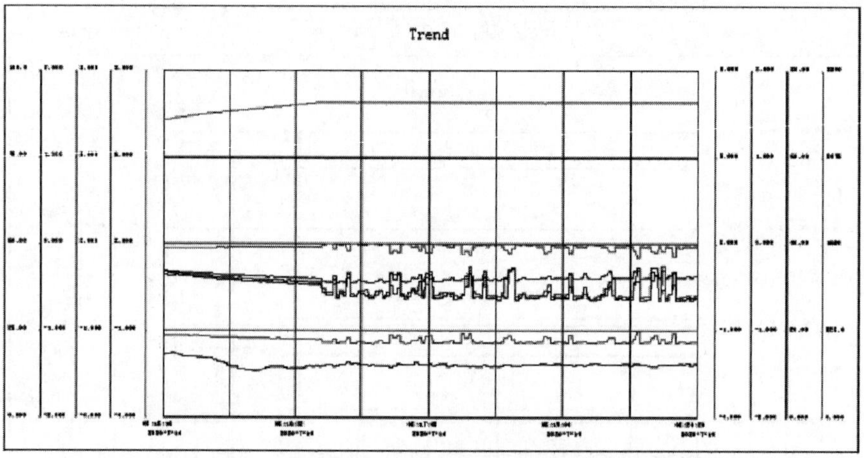

(c) 位移、胀差开始跳变显示

图 4-12　机组启动后信号跳变历史曲线

5 时 27 分 54 秒（励磁电流上升），位移、胀差结束跳变，恢复稳定，位移、胀差结束跳变显示，如图 4-13 所示。

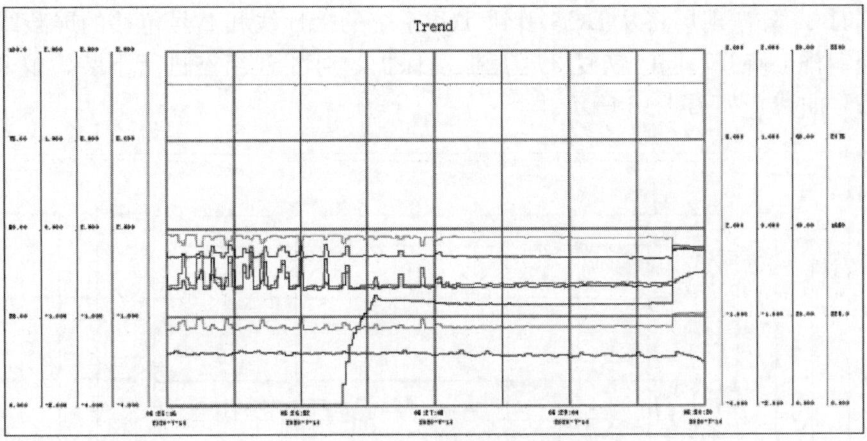

图 4-13　位移、胀差结束跳变显示

5 时 28 分 44 秒（励磁电流上升），振动结束跳变，1～3 号瓦振动恢复稳定情况，如图 4-14 所示；4～7 号瓦振动恢复稳定情况，如图 4-15 所示。

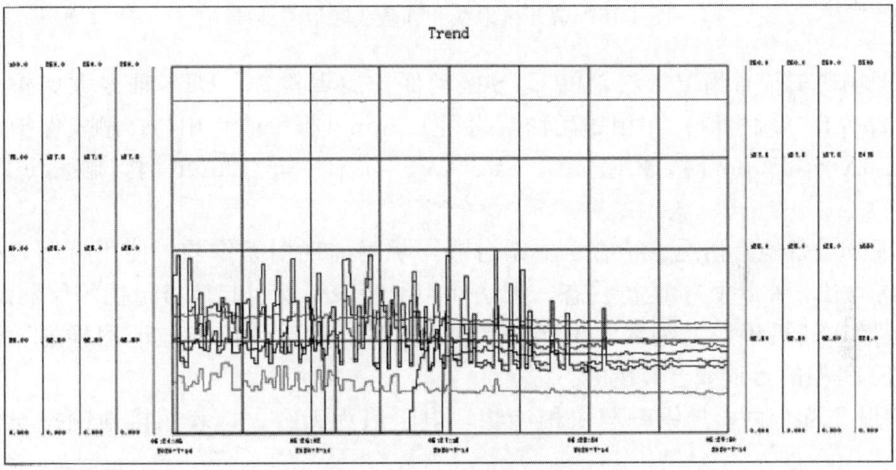

图 4-14　1～3 号瓦振动恢复稳定情况

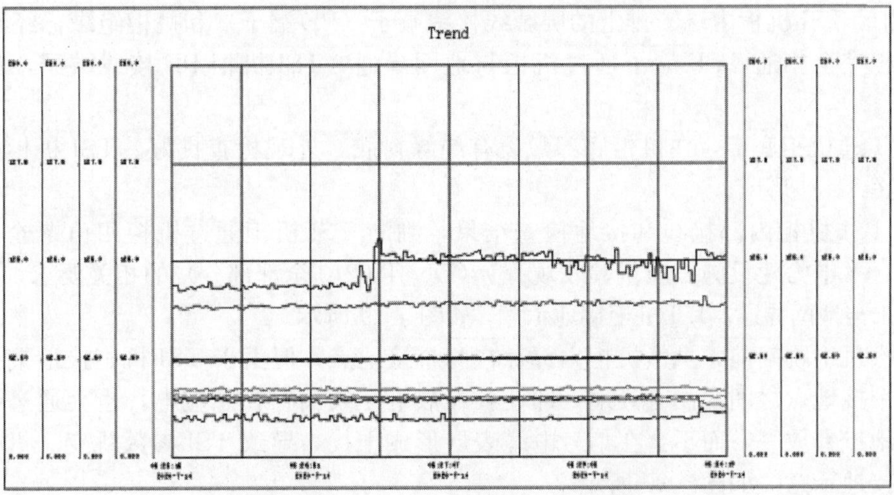

图 4-15　4～7 号瓦振动恢复稳定情况

大约5时30分，现场将从DCS引到TSI系统的接地线和2号位移的屏蔽线从TSI机柜内的接地铜排上解开，同时恢复3号瓦振动保护，对TSI组态进行下装，解开接地线和屏蔽线时信号曲线，如图4-16所示。

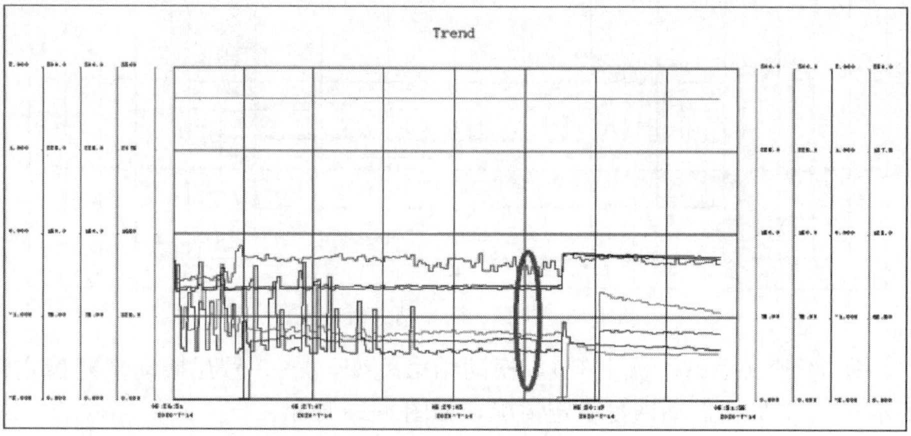

图4-16　解开接地线和屏蔽线时信号曲线

（3）现场逻辑检查情况。汽轮机ETS振动保护逻辑检查：ETS轴振大保护为任一瓦轴振达到250μm（跳机值）和相邻瓦轴振达到125μm（报警值）相与，触发保护，延时1s（例如，当$3X$至250μm时，$2X$、$2Y$、$3Y$、$4X$、$4Y$任一至125μm时，触发ETS轴振大保护）。

（4）现场设备检查情况。检查工作票台账，跳闸前现场无作业。使用万用表检查机柜和电缆绝缘（由于机组处于运行状态，无法使用绝缘表等易引起信号干扰的仪器设备）：

1）测量TSI机柜对地绝缘，电阻值为1.3Ω，表明TSI机柜与地网导通。此时，从DCS至TSI机柜的接地线已经解开。

2）测量TSI柜内接地铜牌与机柜绝缘，电阻值为无穷大，表明接地铜排与机柜之间绝缘良好。

3）测量2号轴向位移的屏蔽线对地绝缘为20.37MΩ，屏蔽线对地绝缘良好。

4）测量TSI机柜内端子排上的屏蔽线接线端子（PE端子）和机柜绝缘，经测量，PE端子和机柜完全相通，PE端子通过机柜与地网导通。TSI机柜PE接线端子，如图4-17所示。

检查TSI机柜底部，在机柜底部敷设有绝缘衬胶，外观检查良好。TSI机柜底部绝缘衬胶，如图4-18所示。

综合TSI机柜内部接线和接地检查结果，判断TSI机柜通过机柜四角螺栓与地网导通，不符合《电力建设施工质量验收规程》（DL/T 5210全部部分）的相关要求，机柜应通过接地铜排与地网导通。TSI机柜接地示意，如图4-19所示。

在本次机组跳闸前，虽然机柜内部存在两个接地点，但由于TSI机柜接地铜排与机柜绝缘，两个接地点之间并没有导通，即使各参数电缆表面存在感应电，也会通过各自的屏蔽线向接地点释放完，而不会在信号电缆表层形成干扰，导致TSI参数跳变。机柜内部电缆屏蔽线接地示意，如图4-20所示。

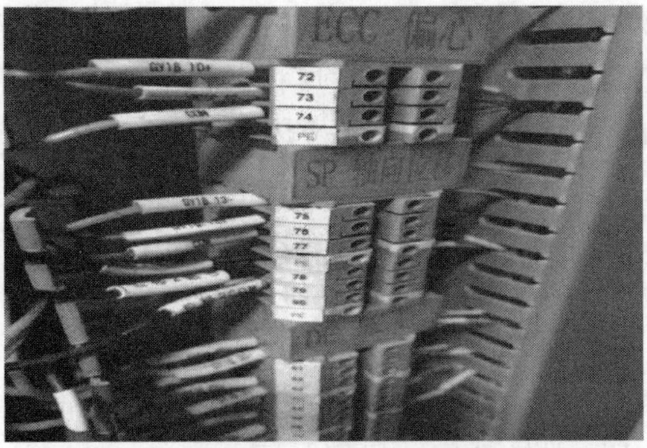

图 4-17　TSI 机柜内 PE 接线端子

图 4-18　TSI 机柜底部绝缘衬胶

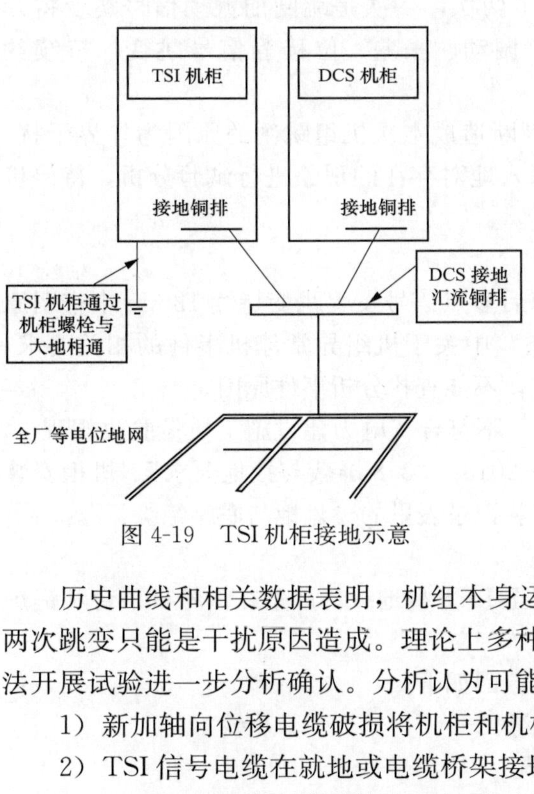

图 4-19　TSI 机柜接地示意

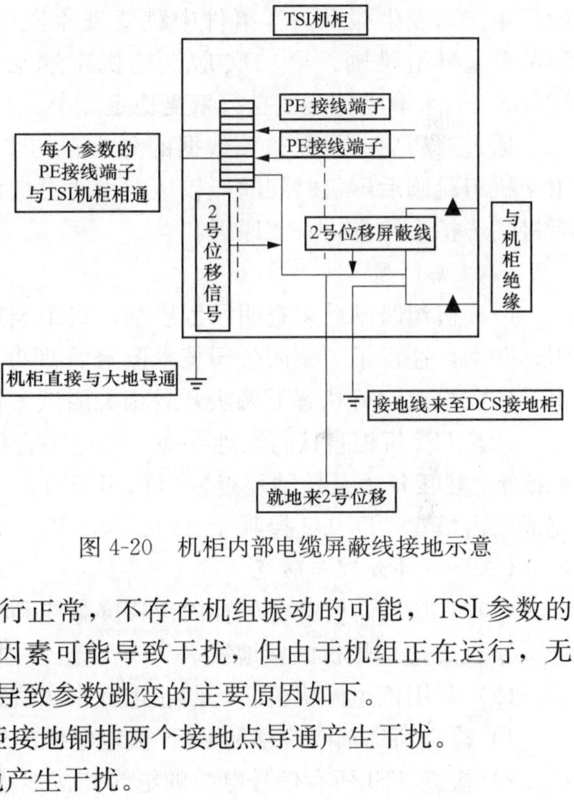

图 4-20　机柜内部电缆屏蔽线接地示意

历史曲线和相关数据表明，机组本身运行正常，不存在机组振动的可能，TSI 参数的两次跳变只能是干扰原因造成。理论上多种因素可能导致干扰，但由于机组正在运行，无法开展试验进一步分析确认。分析认为可能导致参数跳变的主要原因如下。

1）新加轴向位移电缆破损将机柜和机柜接地铜排两个接地点导通产生干扰。

2）TSI 信号电缆在就地或电缆桥架接地产生干扰。

3）TSI 探头及前置器绝缘不良导致干扰。

4）TSI 卡件故障。

5）雷击（当时天气良好，已排除此因素）。

待停机后将对以上因素逐一排查，确认干扰原因和干扰源。

另在上次机组 A 修期间新敷设一根轴向位移电缆和一根 TSI 至 DCS 接地电缆：

1）A 修前发现轴向位移电缆有破损现象，电厂利用 A 修更换轴向位移电缆，并将轴向位移的屏蔽线接至 TSI 接地铜排。

2）A 修期间发现 TSI 接地铜排没有与地网导通，根据相关规程要求，增加 TSI 铜排至 DCS 地网的电缆。

（5）运行情况分析。7 月 14 日 4 时 08 分，2 号机组跳闸前运行情况为负荷 125.6MW、主蒸汽压力 9.97MPa、主蒸汽温度 543.7℃，再热蒸汽压力 1.42MPa、再热蒸汽温度 521.7℃、炉膛压力－64.7Pa；2、4、5 号磨煤机运行，1、3 号磨煤机备用。1、2 号引风机运行，1、2 号送风机运行，1、2 号一次风机运行，1、2 号空气预热器运行，2 号密封风机运行，2 号火检风机运行，1 号给水泵运行。无重大设备启停情况。

7 月 14 日 5 时 29 分，2 号机组并网后的运行情况为带负荷正常后逐渐升负荷运行正常。跳机前及机组启动后，汽轮机本体运行参数无异常。

2. 事件原因分析

机组跳闸直接原因为 2 号机组 3 号瓦 X、Y 方向振动突升，“振动大”保护动作，首出“轴振大停机”，汽轮机 ETS 保护动作，锅炉 MFT 保护动作，机组跳闸。

跳机前及机组启动后，汽轮机本体运行参数无异常，结合两次跳变情况，可以确认汽轮机本体未发生振动大。事件中跳变现象发生了两次，一次是跳闸前振动信号跳变持续 5s，引起机组跳闸；第二次是汽轮机定速后，振动、胀差、位移等信号跳变，持续约 12min，未采取措施跳变自行恢复稳定。

通过对历史曲线和相关数据的分析，初步判断造成本次机组跳闸的原因为外界干扰。由于机组跳闸后停机时间间隔较短，无法更加深入地对存在的现象进行试验分析，待停机后进一步扩大检查，查明原因。

3. 暴露问题

（1）机组跳闸后未查明原因启动，机组定速后多点信号发生跳变持续 12min 未查明原因即并网，违反了《集团公司技术监督管理办法》中关于机组异常停机事件的相关要求，也导致在机组运行状态下无法开展相关测试工作，不能查找分析事件原因。

（2）TSI 机柜直接与大地导通，绝缘不合格。不符合《电力建设施工质量验收规程 第 4 部分：热工仪表及控制装置》（DL/T 5210.4—2018）“3.8 屏蔽与接地要求”。机柜安装完成后需填写“D.0.2 控制盘（台、箱、柜）安装记录表里的‘盘柜与底座绝缘’”。

（三）事件处理与防范

（1）现场暂时解开 2 号轴向位移屏蔽线和来至 DCS 接地线，严禁在汽轮机平台和锅炉 10m 平台上连接焊机的接地线。

（2）利用机组停机机会，彻底排查本次跳机原因如下。

1）检查新加轴向位移和 DCS 接地电缆的绝缘。

2）检查 TSI 所有信号电缆的绝缘和接地情况。

3）检查 TSI 探头和前置器的绝缘及安装情况。

4）检查 TSI 卡件。

（3）因事件原因未查清，TSI 信号跳变隐患依然存在，应做好相关事故预想，避免发生重大设备损坏事故。

四、线路干扰引起信号突变致机组非停

某热电厂 1 号机组为 330MW 燃煤供热机组，锅炉设备为北京巴布科克·威尔科克斯有限公司生产。汽轮机采用东方汽轮机有限公司生产的 CJK330/302-24.6/1.2/569/569 型超临界、一次中间再热、单轴、高中压分缸、三缸双排汽、一级调整抽汽凝汽式间接空冷机组。两台机组均为单辅机配置，给水泵为上海电力修造总厂有限公司生产的 HPT300-

340IIMD-6S 型锅炉给水泵。DCS 设备采用和利时 K 系列 HOLLiAS MACS6.5.2 控制系统。1、2 号机组相继在 2016 年 12 月和 2017 年 1 月投产正式发电运营。

引风机汽轮机由北京电力设备总厂有限公司生产制造，其中，引风机汽轮机安全监视系统（TSI）是德国 EPRO 公司生产的 CSI-6500 系列产品。引风机汽轮机安全监视系统具备监视汽轮机及减速机的键相、轴向位移、零转速、转速、各轴系振动等功能，通过 RS-232/RS-485 总线对模块进行软件组态设置和读取模块采集数据。

（一）事件过程

2020 年 3 月 28 日，1 号机组负荷 230MW，主蒸汽温度 573.1℃，再热蒸汽温度 575.9℃，主蒸汽压力 19.97MPa，总燃料量 115t/h，A、B、C、E 磨煤机运行，引风机转速 4183r/min，锅炉总风量 742t/h。

17 时 04 分，1 号机组 MFT 主保护动作，首出故障信号是“引风机跳闸”，1 号汽轮机 ETS 联锁跳机，机组停运。

（二）事件原因查找与分析

1. 事件原因检查

各专业人员至现场检查减速机及 TSI 装置各状态正常。热控人员检查引风机跳闸首出“减速机振动大跳闸”。检查引风机减速机振动及报警信号历史记录曲线，除 17 时 04 分 18 秒减速机振动大报警及动作信号触发引风机保护跳闸外，其前、后的 X 和 Y 振动数据无波动。检查引风机给水泵汽轮机 TSI 装置继电器卡输出通道历史记录。只有减速机振动大报警及动作信号发出，TSI 继电器卡输出通道历史记录，如图 4-21 所示。检查接入动作信号的 DCS 卡件历史记录，无其他异常信号，DCS 卡件接入信号的历史记录，如图 4-22 所示。

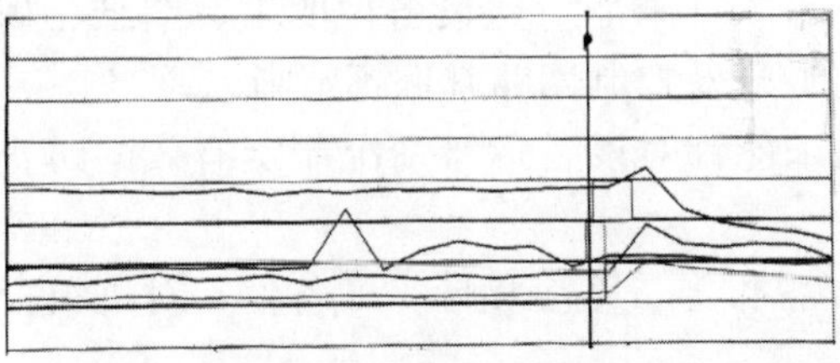

图 4-21　TSI 继电器卡输出通道历史记录

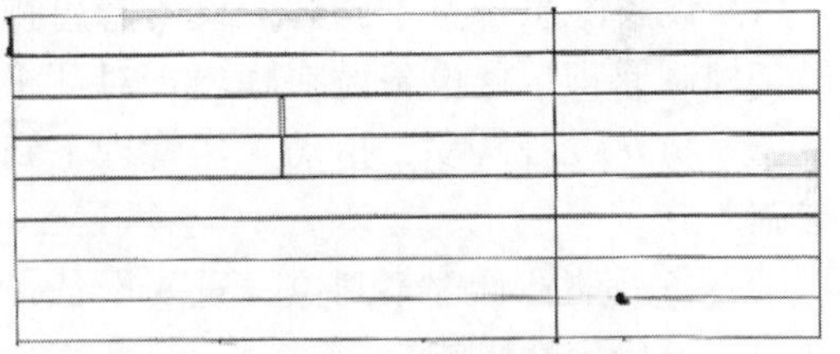

图 4-22　DCS 卡件接入信号的历史记录

在减速机振动就地端子箱对前置器加入振动校验台的振动信号进行测量试验，引风机减速机振动（前 X/Y，后 X/Y）4 个数据通道测量正常，报警及动作数值准确，继电器卡输出至 DCS 机柜的电缆通道无异常。

对 TSI 装置中减速机轴振逻辑组态进行检查，发现原设备厂家逻辑设置为引风机减速机振动（前 X/Y，后 X/Y）4 个通道任意报警四取一从 K8 继电器送出至 DCS，4 个通道任意动作四取一从 K9 继电器送出至 DCS，存在较大的误动风险。

测试过程发现，探头前置器至 TSI 装置柜接线端子的回路，电压变化较大时（断线或电压降低超限值），轴振卡件的通道 OK 状态将会消失，卡件会触发短暂的动作状态，回路电压变化卡件信号记录，如图 4-23 所示。

在 DCS 中查看停机前一段时间内的减速机振动数值曲线，发现 3 月 28 日 13 点 30 分后，减速机 X 方向振动通道数据非正常波动，其余 3 个探头数据正常，停机前减速机振动历史记录，如图 4-24 所示。

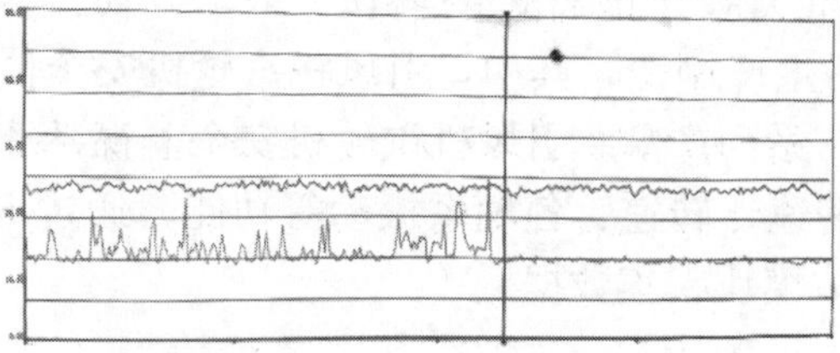

图 4-23 回路电压变化卡件信号记录

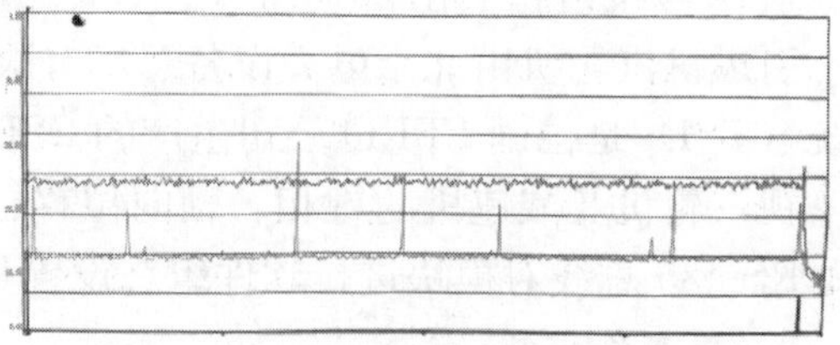

图 4-24 停机前减速机振动历史记录

综合分析判断，此次引风机跳闸，应为减速机后 X 方向振动探头至 TSI 装置柜的通道线路受到干扰造成信号瞬间突变而触发了保护误动。保护动作时，虽然 DCS 控制站模拟量处理周期为 250ms，但历史站记录间隔为 1s，存在瞬间曲线未能如实采集保存的可能。

2. 事件原因分析

（1）设备方面：引风机设备厂家原逻辑设置为引风机减速机振动（前 X/Y，后 X/Y）4 个通道任意动作四取一从 K9 继电器送出至 DCS，增加较大的误动风险；引风机就地 TSI 振动探头运行环境较差，至电子间控制柜线路较长；易受现场振动及电磁环境干扰；TSI 装置振动保护组态为通道故障立即动作输出，未考虑现场使用设备重要性及环境干扰的不确定性而增加适当的延时。

（2）管理方面：设备部热控专业设备隐患排查不到位，未能及时发现 1 号机组引风机汽轮机 TSI 装置潜在误动风险隐患；热控专业对引风机减速机振动保护排查不够彻底，未能及时发现 TSI 装置保护中可靠性不足，未能及时开展技术改造工作。

3. 暴露问题

（1）设备隐患排查不到位。设备隐患排查不深入，未能对照设备说明书、图纸、规程及设备控制原理深挖设备潜在隐患，对 TSI 装置原理及控制回路掌握不清晰。

（2）防止设备误动、拒动工作管理不到位。未能针对设备运行情况制定有效的防止误动措施。

（3）备品储备管理不到位。重要设备备品储备不全，紧急采购 TSI 备件，对机组抢修进度造成不确定性影响。

（三）事件处理与防范

1. 事件后续处理

通过以下 3 项措施的实施，降低引风机给水泵汽轮机振动保护误动的风险。

（1）对 TSI 装置中给水泵汽轮机轴振、减速机轴振逻辑组态进行修改。将原设计的单点保护修改为本通道动作与同系统其他通道报警相与，发出本轴系振动大动作信号。

（2）TSI 装置重新配置输出通道，连接的 DCS 控制柜新增 DI 通道，重新组态保护逻辑，缓解单点保护误动风险。

（3）在 TSI 装置的振动卡件组态中开启通道抑制功能，取消通道故障时的保护动作输出功能，解决轴振通道瞬间干扰造成的保护信号直接送出问题。

2. 事件防范

（1）根据 1、2 号机组停机计划，择机对 1、2 号机组引风机汽轮机 TSI 系统进行隐患排查。

（2）针对本次引风机减速机振动保护误动原因，对引风机减速机振动大停机信号进行逻辑组态改造，同轴系下的报警与跳闸信号相与判断后，送出本轴系振动大动作停机信号。

（3）针对本次引风机减速机振动保护误动原因，排查给水泵 TSI 系统逻辑，对给水泵汽轮机振动大停机信号进行逻辑组态改造，同轴系下的报警与跳闸信号相与判断后，送出本轴系振动大动作停机信号。

（4）深入开展一次针对全厂主辅机保护及汽轮机 TSI 装置的隐患排查工作，根据设备说明书、图纸、规程及《防止电力生产事故的二十五项重点要求（2023 版）》（国能发安全〔2023〕22 号），完善保护输入输出信号排查工作，发现的问题制定相应的整改计划，限期整改。

（5）重新修订电厂事故备品清册，制定分阶段采购实施计划，同时，根据全厂各类 TSI 保护装置隐患排查结果，盘点现有 TSI 装置卡件、电源、继电器板库存情况，并分阶段实施采购。

（6）加强技术培训，针对专业人员对汽轮机 TSI 装置控制回路、内部逻辑不掌握，设备隐患排查工作不到位的问题，根据设备说明书、图纸、检修规程，编制重要保护装置培训计划，提升专业人员技术管理水平。

五、振动探头接地和保护逻辑设置错误导致机组异常停机

某厂 1 号机组为 330MW 亚临界抽凝式热电联产机组。锅炉为哈尔滨锅炉厂有限责任公司生产的 1100t/h 亚临界、一次中间再热、平衡通风、四角喷燃、全钢架悬吊结构、单炉膛汽包炉。汽轮机为哈尔滨汽轮机厂有限责任公司生产的型号为 N330/C260-16.7/0.49/538/538、两缸两排汽、单轴、抽凝式汽轮机。发电机为哈尔滨电机厂有限责任公司生产的水-氢-氢冷却汽轮发电机，采用静态励磁。TSI 为本特利 3500 系统。

2020 年 8 月 10 日，1 号机组正常运行，机组负荷 262MW，主蒸汽压力 16.1MPa，主蒸汽温度 533℃，再热蒸汽温度 537℃，2、3、4、5 号制粉系统运行；10 时 40 分，轴振大保护动作，发电机解列，机组停运。

（一）事件过程

10 时 40 分，1 号机组汽轮机 1 号轴瓦 X 方向相对振动 122.01μm，1 号轴瓦 Y 方向相对振动 106.44μm。

10 时 40 分 02 秒，1 号轴瓦 Y 方向相对振动开始上升，4s 后 1 号轴瓦 Y 方向相对振动达到 196μm 后变为坏点，触发机组轴振大保护动作，汽轮机跳闸，ETS 首出“轴振大停机”。

（二）事件原因查找与分析

1. 事件原因检查

（1）参数曲线与保护逻辑检查。1 号机组跳闸前后参数曲线，如图 4-25 所示。通过历史曲线和现场勘查发现，1 号机组跳机前，1 号轴瓦 X 方向相对振动 122.01μm，1 号轴瓦 Y 方向相对振动 106.44μm。10 时 40 分 02 秒，1 号轴瓦 Y 方向相对振动由 107.66μm 开始上升，10 时 40 分 06 秒，1 号轴瓦 Y 方向相对振动达到 196μm 后变为坏点，1s 后 X 方向相对振动也开始上升，振动大保护动作。

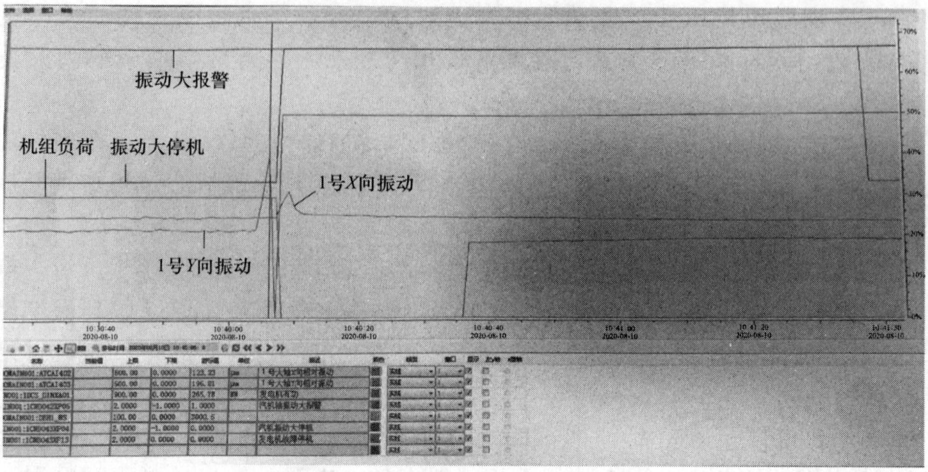

图 4-25　1 号机组跳闸前后参数曲线

检查机组 1 号轴振大跳闸保护逻辑为以下条件组成的或逻辑。

1）1 号轴瓦 X 方向相对振动达报警与上 1 号轴瓦 Y 方向相对振动达跳机值。

2）1 号轴瓦 Y 方向相对振动达报警与上 1 号轴瓦 X 方向相对振动达跳机值。

3）1 号轴瓦 X 方向相对振动达报警与上 1 号轴瓦 Y 方向相对振动品质坏点。

4）1 号轴瓦 Y 方向相对振动达报警与上 1 号轴瓦 X 方向相对振动品质坏点。

轴振大报警值为大于 125μm 置位，低于 115μm 复位。跳机值为大于 254μm 置位。

进一步检查，2020 年 8 月 8 日 1 时 36 分，1 号轴瓦 X 方向相对振动 126.59μm，至机组跳闸前值一直处于 115μm 之上，稍有波动上升，报警就被触发。8 月 10 日 10 时 40 分 06 秒，1 号轴瓦 Y 方向相对振动达到 196μm 后变为坏点时，X 方向相对振动也开始上升，满足“1 号轴瓦 X 方向相对振动达报警与上 1 号轴瓦 Y 方向相对振动品质坏点”保护动作条件，因此，保护逻辑正确动作，但定值设置错误。

（2）现场检查。针对 1 号轴瓦 Y 方向相对振动达到 196μm 后变坏点情况，对测量回路及测量装置进行了以下详细排查。

1）检查 1 号轴瓦 Y 方向相对振动信号电缆，未发现接线松动电缆损坏现象。

2）检查 1 号轴瓦 Y 方向相对振动探头，外观无损坏，阻值正常。

3）检查 TSI 卡件、前置器、端子排及电缆接头，未发现异常。

4）更换 1 号轴瓦 Y 方向相对振动探头及前置器后，进行模拟断电及断线试验，未能重现事故情况。

5）通过对 1 号轴瓦 Y 方向相对振动探头外壳与信号线进行测试，发现 1 号轴瓦 Y 方向相对振动探头外壳与信号线绝缘不良，阻值为 6.48Ω。

2. 事件原因分析

（1）直接原因：通过历史曲线分析、现场和保护逻辑检查，专业人员认为是 1 号轴瓦 Y 方向相对振动探头外壳与信号线绝缘不良，且振动探头接地和保护逻辑设置错误。

（2）间接原因：专业人员没有事先发现轴瓦振动测点 Y 方向变为坏点并退出后，轴瓦振动保护逻辑就直接转变为单点报警动作输出这一隐患。

（三）事件处理与防范

（1）更换 1 号轴瓦 Y 方向相对振动探头及前置放大器，并进行信号传动试验。

（2）对所有其他轴瓦振动装置及测量回路进行全面检查。

（3）对轴瓦振动某方向品质坏点“与”上另一方向达到报警值跳机逻辑进行修改，将报警值动作条件改为跳机值动作条件。

第二节 DCS信号干扰故障分析处理与防范

本节收集了因DCS信号干扰源引发的机组故障4起，分别为发电机主开关合闸信号异常导致机组跳闸、照明动力电缆短路引起干扰导致给水泵汽轮机振动大保护误动、温度元件电缆破损虚接引起温度虚假升高触发汽动给水泵跳闸和压力信号电缆绝缘损坏短路造成炉膛压力高高保护动作事件。这些案例均是由于外界干扰DCS信号导致机组保护的误动作，应从提高系统测量回路的抗干扰能力出发来避免此类事件的再次发生。

一、发电机主开关合闸信号异常导致机组跳闸

2020年7月8日14时4分，某厂2号机组负荷170MW，机组协调控制方式，A、B、C层给粉机运行，A、B汽动给水泵运行。机组单阀方式，高调节阀1、2、3、4开度均为34%，左、右侧中调节阀全开，反馈指示均为99%，发电机三相电流平衡。

（一）事件过程

13时04分31秒，2号机组发出“主开关合闸信号2（2DBKRCLOSEDMAN）”失去和“主开关合闸三取二判断信号（2DBKRCLOSEDSEL）”失去信息，后恢复。

14时01分56秒，2号机组发出“主开关合闸信号2（2DBKRCLOSEDMAN）”和“主开关合闸三取二判断信号（2DBKRCLOSEDSEL）”失去信息，后恢复。

14时04分17秒，2号机组发出“主开关合闸信号2（2DBKRCLOSEDMAN）”和“主开关合闸三取二判断信号（2DBKRCLOSEDSEL）”失去信息。

14时04分18秒127毫秒，2号机组发出S2ETS20“ETS跳闸汽轮机（ETSTURB-TRIP）”ETS信号，发电机-变压器组保护程序逆功率保护动作，主开关跳闸，发电机解列。

14时04分18秒129毫秒，2号机组发出S2ETS07“ETS首次信号DEH故障停机（FRETSDEHFAL）”。

14时57分45秒，2号机组转速至零，盘车投入正常。

19时44分41秒，查明原因并处理后，汇报并经省调同意，2号机组并网。

（二）事件原因查找与分析

1. 事件原因检查

（1）检查汽轮机跳闸首出画面，显示为DEH故障停机（ETSDEH FALTPIP）。检查ETS柜PLC模件状态显示正常，无故障信息，DO模件输出有Q3.25DEH停机输出报警。

（2）查看机组停机追忆记录及趋势，14时4分17秒，事件信息显示主开关合闸信号2信号由1变为0，主开关合闸信号3（2DBKRCLOSEDAUTO）信号一直为0，主开关合闸信号1（2DBKRCLOSEDOSP）信号为1，三个主开关合闸信号消失两个满足三取二逻辑，触发DEH故障停机保护动作，ETS跳闸。

（3）检查发电机主开关合闸反馈信号所在的DEH机柜中各模件状态，均正常。在工程师站组态监视三个主开关合闸信号均为0，在DEH机柜用短接线逐一短接三个主开关合

闸信号，组态监视发现主开关合闸信号 1 信号为 1 正常、主开关合闸信号 2 信号为 1 正常，主开关合闸信号 3 信号为 0 未翻转，判断 DCS 通道不能正常通信。进一步检查：

1）对主开关合闸信号 3 信号所在端子板（2～6A）其他信号进行短接，发现均未触发信号翻转，测量该端子板供电电压 24V DC 正常，测量端子板通道电压异常，测量值均为 0V DC，判断子模件、预制电缆与端子板连接的回路断路。

2）根据端子板通道电压异常现象，对端子板对应子模件进行插拔，插拔后再次测量端子板通道电压已恢复正常，通道电压均在 7V DC 左右。

3）短接主开关合闸信号 3 信号通道，组态监视信号为 1 正常。

由上判断该端子板 DCS 通道不能正常通信原因为模件与预置电缆存在接触不良，导致主开关合闸信号 3 信号一直为 0，即处于断开状态。

（4）检查就地发电机主开关传送回路。电气主开关送至 DEH 机柜电缆途径为电气主开关辅助触点—申 222 机构箱端子排—就地中间端子箱—DEH 机柜，分别检查：

1）拉开申 222 南、北隔离开关，合上申 222 断路器，现场检查申 222 三相开关柜、就地端子柜，箱体密封良好，柜内干燥无凝露和潮气，接线紧固无松动。

2）检查开关辅助触点机械连杆位置指示到位。

3）测量三相开关柜端子排及中间就地端子箱触点回路阻值和电缆绝缘，主开关辅助触点端子排打磨前、后，触点回路阻值和电缆绝缘记录见表 4-1。

表 4-1　触点回路阻值和电缆绝缘记录

序号	信号名称	线号	电缆对地绝缘电阻	打磨前	打磨后	备注
1	主开关合闸信号 2（2 DBKRCLOSED MAN）	DL1	>10MΩ	A：21.0Ω B：6.3Ω C：0.5Ω	A：0.3Ω B：0.4Ω C：0.5Ω	A、B、C 三相开关常开辅助触点 205、206 的三个触点串联后送至 DCS
		DL2	>10MΩ			
2	主开关合闸信号 3（2 DBKRCLOSED AUTO）	DL5	>10MΩ	A：2.0Ω B：3.3Ω C：2.3Ω	A：0.0Ω B：0.3Ω C：0.1Ω	A、B、C 三相开关常开辅助触点 209、210 的三个触点串联后送至 DCS
		DL6	>10MΩ			
3	主开关合闸信号 1（2 DBKRCLOSED OSP）	DL7	>10MΩ	A：4.0Ω B：6.3Ω C：2.3Ω	A：0.4Ω B：0.2Ω C：0.1Ω	A、B、C 三相开关常开辅助触点 213、214 的三个触点串联后送至 DCS
		DL8	>10MΩ			

（5）主开关合闸信号 2A 相回路电阻偏大，就地检查 DL1、DL2 节点中 A 相开关机构箱端子排电缆线头有黑色氧化痕迹（如图 4-26 所示）。测量电缆线头对地绝缘电阻为 21.0Ω，对电缆线头打磨，打磨后测量电缆对地绝缘电阻为 0.3Ω。

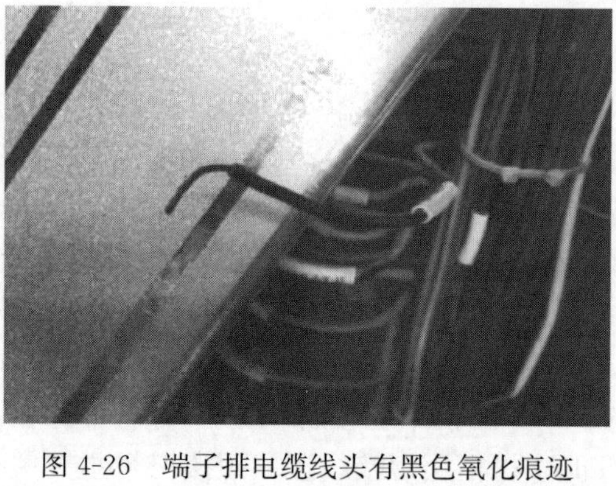

图 4-26　端子排电缆线头有黑色氧化痕迹

查找主开关合闸状态失去至 ETS 跳闸动作回路为三路主开关合闸状态信号—DEH 机柜中间继电器—DEH 机柜端子板—DEH 组态三取二判断逻辑（延时 0.01s）—DEH 故障停机输出继电器—ETS 输入模件—ETS 逻辑判断—ETS 输出模件—就地跳闸电磁阀。

2. 原因分析

(1) 直接原因。DL1、DL2 节点中 A 相开关机构箱端子排线头有黑色氧化现象，单根电缆产生氧化膜，回路电阻偏大，导致送至热工 DEH 的主开关合闸信号 2 信号间歇性动作。主开关合闸信号 3 信号因模件与预置电缆接触问题导致该信号一直存在。主开关合闸信号 2 信号和主开关合闸信号 3 信号误动，三取二触发 ETS 保护动作，机组跳闸。

(2) 间接原因。管理不到位，主开关合闸信号 2 失去和主开关合闸三取二判断信号失去两次发出，没有及时查找原因，主开关合闸信号 3 信号一直异常，未能得到及时处理。

其中，13 时 4 分 31 秒及 14 时 1 分 56 秒，2 号机组发出主开关合闸信号 2 失去和主开关合闸三取二判断信号失去信息，但 DEH 故障停机保护逻辑未动作，从事件分析，以上两次信号异常时间均为毫秒级，因 DEH 扫描周期为 50ms，加上保护延时 0.01s，以及 DEH 故障停机输出继电器动作时间，综合判断以上两次信号异常时因时间短不足以触发 DEH 故障停机保护。

3. 暴露问题

(1) 迎峰度夏设备隐患专项排查不彻底，未能及时发现主开关合闸信号异常及 DCS 通信存在的安全隐患。

(2) 设备管理不到位。在日常检查中，虽对开关端子箱和机柜封堵、端子接线紧固情况等进行了查看，但未利用停机或启动前机会，对开关节点回路进行实际测量，迎峰度夏期间对设备管理措施是否执行到位，也没进一步确认。

(3) 技术管理不到位。未利用启动前、后对主保护的每个判断信号制定专项检查表进行检查，以确保信号正确。

(三) 事件处理与防范

1. 事件处理

(1) 对申 222 发电机主开关机构箱经中间就地端子箱至 2 号机组 DEH 机柜传输环节中的所有节点、端子头进行打磨、紧固，测试节点接触电阻和电缆绝缘电阻合格。

(2) 对 DEH 机柜内涉及主开关跳闸的三个模件背板及连接电缆进行检查、重新拔插及试验；将故障信号所在的模件及预置电缆进行更换。

(3) 增加 2 号机组主开关状态断开二级声光报警，三路开关状态任一变化将触发报警。

2. 事件防范

(1) 对 2 号机组 DEH 机柜内主开关信号继电器校验合格，检查各接线端子紧固。

(2) 在机组启动恢复发电机-变压器组备用过程中，增加主开关重要保护回路阻值测量检查项目。

(3) 制定表格，排查全厂四台机组参与主辅机保护的开关量信号是否存在类似异常，发现问题及时采取措施处理。

(4) 对全厂四台机组重要冗余参数不一致报警进行排查，发现重要报警缺失情况立即制定措施进行整改，在整改前运行人员加强相关参数的重点监视。

(5) 完善机组启动前、后定期工作，制定排查表检查主保护信号 DCS 通信是否正常，发现问题立即处理。

二、照明动力电缆短路引起干扰导致给水泵汽轮机振动大保护误动

某电厂 2 号机组为一台 350MW 超临界燃煤间接空冷热电联产机组。DCS 采用南京国

电南自维美德自动化有限公司生产的基于 Windows 平台的 MAXDNA 控制系统，包含数据采集系统、炉膛安全监控系统、顺序控制系统、模拟量控制系统、DEH 控制系统、MEH 控制系统、METS 控制系统等。

（一）事件过程

2020 年 9 月 5 日，机组负荷 210MW，主蒸汽压力 19.34MPa，主蒸汽温度 559℃，主给水流量 664t/h，凝汽器真空－80kPa，炉膛压力－60kPa，实际给煤量 106t/h。A、B、E 磨煤机运行，A、B 汽动给水泵运行。

8 时 14 分 52 秒，机组跳闸，首出“锅炉 MFT”，MFT 首出“给水泵全停”，两台给水泵跳闸原因均为轴振高。

（二）事件原因查找与分析

1. 事件原因检查

（1）查阅首出信号与历史曲线。查阅 SOE 事件记录，无设备操作记录。查阅机组跳闸首出“锅炉 MFT 动作”，锅炉 MFT 首出“给水泵全停”，给水泵跳闸首出均显示“轴振高跳闸”。

DCS 两台给水泵振动模拟量曲线，如图 4-27 所示。由图 4-27 可知，8 时 14 分 51 秒，A 汽动给水泵的振动测点均受到不同程度的突升现象，其中，21XAD10CY104、21XAD12CY102、21XAD11CY101 三个测点变化明显，DCS 显示最高上升到 124.56μm；B 汽动给水泵的振动测点在同一时间内受到不同程度的突升现象，其中，22XAD10CY104、22XAD12CY104、22XAD12CY102、22XAD11CY101 四个测点变化明显，DCS 显示最高上升到 140μm。

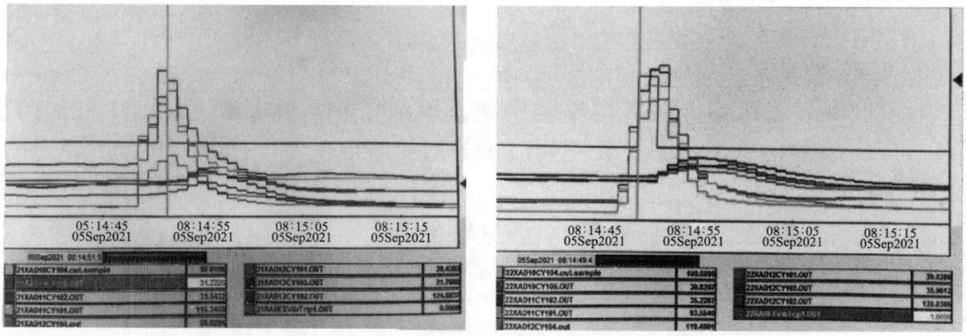

(a) A汽动给水泵跳闸振动值　　(b) B汽动给水泵跳闸振动值

图 4-27　DCS 两台汽动给水泵振动模拟量曲线

图 4-28　2 时 06 分 B 汽动给水泵跳闸振动值

向前查看历史曲线，9 月 5 日 2 时 06 分曾发生 B 汽动给水泵跳闸，首出为振动大停机。2 时 06 分 B 汽动给水泵跳闸振动值，如图 4-28 所示。通过曲线发现，当时 B 汽动给水泵振动受干扰较强，A 汽动给水泵还未达到报警值。

（2）逻辑检查。汽动给水泵全停逻辑检查为 A 汽动给水泵停止（跳闸信号三取二），B 汽动给水泵停止（跳闸信号三取二），电动给水泵停止（跳闸信号三取二），三者给水泵停止相与作为给水泵全停判断。

给水泵振动大停机逻辑检查，该逻辑分为泵的振动大或给水泵汽轮机振动大两种，以泵的 1X 为例：本瓦 Y 的报警值（大于 75μm）或相邻瓦的 X、Y 的报警值，与本瓦 X 的跳闸值（大于 125μm），输出跳闸。

（3）就地检查。8 时 30 分，热控和电气专业人员检查就地开关接线盒，发现就地 F2 开关（6.3m 层电缆）出线存在短路现象，检查电缆走向，发现照明电缆在热控电缆桥架和电气电缆桥架均有布置，存在控制电缆受照明电缆干扰的可能。

（4）B 汽动给水泵跳闸及干扰验证。针对给水泵振动大跳闸，询问运行人员现场操作情况，得知每次振动大现象发生时，恰逢值班人员在 6.3m 照明箱就地合闸照明开关。结合“（3）就地检查”情况，热控和电气专业人员联合对给水泵进行干扰验证。

8 点 59 分 31 秒和 9 点 37 分 52 秒，分别进行 F2 开关合闸试验，合闸过程发生打火，且存在越级跳闸 F1 开关情况。调取给水泵振动曲线，发现给水泵振动受干扰情况明显。就地照明开关测试，如图 4-29 所示。

2. 事件原因分析

（1）直接原因：给水泵汽轮机振动电缆和 220ACV 照明电缆存在同一桥架，照明电缆短路，干扰导致给水泵汽轮机振动大跳闸。两台给水泵全停，锅炉 MFT。

（2）间接原因：工程施工不规范。

3. 暴露问题

（1）工程施工不规范：基建期间，照明电缆和部分控制电缆在同一电缆桥架槽盒。

（2）事故预想和分析不到位：9 月 5 日 2 时 06 分，B 汽动给水泵跳闸，没有及时找出给水泵振动大具体原因，同时未发现 A 汽动给水泵振动值瞬间波动较大。

（三）事件处理与防范

（1）解除照明开关 F2 出线，6.3m 照明电源暂时禁止合闸。

（2）将动力电缆用铝皮进行包装。

（3）6.3m 照明箱重新铺设照明动力电缆。

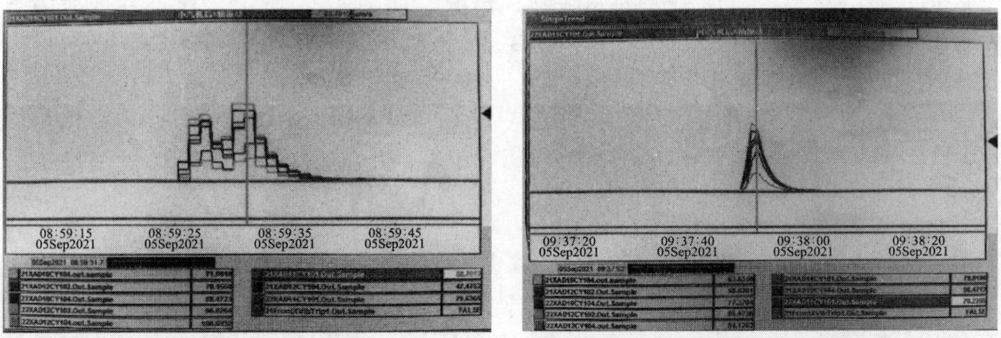

(a) 8:59就地照明开关测试　　(b) 9:37就地照明开关测试

图 4-29　就地照明开关测试

三、温度元件电缆破损虚接引起温度虚假升高触发汽动给水泵跳闸

（一）事件过程

2020 年 4 月 14 日，某厂 2 号机组负荷 195.83MW，AGC 投入，2A、2B 汽动给水泵

运行，2 号电动给水泵热备用。5 时 04 分 18 秒，2B 汽动给水泵跳闸，首出“给水泵 B 轴承温度高”，触发 RB 动作，2 号电动给水泵自启，2E 磨煤机跳闸。

（二）事件原因查找与分析

1. 事件原因检查

机组 RB 后，电厂仪控、汽轮机人员立即到场对 RB 跳闸有关系统、回路和信号进行了以下排查分析处理。

（1）检查跳闸逻辑。确认为 2B 汽动给水泵自由端轴承温度过高（大于 90℃）引起 2B 汽动给水泵跳闸。DCS 画面上“2B 汽动给水泵自由端轴承温度”显示约 120℃，非坏值，且数值缓慢下降。

（2）就地检查。发现就地 2B 汽动给水泵泵端油温数显表均显示约 39℃。检查 2B 汽动给水泵自由端轴承温度本体接线盒内元件，测量双支元件接线芯及备用芯，电阻均约 116Ω，换算约 40℃，与油温数显表基本相符。

（3）就地接线盒电缆检查。拆除就地本体接线盒内远传一端的所有三根接线，确认测量元件端的接线端子紧固，测量电阻约 116Ω，阻值正常。对远传端三根接线进行线间短接放电，接回后发现 CRT 显示已降至约 70℃，与就地测量电阻换算约 40℃仍不符合；再对就地中间接线盒内接线进行检查紧固后，2B 汽动给水泵自由端轴承温度恢复正常。

（4）历史曲线检查。5 时 02 分，2B 汽动给水泵自由端轴承温度（TE26408）温度由 60℃缓慢升高，5 时 04 分 18 秒，2B 汽动给水泵跳闸，温度信号的历史曲线，如图 4-30 所示。温度升高至 2B 汽动给水泵跳闸动作整个过程历时约 138s，升高 30℃，平均每秒升高 0.22℃，由于温升率动作是 10℃/s，温度缓慢上升无法触发温升率动作，导致 2B 汽动给水泵跳闸。

（5）2B 汽动给水泵自由端温度元件检查。仪控人员办理 2B 汽动给水泵自由端温度（TE26408）检查工作票后，测量就地温度元件电阻约 115Ω，换算温度与 CRT 显示一致。对元件内部接线检查发现，就地元件至本体接线盒延伸电缆 1 根芯线存在破损现象，且多股线线芯部分铜芯断裂，温度电缆的芯线破损情况，如图 4-31 所示。检查发现故障点温度元件信号经过本体接线盒、中间接线盒后引至 DCS 机柜。

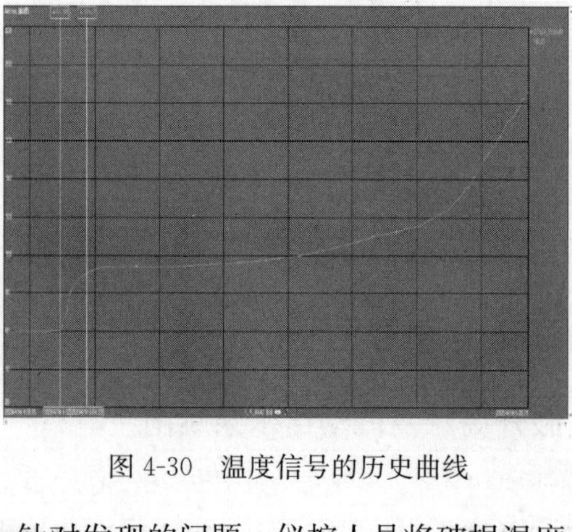

图 4-30　温度信号的历史曲线

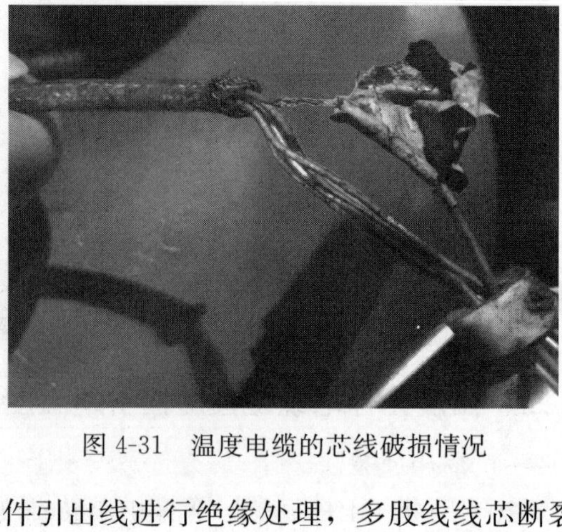

图 4-31　温度电缆的芯线破损情况

针对发现的问题，仪控人员将破损温度元件引出线进行绝缘处理，多股线线芯断裂部分进行重新剥皮接线，同时对两个中间转接端子进行接线紧固处理。

将DCS机柜故障点温度接线端子拆除进行导线绝缘测试，信号电缆绝缘测试正常，无接地现象，信号电缆线间绝缘正常，信号电缆屏蔽正常。

使用标准直流电阻箱对DCS故障点通道进行测试，信号稳定，通道测试正常。为排除通道短时故障的可能性，将故障点通道由卡件原10通道更换至12通道（通道12进行测试正常）。

在对可能导致此次事件的温度元件延伸电缆破损、芯线虚接、DCS通道故障可能性进行防范后，2B汽动给水泵于14日18时28分并入系统恢复正常运行。

2. 原因分析

通过对就地元件及就地接线盒进行检查分析，认为本次RB事件的原因是2B汽动给水泵自由端轴承温度元件的延伸电缆破损虚接，导致电磁干扰及电荷积聚、中间转接端子盒转接端子松动导致接触电阻增大，引起2B汽动给水泵自由端轴承温度测量虚假升高，最终触发2B汽动给水泵跳闸。

3. 暴露问题

（1）2B汽动给水泵自由端轴承温度元件处振动大，延伸电缆防振措施不到位导致延伸电缆破损，电缆存在虚接现象。

（2）就地接线盒中转接端子松动导致接触电阻值增大。

（3）就地信号转接较多，增加故障点风险。

（4）咨询GE新华售后维护人员，告知可能原因为元件信号线存在破损引起电荷积聚现象，故障通道MAI51卡件为2016年前V5版本，无法消除电荷积聚引起的干扰。

（三）事件处理与防范

（1）做好延伸电缆防振防护措施。

（2）加强设备巡查力度，定期对重要设备中间转接端子进行紧固，防止松动。

（3）优化就地接线盒配置，减少中间转接数量，降低故障点。故障通道MAI51卡件更换为带EMC防电磁干扰功能的高版本（高于V5版本），并进行消除电荷积聚干扰性能比对。

四、压力信号电缆绝缘损坏短路造成炉膛压力高高保护动作

2020年3月16日，某厂3号机组负荷410MW，AGC方式升负荷，A、B、D、F制粉系统运行，8时17分，主蒸汽压力20.56MPa，主蒸汽温度587℃，再热蒸汽压力3.05MPa，再热蒸汽温度587℃，真空－93.1kPa，炉膛负压－38Pa，总煤量160.7t/h，给水流量1261t/h，总风量1280.7kNm^3/H，1、4、5号浆液循环水泵运行。

（一）事件过程

2020年3月16日8时17分，3号机组AGC方式升负荷至450MW，DCS上的“炉膛左侧压力异常”光字牌发出，检查炉膛左侧压力模拟量测点2、3点坏点，炉膛右侧压力测点正常波动。安排运行巡操人员到炉本体炉膛压力测点取样管处（锅炉60.8m层）进行检查。

8时28分，运行巡操检查人员回复发现炉顶（锅炉70.4m层）有泄漏声音且有蒸汽冒出。值长下令降低主蒸汽压力运行，并检查3号锅炉四管泄漏装置棒状图显示异常（皆为

坏值），检查给水流量有增大趋势（增大 40t 左右）。

8 时 29 分，炉膛左侧压力模拟量测点 1 坏点、炉膛左侧压力开关量测点“炉膛压力高高 2”报警发出，申请市调降负荷获批，机组执行降压降负荷运行。

8 时 38 分，炉膛右侧压力在－240～－90Pa 正常波动，炉膛左侧压力开关量测点“炉膛压力高高 1”报警发出，3 号锅炉 MFT 动作（首出为“炉膛压力高高”），3 号汽轮机跳闸，3 号发电机解列，检查 3 号机组大机交流润滑油泵联锁启动正常，锅炉 MFT 各动作对象正常，执行机组事故跳闸相关操作。

（二）事件原因查找与分析

1. 事件原因检查

（1）热控专业查阅 DCS SOE 记录显示如下。

1）8 时 16 分 20 秒，炉膛左侧压力开关 2 高高信号发出，1s 后消除但随后又发出。

2）8 时 16 分 25 秒，炉膛左侧压力开关 2 高高信号消除，但 4s 后又发出。

3）8 时 17 分 26 秒，炉膛左侧压力变送器 3 信号变坏值。

4）8 时 17 分 30 秒，炉膛左侧压力变送器 2 信号变坏值。

5）8 时 29 分 36 秒，炉膛左侧压力变送器 1 信号变坏值。

6）8 时 29 分 38 秒，炉膛左侧尾部低温再热器后烟气压力变送器信号变坏值。

7）8 时 38 分 45 秒，炉膛左侧压力开关 1 高高信号发出。

8）8 时 38 分 48 秒，MFT 动作，首出“炉膛压力高高”。

检查炉管泄漏装置从 8 时 20 分 45 秒开始上涨，至 8 时 21 分 50 秒满量程后出现坏值。

（2）现场检查。现场检查发现，热控仪表保护柜内 4 台炉膛压力开关、仪表柜内压力变送器均无显示，DCS 上压力变送器显示坏值、压力开关显示报警，万用表测量压力变送器和压力开关均无 24V 电压，测量信号电缆有短路、接地现象，DCS 卡件通道检查正常。

检查电缆通道发现，锅炉再热器减温水平台炉墙处（靠 3 号锅炉电梯 12 楼侧）有面积大约 $1m^2$ 保温板脱落，大量热气流往外喷出，保温板脱落情况，如图 4-32 所示；在正对电缆桥架主通道，用点温枪测电缆桥架外壳温度高达 214℃（如图 4-33 所示），判断由于高温烟气冲刷电缆桥架导致炉膛压力信号电缆绝缘损坏短路。

图 4-32　保温板脱落情况

图 4-33　电缆桥架外壳温度高达 214℃

2. 事件原因分析

根据现场检查，热工人员分析认为，事件原因是炉墙保温板脱落，大量高温烟气外喷冲刷电缆桥架，导致炉膛压力信号电缆绝缘损坏短路。

（三）事件处理与防范

（1）修复短路和绝缘损坏的炉膛压力信号电缆。

（2）对电缆敷设沿途可能发生高温侵入的地方，加强高温防护措施。

第五章

就地设备异常引发机组故障案例分析与处理

如果把DCS控制系统比作发电机组的中枢大脑，各类就地设备则是保障机组安全稳定运行的眼睛和手脚。测量仪表、执行机构等就地设备的准确性及动作的可靠性，直接决定了机组运行的质量和安全，但就地设备往往处于比较恶劣的环境，容易受到各种不利因素的影响，其运行状态也很难全面监控，因此很容易因就地设备异常而引起控制系统故障，甚至导致机组跳闸事件的发生。

本章统计了26起就地设备事故案例，按执行机构、测量仪表及部件、管路、线缆和独立装置进行了归类。每类就地设备的异常都引发了控制系统故障或机组运行故障。异常原因涵盖了设备自身故障诱发机组故障、运行对设备异常处理不当造成事故扩大、测点保护考虑不全面、就地环境突变引发设备异常等多种类型。

对这些案例进行总结和提炼，除能提高案例本身涉及相关设备的预控水平外，还能完善电厂对事故预案中就地设备异常后的处理措施，从而避免案例中类似情况的再次发生。

第一节　执行部件故障分析处理与防范

本节收集了因执行机构异常引起的机组故障11起，分别为脱硫增压风机执行机构反馈信号故障引起炉膛压力高保护动作、引风机动叶电动执行机构组合传感器故障造成机组跳闸、MECV比例电磁阀故障导致燃气联合循环机组汽轮机跳闸、循环水泵出口蝶阀故障导致凝汽器液位高机组跳闸、燃气隔离阀用电磁阀故障触发主燃料中断信号机组跳闸、燃气轮机安全切断阀用电磁阀故障导致机组失火焰跳闸、防喘阀反馈装置故障触发燃气轮机自动快减负荷直至发电机解列、中低压连通管蝶阀（LV）误动导致供热管快关阀前膨胀节泄漏停机、两台给水泵相继故障导致机组被迫停运、循环水泵出口阀液控电磁阀故障造成机组低真空保护动作停机、调节油系统恒压调节阀故障造成机组安全油压力高跳闸。

这些案例都来自就地设备执行机构、行程开关的异常，有些是执行机构本身的故障，有些与安装维护不到位或参数设置不合理相关，一些案例显示若对执行机构异常处置得当，本可避免机组跳闸。

一、脱硫增压风机执行机构反馈信号故障引起炉膛压力高保护动作

某电厂3号机组为680MW燃煤发电机组，采用上海锅炉厂有限公司设计制造的SG-2150/25.4-M973型超临界、螺旋管圈直流锅炉；DCS（含脱硫控制系统）采用美国福克斯波

罗公司生产的FOXBORO I/A控制系统；增压风机入口动叶电动执行机构采用的是德国EMG公司产品（型号为DMCR59+MSG50_FHA_R），其控制单元卡件型号是DMI005型，接受4～20mA输入指令，输出4～20mA位置反馈信号，2015年5月投入运行。

2020年1月6日19时39分，3号机组电负荷380MW（热负荷420MW），AGC控制模式，总风量462kg/s，A、B、C、D磨煤机运行，总燃料量177t/h，主蒸汽压力16.99MPa，主给水流量1381t/h，炉膛负压－66Pa，增压风机电流212.9A，增压风机动叶开度63%。

（一）事件过程

19时39分31秒，锅炉脱硫增压风机驱动电机电流由212.9A开始突降，同时增压风机动叶开度从63%开始开大，炉膛压力从－66Pa开始升高。

19时39分44秒，增压风机电流降至170.8A，增压风机动叶开至89.9%。

19时39分51秒，炉膛压力升高至2057.5Pa，触发炉膛压力高高保护动作条件，延时2s锅炉MFT。

（二）事件原因查找与分析

1. 事件原因检查

事件后，专业人员调阅3号锅炉MFT时主要参数曲线（如图5-1所示），历史曲线显示，在事故发生时虽然增压风机动叶指令一直保持63%左右，但是增压风机电机电流由207.64A快速降至170.8A。风机电机电流的快速下降意味风机出力快速下降，从而造成了炉膛压力快速升高。

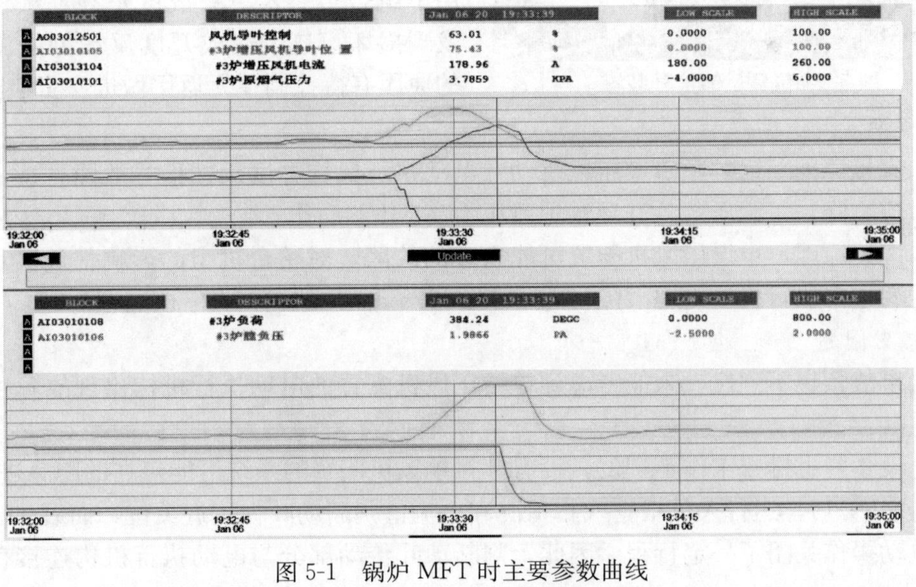

图5-1　锅炉MFT时主要参数曲线

因此，分析认为是增压风机出力降低造成炉膛压力高高保护动作。此外，虽然在事故发生时增压风机动叶控制指令一直保持63%左右，但是增压风机动叶位置反馈由63%快速增至89.9%，并且增压风机电机电流由207.64A快速降至170.8A，增压风机入口原烟气压力也由－37.7Pa升高至222.1Pa。这些数据反映了增压风机动叶控制出现问题，造成了风机出力非正常下降。

在正常情况下，增压风机动叶执行机构接收 DCS 发出的控制指令信号，与动叶开度信号进行比较。若存在正偏差则会开大动叶开度，动叶开度增大则风机出力相应增大，风机电机电流也相应升高，反之亦然。

历史曲线记录的数据显示，1 月 6 日 19 时 32 分 44 秒至 19 时 33 分 19 秒，增压风机入口原烟气压力及增压风机动叶控制指令一直保持不变，在此工况下，风机动叶开度应保持不变，但在 19 时 33 分 13 秒显示动叶开度的反馈信号却突然快速升高（在不到 30s 的时间内由 63%升至 89.9%），因此判断动叶开度反馈信号错误。

正是因为动叶开度反馈信号（不正常升高）错误，致使在动叶控制指令不变的情况下，关小了风机动叶开度，降低了风机出力，风机电机电流也相应降低。这也在历史曲线记录的数据中得到了验证：在异常发生时，动叶位置反馈信号由 63%快速增至 89.9%，虽然动叶控制指令一直保持 63%左右，但增压风机电机电流由 207.64A 快速降至 170.8A。

另外，在锅炉 MFT 后，增压风机动叶反馈显示为 63%，增压风机电机电流为 160A，接近空载电流。因此，判断增压风机动叶实际开度接近关位，也从侧面反映了动叶开度反馈信号错误。

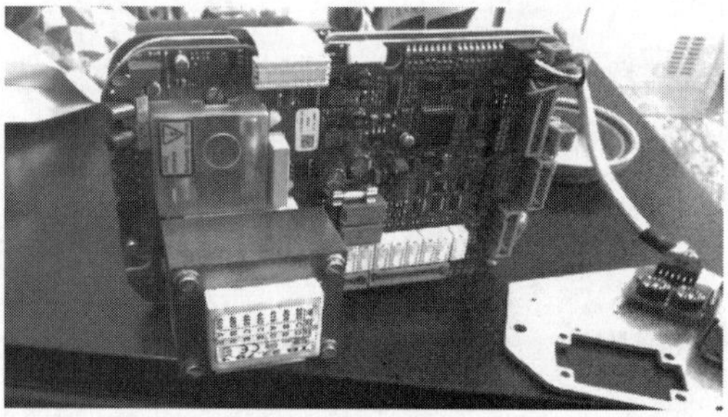

图 5-2 位置反馈信号装置

动叶开度反馈信号是由风机动叶电动执行机构测量采集。该执行机构采用的是德国 EMG 公司的智能型电动执行机构，位置反馈信号装置，如图 5-2 所示。

该执行机构的位置反馈信号测量装置采用了组合传感器，集成度很高，从外观没有发现损坏痕迹，造成开度反馈型号测量错误的原因有待控制单元返厂做进一步检查分析。

2. 事件原因分析

（1）直接原因：锅炉脱硫增压风机动叶电动执行机构开度反馈信号故障，造成风机驱动电机电流突降，炉膛压力急升导致炉膛压力高 MFT 动作。

（2）间接原因：单增压风机配置可能出现的故障，对整台机组的影响估计不足，没有考虑到配套电动执行机构出现故障可能带来的风险。

3. 暴露问题

（1）事故预想不到位，未能考虑到单增压风机配置的电动执行机构出现故障可能带来的风险。

（2）设备隐患排查工作不到位，没有针对单风机配置的系统可能存在的隐患进行排查。

（3）MFT 后，运行人员根据吹扫情况和电流值判断动叶在接近关位，而后热工人员又在就地电动操作关闭了一定行程。因此，判断动叶传动部分与电动执行机构连接存在较大空行程。

（三）事件处理与防范

（1）更换增压风机动叶执行机构控制单元，做好各型号电动执行机构控制板卡的备品储备。将本次怀疑出现问题的执行机构卡件返厂检测，确定原因。

（2）尽快实施引增合一改造项目，将单风机配置方式改为双风机配置方式。

（3）加强设备日常维护工作，针对该类型设备加强检查和维护频次。

（4）停机时检查动叶与电动执行机构的连接情况，并进行紧固。

（5）修复就地动叶开度指示器，运行中注意观察就地动叶开度与执行机构反馈的一致性。

（6）与执行机构厂家论证电子组合式位置反馈装置的可靠性，确定是否更换为原普遍采用的电位与力矩开关分开的反馈装置。

（7）对于暂无改造机会的单台增压风机运行机组，优化逻辑使增压风机跳闸后强制其前后挡板打开，以避免增压风机跳闸导致机组非停。

（8）对增压风机动叶最小开度作20%～30%的机械限位，防止动叶异常关闭。

二、引风机动叶电动执行机构组合传感器故障造成机组跳闸

某电厂2号机组为350MW燃煤发电机组。锅炉为美国福斯特·惠勒能源公司生产的亚临界汽包炉，DCS采用西门子公司生产的T3000控制系统，引风机动叶电动执行机构采用德国EMG公司产品（型号为DMCR30＋B3－16），2015年投入运行，为“引增合一”改造工程中由上海鼓风机厂有限公司提供的配套产品，控制单元组合传感器型号为DRE-HMO GmbH型，卡件接受4～20mA指令，输出4～20mA位置反馈信号。

2020年7月7日，机组负荷248MW，协调方式运行，总煤量106t/h，B、C、D磨煤机运行，双侧一次风机、送风机、引风机运行，B引风机动叶开度45.3%，A引风机动叶开度46.3%，B引风机电流176A，A引风机电流180A。

（一）事件过程

12时13分，2号机组负荷248MW，主蒸汽压力12.7MPa，主蒸汽温度540℃，二次风量277kg/s，汽包水位－48mm，炉膛压力由0.06kPa开始波动。

12时13分33秒，引风机电流偏差大报警，A、B引风机电流大幅波动，B引风机动叶开度反馈较A引风机变化幅度小，立即将机组负荷指令降至190MW，并派人就地检查。

12时20分42秒，煤量降至90t/h，解除机组协调控制，手动降低B磨煤量，总煤量减至80t/h。12时22分时，就地检查确认A、B引风机动叶机械开度指示均在波动，B引风机动叶机械开度指示波动幅度比A引风机大，并且与DCS显示数值不一致（A引风机动叶机械开度指示与DCS显示数值基本一致）。

12时22分41秒，炉膛压力0.22kPa，解除B引风机动叶“自动”。

12时23分07秒，炉膛压力－1.35kPa，B引风机电流253A，A引风机电流179A，解除A引风机动叶“自动”。

12时23分09秒，B引风机电流突升，炉膛压力快速降低，立即关小B引风机动叶。

12时23分11秒，炉膛压力降至－2kPa，延时2s触发锅炉MFT动作。

（二）事件原因查找与分析

1. 事件原因检查

（1）锅炉MFT时主要参数曲线，如图5-3所示。

结合记录曲线和运行监盘人员反馈，12时13分33秒，A引风机电流波动范围为168～216A，B引风机电流波动范围为143～190A，立即将机组负荷指令降至190MW，派人就地检查。同时，监盘人员发现B引风机动叶开度反馈在53%保持不变，动叶指令在44%～57%波动，炉膛压力在±1.1kPa波动。

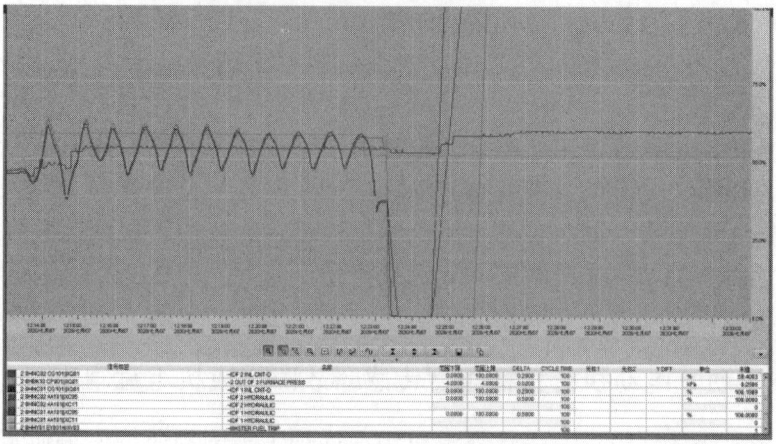

图 5-3　锅炉 MFT 时主要参数曲线

（2）根据上述检查记录，热工人员怀疑 B 引风机动叶电动执行机构开度反馈有问题。解体发现该电动执行机构组合传感器的反馈磁环与传动齿轮脱开（磁环与传动齿轮链接方式原为胶黏结式），导致动叶反馈不变（保持在 53%处），组合传感器解体，如图 5-4 所示。反馈磁环脱落情况，如图 5-5 所示。

图 5-4　组合传感器解体

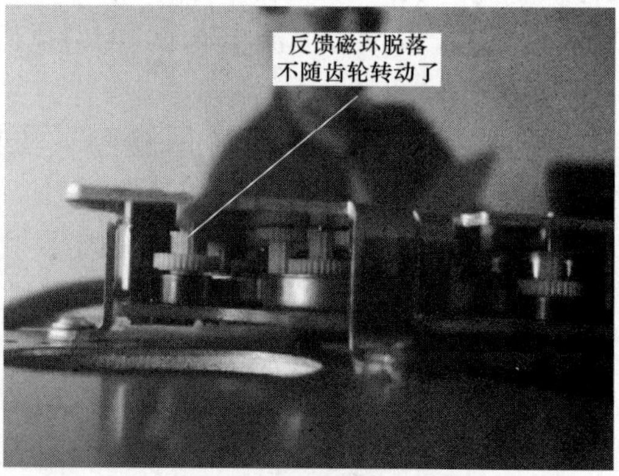

图 5-5　反馈磁环脱落情况

图 5-6　组合传感器示意

组合传感器是 EMG 公司利用霍尔定律开发的新一代组合式智能型传感器，齿轮转动时带动磁环转动，磁场会发生变化，磁环附近的霍尔传感器能够检测磁场变化量，并转变成电流信号传给内置电路板，实现齿轮转动计数器功能，同时计算出挡板实际位置，组合传感器示意，如图 5-6 所示。如果磁环与齿轮脱开，位置反馈保持当前值。组合传感器定位相对简单，只要设置好全开全关位，电动执行机构会自动定位。

解除自动后，尽管执行机构接受的指令

维持不变，但与位置反馈数值一直存在正偏差，导致执行机构一直开到全开位，炉膛压力快速降低至MFT跳闸值，机组跳闸。

2. 事件原因分析

（1）直接原因。引风机动叶电动执行机构组合传感器中，反馈磁环与传动齿轮黏结质量问题，长时间运行后脱落，造成位置反馈不能跟随实际开度。

（2）间接原因。运行人员针对此类设备异常应急处置能力不足。

3. 暴露问题

（1）设备隐患排查工作不到位，技术监督不到位，没有发现B引风机动叶电动执行机构组合传感器存在的隐患。

（2）风险分析工作不到位，没有针对此类设备故障做好事故预想。

（3）运行人员针对此类设备异常应急处置能力不足。

（三）事件处理与防范

1. 事件处理

（1）更换故障执行机构，试验运行正常后投入运行，同时加强监视。

（2）修改控制指令与反馈偏差大报警定值（由10%改为5%），提早报警以便于运行人员及时判断故障原因。

（3）在DCS中增加该执行机构故障报警。

2. 事件防范措施

（1）针对现场在装4台同批次电动执行机构制定更换计划，利用停机机会更换。

（2）排查该批次电动执行机构设备采购来源。

（3）加强设备日常维护工作，针对该类型设备加强检查和维护频次。

（4）制定类似设备故障事故预想指导运行人员操作；加强运行人员故障应对能力培训。

（5）整理重要执行机构清单，在DCS中增加故障报警。

（6）机组C级以上检修中，加强重要设备及在振动、高温环境下运行的电动执行机构的检修工作。解体检查内部线路板、传动部件、插接件、接线等的固定、连接情况；检查齿轮、轴承润滑油泄漏、变质情况，更换、加注润滑剂。

（7）运行人员加强自动调节系统切手动后的操作培训，提高自动干预的能力。

三、MECV比例电磁阀故障导致燃气联合循环机组汽轮机跳闸

某热电三期燃气-蒸汽联合循环“二拖一”供热机组配置2台日本三菱M701F5型燃气轮机、2台343MW燃气轮发电机、2台余热锅炉、1台供热蒸汽轮机和1台312MW蒸汽轮发电机。9、10号机组为燃气轮机，11号机组为蒸汽轮机，总出力为998MW，燃料为天然气；机组背压工况（额定工况）可对外净供热负荷773MW。整套“二拖一”燃气轮机机组于2017年11月转入生产。

2020年8月16日，9号机组（燃气轮机）及11号机组（汽轮机）“一拖一”纯凝模式运行，9号机组电负荷248MW，11号机组负荷128MW，中压缸排汽压力0.144MPa。

（一）事件过程

16日22时42分，三期机组群总负荷370MW，9号机组拖11号机组纯凝方式运行。

16日22时42分25秒，11号汽轮机发“中排压力超限停机”，随即触发汽轮机主保护

动作跳闸，9 号机组高、中、低压并汽门关闭，快速减负荷（RB）动作降负荷至 170MW。11 号机组跳闸后查询跳闸首出“中压排气压力高”。

检查 11 号主变压器出口断路器 22011 跳闸，11 号发电机灭磁开关断开，11 号汽轮机转速逐渐下降，值班员按现场规程进行异常处理，确保机组安全停机。

17 日 14 时 44 分，经过处理调试主抽汽控制阀（MECV）开关正常，向调度报申请启动获批。

15 时 26 分，11 号机组并网。

（二）事件原因查找与分析

1. 事件原因检查

事件后，热工人员调阅跳闸事故时刻历史曲线（如图 5-7 所示）。根据曲线可见，11 号机组汽轮机在纯凝方式运行时，主抽汽控制阀（MECV）在指令始终保持 100%未变（反馈也在 100%）的情况下，于 22 时 37 分开始逐渐关闭，阀门实际开度由 100%关小，22 时 42 分关到 17%，中排压力由 0.144MPa 开始上升并超过汽轮机跳闸保护值 0.38MPa，最终导致 11 号机组中压排气压力高保护动作，11 号汽轮机跳闸。

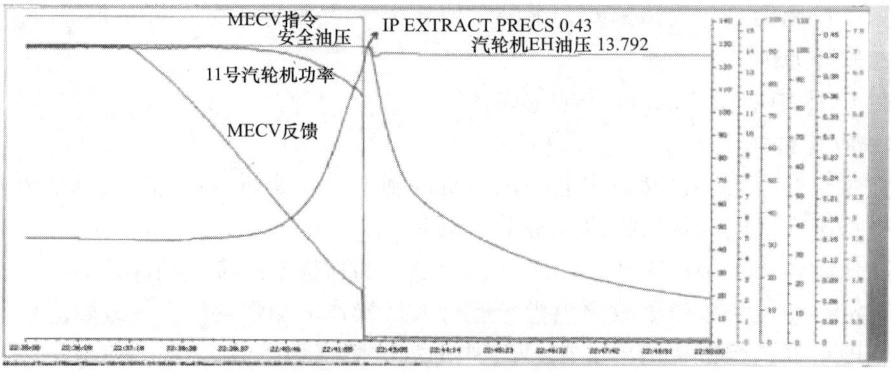

图 5-7 跳闸事故时刻历史曲线

机务和热控专业检查相应油管路，未发现漏油等异常现象；现场检查 MECV 控制箱及其回路接线，无松动现象；对比例电磁阀进行动作试验，在 DEH 发出 4～20mA 指令时阀门不动作，无法开启。改用信号发生器加 4～20mA 指令，比例电磁阀仍然不动作，判断该电磁阀故障。

MECV 及比例电磁阀动作机理，如图 5-8 所示。

其工作过程是根据设定指令与反馈的偏差，经过 MECV 控制箱内的 PID 控制器综合运算后输出 4～20mA 去控制比例电磁阀，指令与反馈相等时，指令为 12mA，阀门不动作；当指令大于反馈即大于 12mA 时 MECV 开启；当指令小于反馈即小 12mA 时 MECV 关闭。当出现系统不允许的工况时，通过安全油泄压或快关电磁阀得电、换向，促使快速排放阀开启，液压缸中的液压油快速卸压，靠弹簧力的作用使阀门快速关闭，从而起到保护汽轮机的作用。

2. 事件原因分析

（1）直接原因。比例电磁阀故障引起 MECV 异常关闭，造成中压缸排汽压力高保护动作，导致 11 号汽轮机跳闸。由于该比例电磁阀没有备件，故未拆卸送厂家进行检验，待更换备件后再确定具体故障原因。

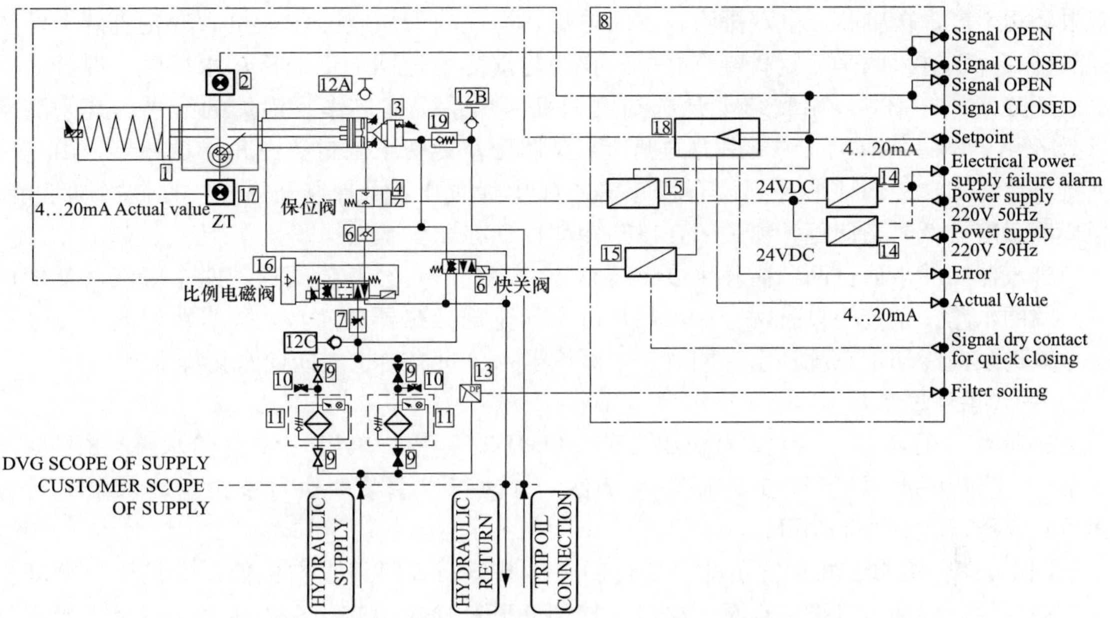

图 5-8　MECV 及比例电磁阀动作机理

（2）间接原因。比例电磁阀工作环境温度较高，没有对应的防护及防非停措施。

3. 暴露问题

（1）对长周期运行机组现场设备维护检查不到位，未能及时发现该电磁阀故障隐患。

（2）长周期运行后易损坏元件，未及时储备备件，延误了缺陷消除。

（3）比例电磁阀位于 MECV 主管道的西侧，环境温度较高，未能及时根据现场工作环境条件制定对应的防非停措施。

（三）事件处理与防范

（1）事件处理。

1）该比例电磁阀为东方电气集团有限公司配套提供进口阀门部件，目前无备品，因此，对比例电磁阀采用机械压紧阀体弹簧的方式，以满足冲车并网条件（因为在纯凝运行时 MECV 全开）。

2）积极协调比例电磁阀备件，尽快更换故障比例阀。

（2）防范措施。

1）举一反三对其他同类型机组的比例电磁阀进行排查，今后在日常维护及机组检修过程中加强对该类型电磁阀的检查。

2）对在 MECV 处的电磁阀增加冷却风，降低 MECV 各阀的工作环境温度。

（3）积极调研该主抽汽控制阀控制系统国产化改造的可行性，避免由于进口备件采购周期长及费用较高导致不安全事件处置的不及时性带来的安全隐患。

（4）组织全员针对非停事件进行全面反思，分专业分班组开展现场隐患排查，并制定完善的整改措施。

四、循环水泵出口蝶阀故障导致凝汽器液位高机组跳闸

某公司 3 号机组装机容量 200MW，汽轮机型号为 NJK200-12.7/535/535，东方汽轮机

有限公司生产，单轴、三缸双排汽、中间再热、海勒式间接空冷汽轮机。汽轮机两个低压缸的排汽分别进入两个喷射式凝汽器中，直接与空冷塔返回的低温冷却水接触，混合后的水一部分（2%～3%）用凝结水泵送到汽轮机回热系统加热作为锅炉的给水，其余的水（约97%～98%）由两台50%出力的循环水泵送至空冷塔下部进入三角形散热器，由空冷进行自然冷却。冷却柱形外侧装有百叶窗，百叶窗的开度可控制通风量，控制冷却性能，当环境温度较低时，使百叶窗关闭，以防冷却柱形冻坏。

凝汽器内的水通过两台循环水泵送至空冷塔冷却后，经节流阀返回两个凝汽器就形成了封闭的水路。系统中设有两个储水箱，可容纳全部散热器的放水。储水箱中的水可通过两台输送泵向冷却水系统补水，同时，当凝汽器水位过高时也能向储水箱排水。

（一）事件过程

2020年6月5日2时，3号机组负荷190MW，真空－66kPa。2号给水泵、2号凝结水泵、2号循环水泵运行，1号循环水泵备用（执行《季节性执行单台循环水泵运行方案》），凝汽器水位1770mm。

2时06分18秒，机组升负荷，单台循环水泵运行，机组真空偏低，满足1号循环水泵启动条件，启动1号循环水泵，出口液控门联开，检查电流、出口压力、流量正常，开启A7阀，出口液控门关反馈未消失。

2时06分35秒，1号循环水泵跳闸，出口液控门开、关反馈同时存在（实际已全开），阀门发故障信号。关反馈一直存在，手操器“关”显示为灰色，DCS无法操作将其关闭，切换至“测试位”依然无法关闭，手动关闭入口电动门，联系巡检就地关闭出口液控门。

2时07分25秒，“凝汽器水位高Ⅰ值、高Ⅱ值信号同时存在”，保护动作，汽轮机跳闸，联跳锅炉和发电机。

2时07分33秒，1号循环水泵入口电动门关到位（关闭时间49s）。

2时09分，复位报警信号，汽轮机重新挂闸，5min后冲转至3000r/min。

2时32分，申请中调并网，1、2号主汽阀卡涩无法继续开启。

6时38分，机组解列，处理1、2号主汽阀卡涩。

13时14分，主汽阀卡涩处理完毕。

18时10分，3号机组并网。

（二）事件原因查找与分析

1. 事件原因检查

查阅间冷系统，间冷系统流程，如图5-9所示；凝结水系统流程，如图5-10所示。凝汽器中的水大部分由循环水泵打至间冷塔，由于1号循环水泵出、入口门均在开启位置，并且循环水泵在停运状态，这样就形成一个通路，2号循环水泵打出的水由这个通路倒流入凝汽器中。

（1）保护动作情况检查。检查SOE记录，1号循环水泵跳闸及机组跳闸信号均正确。检查汽轮机跳闸时间冷系统参数曲线（如图5-11所示），从中可见凝汽器液位高引起汽轮机跳闸。而检查汽轮机跳闸条件（凝汽器液位高Ⅰ值、高Ⅱ值信号同时存在）满足要求，保护正确动作跳闸汽轮机，汽轮机跳闸后联锁锅炉MFT、发电机跳闸，整个过程保护动作正确。

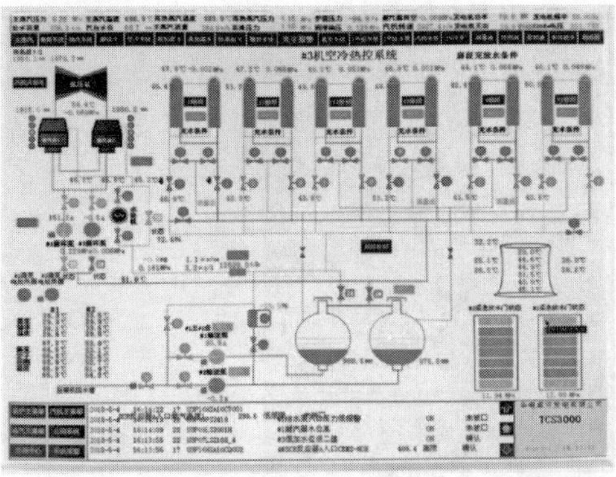

图 5-9 间冷系统流程

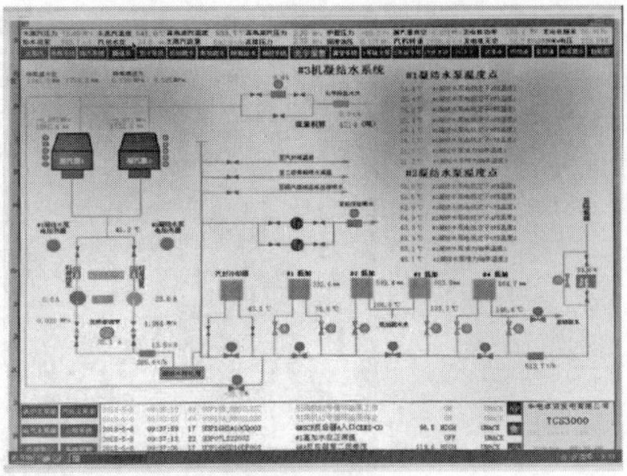

图 5-10 凝结水系统流程

进一步检查 1 号循环水泵跳闸逻辑（如图 5-12 所示），由图 5-12 可知，跳闸需满足以下两个条件。

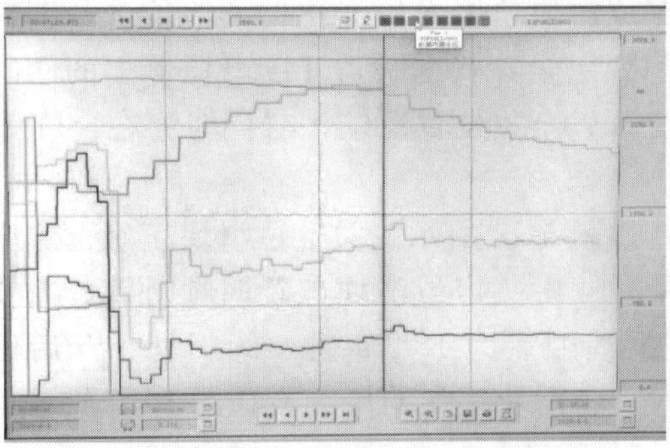

图 5-11 汽轮机跳闸时间冷系统参数曲线

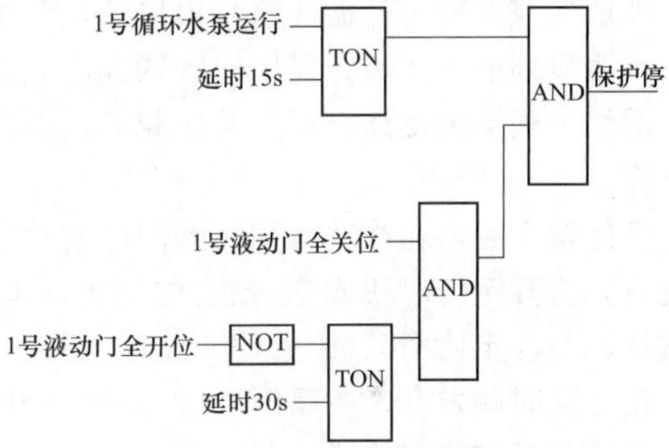

图 5-12 1 号循环水泵跳闸逻辑

1）1 号循环水泵运行且延时 15s。

2）出口液控门全关位与出口液控门全开位取反且延时 30s。

现场确认两个条件均满足，因此，保护正确动作。

（2）DCS 中 1 号循环水泵出口液控门设置情况。在 DCS 控制系统中，1 号循环水泵出口液控门手操器，如果阀门开或关反馈存在，手操器内部逻辑默认为阀门在开启或关闭状态，将不允许手操器对阀门发出相应的指令，1 号循环水泵出口液控门操作块画面，如图 5-13 所示。

本次事件中，开、关反馈同时存在，手操器不允许再发出开、关指令，这也就是运行人员当时在 DCS 中无法操作关闭阀门的原因。

（3）现场检查情况。检查 1 号循环水泵操作记录，6 月 4 日 20 时 29 分 52 秒，发 1 号循环水泵出口液控门关闭指令，12s 后关反馈触发，再 6s 后 1 号循环水泵停运。

5 日 02 时 06 分 19 秒，发 1 号循环水泵启动指令；33 秒时，1 号循环水泵出口液动门到达 75°位置；35 秒时，1 号循环水泵跳闸；37 秒时，1 号循环水泵出口液动门全开。

02 时 23 分 56 秒，热工人员将 1 号循环水泵出水液动门切至就地位，手动关闭。

02 时 24 分 17 秒，1 号循环水泵出水液动门全开位与全关位同时消失；24 秒时，1 号循环水泵出水液动门全关，热工人员将 1 号循环水泵出水液动门切至远方位。

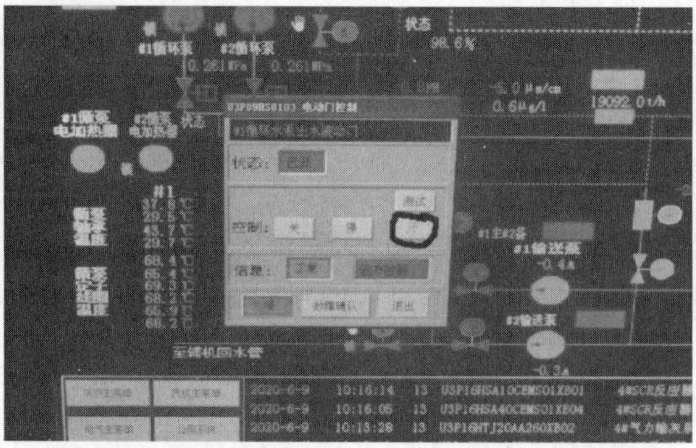

图 5-13　1 号循环水泵出口液控门操作块画面

现场查阅缺陷台账和工作票台账，并与现场人员沟通，事件发生前没有出口液控门的缺陷记录，也没有循环水泵及出口液控门周围的现场工作。

就地检查发现 1 号循环水泵出口液控门关定位滑块位置发生变化偏离原位（开度电位器上有明显划痕 1/4 圈，滑块滑动约 90°），阀门处于全开状态时，开度电位器上的阀门关定位滑块与阀门关反馈行程开关未脱开，阀门全开、全关位置反馈信号同时存在，DCS 无法操作。

事件发生后，巡检就地关闭阀门后的状态，如图 5-14 所示。关定位滑块正确位置应在最上方，与开定位滑块成 90°左右的位置，而图 5-14 中关定位滑块位置向顺时针方向发生了偏移，与开定位滑块接近 180°位置，开、关反馈触点为 180°布置，阀门处于开启位置时，正好同时触发开、关反馈。阀门正常开启时，各滑块正常的位置，如图 5-15 所示，关定位滑块与开定位滑块成 90°左右。

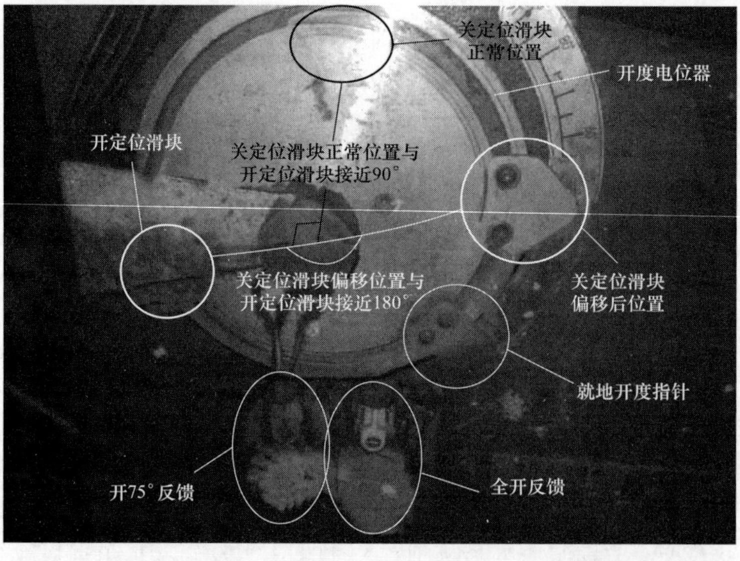

图 5-14　巡检就地关闭阀门后的状态（阀关闭时）

现场检查发现在 1 号循环水泵出口液控门正下方有异物，循环水泵出口液控门正下方异物，如图 5-16 所示。与现场人员沟通，出口液控门就地关闭时，联系热工人员就地检查

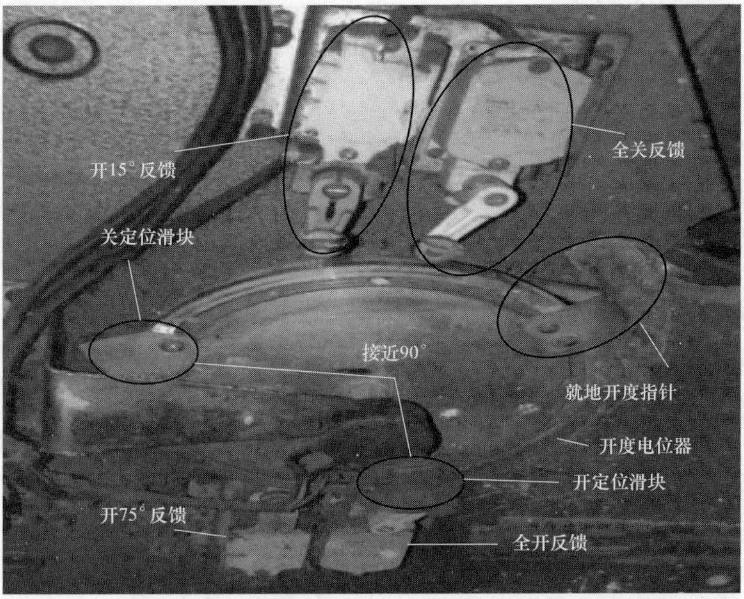

图 5-15　阀门正常开启时，各滑块正常的位置

发现关定位滑块位置错误，偏离原位；热工人员恢复关定位滑块前，徒手无法使关定位滑块移动，关定位滑块未出现松动。将关定位滑块螺栓松开后恢复至原位并紧固，就地、远方操作均正常。

2. 事件原因分析

由于 1 号循环水泵出口液控门开度电位器上的关定位滑块受异常外力作用，偏离原位，在阀门开启过程中，关反馈行程开关未脱开，阀门已全开，但 DCS 显示开关反馈同时到达，15s 后 1 号循环水泵联锁跳闸。

1 号循环水泵跳闸后应联关出口液控门，但此时阀门关反馈存在（实际全开），关阀门指令不再发出，2 号循环水泵出口本应去间冷塔的循环水从 1 号循环水泵返回到凝汽器，造成凝汽器水位快速上升至高Ⅱ值保护动作，3 号机组跳闸。事件因果关系，如图 5-17 所示。

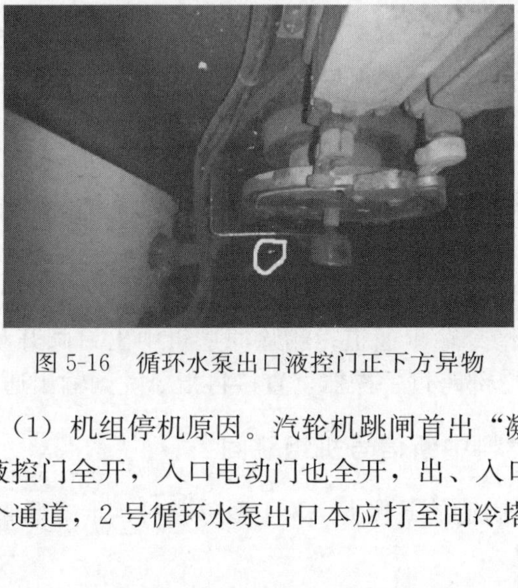

图 5-16　循环水泵出口液控门正下方异物

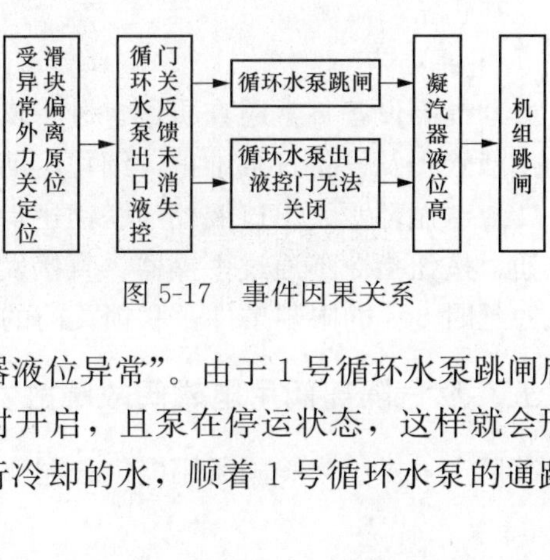

图 5-17　事件因果关系

（1）机组停机原因。汽轮机跳闸首出“凝汽器液位异常”。由于 1 号循环水泵跳闸后出口液控门全开，入口电动门也全开，出、入口同时开启，且泵在停运状态，这样就会形成一个通道，2 号循环水泵出口本应打至间冷塔进行冷却的水，顺着 1 号循环水泵的通路倒

流入凝汽器中，运行人员手动关闭入口电动门，由于入口电动门行程较长，关闭时间 49s，循环水泵流量为 14000t/h，短时间内大量循环水进入凝汽器，凝汽器液位高保护动作，引起汽轮机跳闸联锁锅炉 MFT、发电机解列。

（2）1 号循环水泵跳闸原因。1 号循环水泵跳闸逻辑为以下条件的与逻辑：

1）1 号循环水泵运行且延时 15s。

2）出口液控门全关位且出口液控门全开位取反延时 30s。

上述二条件满足，泵跳闸。

（3）1 号循环水泵出口液控门关反馈未消失及 DCS 无法操作的原因。1 号循环水泵出口液控门开度电位器上的关定位滑块偏离原位，在阀门开启过程中未与关反馈行程开关脱开，导致出口液控门开、关反馈同时触发；DCS 逻辑中出口液控门关反馈信号存在，那么停泵不再发关门指令，同时 DCS 画面中关反馈存在，手操器“关”按钮为灰色，无法操作将其关闭，导致泵停运后出口门实际是全开状态。

（4）1 号循环水泵出口液控门关反馈滑块偏离原位的原因。根据专业人员描述及现场检查情况分析，1 号循环水泵启动后在出口液控门开启过程中，关定位滑块受异常外力作用发生偏转，未跟随开度电位器转动，并产生相对滑动（偏离原位），此时，关定位滑块始终与关反馈行程开关接触，关反馈一直触发。阀门全开后，开定位滑块与开反馈行程开关接触，触发开反馈，此时，出口液控门全开，开、关反馈同时触发。出口液控门就地手动关闭时，异常外力消失，关定位滑块跟随开度电位器转动，偏离工作位置，开、关反馈同时消失。异常外力的产生，分析认为存在图 5-16 中的异物卡住关定位滑块的可能。

（5）主汽门卡涩原因。两个主汽门门芯防转键和槽间隙小发生卡涩。

3. 暴露问题

（1）日常巡检质量不高。工作人员未严格按规程执行，主要辅机设备启停操作时，对设备及附属装置现场检查不全面，就地人员未能及时发现阀门异常状态。

（2）循环水泵出口液控门联锁逻辑设置不合理。跳泵逻辑中出口液控门开状态取反并延时 30s 的限制条件设置不合理；联锁关门的指令未跨过手操器。

（三）事件处理与防范

1. 事件处理

将 1 号循环水泵出口液控门关定位滑块螺栓松开后恢复至原位并紧固，就地、远方操作阀门正常；梳理排查现场各远控阀门的限位开关，未发现异常；两个主汽门自然冷却后，操作恢复正常。

2. 事件防范

（1）提高设备日常巡查质量。进一步优化完善就地检查人员的检查内容和要求，加强现场生产管理及设备日常维护，细化定期维护项目内容和标准。

（2）对循环水泵出口液控门联锁逻辑进行优化：在操作员站上增加出口液控门紧急开、关按钮，按钮指令不通过手操器，直接发到关指令输出通道；删除原逻辑中出口阀开状态取反并延时 30s 的限制条件；联锁关门的指令全部跨过手操器，直接将指令发到输出通道。

五、燃气隔离阀用电磁阀故障触发主燃料中断信号机组跳闸

某厂 1 号机组为美国通用电气公司（GE）制造的 F 级 PG9351 型单燃料、干式低 NO_x

燃烧器、快装式燃气轮机，额定功率251.6MW，2007年08月05日投产。燃气轮机发电机为GE公司制造的324-LU型全氢冷、出口电压15.75kV。余热锅炉为美国德尔塔公司（DELTAK）制造的DINO-6196型卧式三压再热自然循环锅炉，额定蒸发量271.69t/h（高压）、48.704t/h（中压）、41.053t/h（低压）。

（一）事件过程

2020年8月16日14时44分，该厂1、2、3号机组二拖一运行，总负荷660MW。

14时45分17秒，1号机组MARKVIe控制系统发“失去火焰跳闸（LOSTOFFLAMETRIP）”报警，1号燃气轮机跳闸。检查1号机组GCB开关解列，负荷为0MW。运行人员调整2、3号机组正常运行。

（二）事件原因查找与分析

1. 事件原因检查

查SOE报警信息发现，14时45分15秒，1号燃气轮机天然气供应隔离阀（VS4-1）开启信号丢失，16秒发关到位信号，17秒触发1号燃气轮机失去燃料保护动作，机组跳闸。

14时58分，现场检查确认1号燃气轮机天然气供应隔离阀（VS4-1）控制电磁阀异常，判断为电磁阀故障导致1号燃气轮机天然气供应隔离阀（VS4-1）运行中异常关闭，主燃料中断机组跳闸。

查看燃气系统流程，如图5-18所示。

对1号燃气轮机天然气供应隔离阀（VS4-1）控制部分检查，电磁阀接线、反馈接线、电磁阀控制气源管路无异常；就地测量电磁阀电压为125V DC，在正常范围内。传动1号燃气轮机天然气供应隔离阀（VS4-1）电磁阀，电磁阀未动作，初步判断电磁阀故障（VS4-1控制用电磁阀工作原理，如图5-19所示，VS4-1品牌：IMIMaxseal，型号：Y013AA3V2SS）。

解开该电磁阀电源线，实际测量其线圈阻值大于210MΩ（正常时线圈阻值1.9kΩ），判断电磁阀线圈发生开路故障。15时40分，更换1号燃气轮机天然气供应隔离阀（VS4-1）电磁阀，传动阀门正常，机组恢复备用。

检查检修记录，2017年10月5日～11月20日进行的1号燃气轮机B级检修中，对1号燃气轮机天然气供应隔离阀（VS4-1）包括控制用电磁阀进行了整体更换。截至故障时，电磁阀累计运行6895h。正常开展运行中长期带电电磁阀技术监督。针对电磁阀线圈和阀体，每半年进行一次电阻测量和检查。2020年7月6日，定期工作检查电磁阀阻值1.9kΩ，对地绝缘大于20MΩ（均有记录）。机组每次冷态启动前均对1号燃气轮机天然气供应隔离阀（VS4-1）进行传动检查，传动正常。每次计划检修对1号燃气轮机天然气供应隔离阀（VS4-1）等重要执行机构控制部分进行检查，并每半年执行定期工作检查重要电磁阀健康情况。因此，从检修管理上没有发现问题。

2. 事件原因分析

（1）直接原因：1号燃气轮机天然气供应隔离阀（VS4-1）控制用电磁阀运行中发生线圈开路故障，导致该阀失去控制气源，1号燃气轮机天然气供应隔离阀（VS4-1）在弹簧力作用下关闭，天然气供应中断，机组跳闸。

（2）间接原因：对电磁阀线圈进行解体检查，焊脚接触正常、线圈铜丝未见明显高热烧损痕迹。判断为电磁阀线圈铜丝存在质量薄弱点，在长期带电且频繁启停运行工况下，未达到预期使用寿命而损坏。

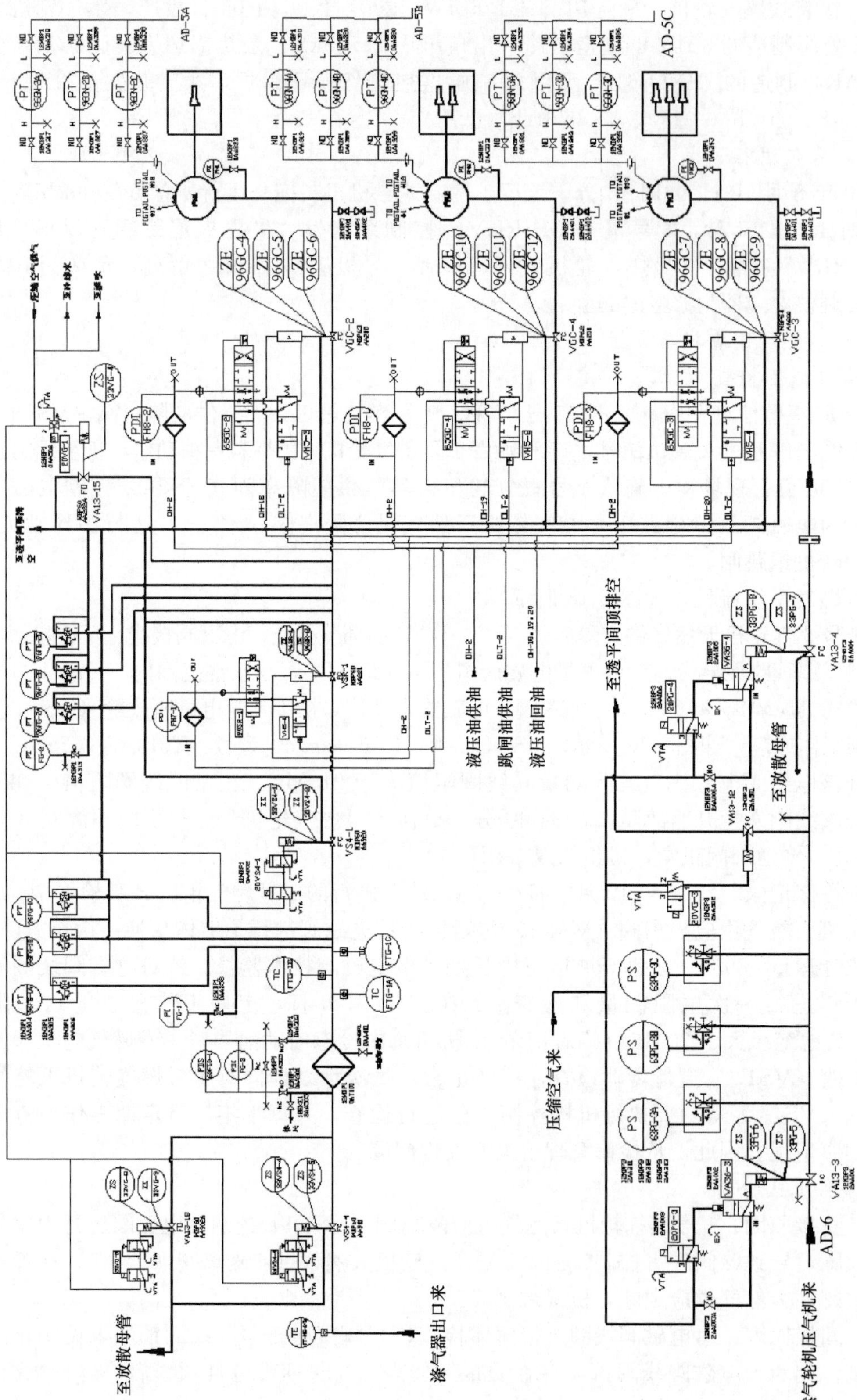
AD-5A
AD-5B
AD-5C
液压油供油
跳闸油供油
液压油回油
至透平间顶排空
至放散母管
压缩空气来
涤气器出口来
至放散母管
燃气轮机压气机来
AD-6

图 5-18 燃气系统流程

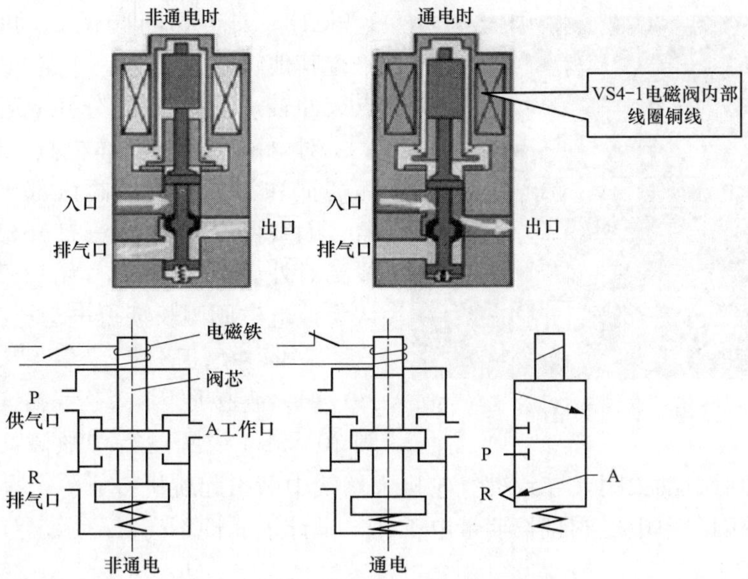

图 5-19　VS4-1 控制用电磁阀工作原理

（三）事件处理与防范

（1）梳理相似运行工况下的电磁阀（工作环境温度较高且长期带电），具备条件时立即更换新电磁阀。

（2）将两台燃气轮机天然气供应隔离阀（VS4-1）控制用电磁阀通过技术改造，移至天然气控制小间外部，改善电磁阀工作环境。

（3）继续开展频繁启停及长期带电工况下电磁阀劣化趋势研究，优化电磁阀检修维护策略。

（4）针对单一控制电磁阀的重要设备，开展专项攻关，采取冗余控制方式解决单一布置的风险，提高设备可靠性。

六、燃气轮机安全切断阀用电磁阀故障导致机组失火焰跳闸

（一）事件过程

2020 年 8 月 28 日，某厂 2 号联合循环机组正常运行，其中，21 号燃气轮机负荷为 223MW，22 号汽轮机负荷为 65MW。

8 时 14 分 47 秒，21 号燃气轮机在运行过程中报 VS4-4 安全切断阀位置故障（L33VS4_4ALM），天然气安全切断阀关闭。

8 时 14 分 50 秒，报 L28FDT_ALM，燃气轮机失去火焰跳机。燃气轮机跳机后，余热锅炉 MFT 动作，随后汽轮机跳闸。

（二）事件原因查找与分析

1. 事件原因检查

仪控专业人员根据跳机报警现象，立即检查安全切断阀的仪用空气控制电磁阀 20VS4-4，测量电磁阀控制电源为 110V DC，在电磁阀允许电压 125V DC 之内；测量电磁阀线圈电阻为 1.77MΩ，电磁阀内部情况，如图 5-20 所示，判断电磁阀线圈被烧毁。

该阀为电磁阀常带电打开方式。当即更换新电磁阀（测量新电磁阀线圈电阻为

图 5-20　电磁阀内部情况

1.9kΩ)，安全切断阀调试动作正常。同时，检查其他设备无异常。9 点 39 分，机组重新点火冲转，于 9 点 52 分并网运行。

对电磁阀进行解体检查，阀芯外观良好，无磨损和污垢；电磁阀内部干燥，无渗水现象，因线圈全密封无法打开检查外观，测量线圈对外壳绝缘良好，为 133MΩ。综合分析认为该电磁阀因长期得电运行存在老化现象。

2. 事件原因分析

（1）直接原因：21 号燃气轮机安全切断阀 20VS4-4 线圈运行中故障，造成安全切断阀失去控制气源后自动关闭，导致燃气轮机天然气中断引起跳机。

（2）间接原因：单电磁阀且长期带电工作，设计可靠性不高。

3. 暴露问题

（1）GE 公司燃气轮机机组的重要气动阀门的电磁阀控制回路设计可靠性不高，只采用单电磁阀，且采用失电关阀设计。

（2）设备管理工作存在问题，未能深刻吸取同类事件教训，未能第一时间对同类设备进行整改，心存侥幸，仅仅把整改计划作为一般项目列为 2019 年的机组小修项目，因当时机组小修提前，备品未能及时到货，后推迟到 2020 年机组小修期间实施。

（三）事件处理与防范

（1）针对现有的安全切断阀为单电磁阀控制方式，失电就会导致阀门关闭的状况，对调停的机组安排对该阀门进行双电磁阀控制改造，对尚在运行的机组待有调停机会时安排改造。

（2）加强电磁阀的定期检查和维护，同时将电磁阀检查作为开机阀门试验内容。

（3）加强设备管理，建立重要电磁阀检查台账，规范检修时电磁阀检查工作，编制作业指导书。针对此次事件，举一反三对机组重要的电磁阀进行排查，落实整改。

（4）联系厂家，对常带电电磁阀可靠性、日常运行时如何可以目视化确认电磁阀是否正常进行比选，选择更可靠的型号。

（5）针对跳机事件，设备维护部立即组织各专业开展生产设备隐患大排查活动。对涉及机组安全的隐患整改工作，落实专人限期整改，并做好闭环管理。

七、防喘阀反馈装置故障触发燃气轮机自动快减负荷直至发电机解列

（一）事件过程

2020 年 11 月 23 日，某厂 11 号组负荷 360MW 正常运行。

9 时 45 分 16 秒 057，SOE 报警记录显示 4 号防喘阀关位置反馈信号 l33cb8c 发生一次变位，立刻又自动复位。

9 时 45 分 16 秒 065，触发报警 L86CBA4_ALM，同时进一步触发 L83CBLIMIT，防喘阀位置开关故障改变转速基准 TNR 定值，同时发减负荷信号；汽轮机关闭高压调节阀。

9 时 45 分 55 秒 657，运行人员单击主复位按钮进行复位。

9 时 47 分 57 秒，负荷下降至－8.2MW，触发 L32DW_ALM，发电机逆功率动作，发电机开关解列，燃气轮机保持全速空载运行。

10 时 52 分 21 秒，运行人员投入停机按钮，机组进入停机程序。

（二）事件原因查找与分析

1. 事件原因检查

（1）转速基准 TNR 动作原因。查找趋势记录，从 9 时 45 分 16 秒到 09 时 45 分 18 秒，在 2s 时间内，转速基准 TNR 从 103.82％降至 100.3％，燃料行程基准 FSR 从 75.36％降至 25.89％，TNR、FSR 变动趋势曲线，如图 5-21 所示。

按照燃气轮机控制逻辑，机组并网后，任一防喘阀位置开关关反馈消失（133cb8c＝0），将触发 L86CBA4_ALM，继而使得 L83CBLIMIT 置 1，机组进入因防喘阀位置开关故障减负荷程序，防喘阀位置开关故障逻辑，如图 5-22 所示。

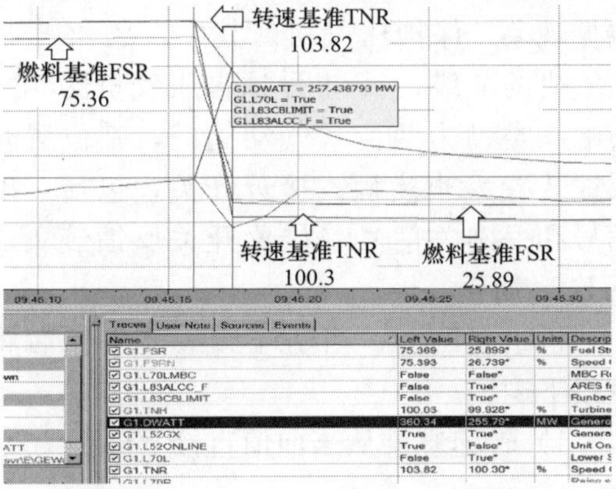

图 5-21　TNR、FSR 变动趋势曲线

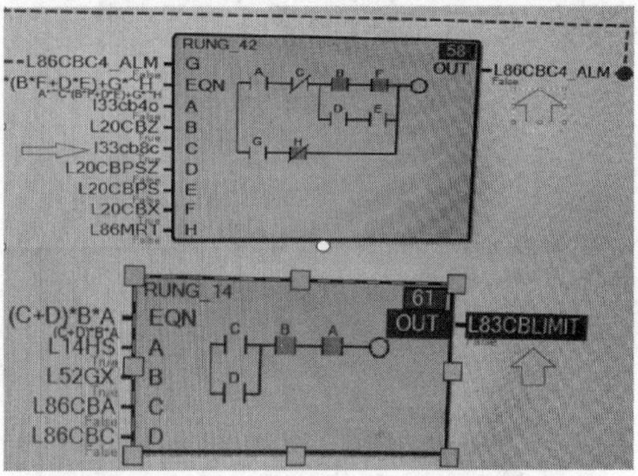

图 5-22　防喘阀位置开关故障逻辑

机组并网后燃气轮机是由 MBC 模型参与控制的，设计中当 L83CBLIMIT 置 1 后，将造成 MBC 模型不可用 L83CMBC，进一步导致 ARES 模型 L83ALCC_F＝1 故障，该故障将触发 L73FG 置 1，从而使得 L83PRES1＝1，此时转速基准 TNR 被设定为 100.3％，根据有差转速控制 FSRN＝（TNR－TNH）＊FSKRN2＋FSKRN1，燃料行程基准 FSR 随着 TNR 下降而快速下降，结果造成机组负荷也快速下降。逻辑触发过程：L83CBLIMIT→L83CMBC→L83ALCC_F→L73FG→L83PRSE1→TNR。

（2）机组自动减负荷 L70L 动作原因。查找历史记录发现，在 09 时 45 分 18 秒转速基准 TNR 下降到 100.3％后，TNR 继续下降，09 时 45 分 55 秒，运行人员点了主复位按钮后停止下降，这时 TNR 已下降到了 100.08％，FSR 下降到了 22.68％（自动减负荷趋势，如图 5-23 所示）。

进一步查找历史记录，发现从 9 时 45 分 16 秒到 09 时 45 分 55 秒机组负荷下降到 9.6MW，到 09 时 47 分 56 秒，输出功率降至－8MW，触发发电机逆功率动作，发电机解列，防喘阀故障信号持续减负荷逻辑，L83CBLIMIT 置 1 后触发 L70L 减负荷。

（3）机组解列原因。9 时 45 分 55 秒，运行人员单击了主复位按钮，复位了报警信号，TNR 停止了下降，但此时由于 TNR 下降太低，无法维持自持转速，直到 09 时 47 分 57 秒输出功率降至－8.2MW，触发发电机逆功率动作，发电机解列。

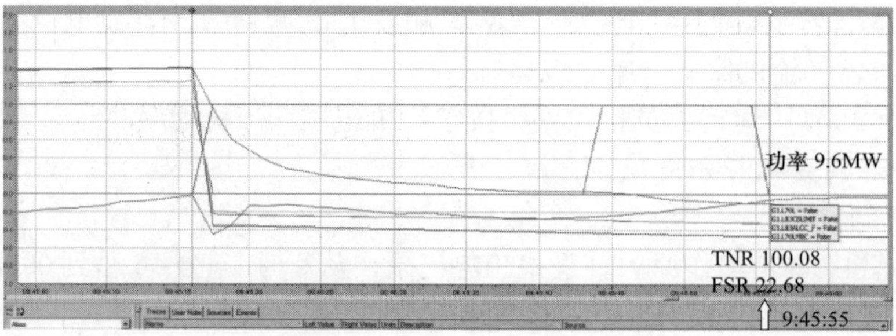

图 5-23　自动减负荷趋势

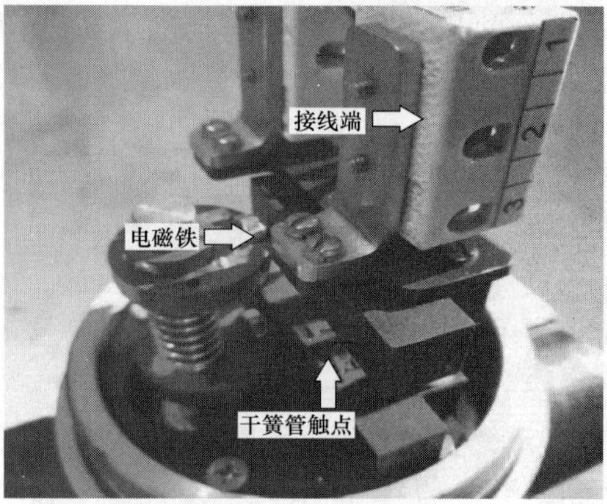

图 5-24　位置开关反馈装置

（4）反馈装置关反馈信号开关故障原因。9F 燃气轮机每台机组都有四个防喘阀安装在排气扩散段间，主要功能是防止压气机发生喘振现象，保护压气机。其中，1、2 号抽自压气机的 9 级，3、4 号抽自压气机的 13 级。防喘阀类型为两位式气动阀门，其位置开关反馈装置为非接触式接近开关，包括一副开信号和一副关信号（位置开关反馈装置，如图 5-24 所示）。

机组并网后，当防喘阀故障发信后将触发以下逻辑。

1）转速基准从当前值直接下降到 100.3。

2）触发自动减负荷信号 L70L，直至发电机机组解列。

该反馈装置已使用 6 年，位置开关厂家为德国西锁（WESTLOCK）公司，型号为 KS-027-GE-L，设计的耐温范围为－40～80℃，检查 9F12 号机组运行中四个防喘阀反馈装置环境温度，其反馈装置壳体温度最高为 71℃，对班组的位置开关备件进行耐温模拟试验，反馈开关表面温度达到 100℃仍能正常工作。

（5）机组解列停机后检查情况。

1）检查就地反馈装置和行程开关的安装是否牢固，行程开关、就地接线盒、控制柜内的接线是否有松动，检查结果表明安装和接线均紧固、无松动。

2）检查控制电缆，没有发现电缆绝缘破损的现象，测量信号电缆对地的绝缘电阻，绝缘电阻大于 20MΩ，满足规程标准要求。

3）检查控制柜卡件通道，卡件的诊断报警中没有发现报警信号，并且在 SOE 记录中也没有发现卡件报警信息，对于该卡件的全部通道信号检查中，也未发现其他通道存在信号波动的现象。

4）检查控制柜卡件电源，I/O 卡供电电压为 26.8V DC，卡件的底板供电电压（I/O 通道查询电压）为 121.6V DC，经过 1h 录波观察，两路供电电压都稳定无波动。

5）检查 11 号机组四个防喘阀就地反馈开关的查询电压，分别为 121.1、121.0、121.2、121.1V DC，电压稳定无波动。

6）停机后对 4 号防喘阀进行多次试验，开、关反馈信号动作正常且无波动。

7）用信号发送器模拟信号的2ms突变现象，在SOE记录中能记录到该模拟信号的突变现象，说明SOE记录正常。

8）将拆下的故障反馈装置进行加热检查，当关到位反馈开关表面温度加热到90℃时，该位置开关反馈信号L33CB8C有信号变位现象，表面温度降到65℃时恢复正常（环境温度升高后反馈开关的信号变位，如图5-25所示）。对同一个反馈装置内的另一个开到位反馈开关加热到100℃也未发现信号波动现象。

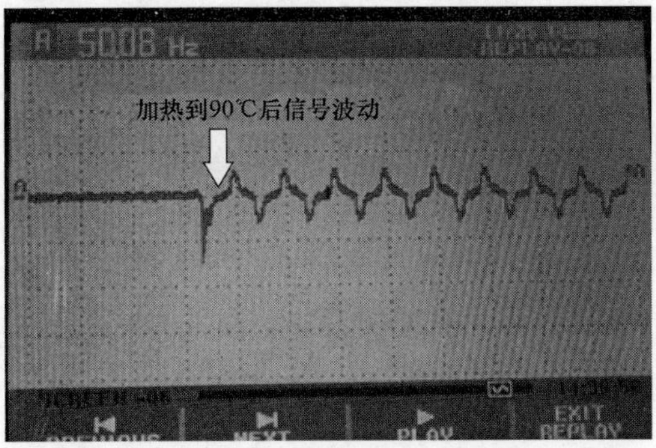

图5-25　环境温度升高后反馈开关的信号变位

11月16日发现11号机组排气扩散段间内的排气扩散段位置膨胀节皮带有磨损破裂，虽然利用晚上停机的时间对破裂点进行了防堵保温措施，但效果不理想，排气扩散段间温度还是有明显升高。

2. 事件原因分析

（1）直接原因：4号防喘阀反馈装置使用时间久、性能下降，以及安装环境温度升高，引起防喘阀关反馈装置关行程开关变位，信号丢失使控制逻辑产生误判，导致燃料量被切换为最小值，机组保持旋转备用状态，同时，触发机组顺控逻辑自动快速减负荷，直至发电机解列。

（2）间接原因：按照GE公司的设计规范，常规设计的9F燃气轮机防喘阀关反馈信号都为单点反馈，在该信号变位后，触发了相应的动作逻辑；反馈装置关位置快关在长期使用后，设备可靠性下降；11月16日发现防喘阀安装小室的燃气排气扩散段的膨胀节皮带有破裂，虽然利用晚上停机时间已对泄漏点进行了临时封堵，但小室温度仍有所上升，对安装环境温度升高易造成反馈装置故障的认识不足。

3. 暴露问题

（1）在设备隐患排查上不深入，依据GE公司的设计规范，要求将所有的I/O通道信号滤波功能设置为零，这样的设计存在安全隐患，无法剔除信号抖动或干扰的影响。

（2）日常管理上不到位，设备风险辨识不扎实，当9F11号机排气扩散段间膨胀皮带磨损破裂引起环境温度升高时，虽然对破裂点进行了防堵保温措施，也检查了对附近热控设备及其控制电缆的影响，但没有认识到环境温度升高对反馈装置的影响。

（3）技术管理上不到位，2019年已对保护和控制逻辑展开过一次梳理，辨识到当反馈装置关信号抖动时会触发L70L，造成机组的转速基准TNR以每秒0.00555的速率下降（约32MW/min），通过运行人员及时主复位后能保证机组稳定运行，但是没有辨识到控制系统升级改造后能通过MBC模型失效TNR重置逻辑，直接将转速基准TNR置为100.3%。

（4）9F燃气轮机技术培训针对性不强，培训力度不够，燃气轮机控制系统升级改造后，仪控人员对控制逻辑掌握不全面。

（三）事件处理与防范

（1）更换11号机组4号防喘阀反馈装置，检查11、12号机组其余防喘阀反馈装置。

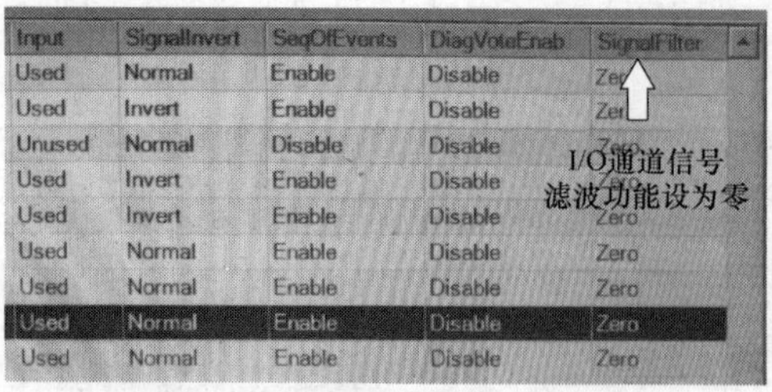

Input	SignalInvert	SeqOfEvents	DiagVoteEnab	SignalFilter
Used	Normal	Enable	Disable	Zero
Used	Invert	Enable	Disable	Zero
Unused	Normal	Disable	Disable	Zero
Used	Invert	Enable	Disable	Zero
Used	Invert	Enable	Disable	Zero
Used	Normal	Enable	Disable	Zero
Used	Normal	Enable	Disable	Zero
Used	Normal	Enable	Disable	Zero
Used	Normal	Enable	Disable	Zero

图 5-26　原通道的滤波功能设置

（2）增加 11、12 号机组防喘阀反馈信号的信号过滤功能。原通道的滤波功能设置，如图 5-26 所示，在同研究院专家和 GE 公司技术人员分析、讨论后，启用了防喘阀反馈 I/O 通道的信号过滤功能，在通道中设置了 50ms 的过滤时间，当信号波动间隔时间大于 50ms SOE 时记录信号，更改设置后信号过滤功能试验正常。

（3）完善 11 号机组排气扩散段膨胀皮带保温措施，增加防喘阀反馈装置处的管道保温。

（4）全面排查 9F 燃气轮机主要保护信号的防抖动设置，在控制软件中对重要的保护信号添加信号过滤功能。

（5）进一步对重要保护的单点信号进行梳理，在 CSA 合约基础上加强和 GE 公司的沟通，对防喘阀的位置反馈装置进行技术改造，将其位置反馈装置关行程开关改造为三取二模式。

（6）增装排气扩散段间温度元件，加强 11、12 号燃气轮机排气扩散段间的温度监视，当排气扩散段间温度升高时及时采取措施，确保反馈装置处的环境温度低于 80℃。

（7）加强燃气轮机仪控人员技术培训，全面梳理、排查其他相应快速减负荷联锁逻辑，对产生快速减负荷指令的信号可靠性进行分析和优化。

八、中低压连通管蝶阀（LV）误动导致供热管快关阀前膨胀节泄漏停机

（一）事件过程

2020 年 10 月 23 日 17 时，5 号机组在网运行，负荷 285MW，1、2、3 号磨煤机运行，汽动给水泵运行，2、3 号电动给水泵备用；四抽压力 0.61MPa，五抽压力 0.35MPa，机组运行正常。

17 时 06 分 41 秒，5 号机组负荷由 288MW 突降至 188MW，其后机组负荷在 188～260MW 波动，机房内有漏汽声，迅速安排人员排查。3s 后机组协调控制解除。

17 时 07 分，值长汇报公司相关领导，同时联系相关人员到场协助。

17 时 10 分，运行人员发现 5 号机组中低压连通管蝶阀（LV 阀）开度在 11%～100% 波动，5 号机组快速减负荷，停运 5 号锅炉 1 号磨煤机。3min 后机房内有汽流声，可见蒸汽。

17 时 24 分 12 秒，5 号机组汽轮机手动打闸，发电机解列，锅炉灭火。情况汇报中调，汽轮机惰走期间，各参数正常。

17 时 30 分，就地检查发现 5 号机组供热抽汽 1 号管快关阀前膨胀节裂开。

17 时 47 分，5 号机组转速到零，盘车投入正常。

（二）事件原因查找与分析

1. 事件原因检查

事件后检查，5 号机组停机前后机组振动、轴向位移、推力瓦温度等参数均没有大幅度变化，未达到报警值，五抽安全阀正常动作，LV 阀油系统无外部泄漏情况。

通过现场检查及DCS趋势分析，事件过程中参数变化如下。

17时06分41秒，机组负荷45s内由288MW突降至188MW，LV阀前压力开始上升。

17时07分16秒，LV阀位反馈由100%开始下降，45s后关闭至11%（有机械限位）。

17时09分59秒，五抽压力由0.352MPa升至0.82MPa，LV阀前压力由负荷变化前的414kPa升至1000kPa以上（满量程），LV阀后压力由437.4kPa降至104kPa稳定。

17时10分43秒，LV阀位反馈上升，10s后开启至100%，电负荷升至272MW，五抽压力降至0.17MPa。

17时11分23秒至17时12分22秒，LV阀位反馈波动，最低至88%。

17时15分17秒至17时15分29秒，LV阀位反馈波动，最低至79%；49s后LV阀位反馈波动，最低至44.78%，LV阀前压力趋于平稳、不再大幅波动。

17时19分59秒，五抽压力降至0.04MPa。整个事件过程中LV阀指令均为100%。

17时24分12秒，机组打闸，就地检查LV阀全开，DCS显示LV阀位反馈在58%。事件过程中参数变化曲线，如图5-27所示。

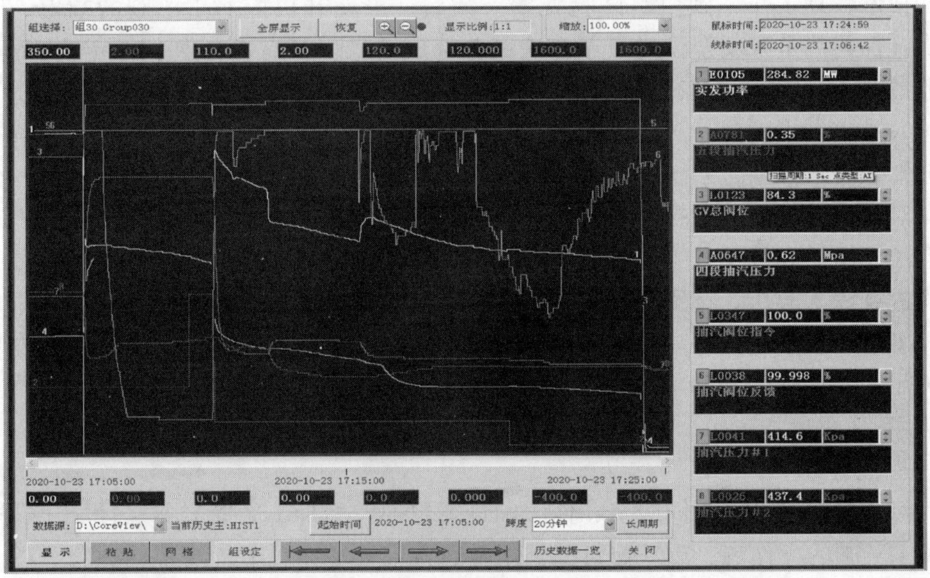

图5-27　事件过程中参数变化曲线

2. 现场LV阀控制试验

(1) 由DCS发指令到就地LV阀伺服卡，0～100%行程，伺服卡处接收到4～20mA信号正常，DCS至LV阀伺服卡的控制回路正常。

(2) 通过DCS发调节阀位指令和就地对伺服卡直接加4～20mA信号对LV阀进行控制调节，LV阀有时能按指令动作，有时不能动作，同时，阀门LV位置反馈显示比实际参数变化滞后35s左右。排除了接线松动、断线等情况后，判断为伺服卡故障。

LV阀动力源由抗燃油提供，由就地的伺服卡、DDV阀及阀门位置反馈组成闭环控制，接受DCS的模拟量4～20mA指令，并由伺服卡输出阀门的位置状态至DCS显示。

5号机组于2019年进行了光轴改造，将原来中低压缸连通管拆除，中压缸排汽直接至热网加热器（共3台）进行交换供热。非供热期，LV阀用短管替代及机组纯凝方式运行。

2020～2021年供热期，由于地方供热市场变化，供热量减小，5号机组采取非光轴方式供热，2020年9月检修中将原拆除的LV阀恢复到系统中，油动机返厂大修，由于原型伺服卡无备品，换型采购新伺服卡及使用备品伺服阀。

3. 原因分析

（1）直接原因：5号机组运行中LV阀误动，供热管道压力突升，造成供热1号管快关阀前膨胀节泄漏。

（2）间接原因：供热1号管快关阀前膨胀节存在质量问题，是造成膨胀节泄漏的主要原因。膨胀节原设计压力为1.6MPa，在LV动作过程中供热管道压力最高升至0.82MPa时发生泄漏。

4. 暴露问题

（1）检修及改造管理不到位。2020年9月，5号机组LV阀进行了检修，油动机进行了大修、伺服卡换型采用的是SVH2611伺服卡，伺服阀采用的是MOOGD634-513DDV阀，10月17日机组并网。伺服卡质量存在隐患，设备运行后一周内发生误动作情况。

（2）技术管理工作不到位，试验方案有缺失。虽然开机前对LV阀的断电、断信号、断油源措施保阀门全开安全位进行了多次试验都成功，但没有考虑到伺服卡内部运算等出现故障的情况，试验方案没有充分考虑设备扰动的其他工况。

（3）人员培训不到位，热工专业人员技术掌握不全面。热工技术人员对油系统及液压控制部分知识欠缺，缺乏系统性思维，对LV阀在热力系统重要性认识不够。

（4）对膨胀节设备隐患排查不到位，没有发现膨胀节质量问题。虽然对膨胀节进行过检查，但由于缺乏有效检查手段和技能，也只是开展外表形貌宏观检查，没能进一步对膨胀节结构进行深入分析，特别是没有对单层波抗疲劳性能差的特点采取相应改进措施。

（5）事故预案不全面，缺乏类似情况的针对性措施。事故预案中没有非供热期间LV阀异常关闭的紧急处理预案，运行人员没有第一时间判断出故障点，并采取应急措施。

（三）事件处理与防范

1. 事件处理

（1）对5号机组LV阀伺服卡、伺服阀进行更换。增加LV阀异常关闭下DCS上运行人员快开LV阀的操作端。重新修订LV试验的方案，增加抗干扰及扰动试验。

（2）更换同类型膨胀节，采用多层波纹膨胀节。

2. 事件预防

（1）对膨胀节前后供热管道焊缝进行检查。

（2）制定非供热期LV阀误动事故应急预案，组织相关人员进行培训及演练，提高各级人员处置LV阀误动应急能力。

（3）6号机组在纯凝气工况下采取机械强制措施，保障LV全开，不因发生误动作影响系统安全。

（4）加强技术培训，重点针对液压系统组织开展热工与机务专业相互学习，使专业技术人员熟练掌握LV阀工作原理、日常检查重点、试验方法、故障判断。

（5）强化隐患排查管理，加大隐患排查奖励力度，激发各级人员深入现场发现问题排查隐患的积极性，提高专业技术人员解决问题的能力。

九、两台给水泵相继故障导致机组被迫停运

2020 年 5 月 27 日，1 号机组负荷 110MW，主蒸汽压力 10.1MPa，2 号给水泵运行，1 号给水泵备用，2 号给水泵电流 293A，勺管开度 55%，给水泵转速 4145r/min，给水泵出口压力 12.58MPa，汽包水位 10mm，主给水流量 290t/h 左右。

（一）事件过程

07 时 00 分，早班人员交班前对现场设备检查无异常；07 时 30 分，中班人员接班前检查设备无异常，查阅机组各参数均正常。

08 时 01 分，锅炉监盘人员发现 2 号给水泵转速由 4145r/min 突然下降至 400r/min，然后快速上升至 4500r/min，主给水流量为 0t/h，汽包水位持续下降，立即将 2 号给水泵勺管逐渐开大至 93%，给水泵转速未上升，主给水流量仍然为 0t/h，值班员立即启动 1 号给水泵，调整出力至正常，手动启动 2 号给水泵辅助油泵，停运 2 号给水泵，就地检查发现 2 号给水泵前后轴承呼吸口和电机轴承油挡喷油，通知设备部及检修检查。

08 时 26 分，1 号给水泵跳闸，跳闸首出“润滑油压低”，值班员抢启给水泵不成功，立即将锅炉灭火，负荷减至 5MW。

08 时 38 分，就地检查未发现异常后恢复 1 号给水泵运行，对锅炉上水至正常水位后重新点火，机组负荷加至 85MW。

09 时 41 分，1 号给水泵再次因润滑油压低跳闸，再次将锅炉灭火，负荷减至 5MW；立即联系正在检查 2 号给水泵故障原因的设备部点检、检修人员检查，发现 1 号给水泵润滑油泵无法盘动。因 1、2 号给水泵均发生故障，当班值长将情况汇报省调，并申请 1 号机组停备进行处理获准。

10 时 02 分，机组与系统解列。给水泵故障阶段历史曲线，如图 5-28 所示。

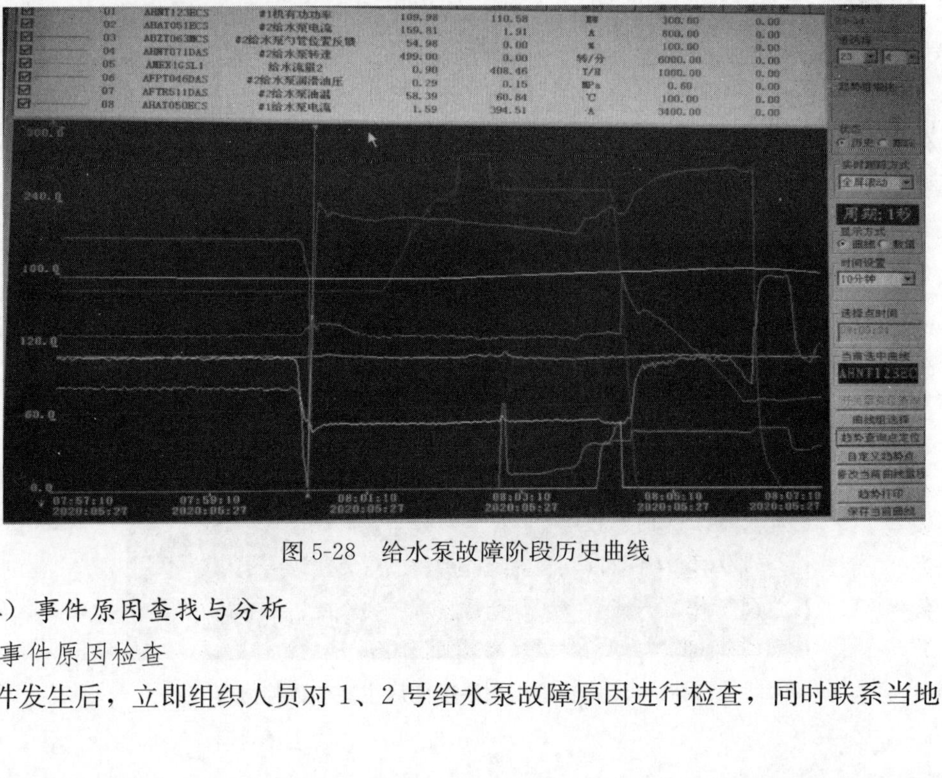

图 5-28　给水泵故障阶段历史曲线

（二）事件原因查找与分析

1. 事件原因检查

事件发生后，立即组织人员对 1、2 号给水泵故障原因进行检查，同时联系当地电力科

学研究院相关专家于下午到达现场指导查找原因，经参数分析及现场解体检查2号给水泵液力偶合器、1号给水泵润滑油泵，更换2号给水泵液力偶合器润滑油等工作，基本判断造成本次机组非计划事件的原因如下。

（1）2号给水泵故障原因分析。事后解体2号给水泵液力偶合器发现易熔塞熔化，结合转速突降后再次发生突升现象分析，该过程造成耦合器涡轮过热。

针对给水泵前后轴承呼吸口和电机轴承油挡喷油，事后综合分析检查原因为转速突降后再次发生突升且剧烈扰动，加之油温升高，产生的油气泡沫使回油管气塞。而转速突降后再次发生突升原因，经事后解体发现，2号给水泵勺管反馈斜槽局部存在磨损，工作油进油调节阀存在卡涩，运行中因勺管存在抖动致使调节阀传动机构凸轮抬高至反馈斜槽外引起调节阀关闭，工作油进油中断，转速突降；随后又因勺管抖动重新跌落斜槽，调节阀开启，而此时因之前泵转速突降，管道内给水汽化，工作油恢复后，泵相当于空载运行，造成转速飞升（无法验证）。2号给水泵勺管，如图5-29所示。

图5-29　2号给水泵勺管

（2）1号给水泵润滑油压低故障原因分析。经检查1号给水泵油系统共3台油泵，分别为工作油泵、润滑油泵和辅助油泵。1号给水泵备用时辅助油泵与工作油泵运行，润滑油泵备用；1号给水泵启动后将辅助油泵倒换至润滑油泵运行，辅助油泵备用。

第一次润滑油压低跳闸原因为润滑油温大幅上涨，因事故处理未能及时发现并调整冷却水降温。8时03分，启动1号给水泵后，维持辅助油泵运行。给水泵启动后润滑油温缓慢上升，润滑油压缓慢下降，至08时26分，1号给水泵润滑油冷油器进口温度由30℃上升至81℃，冷油器出口温度由28℃上升至48.8℃，润滑油压由0.3MPa下降至0.11MPa，1号给水泵因润滑油压低跳闸（润滑油压低Ⅰ值为0.15MPa，低Ⅱ值为0.11MPa，低Ⅰ值联启辅助油泵，低Ⅱ值联跳给水泵）。1号给水泵跳闸前后主要参数趋势，如图5-30所示。

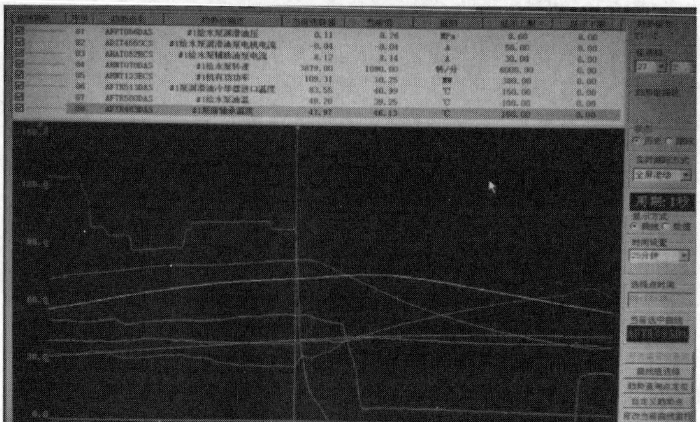

图5-30　1号给水泵跳闸前后主要参数趋势

第二次润滑油压低跳闸原因为外置润滑油泵铜推力瓦块磨损严重，造成串轴后内部螺杆卡死，油泵不能正常运行，1 号给水泵润滑油泵推力轴承磨损情况，如图 5-31 所示。9 时 41 分，1 号给水泵润滑油泵故障（卡涩），辅助油泵联启，润滑油压上升至 0.33MPa 后又下降至 0.10MPa，1 号给水泵因润滑油压低压再热器跳闸。1 号给水泵第二次跳闸趋势，如图 5-32 所示。

图 5-31　1 号给水泵润滑油泵推力轴承磨损情况

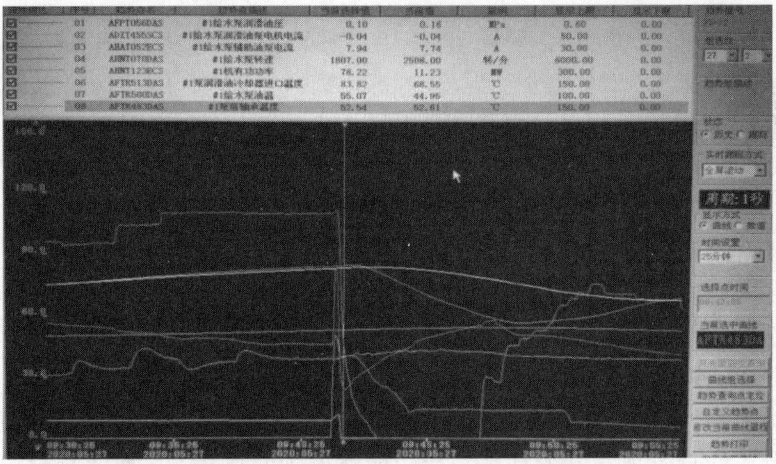

图 5-32　1 号给水泵第二次跳闸趋势

2. 事件原因分析

（1）直接原因：2 号给水泵因勺管进油调节阀卡涩导致转速失控，进而导致液力偶合器易熔塞熔化无法正常工作；而 1 号给水泵再次因润滑油泵卡涩故障导致润滑油压低跳闸。

（2）间接原因：机组面临退役，加之每年运行时间较短，对设备检修重视不够，导致设备欠修严重。

3. 暴露问题

（1）管理方面：安全意识淡薄，对在役机组设备检修管理不到位，因机组面临退役，未能坚持“应修必修、修必修好”原则。此外存在麻痹、侥幸心理，对重要辅机的检修维护不到位。

（2）技术方面：辅机油品管理重视不够，本次 2 号给水泵调节阀卡涩，事后检查发现偶合器油中存在带水现象。

（三）事件处理与防范

1. 事件处理

更换 2 号给水泵液力偶合器润滑油，修复 1、2 号给水泵勺管反馈斜槽的局部磨损，消除工作油进油调节阀卡涩。

2. 事件防范

(1) 提高对安全生产极端重要性的认识，克服麻痹、侥幸、不负责任三大顽疾，落实好“讲政治、抓落实、转作风、保平安”十二字要求，加强生产安全管理。

(2) 公司一期两台21万机组计划延寿至2024年，结合实际情况即刻策划机组检修工作，坚持“应修必修、修必修好”原则，保障设备安全可靠运行。

(3) 继续深入分析2号给水泵故障原因，防止再次发生类似事件，举一反三，对2号机组同类型给水泵开展检查。

(4) 规范油品管理，梳理公司当前主辅机油品取样分析定期工作，查漏补缺，避免因油品管理不到位造成设备损坏。

十、循环水泵出口阀液控电磁阀故障造成机组低真空保护动作停机

2020年2月26日，某厂1号机组备用。2号机组有功功率155MW，无功功率22.75Mvar，主蒸汽压力9.86MPa，B、C制粉系统运行，A、B汽动给水泵运行，电动给水泵备用，B真空泵运行，A真空泵备用，4号循环水泵运行，3号循环水泵备用。

(一) 事件过程

2月26日15时12分53秒，2号机组控制员发现凝汽器真空迅速下降，立即启动A真空泵，并查找凝汽器真空下降原因。

15时13分40秒，发现2号机组DCS画面显示循环水压力降至0，4号循环水泵出口蝶阀全开信号消失，立即启动3号循环水泵。

15时13分42秒304，2号机组凝汽器真空低低值发出，2号机组汽轮机跳闸，锅炉MFT，发电机解列，厂用电切换正常。

15时20分，检查发现4号循环水泵出口蝶阀就地开度5%，地面有积油，蝶阀油箱油位不可见。

15时25分，4号循环水泵和出口蝶阀停电，通知检修人员办票处理4号循环水泵出口蝶阀缺陷。

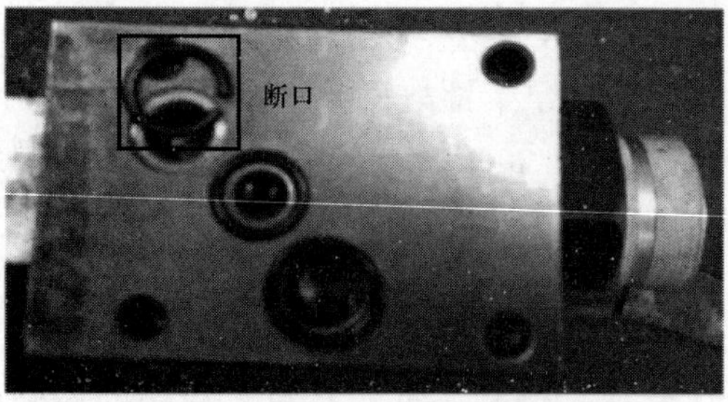

图5-33 液控电磁阀O形圈破裂

15时43分，2号锅炉点火成功。

17时23分，2号机组与系统并列。

(二) 事件原因查找与分析

1. 事件原因检查

事件后，经现场检查发现，4号循环水泵出口蝶阀液控电磁阀O形圈破裂（如图5-33所示），蝶阀油箱跑油100L。

2. 原因分析

2号机组4号循环水泵出口蝶阀液控电磁阀O形圈破裂后，油箱油位下降引起油压下降，蝶阀在重锤自重作用下关至5%，全关信号未发，备用3号循环水泵未联启，造成汽轮机循环水中断，2号机组低真空保护动作导致机组跳闸。

3. 暴露问题

生产技术部门组织设备隐患排查，安排不到位，检修项目覆盖不全，而检修维护部门对隐患排查主动性不强，排查不到位，使循环水泵出口蝶阀液控电磁阀O形圈经长时间运

行老化导致强度降低，未能及时发现与更换。

（三）事件处理与防范

1. 事件处理

更换1～4号循环水泵出口蝶阀液压系统O形圈。

2. 事件防范

举一反三，对全厂主设备和主要辅助设备采用O形圈密封的液压系统进行全面排查，发现有老化、变形等情况立即进行处理。

十一、调节油系统恒压调节阀故障造成机组安全油压力高跳闸

2020年8月4日，某电厂3号机组负荷590MW，B、C、D、E、F磨煤机运行，总煤量255t/h，总风量1780t/h，各主辅机运行正常，调节油泵A运行、B备用，调节油压力4.3MPa。

（一）事件过程

8月4日，运行人员根据定期工作计划，按标准操作卡进行调节油泵定期自启试验及定期切换操作。

11时03分，备用调节油泵自启成功后，就地调节油压母管压力、安全油压压力表显示6MPa，TGC画面安全油压显示红底，汽轮机跳闸，跳闸首出“调节油系统故障”，发电机联跳、锅炉MFT动作，厂用电自切正常。

16时40分，3号机组启动并网。

（二）事件原因查找与分析

1. 事件原因检查

机组跳闸后，调节油泵单泵运行，调节油母管压力3.7MPa，偏低；两台调节油泵运行，调节油母管5.8MPa，压力偏高，更换量程为10MPa的压力表进行双泵运行检查，压力显示6MPa，分析恒压阀自动调节异常。

立即更换恒压阀后，启动油泵将调节油系统压力整定值由4.0MPa调整至4.2MPa，并再次进行试验：分别进行单泵及双泵试验，调节油母管压力分别为4.2、4.8MPa，压力正常；停运调节油泵A，保持B泵运行，压力稳定在4.2MPa。

2. 事件原因分析

（1）直接原因：3号机组调节油系统恒压调节阀失调。

（2）间接原因：阿尔斯通（ALSTOM）机组相关热工保护逻辑中设置的坏点保护不合理，需优化。

（三）事件处理与防范

1. 事件处理

（1）更换恒压调节阀。

（2）咨询主机厂发现没有恒压阀的检修周期和寿命周期规定，结合此次跳机经验教训对恒压阀制定年度检修计划，升版标准工作文件包，开展定期检修检查。

（3）暂时解除3、4号机组安全油压力测点坏点保护。

（4）书面传真制造厂家，让其反馈恒压阀备件及修复情况。

2. 事件预防

（1）按二、三期ALSTOM机组保护逻辑中坏点保护清单，逐项讨论坏点保护优化，

结合机组检修实施。

（2）加快运行操作票系统数据向中国电力集中应用平台转移。

（3）公司三期同为 ALSTOM 机组，但其调节油与润滑油系统相互独立，调节油系统油质基本控制在 NAS5 级，优于厂家推荐 NAS7 级的标准。参考借鉴三期经验，策划对二期机组润滑油、调节油系统进行独立优化，提高油质指标。

第二节　测量仪表及部件故障分析处理与防范

本节筛选了因测量仪表异常引起的机组故障 3 起，分别为高压旁路压力变送器故障导致机组跳闸、压力表内焊口断裂导致机组抗燃油压低保护动作和主油箱液位变送器故障导致机组跳闸事件。

三例案例反映机组日常运行中，应定期重点检查维护与联锁保护和控制相关的测量仪表装置及部件的运行趋势，及时发现问题予以处理，消除其引起机组安全运行的隐患。

一、高压旁路压力变送器故障导致机组跳闸

某发电厂 5 号机组容量为 330MW，配套锅炉为上海锅炉厂有限公司生产的 SG-1018/18.55-M864 型锅炉，亚临界参数、一次中间再热、自然循环、单炉膛、平衡通风，摆动燃烧器四角切圆燃烧，固态排渣煤粉炉。配套汽轮机型号为 N330-17.75/540/540，为北京北重汽轮电机有限责任公司生产制造，为单轴、三缸、亚临界、中间一次再热、两排汽、冲动、凝汽式。配套发电机型号为北京北重汽轮电机有限责任公司生产制造的 QFSN-330-2 型发动机，发电机冷却方式为水-氢-氢。

（一）事件过程

2020 年 1 月 12 日 17 时，5 号机组负荷 234MW，锅炉双侧风烟系统运行，A、B、C、D 磨煤机运行，1 号汽动给水泵运行，厂用标准方式运行。

17 时 03 分，5 号机组高压旁路突开至 77%，主蒸汽流量由 650t/h 突升至 1240t/h，汽包水位由−7mm 突降至−192mm，机组负荷由 234MW 突降至 154MW。

17 时 05 分 30 秒，运行人员启动 2 号电动给水泵；17 时 05 分 37 秒，启动 3 号电动给水泵，增加给水流量，调整汽包水位；17 时 06 分，汽包水位 268mm，“汽包水位高”保护动作，锅炉灭火。

17 时 09 分，再热蒸汽温度下降速度 10min 内超过 50℃，“再热蒸汽温度低”保护动作，汽轮机跳闸，发电机“逆功率”保护动作，机组解列。

17 时 30 分，检修处理好 5 号机组高压旁路故障，申请中调、总调同意，5 号锅炉点火。

20 时 25 分，5 号机组并网运行。

（二）事件原因查找与分析

1. 事件原因检查

现场对 5 号机组高压旁路压力变送器（共两个压力变送器）进行检查，发现 5 号机组高压旁路压力变送器 1 出现电压由 24V 降低至 16V 且有波动现象，后测试发现时好时坏。将 5 号机组高压旁路两个压力变送器全部隔离，高压旁路压力测点改至电调压力测点。

2. 事件原因分析

（1）直接原因：由于5号机组高压旁路压力变送器1电压波动，误发主蒸汽压力高信号，高压旁路“主蒸汽压力升高斜率超限”保护动作，高压旁路快开。

（2）间接原因：高压旁路快开后，运行人员没有及时发现高压旁路快开，只看到主蒸汽流量突增，汽包水位突降现象，迅速启动电动给水泵增加给水流量。在运行人员增加给水流量同时，高压旁路开始自动调整逐步关小，造成汽包水位快速上升，“汽包水位高”保护动作，锅炉灭火。

3. 暴露问题

（1）5号机组高压旁路压力变送器2003年投运，存在元件老化现象，大修时进行了检验，未发现元件老化会引发电压突降隐患，检修发现设备缺陷能力不足。

（2）运行人员在发现主蒸汽流量突增，汽包水位突降现象后，未进行综合判断，发现高压旁路快开情况，运行事故处置能力不足。

（三）事件处理与防范

1. 事件处理

（1）更换故障的5号机组高压旁路压力变送器。

（2）高压旁路压力信号更换为机侧主蒸汽压力信号，采用“三取中”的逻辑判断方式。

2. 事件预防

（1）加强运行人员培训工作，有针对性开展应急演练，提高运行事故处置能力。

（2）完善报警设置，包括高压旁路压力任一点坏质量或偏差越限，任意两点间偏差大，高压旁路“主蒸汽压力升高斜率超限”保护动作，“高压旁路快开”动作报警。任两信号值偏差越限时，高压旁路压力调节系统应切至手动。

（3）变送器已投运16年，需结合机组检修机会安排热工一次设备技改计划，更换同批投运的变送器，对可能影响机组安全运行的应尽早更换。

二、压力表内焊口断裂导致机组抗燃油压低保护动作

某厂1号机组为东方汽轮机有限公司制造的C150/135-13.24/1.0/535/535超高压、一次中间再热、单轴三支点支承、双缸双排汽、冲动凝汽式、一级可调整抽汽供热式汽轮发电机组。

（一）事件过程

2020年8月2日05时55分44秒，机组负荷108MW，主蒸汽压力9.9MPa，主蒸汽温度535℃，1A抗燃油泵运行，抗燃油压13.89MPa，抗燃油箱油位261mm且开始下降。

6时02分30秒，机组负荷110MW，主蒸汽压力10MPa，主蒸汽温度535℃，1A抗燃油泵运行，抗燃油压13.87MPa且开始下降，最低降至11.47MPa，抗燃油箱油位已下降至95mm。

6时03分06秒，抗燃油压低联启1B抗燃油油泵运行，抗燃油压恢复至13.87MPa。

6时04分，抗燃油压开始下降，抗燃油箱油位已下降至83mm。

6时05分32秒，抗燃油压下降至9.5MPa，“抗燃油压过低”保护动作，机组解列停运。运行人员按机组紧急停运处理。经现场检查发现，高压储能器处地面有大量抗燃油，储能器B侧压力表损坏，关闭重新补充抗燃油525kg。

11时36分，机组恢复并网。

（二）事件原因查找与分析

1. 事件原因检查

事件后检查DCS历史曲线，1号机组DCS趋势，如图5-34所示，发现05时55分44秒抗燃油箱油位已开始下降，运行人员未能及时发现并采取相应措施。

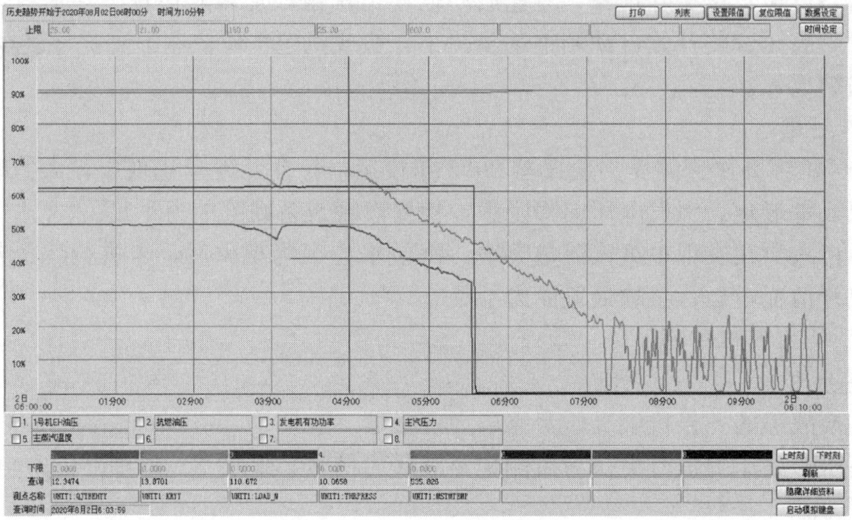

图5-34　1号机组DCS趋势

检查高压储能器B侧压力表为上海某厂生产的普通弹簧管压力表，量程为0～25MPa，检验日期为2020年3月19日，有效期至2022年3月18日，该压力表为3月份1号机组C级检修时新更换压力表（更换后，1号机组开机后连续运行20天抗燃油压稳定无波动现象）。现场检查发现断裂部位为压力表进油口与压力弹簧焊接处。现场损坏压力表位置，如图5-35所示；压力表内部断裂部位，如图5-36所示。

图5-35　现场损坏压力表位置

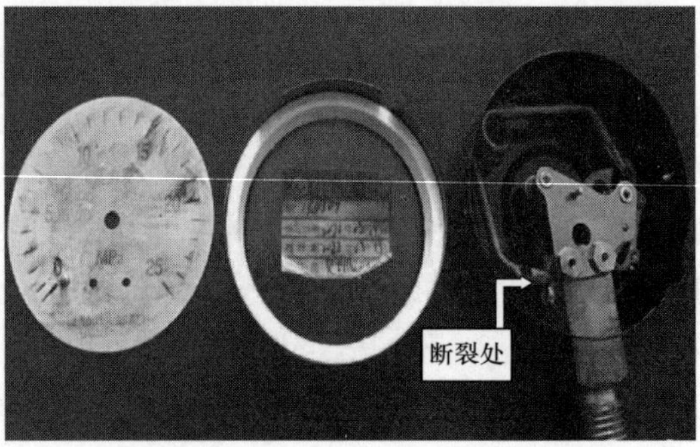

图5-36　压力表内部断裂部位

2. 事件原因分析

（1）直接原因：压力表内部弹簧管焊接工艺自身存在缺陷，焊接材质和弹簧管材质不一致，运行过程中产生疲劳导致焊接部位断裂，抗燃油泄漏至压力表内，并外漏导致抗燃油压低，发出抗燃油压过低保护信号动作。

（2）间接原因：运行人员监视机组运行情况不仔细，05时55分44秒，抗燃油箱油位已开始下降，运行人员未及时发现并采取相应措施，导致事件进一步扩大并最终停机。

3. 暴露问题

（1）压力表为上海自动化仪表有限公司（上自仪四厂）生产，内部焊接工艺存在缺陷，焊接材质和弹簧管材质不一致，压力表内部缺陷比较隐蔽，巡检时不易发现问题，而抗燃油箱容积较小，抗燃油压较高，一旦发生泄漏，油箱液位下降速度较快，来不及进行补油。

（2）抗燃油箱油位低报警只引入 DCS 软光子报警，未引入声光报警。

（3）运行人员应急能力不足，抗燃油位低报警发出未能第一时间做出反应，未安排巡检人员就地检查。巡检人员故障排查不到位，未能在有效时间内发现泄漏位置，无法为故障处理提供决策依据。

（三）事件处理与防范

（1）梳理该批次压力表现场使用情况，并进行更换，如无压力表更换则先关闭压力表一次门。

（2）关闭 1、2 号机组储能器压力表一次门，同时举一反三，梳理主蒸汽系统、主给水系统、润滑油系统区域压力表，制定更换计划。

（3）梳理 1、2 号机组抗燃油箱油位、抗燃油压低报警值，确保报警动作正常，并将抗燃油箱油位低引入光子排报警，实现声光报警。同时举一反三，梳理其他联锁逻辑报警情况。

（4）加强运行值班人员管理，提高监盘质量。

三、主油箱液位变送器故障导致机组跳闸

某公司 4 号机组锅炉为 DG1958/28.5-Ⅱ13 超超临界参数、变压直流炉、对冲燃烧方式、固态排渣、单炉膛、一次再热、平衡通风、露天布置、全钢构架、全悬吊、Ⅱ型锅炉。汽轮机为上海汽轮机厂有限公司生产的 N660-27/600/610 型超超临界、一次中间再热、单轴、四缸四排汽、双背压、纯凝汽式汽轮机，设有九段回热抽汽，依次供给三台高压加热器、一台除氧器和五台低压加热器。

（一）事件过程

2020 年 9 月 5 日，该公司两台机组按照省调负荷曲线正常运行（两台机组各自带 360MW 负荷）。3 时 26 分，4 号机组监盘人员发现“主机油箱液位 2”跳变，间断波动到满量程（1532mm），派巡检人员就地检查 4 号机组主油箱油位，通过就地磁翻板液位计确认油位正常（930mm 左右），即通知热工值班人员到场检查。3 时 32 分，4 号机组跳闸，首出原因为 ETS“润滑油箱液位保护动作”。

（二）事件原因查找与分析

1. 事件原因检查

（1）事件后，运行和热控人员立刻进行检查，通过 SOE 事件记录确认，未发现有人员异常操作，确定为汽轮机润滑油箱液位保护触发导致机组跳闸。通过查看该时段的历史趋势发现，3 时 32 分 40 秒，主油箱液位 1 显示为 929.4mm，主油箱液位 3 显示为 939.5mm，两个液位显示偏差 10.1mm；另主油箱液位 2 显示为 1532mm，主油箱液位历史趋势，如图 5-37 所示。

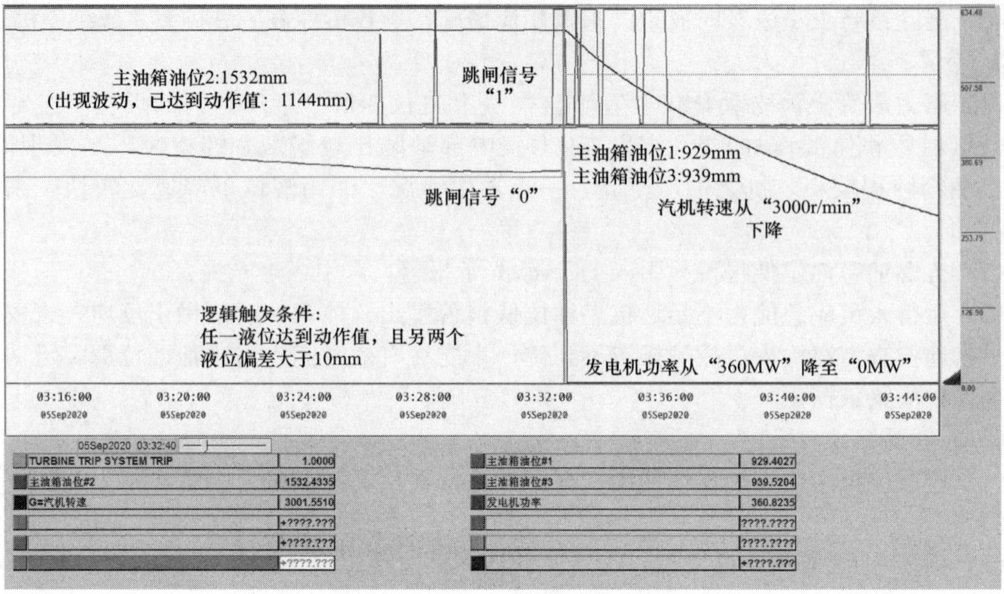

图 5-37　主油箱液位历史趋势

（2）根据趋势数据显示同保护逻辑关联，确定具体保护动作由以下控制逻辑触发：润滑油箱任一变送器达到动作值（高：＞1144mm，低：＜844mm），且其余两个液位变送器偏差大（偏差值大于 10mm）。

（3）就地检查主油箱液位 2 变送器，就地显示同 DCS 画面显示均存在波动，排除电源、信号干扰、电缆及传输问题。其故障报警灯亮，立即查看说明书及咨询厂家，确认液位计表头电路板故障。该类型变送器为 E＋H 电容液位变送器，型号为 FM151，运行至今较为稳定，判断为偶发故障，立即更换新变送器。

（4）发现逻辑设置不合理，在润滑油泵运行中，油箱内油会出现波动，各液位变送器动态测量值偏差在 10mm，属于正常波动范围，经与厂家确认定值，将两个变送器允许偏差设置为 100mm。运行再次排查，机组设备无其他异常，满足开机条件，即向省调申请重新开机。

2. 原因分析

（1）主要原因：“油箱液位变送器 2”故障，且保护逻辑中的偏差值设置不合理（当一个变送器故障（达到保护动作值）时，另两个变送器的允许偏差超过设定值（＜10mm），将保护动作）。

（2）间接原因：未能对设备厂家设计的保护逻辑合理性进行审查和管控。

3. 暴露问题

（1）设备管理方面存在“死角”。DEH 厂家控制逻辑设置不合理，定值未校核。

（2）对设备厂家的保护逻辑设计不熟悉。由于 DEH 厂家控制逻辑是出厂设置好的，公司技术人员过度信赖厂家，未能有效组织公司技术力量检查分析，生产人员对相关保护的设置逻辑不熟悉，未能及时发现保护逻辑的错误。

（三）事件处理与防范

（1）将故障变送器进行更换，修改主机润滑油箱液位保护逻辑定值。

（2）已联系同类型电厂，通过同类电厂沟通，结合实际，探讨出汽轮机主保护逻辑优化方案。并联系厂家技术人员到现场，排查汽轮机保护逻辑存在的问题，举一反三，进行主保护逻辑、定值专题技术分析排查。

（3）举一反三，立刻排查两台机组其他同品牌类型液位变送器使用情况。

第三节　管路故障分析处理与防范

本节收集了比较有代表性的因管路异常引起的机组故障3起，分别是仪用气管路过滤器故障引起安全切断阀失气关闭导致机组跳闸、二次风量取压管路异常导致炉膛压力低低保护动作和管路积气引起安全油压波动大误开隔膜阀导致机组跳闸事件。

管路异常是热控系统中最常见的故障之一，相似案例发生的概率大，易引发机组故障。因此，热控人员应重点关注并举一反三，深入检查，发现问题及时整改。

一、仪用气管路过滤器故障引起安全切断阀失气关闭导致机组跳闸

（一）事件过程

2020年8月8日17时30分15秒，某厂11号9F燃气机组在运行过程中报警燃气安全切断阀故障（L33VS4_4ALM）。

17时30分16秒时，出现失火焰跳机（L28FDT_ALM）报警，11号9F燃气机组燃气安全切断阀在运行中突然关闭，导致天然气中断，机组因失火焰跳机。

（二）事件原因查找与分析

1. 事件原因检查与分析

检查历史曲线发现，从11号9F燃气机组的仪用空气母管压力、温度等参数看，没有出现波动，一直稳定在母管温度38.4℃、压力0.7MPa左右。

现场检查发现，燃气安全切断阀的仪用气管路上过滤器滤杯外壳破裂，造成燃气安全切断阀失气，在运行中突然关闭。空气过滤器安装位置，如图5-38所示；过滤器滤杯破裂情况，如图5-39所示。

图5-38　空气过滤器安装位置

图5-39　过滤器滤杯破裂情况

燃气安全切断阀前仪用空气过滤器安装位置附近无管道或设备，正常运行时，其过滤器滤杯不会和其他设备相碰，不会受到振动、挤压等影响。2019 年 6 月 27 日的检修中更换了该过滤器，至事件发生时，使用时间不到 14 个月，判断过滤器质量存在问题。

2. 带伤原因分析

燃气安全切断阀前仪用空气过滤器，因质量问题破裂，燃气安全切断阀失气关闭，造成燃烧室熄火，机组因失火焰跳机。

（三）事件处理与防范

（1）更换过滤器，将滤杯材质由聚碳酸酯（PC）改型为金属材质。对全厂涉及保护、跳机等主重要阀门的过滤器建立设备台账，细化设备管理。

（2）加强全厂主重要气动阀上的过滤器等附属装置的巡检和定期维护管理，确保仪用空气正常。

（3）对户外露天安装的主重要气动阀过滤器加装防雨保护设施，改善过滤器运行环境。

二、二次风量取压管路异常导致炉膛压力低低保护动作

某厂汽轮机采用上海汽轮机厂有限公司生产的 630MW 亚临界、一次中间再热、单轴、双缸双排汽、双背压、凝汽式汽轮机，采用全周进汽配汽方式，型号为 N630-16.7/538/538。锅炉是上海锅炉厂有限公司自主开发设计、制造的具有自主知识产权的亚临界 630MW 锅炉。锅炉型号为 SG-2028/17.5-M908，控制循环、四角切向燃烧、一次中间再热、单炉膛平衡通风、固态排渣、全钢构架的Ⅱ形汽包炉。二次风量测量采用徐州东兴能源有限公司生产的多点式自清灰差压测量装置，取样后分别接入三台差压变送器（A、B 侧各三个），总风量等于一次风量加上二次风量。

（一）事件过程

2020 年 08 月 10 日 02 时 51 分 04 秒，该厂 4 号机组 AGC/协调方式运行，负荷 320MW，A、B、C 磨煤机运行，炉膛负压－63Pa，锅炉总风量 1193.67t/h，送、引风机控制均在自动方式。A 送风机动叶开度为 36.49%，电流为 34.6A；B 送风机动叶开度为 31.13%，电流为 35.4A；A 引风机动叶开度为 45.45%，电流为 192.79A；B 引风机动叶开度为 49.26%，电流为 193.1A。电厂送、引风机动叶自动控制采用电流平衡，A、B 侧送、引风机动叶在运行期间会有一定偏差。

02 时 51 分 04 秒，4 号机组负荷 320MW 稳定运行，运行人员无操作。烟风系统正常调整时，送风机动叶调节开大约 4%（A 侧二次风量增加约 50t/h，B 侧二次风量增加约 190t/h，A、B 侧二次风量变化偏差大且变化不同步）。由于测点原因，导致二次风量变化较大，加剧送风机动叶调节作用，进而影响引风机动叶对负压的调节，负压变化又反作用于二次风量测量，最终导致送、引风调节相互耦合，调节过程发散，风烟系统工况进一步恶化。经过四次波动并呈发散趋势，炉膛负压低至跳闸值，触发锅炉 MFT。

（二）事件原因查找与分析

1. 事件原因检查

（1）事件后检查动作过程历史曲线（如图 5-40 所示），报警与信息记录，事件过程如下。

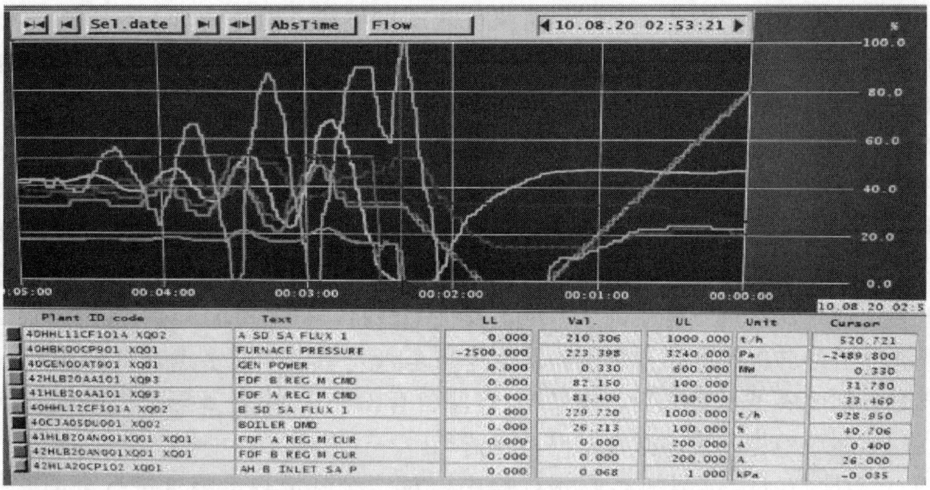

图 5-40　动作过程历史曲线

02 时 51 分 04 秒，机组负荷 320MW，炉膛负压为－63Pa；锅炉总风量为 1193.67t/h，A 送风机动叶开度为 36.49%，电流为 34.6A；B 送风机动叶开度为 31.13%，电流为 35.4A；A 引风机动叶开度为 45.45%，电流为 192.79A；B 引风机动叶开度为 49.26%，电流为 193.1A。10s 后，炉膛负压上升至 56Pa，总风量 1236.54t/h，A 送风机动叶开度 36.39%，B 送风机动叶开度 35.2%，A 引风机动叶开度 49.19%，B 引风机动叶开度 52.83%。

02 时 51 分 32 秒，炉膛负压下降至－309Pa，总风量 1221.38t/h，A 送风机动叶开度 37.2%，B 送风机动叶开度 30.98%，A 引风机动叶开度 42.24%，B 引风机动叶开度 46.52%。17s 后，炉膛负压上升至 216.2Pa，总风量 1302t/h，A 送风机动叶开度 41.1%，B 送风机动叶开度 39.3%，A 引风机动叶开度 52.6%，B 引风机动叶开度 56.6%。

02 时 52 分 05 秒，炉膛负压下降至－560.8Pa，总风量 1207t/h，A 送风机开度 37.2%，B 送风机开度 30.75%；A 引风机动叶开度 37%，B 引风机动叶开度 41.53%。13s 后，炉膛负压上升至 548Pa，总风量 1372t/h，A 送风机开度 52.82%，B 送风机开度 45.66%，A 引风机动叶开度 64.5%，B 引风机动叶开度 68%。

02 时 52 分 36 秒，炉膛负压下降至－1138.6Pa，总风量 1265t/h，A 送风机开度 32.21%，B 送风机开度 27.16%，A 引风机动叶开度 26.54%，B 引风机动叶开度 32.14%。17s 后，炉膛负压上升至 1391Pa，总风量 1149t/h，A 送风机开度 49.42%，B 送风机开度 46.21%，A 引风机动叶开度 55.10%，B 引风机动叶开度 58.43%。

02 时 52 分 54 秒，炉膛负压波幅增大，运行人员判断引风机自动调节发散，立即撤 4A、4B 引风机至手动，并快速关闭 4A、4B 引风机动叶，炉膛负压惯性下降。

02 时 53 分 07 秒，锅炉炉膛压力低低开关动作（动作值－2.49kPa）；锅炉 MFT，机组跳闸，首出“炉膛压力低低”。

(2) 锅炉专业检查。锅炉专业检查时，启动 A、B 侧送引风机，送风机动叶开度从 0%～92%，间隔为 5%的增量增加，动叶开度和电流跟随良好，响应及时。检查送风机振动最大 0.69mm/s，风机无异常。

打开送风机人孔门，检查4A、4B送风机液压缸簧片、抱箍锁母、空心销、出口挡板门，联络挡板，无异常，联系运行按5%的速度逐步开大动叶，直到100%，然后按5%的速度逐步关小动叶，关到0%，动叶执行机构、调节杆、动叶跟踪无异常。

以同样的方式检查引风机动叶执行机构和调节杆的跟踪情况，良好。

（3）热控专业检查。对A、B侧二次风量，二次风压取样管路查漏，未发现漏点。事件过程中，B侧二次风量比A侧二次风量变化幅度大，速率快，对二次风量取样管进行吹扫，吹扫后两侧风量变化幅度、速率一致。对风机动叶执行机构指令和反馈回路检查、传动，均正常。进行炉膛负压自动调节系统定值扰动试验，符合要求。

检查4号机组二次风量测量装置，采用徐州东兴公司生产的多点式自清灰差压测量设备，取样后分别接入三个差压变送器（A、B侧各有三个），检查B侧二次风量测点历史曲线检查，三个测点趋势一致，没有发现异常情况。

2019年9月10日，4号机组C级检修中，对二次风量测量装置进行全面吹扫检查，未发现有明显堵塞情况。2020年3月22日，对4号机组二次风量进行定期吹扫工作，未发现风量测量装置异常（厂家说明书注明免维护，电厂实际定期工作标准为每6个月吹扫一次）。

检查二次风量测量准确性，02时51分，B送风机出口压力0.409kPa，02时51分04秒变化到0.628kPa。A、B二次风量变化情况见表5-1。

表5-1　　A、B二次风量变化情况

序号	时间	A送风机动叶指令（%）	B送风机动叶指令（%）	A侧二次风量（t/h）	B侧二次风量（t/h）
1	2时51分08秒	39.42	33.97	360.67	373.86
2	2时51分25秒	35.01	31.67	427.56	563.14
3	2时51分41秒	42.65	38.24	383.79	237.04
4	2时51分55秒	32.16	29.83	432.54	659.7
5	2时52分12秒	45.52	41.98	370.46	0
6	2时52分27秒	26.05	23.63	499.94	868.56
7	2时52分44秒	53.01	48.77	345.21	0
8	2时52分56秒	37.92	35.3	441.6	862.18
9	02时53分	36	32	464.3	893.5

从表5-1可见，送风机A、B第一次减少约4%指令时，B侧二次风量增加约190t/h，A侧二次风量增加约60t/h，B侧风量明显高于A侧风量。MFT后，做B送风机特性试验，在同样的开度下，动叶增加5%开度，B侧二次风量增加60t/h。送风机B第一次增加约6%指令，B侧二次风量从563t/h降低至237t/h，风量变化326t/h，风量反馈明显高于动叶指令变化带来的风量变化范围。

检查期间，对A、B侧二次风量取样管路进行吹扫，吹扫后A、B侧二次风量变化率一致，消除了吹扫前A、B侧二次风量变化幅度、速率不一致情况。

在02时53分，总风量1807.6t/h，炉膛负压－1530.4Pa，A、B引风机动叶开度62%、36%（运行人员已退出自动），由表5-1可见，A、B送风机动叶开度36/32%，

A、B侧二次风量分别为464.3、893.5t/h，根据炉膛负压及引送风机动叶开度对应情况，B侧二次风量显示值明显大于A侧二次风量。锅炉设计为平衡通风，二次风道在空气预热器前和空气预热器后都设有联络风道，A、B侧二次风量应较为接近，但事件过程中两侧风量最大偏差达到420t/h。综上分析认为B侧二次风量测量存在问题。

2. 原因分析

（1）直接原因：炉膛负压低低保护动作，触发锅炉MFT。

（2）间接原因：B侧二次风量取压管路存在堵灰，测量不准，造成风量波动偏大。低负荷时送风自动调节品质不佳，调节速率较快，二次风量大幅波动，引起送风、引风耦合扰动，调节发散，最终炉膛压力低MFT。

3. 暴露问题

（1）风险辨识不到位。对长时间低负荷运行的送风量测量装置失准风险评估不足，没有辨识出取压管路可能存在堵塞的风险，没有及时进行吹扫。

（2）系统分析不全面。送风机低负荷时自动调节品质不佳、调节速率较快等调节问题对系统影响分析不全面，系统性思维不够，未制定系统性防范措施。

（3）专业管理不深入。对参数变化趋势和两侧偏差对比分析不深入，参数变化后敏感性不强，没能通过风量参数分析及时发现A、B侧风量测量装置堵灰风险。

（4）技能培训不到位。专业技术人员、运行人员培训不到位，没有充分掌握自动调节原理，对风机自动调节特性认识不足。

（三）事件处理与防范

1. 事件处理

（1）为提升低负荷期间送风机调节品质和稳定性，将送风机动叶自动控制下限由原来的15%改为25%。

（2）优化送风机自动调节参数（修改PID、惯性时间等参数），适当放缓送风机自动调节速度。对引风机、一次风机等设备进行检查评估，优化相应自动调节参数和完善相关报警，重点提升深度调峰工况下的自动品质。增加炉膛压力高、低闭锁送风自动增、减逻辑。

（3）设置锅炉两侧二次风量偏差大报警，以便及时发现测量装置异常并处理。

2. 事件防范

（1）调研同类测量装置定期工作情况。结合调研情况、厂家建议和机组检修检查情况，重新评估二次风量变送器定期吹扫周期，由6个月改为3个月。

（2）经与二次风量测量装置厂家联系，研究将目前汇集管风量3点取样改为3点独立取样的可行性（结合机组检修进行）。

（3）对烟风系统其他主要测点吹扫周期进行再评估，做好防堵工作。观察4号机组上述反措执行情况，而后在其他机组推广应用。

（4）对运行人员做好重要自动调节系统原理培训，做好事故预想，完善现场处置预案，提升操作技能；对热控人员进行重要自动调节系统培训，提高相应技能；组织开展热控逻辑和定值梳理、排查工作。

（5）运行人员和专业工程师定期开展参数分析，对异常参数要分析原因，并制定相应措施。

三、管路积气引起安全油压波动大误开隔膜阀导致机组跳闸

2020年2月10日09时29分，某热电厂1、2、3、4号机组运行，调度中心已启动辅助调峰，全厂负荷484MW，其中，1号机组177MW，2号机组179MW，3号机组61MW，4号机组67MW，四台机组运行稳定。3号机组主要参数：负荷61MW，主蒸汽压力8.1MPa，主蒸汽温度538℃，主蒸汽流量306.7t/h，给水流量299.5t/h，热网供、回水流量5743、5570t/h；供、回水温度102、48.1℃；供、回水压力1.02、0.3MPa，11、12、14、15号热网循环水泵运行，11、13号热网循环水泵备用，3B给水泵组运行，3A给水泵组备用。两台送风机、两台引风机和两台一次风机运行，4台磨煤机运行。

（一）事件过程

09时29分35秒，3号机组交流润滑油泵启动试验，润滑油压由0.145MPa升至0.185MPa后下降至0.166MPa。

09时29分43秒，3号机组负荷由61MW降为0MW。同时，发电机逆功率保护动作，发电机电气柜保护动作信号触发，汽轮机ETS保护动作，机组跳闸。

09时31分，向省公司汇报3号机组跳闸，检修人员到现场查找原因与处理。

2020年02月11日10时30分10秒，3号锅炉点火。

15时14分10秒，3号机组挂闸，冲转。

17时30分10秒，3号机组定速3000r/min。18时02分，机组恢复并网。

（二）事件原因查找与分析

1. 事件原因查找

09时40分25秒，检修人员、设备部人员到达现场，检查汽轮机薄膜阀、打闸操作手柄无异常；检查抗燃油泵、抗燃油系统管路、交流润滑油泵、启动油泵、润滑油系统管路无异常，检查AST压力开关、电磁阀、配汽阀门、伺服阀及卸荷阀等无异常。向集团公司调度中心汇报3号机组跳闸，之后，省公司生产运营部专业人员到现场，进行人工AST电磁阀在线断电试验，未发现异常。

核查DCS SOE、历史记录及电气保护报文，首出信号时间为09时29分41秒［主汽门关闭、调节阀关闭、薄膜阀保安油压降低、跳闸控制油油压低（AST油压力小于等于4.2MPa）］，机组负荷迅速到零；09时29分43秒，发电机程序逆功率保护动作，发电机解列；同时，DCS接收到电气发电机主保护动作信号，发出AST电磁阀动作、汽轮机跳闸指令，锅炉MFT指令；3号汽轮机跳闸，3号锅炉灭火。

（1）汽轮机主汽门、调速汽门同时关闭原因查找。

1）AST电磁阀失电误动因素排查。3号机组跳闸后，首先检查2路直流220V电源，检查ETS画面内，两路直流220V电源指示灯显示正常，无失电报警。到ETS柜内测量两路直流220V电源电压，测量结果正常。

检查AST电磁阀线圈绝缘合格（≥20MΩ），电阻值正常（2.7～2.8kΩ）。检查ETS盘柜至就地4个电磁阀电缆都独立。为排查AST电磁阀是否存在问题，进行AST电磁阀试验：

① 断开第一路直流220V电源，AST和AST3电磁阀失电，ASP1发报警（油压大于

等于 9.8MPa)，汽轮机不跳闸，动作结果正确。

② 恢复第一路直流 220V 电源，AST1 和 AST3 电磁阀带电，油压恢复正常，ASP1 报警消失。之后断开第二路直流 220V 电源，AST2 和 AST4 电磁阀失电，ASP2 发报警（油压小于等于 4.2MPa)，汽轮机不跳闸，动作结果正确。

根据试验结果排除 AST 电磁阀误动可能。

2）危急遮断滑阀动作因素排查。机组跳闸后，前箱飞锤飞出指示灯未亮（如图 5-41 所示)；机组跳闸后未操作挂闸电磁阀，仅通过 AST 复位可实现机组挂闸；低压保安油压降低报警 3s 后又消失（薄膜阀保安油压降低报警记录曲线，如图 5-42 所示)，保安油压力恢复正常。以上三方面原因说明飞锤未飞出，危急遮断滑阀未动作。

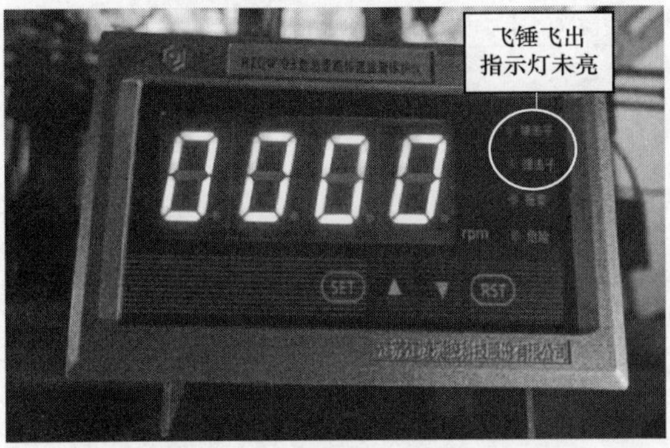

图 5-41　前箱飞锤飞出指示灯

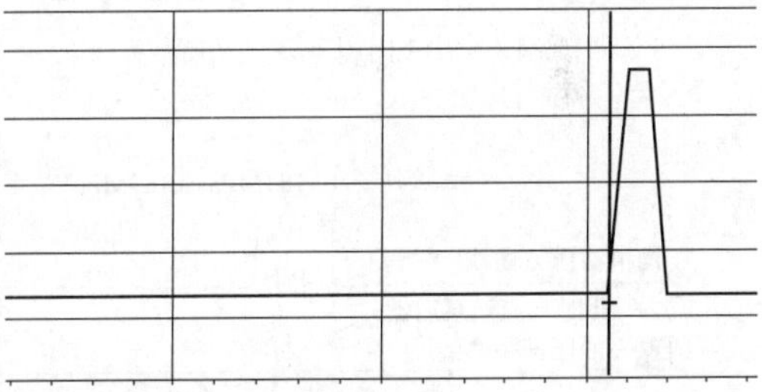

图 5-42　薄膜阀保安油压降低报警记录曲线

3）薄膜阀油缸、油管路漏泄因素排查。根据机组跳闸后可正常建立保安油压，因此，排除薄膜阀油缸损坏或低压保安油压系统止回阀出现泄漏；同时，对汽轮机所有其他油管路进行检查，未发现任何泄漏。

4）人员误触误碰因素排查。通过监控录像回放，机组跳闸过程中未发现前箱处人员操作，对当班人员分别进行了询问，未发现任何异常。

5）薄膜阀瞬间动作因素排查。薄膜阀低压保安油正常运行油压为 1.96～2.0MPa，低压保安油系统只设计了一个热工压力报警开关，通过分析首出信号：09 时 29 分 41 秒，主汽门关闭、调节阀关闭、薄膜阀保安油压降低报警（≤1.6MPa)、跳闸控制油油压低（油压小于等于 4.2MPa)，能够说明低压保安油压力波动，导致薄膜阀瞬间动作使高压保安油压下降，主汽门、调速汽门关闭，汽轮机跳闸。

（2）针对薄膜阀保安油压突降的原因分析。

1）基建设计施工交流润滑油泵出口管路高位布置，不合理（出口管路高位布置，如图 5-43 所示)。交流润滑油泵出口至主油泵入口止回阀前管段直径 DN50、长度 2.4m；至润滑油止回阀前管段直径 DN100、长度 0.9m，存在积存空气的原始隐患。机组运行过程中，交流润滑油泵处于停运备用状态，逐渐积存的空气在交流润滑油泵启动后，瞬间进入主油泵入口，经主油泵进入薄膜阀低压保安油系统，导致薄膜阀油缸压力出现波动，是导致薄膜阀动作的主要原因。

2）本次交流润滑油泵试验过程中系统油压波动偏大。调取历史曲线，润滑油母管压力在 4s 内由 0.145MPa 上升至 0.185MPa，又在 2s 内下降至 0.166MPa，降低了 0.019MPa，压降 0.019MPa 工况，如图 5-44 所示。对比 2019 年 12 月 30 日（压降 0.011MPa 工况，如图 5-45 所示）和 2020 年 1 月 9 日（压降 0.015MPa 工况，如图 5-46 所示）交流油泵试运时润滑油压波动情况，降低幅度分别为 0.011MPa 和 0.015MPa，降低幅度均小于此次情况。

图 5-43　出口管路高位布置

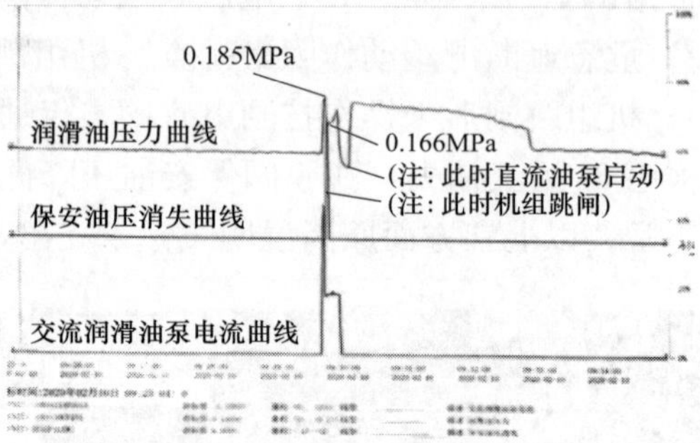

图 5-44　压降 0.019MPa 工况

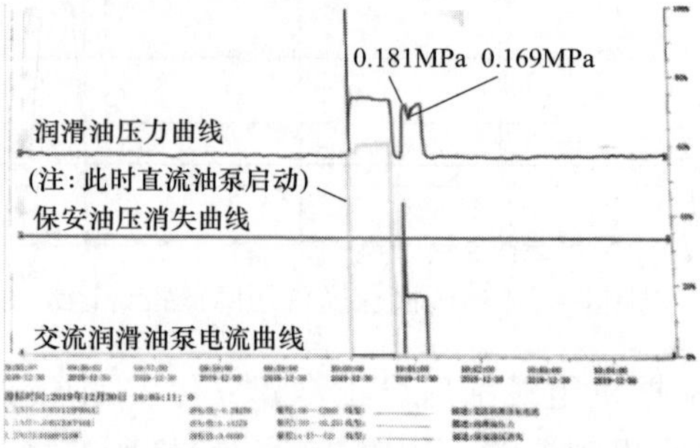

图 5-45　压降 0.011MPa 工况

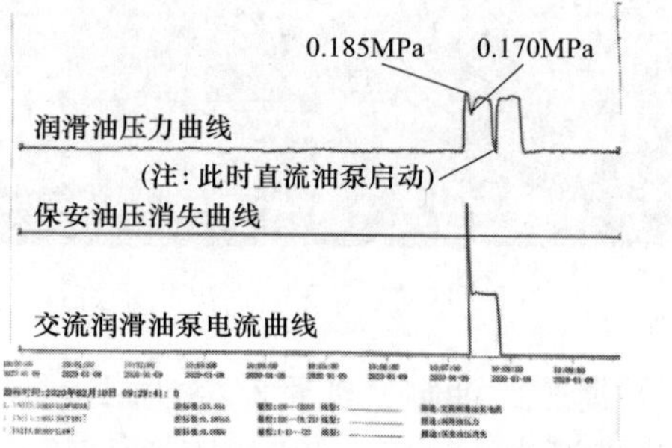

图 5-46　压降 0.015MPa 工况

经分析认为，交流润滑油泵试验油压波动是正常现象，每次油压波动均有不同，本次油压波动偏大与积存空气量偏多有关，是引起薄膜阀动作的一个间接因素。

3）薄膜阀放空气门开位运行加剧油压波动。薄膜阀油缸进油管为 DN20 不锈钢管，上方放空气门设有截流孔（孔径为 2mm），运行时阀门处于 3/4 开度，正常运行时不会引起油压波动。通过本次机组跳闸分析发现，启动交流润滑油泵时，出口管段的空气进入薄膜阀后，放空气门在开启状态会加速油中空气的释放过程，加快低压保安油压的降低，是引起薄膜阀动作的另一个间接因素。润滑油系统流程，如图 5-47 所示。

2. 事件原因分析

（1）直接原因：低压保安油压力波动降低导致薄膜阀动作，引起高压保安油压瞬间失去，主汽门、调速汽门关闭，导致汽轮机跳闸。

（2）间接原因：基建设计施工交流润滑油泵出口管路布置不合理，未能及时发现隐患。

3. 暴露问题

（1）基建设计施工交流润滑油泵出口管路布置不合理，交流润滑油泵出口管至主油泵油管路高位布置，存在积存空气隐患。

（2）专业管理人员技术能力不足，对新投产机组验收把关及隐患排查不到位，未能及时发现交流润滑油泵出口至主油泵油管路高位布置存在积存空气的可能。

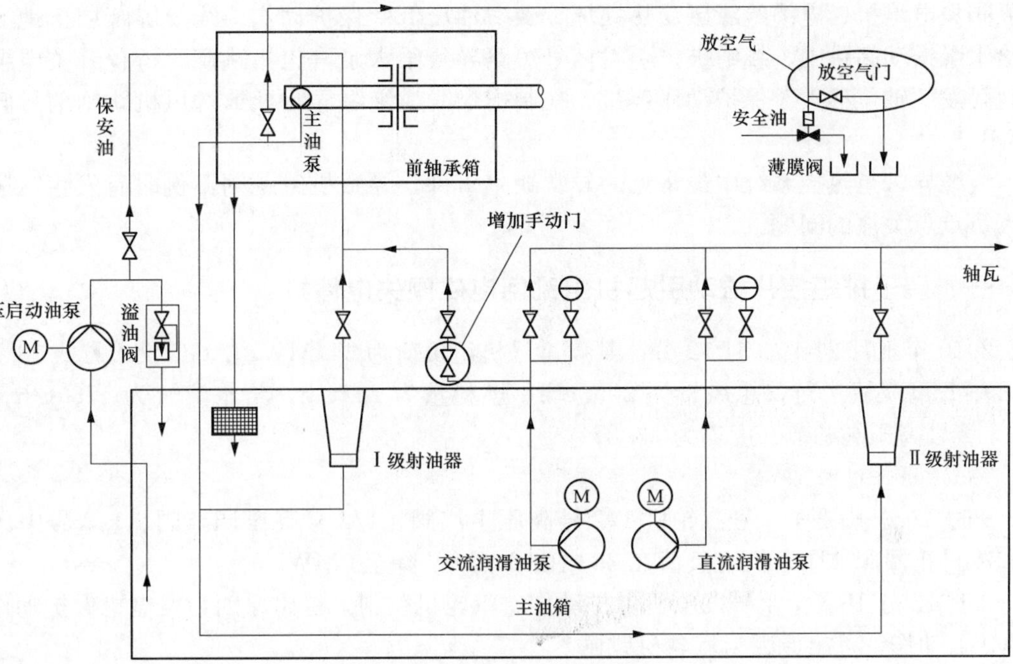

图 5-47　润滑油系统流程

(3) 专业管理人员针对汽轮机调节保安液压及控制系统存在的风险摸排不彻底，对排空气阀开位运行可能造成油压波动加剧的风险辨识不足。

(三) 事件处理与防范

1. 事件处理

(1) 关闭 3、4 号汽轮机薄膜阀上方排气阀，保持关位运行，挂禁止操作标识牌。

(2) 将 3、4 号机组薄膜阀低压保安油压力低热工信号引入 SOE 系统，加装薄膜阀保安油压力变送器，实现运行实时监视。

2. 事件防范

(1) 联系设计院和设备厂家对交流润滑油泵出口油管道重新设计，解决管道止回阀前积存空气问题，专业人员初步研究出以下三种解决方案。

1) 将交流润滑油泵出口至主油泵入口止回阀前油管道低位布置，减少空气进入该管道。

2) 将交流润滑油泵出口至主油泵入口止回阀门前油管道改为下移并水平布置，将止回阀前移，缩短止回阀前积存空气管段长度。

3) 在交流润滑油泵出口至主油泵入口止回阀前油管道加装手动截止阀，防止交流润滑油泵试转过程中聚集的空气进入主油泵。

(2) 对机组润滑油及调节保安液压控制系统进行检修，开展隐患排查。

第四节　线缆故障分析处理与防范

本节收集了因线缆异常引起的机组故障 6 起，分别为端子排短接片松动引起机组跳闸电磁阀失电停机、电缆绝缘层受热损坏导致“油压低”保护动作、线缆屏蔽层接地导致汽动给水泵振动高跳闸、线缆破损引发信号短路导致给水泵汽轮机跳闸、行程开关电缆破损接地触发“轴位移大”保护动作停机、控制指令线缆绝缘异常导致送风机跳闸信号触发锅炉 MFT。

线缆异常是热控系统中最常见的异常缺陷事件，导致机组跳闸案例时有发生，应是热控人员重点关注的问题。

一、端子排短接片松动引起机组跳闸电磁阀失电停机

2020 年 1 月 21 日 9 时 12 分，某厂 1 号机组负荷为 644MW，AGC 投入方式运行。A、B、D、E 磨煤机运行，总风量为 2053t/h，燃料量为 242t/h，给水流量为 1780t/h。汽轮机 1、2 号高压阀调节开度均为 33.8%。

（一）事件过程

9 时 12 分 13 秒，1 号汽轮机 1/2 号高压主汽阀、1/2 号高压调节阀、1/2 号中压主汽阀和冷再止回阀关闭，机组负荷在 2s 内由 644MW 降至 0MW。

9 时 12 分 18 秒，1 号发电机保护动作，汽轮机跳闸，首出原因为发电机保护动作；锅炉 MFT 动作，首出原因为汽轮机跳闸。

（二）事件原因查找与分析

1. 事件原因检查

机组跳闸后，检查历史曲线发现，9 时 12 分 13 秒 1 号汽轮机 1/2 号高压主汽阀、1/2 号高压调节阀、1/2 号中压主汽阀和冷再止回阀同时关闭，但上述阀门的跳闸电磁阀失电指令未发出（每个阀门均配有两个跳闸电磁阀，且任一跳闸电磁阀失电，阀门速关），DCS 历史曲线，如图 5-48 所示。

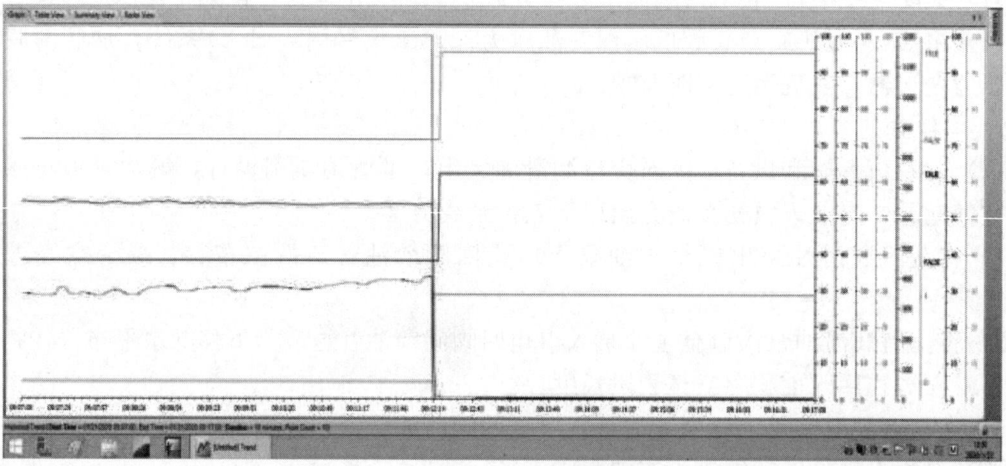

图 5-48　DCS 历史曲线

机组停运后，进行 1 号汽轮机阀门挂闸试验，发现 1/2 号高压主汽阀、1/2 号高压调节阀、1/2 号中压主汽阀和冷再止回阀的 1 号跳闸电磁阀正常得电，2 号跳闸电磁阀在得电指令发出后未正常得电。

查看 ETS 柜接线图，发现 1 号汽轮机上述阀门的 2 号电磁阀电源由同一路电源供电。

至电子室ETS柜测量该回路电压，显示电压为0V，测量TB6端子排正端L+B对地电压为12V，负端XM16对地电压为0V；检查供电回路端子排接线紧固情况，并未发现接线松动、虚接现象。

检查XM端子排16号下端子，未测量到电压。用手按压端子排中的插拔式短接片后，测量16号下端子电压为−12V。

进一步检查汽轮机ETS回路采用24V直流电源供电，该电源由冗余电源转换模块输出，24V电源正负端分别引至XL、XM端子排，端子排之间采用短接片短接。XM端子排16号端子引线至TB6端子排44号端子，TB6端子排作为DEH系统汽轮机阀门跳闸指令的输出端子排，24V DC电源端子排布置，如图5-49所示。

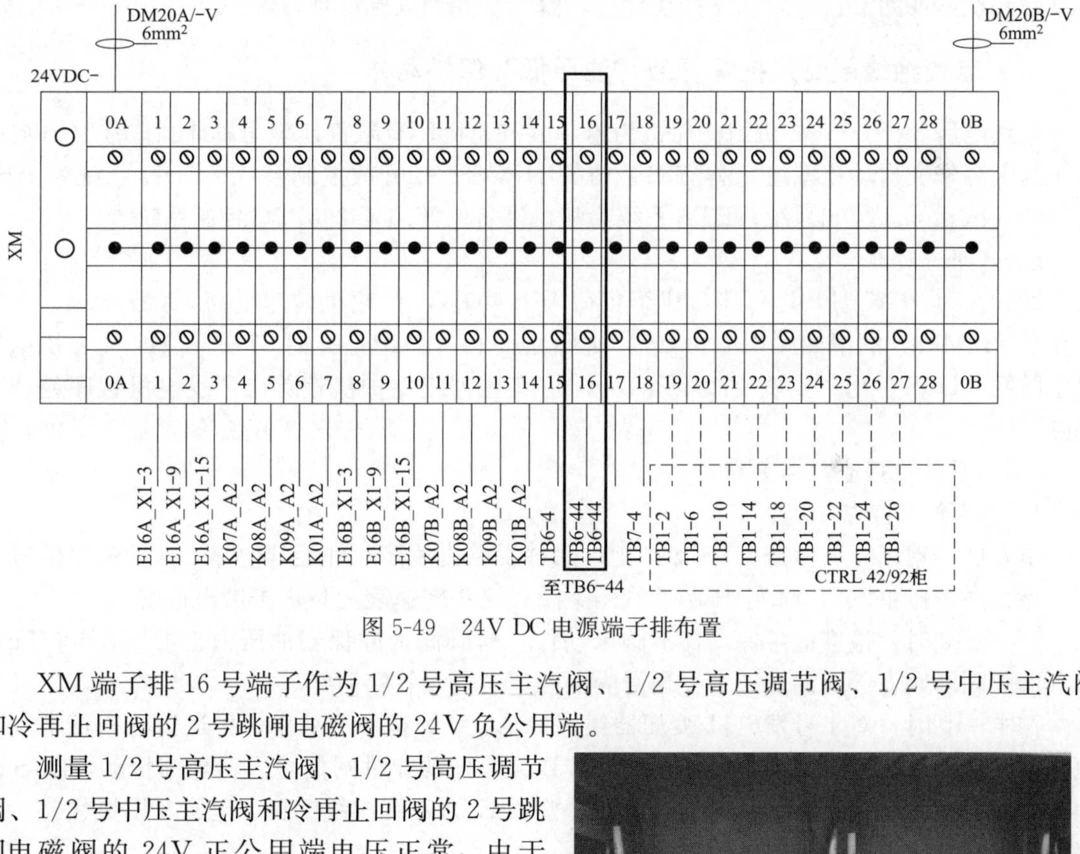

图5-49　24V DC电源端子排布置

XM端子排16号端子作为1/2号高压主汽阀、1/2号高压调节阀、1/2号中压主汽阀和冷再止回阀的2号跳闸电磁阀的24V负公用端。

测量1/2号高压主汽阀、1/2号高压调节阀、1/2号中压主汽阀和冷再止回阀的2号跳闸电磁阀的24V正公用端电压正常，由于24V负公用端异常降至0V，使1/2号高压主汽阀、1/2号高压调节阀、1/2号中压主汽阀和冷再止回阀的2号跳闸电磁阀失电，造成上述阀门关闭，机组负荷降到0MW，发电机逆功率保护动作，汽轮机跳闸，锅炉MFT。

XM端子排端子之间采用插拔式短接片情况，端子排实际接线，如图5-50所示。

图5-50　端子排实际接线

2. 原因分析

端子排短接片选型不合理，造成接触不良，阀门跳闸电磁阀失电，导致阀门异常关闭是本次事件的直接原因。排查过程中发现 TB6 端子排中，短接片同样采用插拔式短接片。

3. 暴露问题

（1）端子排短接片存在接触不牢固、容易松动缺陷。

（2）成套机柜的内部元器件受厂家自主设计影响，部分隐患较难发现，尤其是元器件选型不当带来的隐患。

（三）事件处理与防范

（1）更换机组端子排短接片，采用螺钉固定短接片。

（2）在机组 ETS 柜 TB6 端子排中接有短接片的端子处增加短接线。

（3）仪控、电气排除机组主重要控制系统中是否存在同类型端子排短接片。

（4）检修期间安排重要回路接线检查、紧固，并列入标准项目。

二、电缆绝缘层受热损坏导致“油压低”保护动作

某热电厂 2×200MW 机组汽轮机为哈尔滨汽轮机厂有限责任公司设计制造；DCS 控制系统为上海华文自动化系统工程有限公司的 HPCS3000 分散控制系统；DEH 系统为 ABB 公司的 Symphony 控制系统；ETS 系统为随机供货的西门子 200PLC 控制系统。

（一）事件过程

2020 年 1 月 17 日，电厂 1 号机组负荷 161.4MW，汽轮机转速最高 3002r/min，保安油压 2.132MPa，润滑油压 0.116MPa，抗燃油压 13.72MPa。4 时 57 分 58 秒，1 号机组运行中跳闸，DCS 首出“发电机故障”，发电机-变压器组保护机柜首出“发电机程序逆功率跳闸”。

（二）事件原因查找与分析

1. 事件原因检查

事发后，现场立即检查 ETS 保护柜，除“发电机故障”外无其他热工保护输出信号光字；检查高中压主汽门及高中压调速汽门关闭；机头转速表无打击子击出报警。

7 时～10 时，检查危急保安器滑阀未动作，薄膜阀上腔保安油压力正常（1.96MPa），解开薄膜阀滑阀下部泄油管，未发现滑阀漏油，至前箱管路通畅。

7 时～10 时，对 1 号发电机-变压器组保护 A、B 屏程序逆功率保护逻辑核查正常及定值校验正常；1 号发电机-变压器组保护 A、B 屏保护功能跳闸信号进行全部传动，DCS 画面光字信号显示正常，出口动作信号正常。检查 ETS 系统接线回路、电源及模块状态、输出正常。

10 时～11 时，做 AST-OPC 电磁阀组活动试验，检查试验 AST 中性点压力正常，AST 电磁阀活动正常，电磁阀未发现漏流现象。

11 时～12 时，排查 DEH 逻辑、传动 ETS 系统保护回路、做薄膜阀活动试验，试验结果薄膜阀动作正常，下腔 AST 油管不存在内漏现象。

12 时～14 时，对 AST-OPC 电磁阀组各油路节流孔解体检查，检查过程中节流孔内及管路内未发现明显杂质。

14 时～16 时，对 OPC 电磁阀进行开启试验，OPC 电磁阀组动作正常，AST-OPC 油路之间止回阀严密。检查抗燃油系统三个 AST 油压开关控制电缆，线缆对地绝缘阻值大于 20MΩ，绝缘正常；检查相间绝缘时发现其中一路油压开关电缆相间阻值大于 20MΩ，绝缘

正常，第二路油压开关电缆相间阻值在 2kΩ 与大于 20MΩ 间变动，存在相间虚接情况，第三路油压开关电缆相间阻值约为 200Ω。

17 时，检查敷设 AST 油压开关电缆的槽盒靠近高压缸导汽管道区域部分外层保温有脱落现象。

2. 事件原因分析

(1) AST 油压开关两路电缆相间阻值过低，误发油压低信号。此信号在 DEH 系统中控制逻辑为三取二，触发“汽轮机已挂闸”信号消失，逻辑判断机组未挂闸，输出汽轮机主汽门、调节阀关闭指令信号，主汽门、调节阀在运行中关闭后，主汽门已关闭信号送至电气，触发机组程序逆功率保护动作，导致机组跳闸。

(2) 现场检查发现，高压缸导汽管道部分外层保温脱落，其上方电缆槽盒内的电缆长期受高温辐射，导致部分电缆绝缘层受热损坏、芯线间绝缘受损。电缆槽盒高温受热情况，如图 5-51 所示；高压缸导汽管外部保温脱落情况，如图 5-52 所示；电缆因高温破损情况，如图 5-53 所示。

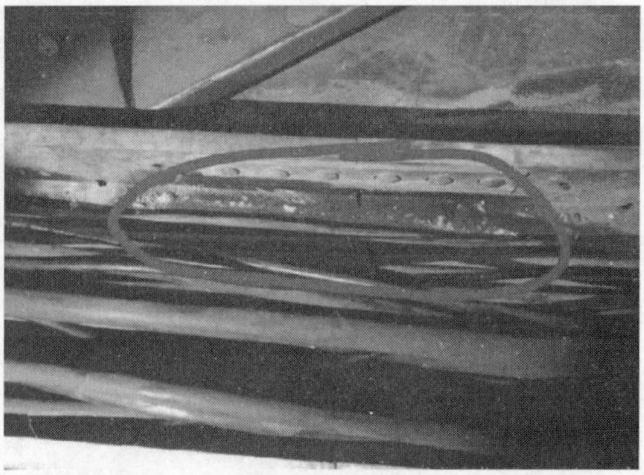

图 5-51 电缆槽盒高温受热情况

图 5-52 高压缸导汽管外部保温脱落情况

图 5-53 电缆因高温破损情况

3. 暴露问题

(1) 热工控制电缆槽盒布置在高压导汽管附近，未考虑环境温度造成的危害，未按要求开展高温区控制电缆定期检查。

(2) 高温管道保温外层部分脱落未及时发现，现场巡检存在漏项。

(3) 涉及机组停机条件的主要测点未接入 SOE 系统，不利于停机事件发生后事故分析、判断。

(4) DCS、DEH 系统、ETS 系统各自独立，各系统内采集数据互补相通，不利于停机事件发生后事故分析、判断。

(5) 专业技术人员对设备结构具体数据、各系统间逻辑联系表述不清晰，专业技能有待加强。

（三）事件处理与防范

1. 事件处理

（1）重新敷设所有绝缘损坏的电缆，检查槽盒内所有铺设电缆相间及对地绝缘均合格。

（2）更换高压缸导汽管脱落保温。

（3）对更换电缆的测点及主保护回路进行传动试验，传动情况均正常。

（4）排查主保护逻辑，利用机组检修期间将涉及机组保护的测点加入 SOE 系统；将 DEH 系统中相关保护的源头点引入 DEH 画面，并添加到历史趋势中。

2. 事件防范

（1）检修人员定期对高温管道进行测温检查。

（2）全厂范围排查高温区电缆布置情况，利用机组检修期间对高温区电缆槽盒进行移位改造，不具备改造条件的电缆槽盒做好防护措施。

（3）结合机组检修对重要保护设备的信号电缆进行绝缘检测，按照《火力发电厂热工自动化系统检修运行维护工程》（DL/T 774—2015）中 6.2.2 项的要求规范测试方法，并加强日常的巡检维护。

（4）加强职工专业知识的培训，提高工作技能，避免由于专业知识欠缺带来不安全事件的发生。

三、线缆屏蔽层接地导致汽动给水泵振动高跳闸

（一）事件过程

2020 年 8 月 16 日 16 时 45 分，某厂 4 号机组（660MW）负荷 355MW 协调方式运行，AGC 投入方式，4 号锅炉 MFT 突然动作，机组跳闸，MFT 跳闸首出“给水泵全停”。给水泵跳闸原因为 4 号瓦振动大。

8 月 16 日 16 时 56 分，4 号锅炉吹扫完成，停止送引风机运行，关闭锅炉所有风门挡板，锅炉焖炉。

8 月 16 日 17 时 47 分，4 号汽轮机转速到零，投入盘车装置。

8 月 16 日 18 时 05，全面检查机组停运状况正常。

8 月 17 日 08 时 30 分，4 号机组给水泵汽轮机全面检查结束后，进行试冲转，转速在 0～300r/min，1～4 号轴承振动最大值 42μm，振动正常，给水泵汽轮机转速维持 300r/min 暖机。

8 月 17 日 10 时 40 分，4 号给水泵汽轮机升速过临界轴振最大值为 $2Y$ 振动 171μm，$2X$ 振动 89μm（过临界满足同瓦 180μm 跳闸与 80μm 报警条件后跳闸）。轴振参数变化情况，如图 5-54 所示。

8 月 17 日 10 时 42 分，4 号给水泵汽轮机 2635r/min 定速，冲转结束，振动正常。

（二）事件原因查找与分析

1. 事件原因检查

机组跳闸后，汽轮机、热工人员分别对 4 号机组汽轮机给水泵进行以下检查。

（1）汽轮机专业排查情况。解体检查自由端推力盘、推力瓦块、推力瓦浮动油挡无损伤、摩擦痕迹，测量推力间隙在设计范围内。

检查 4 号轴瓦、油挡无损伤、摩擦痕迹，测量轴瓦瓦口间隙、顶隙、油挡间隙在设计

M1AMSPEEDAV–12#	MEH实际转速	2100.96	5145.03	2850.0	0.00	
XAA10FY141AV–12#	给水泵汽轮机#4轴X向振动	22.05	21.60	300.00	0.00	μm
XAA10FY142AV–12#	给水泵汽轮机#4轴Y向振动	19.59	25.74	300.00	0.00	μm
XAA10FY131AV–12#	给水泵汽轮机#3轴X向振动	26.99	28.08	300.00	0.00	μm
XAA10FY132AV–12#	给水泵汽轮机#3轴Y向振动	21.35	25.19	300.00	0.00	μm
XAA10FY121AV–12#	给水泵汽轮机#2轴X向振动	89.05	24.41	300.00	0.00	μm
XAA10FY122AV–12#	给水泵汽轮机#2轴Y向振动	171.67	40.30	300.00	0.00	μm
XAA10FY111AV–12#	给水泵汽轮机#1轴X向振动	59.79	19.90	300.00	0.00	μm

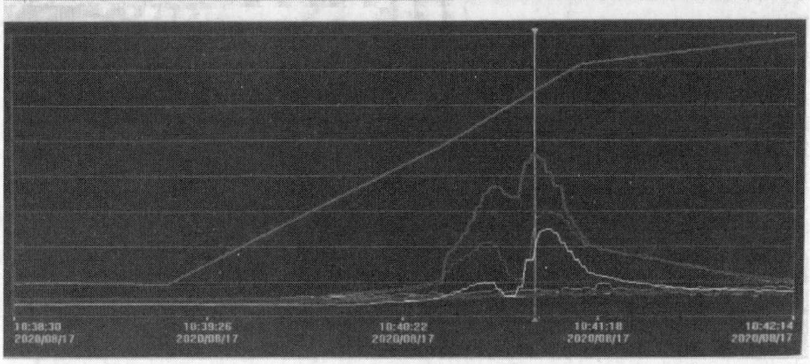

图 5-54　轴振参数变化情况

范围内，油挡锁丝无松动。

检查 3 号轴瓦、油挡无损伤、摩擦痕迹，测量轴瓦瓦口间隙、顶隙、轴瓦紧力、油挡间隙在设计范围内，油挡顶丝无松动。

手动盘动给水泵转子轻松、无卡涩，给水泵内部无异常摩擦声音。

检查给水泵入口滤网、前置泵入口滤网、给水泵密封水滤网，滤网完整无损伤，内部干净无杂质。

（2）热控专业排查情况。检查 4 号轴瓦探头无磨损，预制电缆无异常；测量间隙电压正常、测试就地前端箱和 TSI 机柜端子信号电缆绝缘正常；解开屏蔽层的接地，测量屏蔽层对地绝缘为 0Ω，受现场电缆布置影响，无法排查具体接地点，经专业组讨论决定更换整根电缆。

检查 TSI 卡件状态正常，$4X$、$4Y$ 分别在两块卡件上；检查 DCS 逻辑、TSI 逻辑定值无异常。

使用对讲机进行干扰试验，对讲机在接线盒附近有干扰，测试过程中有六次异常波动，其中四次直接到达保护动作值。对讲机进行干扰试验记录曲线，如图 5-55 所示。

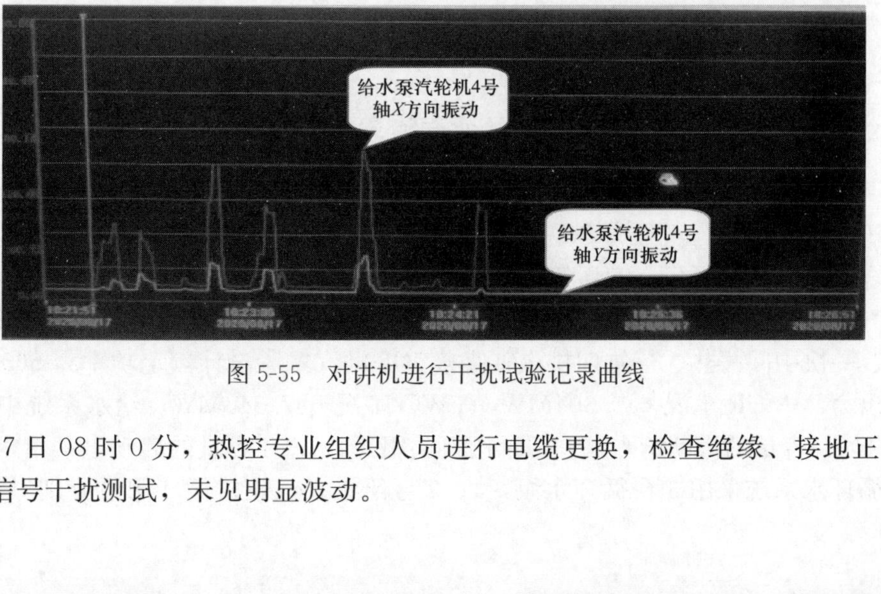

图 5-55　对讲机进行干扰试验记录曲线

8 月 17 日 08 时 0 分，热控专业组织人员进行电缆更换，检查绝缘、接地正常。用对讲机进行信号干扰测试，未见明显波动。

2. 原因分析

（1）直接原因：给水泵4号瓦振动电缆屏蔽层两端接地，抗干扰能力差，造成给水泵4号瓦振动测量值达到保护动作值，引起汽动给水泵跳闸。

（2）间接原因：基建验收与运行维护不到位，未能事前发现隐患。

3. 暴露问题

（1）各级生产人员安全生产管控和隐患排查不到位，未发现振动测点信号电缆屏蔽效果不好的隐患。

（2）热工专业设备维护不到位。热工专业日常维护过程中对新投产机组的设备结构了解不够深入，没有及时检修维护好设备。

（3）热工专业培训不到位。检修热控人员对新机组、新设备培训不全面。

（4）控非停工作开展流于形式，工作未落到实处。未能在机组调试、试运过程中及时发现并消除隐患，暴露“基础、基层、基本功”不扎实。同时，对于新投产机组，主动分析和排查设备风险隐患工作不足，工作开展不认真，未能将各项措施落实到位，工作流于形式。

（5）基建施工质量把关不到位，在电缆敷设施工过程中导致电缆绝缘层破损，监理、总包施工单位未及时发现该缺陷。

（6）监理单位未及时督促施工单位开展重要信号线缆的绝缘测试工作，技术验收把关不严。

（三）事件处理与防范

（1）热控专业组织人员进行了电缆更换，检查绝缘、接地正常。用对讲机进行信号干扰测试，无明显波动。

（2）对全厂DCS软硬件进行全面系统排查。制定核查计划和五定表，建立DCS硬件设备寿命管理台账，加强DCS专业技术人员的培训管理，提升DCS整治水平。

（3）利用3、4号机组停运机会，检查汽轮机、给水泵汽轮机振动信号电缆屏蔽是否良好，更换屏蔽不合格的电缆。

（4）利用日常巡点检、临修、等级检修开展电缆绝缘层测试检查，及早发现绝缘破损隐患。

（5）利用机组停机机会对全厂重要信号线缆进行全面排查，开展绝缘测试工作，制定排查计划，确保排查质量。

四、线缆破损引发信号短路导致给水泵汽轮机跳闸

某厂一期工程装设2×660MW燃煤汽轮发电机组。锅炉为上海锅炉厂有限公司生产的超临界变压运行直流炉，型号为SG-2141/25.4-M972，形式为单炉膛、一次中间再热、四角切圆燃烧方式、平衡通风、双层等离子无油点火、固态排渣、全钢构架、全悬吊结构Ⅱ形锅炉。汽轮机为东方汽轮机有限公司产品，型号为NZK660-24.2/566/566，形式为超临界、单轴、一次中间再热、三缸四排汽、直接空冷凝汽式。设计额定功率为660.042MW，最大连续出力T-MCR工况680.304MW，VWO工况697.346MW。给水系统中每台机组配置一台100%容量的汽动给水泵，两台机组共用一台30%容量的启动电动给水泵。给水泵汽轮机循环水系统采用3台循环水泵，1、2号给水泵汽轮机循环水泵分别对应1、2号

机组，3号给水泵汽轮机循环水泵作为1、2号给水泵汽轮机循环水泵的备用泵，1、2号给水泵汽轮机循环水系统在3号循环水泵出入口处设有联络门，正常运行中出入口电动联络门长开。给水泵汽轮机间冷塔循环水热水母管紧急泄水阀采用的是北京迪威吉自动化系统有限公司生产的电液执行机构。

（一）事件过程

2020年5月24日18时14分，1号机组负荷626MW，主蒸汽压力23.7MPa，主蒸汽温度565℃，6台磨煤机运行，总煤量304t/h；2号机组负荷632MW，主蒸汽压力23.9MPa，主蒸汽温度563℃，六台磨煤机运行，总煤量297t/h。

18时14分30秒，2号机组给水泵汽轮机循环冷却水主管道热水紧急泄水阀全开。

18时15分10秒，1、2号机组值班员发现，机组间冷高位膨胀水箱液位从3377mm快速下降。34秒时，运行人员上位机操作关闭2号机组给水泵汽轮机循环水热水母管紧急泄水阀，开启给水泵汽轮机循环水补水，DCS画面显示泄水阀由绿闪变为灰色状态，上位机显示阀门仍为开状态，上位机关闭阀门失败，派巡检就地检查2号机组给水泵汽轮机循环水热水母管紧急泄水阀状态，同时，1、2号机组快减负荷，减小汽轮机出力。

18时16分38秒，水箱液位下降至104.7mm。

18时18分，就地检查发现，2号机组给水泵汽轮机循环水热水母管紧急泄水阀就地控制柜故障报警灯亮，阀门在全开状态，检查人员切至“就地”控制方式，关闭2号机组给水泵汽轮机循环水热水母管紧急泄水阀。

18时19分22秒，2号机组负荷552MW，给水泵汽轮机跳闸，首出“排汽压力高高”，2号机组MFT保护动作，首出“给水泵全停”，汽轮机跳闸，发电机解列。厂用电切换正常，主机交流润滑油泵、高压启动油泵、顶轴油泵联启正常。

18时19分32秒，1号机组负荷550MW，给水泵汽轮机跳闸，首出“排汽压力高高”，1号机组MFT保护动作，首出“给水泵全停”，汽轮机跳闸，发电机解列。厂用电切换正常，主机交流润滑油泵、高压启动油泵、顶轴油泵联启正常。

22时35分，2号机组启动并网（因电动给水泵热力系统及启动方式在2号机组，优先启动2号机组）。

5月25日01时47分，电动给水泵由2号机组倒换至1号机组，1号机组恢复启动。5月26日0时30分，1号机组启动并网。

（二）事件原因查找与分析

1. 事件原因检查

2号机组主机跳闸首出，如图5-56所示。

（1）逻辑与系统检查。

1）检查汽动给水泵跳闸逻辑：排汽压力高高（大于0.07MPa）时，保护动作停机。

2）检查2号机组主机跳闸逻辑：给水泵全停时，自动停机危急遮断保护电磁阀动作跳机。

3）检查2号机组间冷却塔给水泵汽轮机主管道热水紧急泄水阀逻辑：同时满足下列四个条件，给水泵汽轮机主管道热水紧急泄水阀联锁开：①间冷塔外环境温度低于6℃；②三台循环水泵全停；③三个扇区任意两个排水顺控故障；④三个扇区任意一个运行。

4）检查历史记录曲线。18时19分21秒，2号机组给水泵汽轮机排汽压力67kPa（变

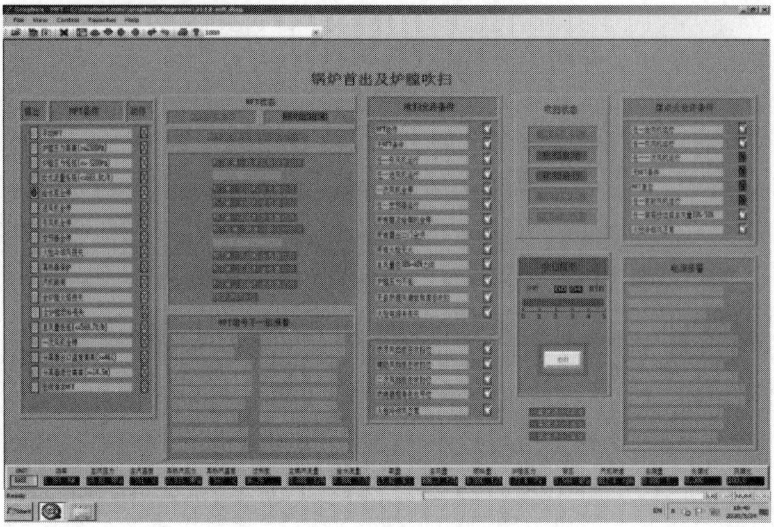

图 5-56　2 号机组主机跳闸首出

送器显示值），给水泵汽轮机排汽压力高高保护动作（开关定值 70kPa），给水泵汽轮机跳闸联锁给水泵跳闸，首出“排汽压力高高”。2 号机组 MFT 动作，首出“给水泵全停”，联锁 ETS 动作，汽轮机跳闸解列发电机。

18 时 19 分 32 秒，1 号机组给水泵汽轮机排汽压力 70kPa（变送器显示值），给水泵汽轮机排汽压力高高保护动作（开关定值 70kPa），给水泵汽轮机跳闸，给水泵停运。1 号机组 MFT 动作，首出“给水泵全停”，联锁 ETS 动作，汽轮机跳闸解列发电机。

查阅历史曲线和 SOE 记录，给水泵汽轮机主管道热水紧急泄水阀联锁开功能未见触发。检查 DCS 间冷却塔给水泵汽轮机主管道热水紧急泄水阀指令历史曲线（如图 5-57 所示）。

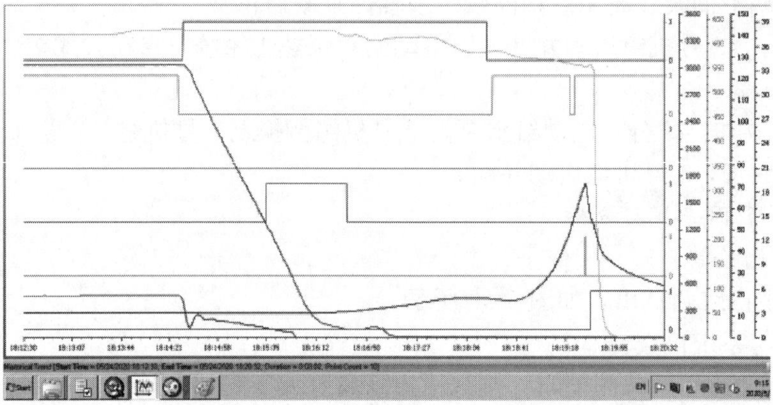

图 5-57　紧急泄水阀指令反馈历史曲线

在 18 时 12 分～18 时 21 分，上位机和盘前硬手操均无开指令发出，只有开状态发生翻转，即阀门状态由关变为开。紧急泄水阀上位机指令曲线，如图 5-58 所示；紧急泄水阀硬手操指令历史曲线，如图 5-58 所示。

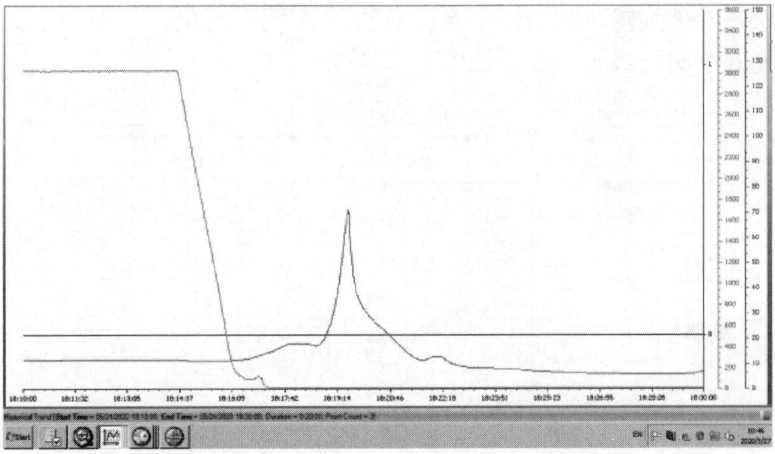

图 5-58 紧急泄水阀硬手操指令历史曲线

5）检查 2 号机组间接冷却塔给水泵汽轮机主管道热水紧急泄水阀控制原理。2 号机组间接冷却塔给水泵汽轮机主管道热水紧急泄水阀为意大利 DVG 公司生产、型号为 IWB-SA＊216 的电液控制蝶阀。当间接冷却塔发生重大事故时，为保护设备、系统紧急泄水而设置。该阀门操作控制指令来源有远方 DCS 指令、盘前硬手操指令、就地操作模式指令。DCS 指令和硬手操指令并接于就地控制箱内的远程控制接线端子上。开关指令分别通过 24V DC 继电器驱动 220V AC 的电磁阀 424A、424B 完成阀门的开关。紧急泄水阀电气控制原理，如图 5-59 所示；紧急泄水阀工作原理，如图 5-60 所示。

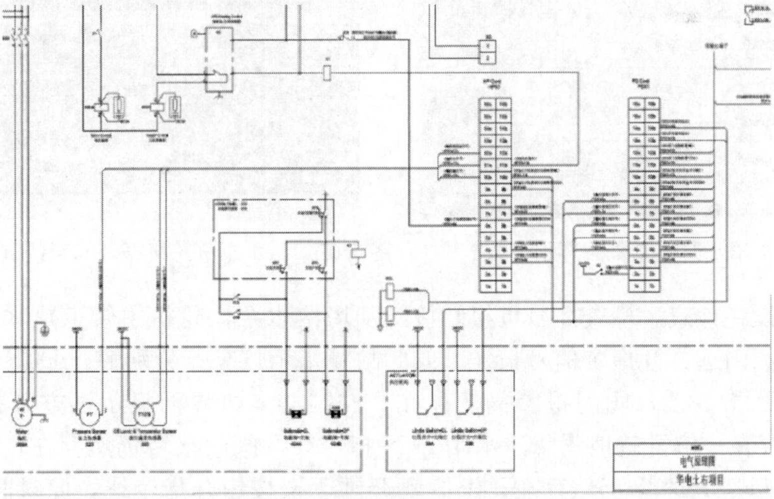

图 5-59 紧急泄水阀电气控制原理

6）检查给水泵汽轮机间接冷却塔循环水系统。给水泵汽轮机循环水系统，如图 5-61 所示，对给水泵汽轮机间接冷却塔循环水系统进行检查，在机组运行中，能泄去冷却塔内循环水的阀门共有五个，分别是 1 号机组给水泵汽轮机主管道热水紧急泄水阀、1 号机组给水泵汽轮机主管道冷水紧急泄水阀、2 号机组给水泵汽轮机主管道热水紧急泄水阀、2 号机组给水泵汽轮机主管道冷水紧急泄水阀及冷水至地下水箱补水阀。查看五个阀门在 18 时 12 分～18 时 21 分期间的历史趋势，在此期间只有 2 号机组给水泵汽轮机主管道热水紧急泄水阀阀门开状态发生翻转，其余四个阀门状态均未发生变化，全部处于关闭。给水泵汽轮机循环水系统五个阀门状态曲线，如图 5-62 所示。

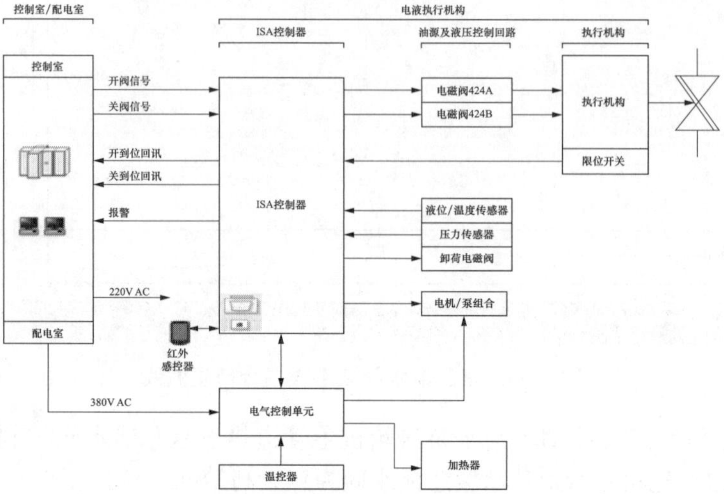

图 5-60　紧急泄水阀工作原理

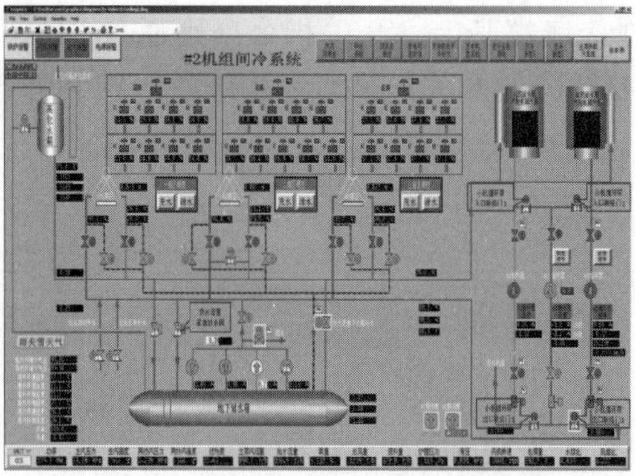

图 5-61　给水泵汽轮机循环水系统

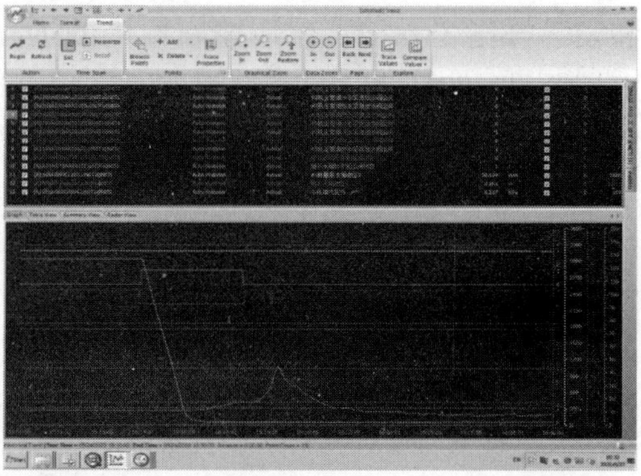

图 5-62　给水泵汽轮机循环水系统五个阀门状态曲线

(2) 现场设备检查。检查 2 号机组间接冷却塔给水泵汽轮机主管道热水紧急泄水阀门控制箱发现，阀门远方开指令信号长发，阀门故障指示灯亮。分别解开 DCS 侧指令线和远方盘前硬手操开指令线，阀门报警仍然存在，控制器人机界面显示远方开指令（INPUT OPEN）仍然存在；解开就地紧急泄水阀 DCS 指令线，阀门报警仍然存在，控制器人机界面显示“INPUT OPEN”仍然存在；继续解开硬手操按钮开指令线，此时阀门报警消失，紧急泄水阀控制器人机界面显示远方无指令（INPUT STOP），阀门全关（POS C ALL），远方开指令（INPUT OPEN）状态消失，证明就地控制回路正常；再次将硬手操按钮开指令线接上，控制器人机界面显示“INPUT OPEN ”（远方开指令）发出，通过反复验证，确定阀门开启原因为硬手操按钮开指令长发。

全部解开 DCS 开指令信号线 DCS 机柜端和就地端两端，检查电缆绝缘，线间电阻值无穷大。就地操作方式下，开关阀门均正常动作；断开控制回路电源试验，阀门保持原位表明阀门保位功能正常。

全部解开硬手操开指令线的盘前端和就地端两端，检查电缆绝缘，两线间阻值最小为62kΩ。红色线芯对地阻值47.3kΩ，黄色线芯对地阻值56kΩ。综合DCS侧检查及就地检查结果，判断该硬手操开指令线从硬手操按钮至就地阀门控制柜之间电缆绝缘不合格，有短路现象导致阀门开指令误发，开启阀门。

沿硬手操开指令电缆走向对电缆进行逐段排查，发现给水泵汽轮机间冷塔至给水泵汽轮机循环水泵房之间的电缆沟内有积水，电缆沟环境潮湿，距离竖井口约6m处发现电缆有划伤破损，划伤痕迹陈旧，破口处线芯裸露，电缆表面有明显的泥水痕迹，判断此处为电缆故障点，导致2号给水泵汽轮机循环水母管热水紧急泄水阀开指令线短接，信号长发。现场划伤电缆，如图5-63所示。

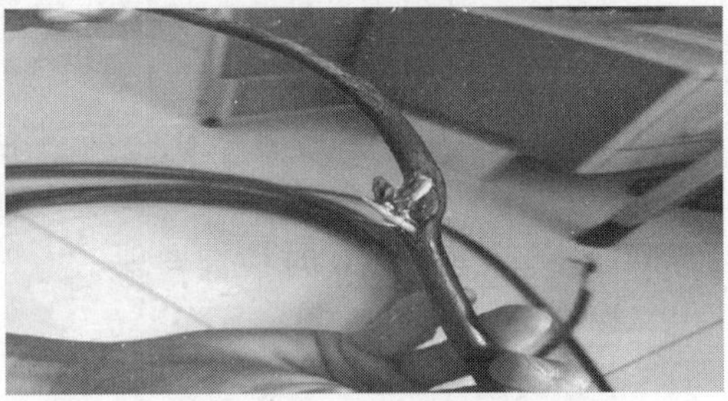

图5-63　现场划伤电缆

进一步检查该电缆沟内电缆，未发现其他较为严重的划伤电缆；扩大检查同类型阀门（1、2号机组各2台），未发现问题。

2. 事件原因分析

（1）直接原因。2号机组间接冷却塔给水泵汽轮机主管道热水紧急泄水阀硬手操开指令线电缆划伤破损，线芯裸露，且电缆所在电缆沟内积水，电缆沟环境潮湿，造成2号给水泵汽轮机循环水母管热水紧急泄水阀硬手操开指令线绝缘下降，信号长发，2号给水泵汽轮机循环水母管热水紧急泄水阀异常打开，给水泵汽轮机排汽压力升高，给水泵汽轮机“排汽压力高高”保护动作，给水泵汽轮机跳闸，触发机组“给水泵全停”保护动作，机组跳闸。事件致因关系分析，如图5-64所示。

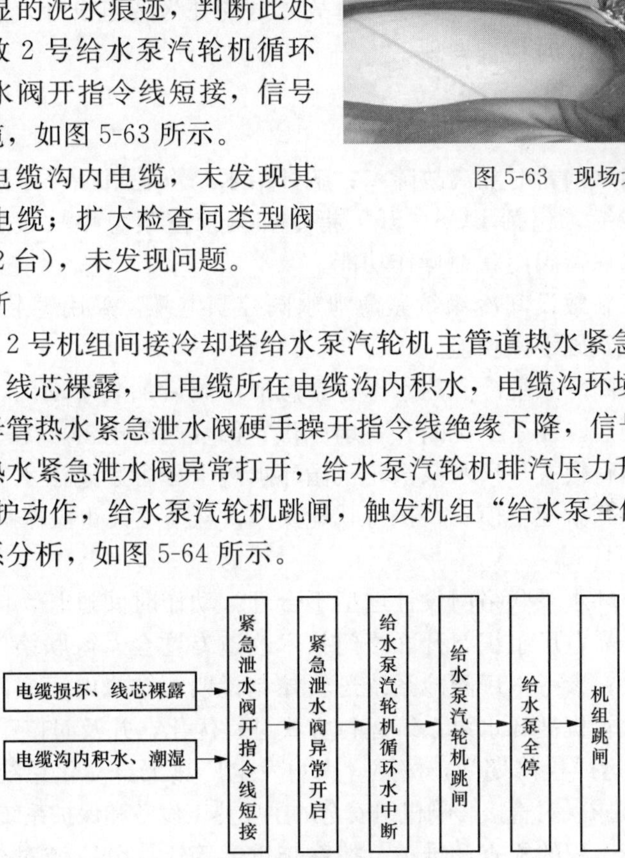

图5-64　事件致因关系分析

（2）间接原因。地下电缆沟内积水来源不排除有夏季雨水或其他地表水渗入地下电缆沟，地下电缆沟内排水不畅造成地下电缆沟内积水。

2号机组间接冷却塔给水泵汽轮机主管道热水紧急泄水阀硬手操开指令线电缆划伤破损，不排除在电缆敷设过程中对电缆造成划伤或钝物砸伤；电缆表面张力释放，电缆划伤破口进一步扩大。

3. 暴露问题

（1）给水泵汽轮机间冷系统设计为二机三泵扩大单元制联络运行方式，可靠性较低，存在安全隐患。给水泵汽轮机循环水紧急泄水保护动作时，因备用泵联络运行方式会导致两台给水泵汽轮机循环水失去，影响两台机组安全运行。

（2）给水泵汽轮机循环水冷、热水母管紧急泄水阀存在设计缺陷，未设计手动隔离门，在夏季工况时无法布置可靠的安全措施。

（3）电缆选型可靠性低，出现问题的电缆未选用铠装电缆（长度约 400m），加之施工质量不佳，问题电缆存在破损情况，在缆沟潮湿情况下，会引起电缆短路误发开指令，导致紧急泄水阀开启。

（4）在检修过程中，缺少对 2 号机组间接冷却塔给水泵汽轮机主管道热水紧急泄水阀热工信号线的绝缘电阻测试，不满足《火力发电厂热工自动化系统检修运行维护规程》（DL/T 774—2015）表 4 中规定信号线对地绝缘应不小于 20MΩ。

（5）户外长距离电缆沟道设计狭小，且故障电缆处为隧道设计，隐蔽工程隐患排查困难，导致电缆缺陷不能及时检查发现。

（三）事件处理与防范

1. 事件处理

（1）本次机组启动前暂时隔离故障点：解开给水泵汽轮机循环水热水母管紧急泄水阀的远方“开”指令线缆（包括 DCS“开”指令和集控室紧急事故按钮“开”指令）共 4 芯，并做绝缘包扎；保留阀门就地操作功能。

（2）停机时，重新敷设间冷系统紧急泄水阀控制电缆，采用铠装电缆提升防护等级；恢复紧急泄水阀远控及硬手操功能。

（3）停机时，在间冷系统冷、热水母管紧急泄水阀后加装手动门，夏季模式保持手动门关闭，冬季模式开启。夏季工况断开各扇区供、回水阀的电源，冬季工况恢复正常运行方式。间冷塔夏季运行模式，给水泵汽轮机循环水热水母管紧急泄水阀就地控制柜控制方式由“远方”切换为“就地”模式，执行就地操作，悬挂“禁止操作牌”，增加防护罩。

2. 事件防范

（1）由于 3 号循环水泵联络门设计选型不合理，动作时间过长，同 3 号循环水泵出口门动作时间不匹配，需电厂组织召开联络门技术改造专题会。待联络门改造后，对泵与联络门的逻辑进行优化；参考本厂间冷系统逻辑控制说明，结合电厂实际运行情况，组织相关专业，对给水泵汽轮机循环水泵系统运行方式进行优化，并及时修编运行规程。

（2）利用机组停运或检修期间，按照《火力发电厂热工自动化系统检修运行维护规程》（DL/T 774—2015）要求，对直接影响机组安全的主要热工设备和保护系统进行绝缘电阻测试。

（3）加强对隐蔽工程的检查和维护。按系统重要等级，分区域对全厂电缆沟、桥架开展专项隐患排查治理；定期对电缆沟巡视检查。

（4）完善运行规程中间冷系统冷、热水主管道紧急泄水阀事故处理的相关内容。编制间冷系统冷、热水母管紧急泄水阀专项事故处理预案，并定期演练。

五、行程开关电缆破损接地触发“轴位移大”保护动作停机

（一）事件过程

2020 年 8 月 17 日，某厂 11 号燃气轮机负荷 215MW，12 号汽轮机负荷 72MW 运行。高压抽汽流量为 33t/h，高压供热母管压力 3.5MPa、流量 17t/h，部分通过高转低调节阀供入低压供热母管，高转低调节阀开度 5.5%；低压供热母管压力 1.36MPa，低压供热总流量 145t/h，低抽液控阀全开，低压抽汽调节阀开度为 10%。12 号汽轮机轴向位移值分

别为 0.407、0.411mm。

12 时 29 分 01 秒 584，12 号汽轮机在运行突然跳闸，跳闸首发“汽轮机轴位移大”。

（二）事件原因查找与分析

1. 事件原因检查

调取 DCS 历史曲线，事件发生时汽轮机两个轴位移信号上升至 1.0mm 时，轴位移跳闸发讯，轴位移保护为正确动作。查阅推力轴承瓦温与机组振动等数据，事件发生时数据有跳动，但基本处于正常范围内，12 号机组跳机时相关参数见表 5-2。

表 5-2　　12 号机组跳机时相关参数

序号	测点名称	单位	机组运行时基本波动范围	跳机时情况	备注
1	轴位移 A	mm	0.39～0.52	最高至 1.21	跳机值为 1.0
2	轴位移 B	mm	0.36～0.48	最高至 1.20	
3	正推力瓦温 1	℃	68～76	最高升至 74（跳机前为 69）	
4	正推力瓦温 2	℃	60～63	最高升至 61.7	
5	负推力瓦温 1	℃	51～53	最高升至 59	
6	负推力瓦温 2	℃	53～55	最高升至 60	
7	1 号轴振 *X*	μm	56～66	最高升至 88	
8	1 号轴振 *Y*	μm	50～62	最高升至 89	
9	2 号轴振 *X*	μm	56～72	最高升至 68	
10	2 号轴振 *Y*	μm	45～52	最高升至 86	
11	胀差	mm	−4.50～−4.76	突变至−3.73 后迅速回落至−4.67	

排查机组运行时的其他设备及工况，汽轮机跳闸时轴位移和低抽液控阀变化趋势，如图 5-65 所示。发现当时低抽液控阀在无关闭指令的情况下，于 12 时 29 分 0 秒 600 突然关闭。由于低抽液控阀突然关闭会抬升汽轮机低压排汽背压而影响轴位移，因此，判断汽轮机跳闸直接原因为低抽液控阀突然关闭。

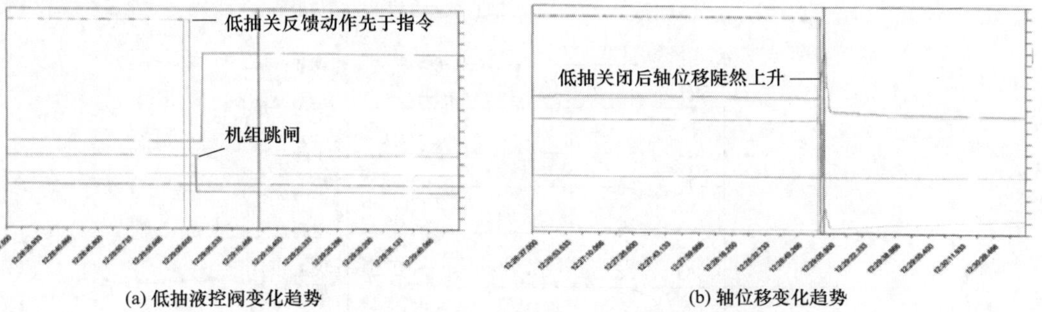

(a) 低抽液控阀变化趋势　　(b) 轴位移变化趋势

图 5-65　汽轮机跳闸时轴位移和低抽液控阀变化趋势

针对低抽液控阀突然关闭现象，维护人员进行了多方面原因排查及阀门开关试验工作。

（1）在 8 月 17 日和 18 日，在机组停役状态下检查接线箱内部接线牢固、PLC 内部逻辑控制正确、供油系统运行正常、电磁阀检查无卡涩现象、现场行程开关动作正常、DCS 侧 LVDT 反馈正常、油压低开关定值及动作均正常，同时，对快关电磁阀控制的快速泄油阀密封性进行了多次试验，试验结果正常。

（2）在8月19日和20日，在机组运行状态下（低压抽汽不投用），经专业技术会商后决定扩大检查范围。8月20日检查阀门开反馈回路时，发现开到位行程开关电缆破损，电缆破损现象，如图5-66所示，24V DC端存在接地现象，对破损电缆进行更换，并对该处电缆用热缩套重新进行包扎。之后，对该阀进行就地/远程的开阀、关阀、快关阀操作试验，阀门均动作正常。

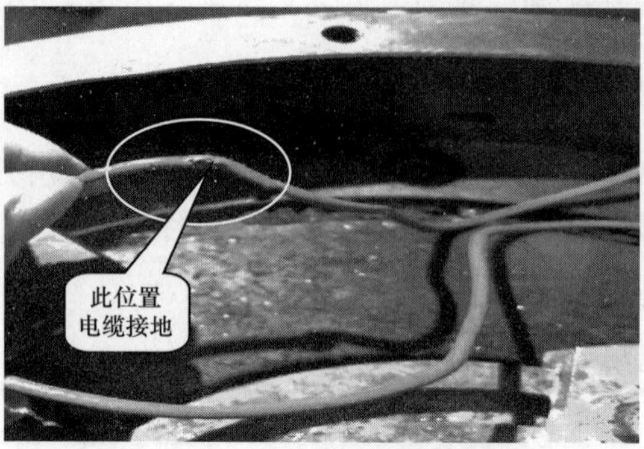

图5-66　电缆破损现象

2. 事件原因分析

（1）低压抽汽液控蝶阀突然关闭，低压抽汽供热中断，汽轮机排汽量陡然增大，引起汽轮机轴位移增大，超过跳机值，触发“轴位移大”保护动作。

（2）开到位行程开关电缆破损接地致使快关电磁阀供电电压降低，导致快关电磁阀失电动作，使低压抽汽液控蝶阀误关闭。

快关电磁阀电源与开到位行程开关电源并联共用，供电电源电气回路，如图5-67所示。开到位行程开关电缆绝缘层破损，绝缘降低，现场安装较为潮湿且有振动，导致电缆接地。开到位行程开关电缆接地后，拉低快关电磁阀两端电压，快关电磁阀失电动作，回油导通，液控蝶阀快关。

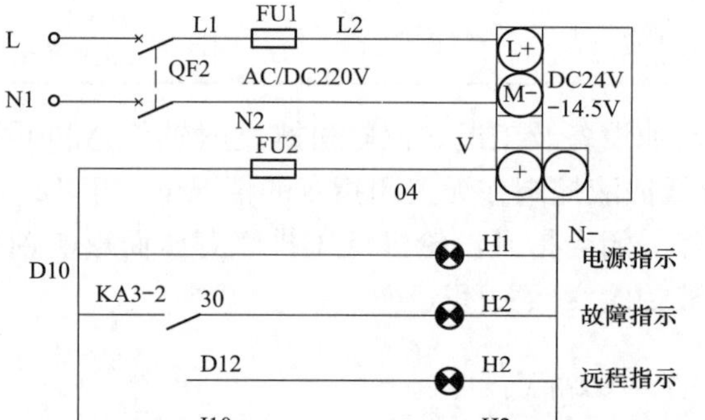

图5-67　供电电源电气回路

3. 暴露问题

（1）行程开关及破损电缆处于液控蝶阀执行机构内部，该处环境较为潮湿，存在日常检查及维护不到位情况。

（2）对处理隐蔽区域的电缆布置及安装工艺把关不严，存在安装不规范的现象。

（3）设备安全隐患排查工作没落到细处，重要的控制电磁阀存在与其他控制设备、信号共用电源的情况；另外，采用单电源供电，存在较大的安全隐患。

（4）低抽液控阀目前由就地 PLC 和 DCS 两套控制系统同时控制，有就地和远方两种操作方式，有模拟量控制、开关量控制两种控制模式。由于控制回路和控制方式过于复杂，反而降低了设备运行的可靠性。

（三）事件处理与防范

（1）更换破损的行程开关电缆，并对现场行程开关电缆绝缘层进行处理，使用热缩套管提高绝缘强度。同时，规范隐蔽区域的电缆布线及接线，做好质量检查。

（2）对类似设备、电缆进行排查，并加强设备巡检和定期维护工作。

（3）对低抽液控阀控制回路进行改造，取消就地 PLC 装置，改为全 DCS 控制，简化控制回路和控制方式。（该厂 2 号汽轮机低抽液控阀已在 2019 年机组检修时完成改造，对于 12 号汽轮机低抽液控阀的改造工作原先计划于 2020 年 11 月机组计划检修时安排。电厂将利用机组调停的机会，提前实施改造）。

（4）快关电磁阀改为采用双电源独立供电方式。尽快利用停机机会进行电缆敷设，完成快关电磁阀双电源独立供电方式改造，确保电磁阀的电源可靠性。

（5）深入开展隐患排查工作，重点排查热工重要设备电源配置情况，消除类似与其他控制设备、信号共用电源，单电源供电等隐患。

（6）针对此次机组跳闸的现象，向主机制造厂家咨询轴向位移定值调整的可行性，并重新核算跳机工况下的机组轴向推力。

六、控制指令线缆绝缘异常导致送风机跳闸信号触发锅炉 MFT

（一）事件过程

2020 年 5 月 05 日 9 时 35 分，2 号机组负荷 500MW，水煤比 6.3，总煤量 249t/h，省煤器入口流量 1385t/h，六台制粉系统运行。2A、2B 侧引风机、送风机、一次风机运行。2A、2B 汽动给水泵运行，汽动给水泵再循环调整阀投自动，开度均为“0”，汽动给水泵再循环电动隔离阀关闭。

9 时 35 分 13 秒，2B 送风机跳闸，首出“外部跳”，联跳 2B 引风机，触发送风机 RB 保护动作，协调切除，机组 TF 方式，氧量自动切除，锅炉主控切至手动，2A、2B、2C 磨煤机间隔 10s 跳闸。

9 时 38 分 21 秒，2 号机组负荷快速下降至 377MW，总煤量降至 130t/h，省煤器入口流量降至 908t/h。给水主控指令 50%，汽动给水泵出口与省煤器出口给水压差 0.51MPa。

9 时 38 分 31 秒，2A、2B 汽动给水泵入口流量均降至 450t/h 以下，联开再循环电动隔离阀（定值 450t/h），汽动给水泵出口与省煤器出口给水压差下降至 0.25MPa，汽动给水泵上水差压不足，省煤器入口流量降至 699t/h 且继续下降。

9 时 38 分 39 秒，2A、2B 汽动给水泵入口流量降至 320t/h 以下，联开再循环调整阀（定值 320t/h），汽动给水泵出口与省煤器出口给水压差下降至 0.17MPa，省煤器入口流量降至 402t/h，并快速下降。

9 时 38 分 44 秒，再循环调整阀全开，汽动给水泵出口与省煤器出口给水压差下降至

－0.77MPa，省煤器入口流量突降至0，后给水主控指令自动由50%增加至58%。

9时39分16秒，在省煤器入口流量回升至260t/h时，省煤器入口流量低保护动作（定值316t/h，延时30s），锅炉灭火，机组跳闸。

（二）事件原因查找与分析

1. 事件原因检查

跳闸过程中历史曲线，如图5-68所示。

（1）2B送风机跳闸原因。

1）电气专业人员现场检查2B送风机跳闸情况。DCS报“2B送风机外部跳”，跳闸前2B送风机电机电流稳定在74.5A左右，就地检查开关未发现异常。将2B送风机6kV开关退至“联调试验”位，远方分合开关动作正常，切至“就地”位，就地分合开关动作正常。将2B送风机6kV开关拉出间隔外检查，开关动、静触头无变形及过热现象。分合闸按钮及其联动半轴正常，手动储能后分合闸正常。对开关内部辅助触点S1～S5、试验位辅助触点S8、工作位辅助触点S9，在分闸和合闸情况下分别进行绝缘测量，绝缘电阻均合格（大于2GΩ）。

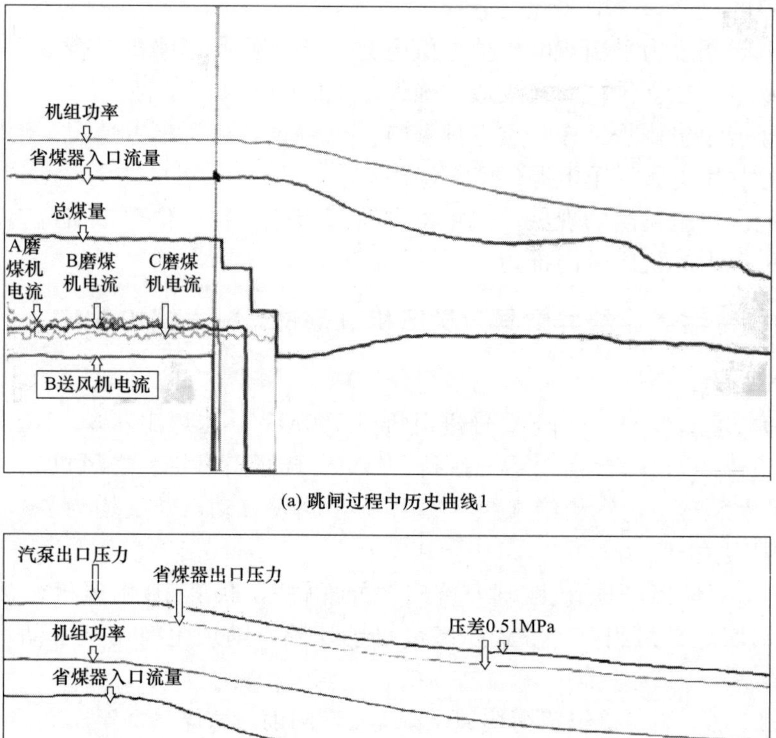

(a) 跳闸过程中历史曲线1

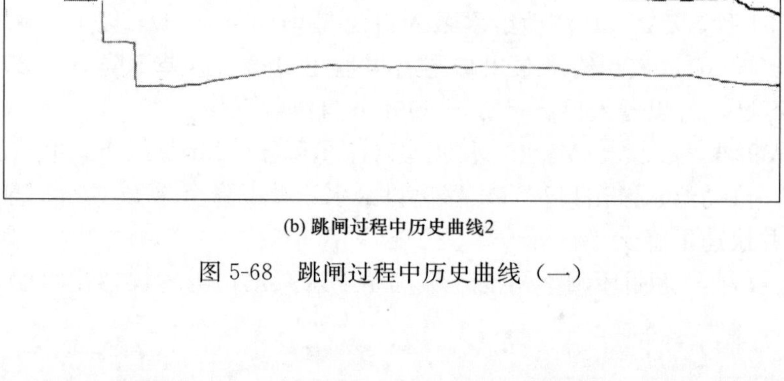

(b) 跳闸过程中历史曲线2

图5-68 跳闸过程中历史曲线（一）

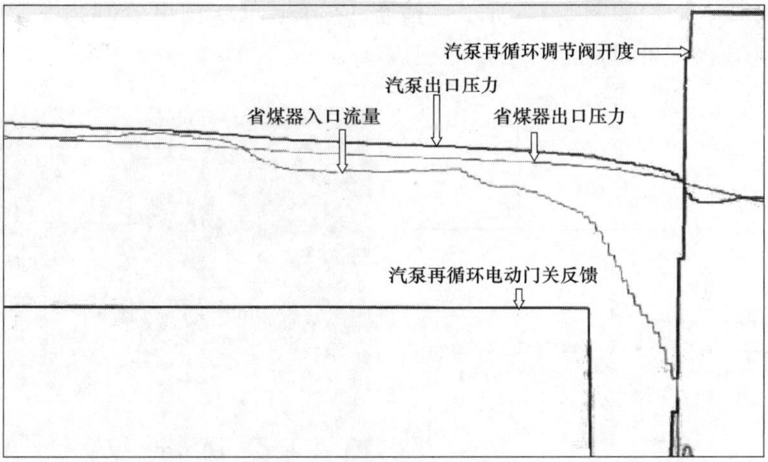

(c) 跳闸过程中历史曲线3

图 5-68　跳闸过程中历史曲线（二）

进行开关绝缘电阻试验（绝缘电阻 5.98GΩ、吸收比 3.09）、回路电阻测试（VW：204.7MΩ、UW：205MΩ、UV：204.9MΩ，不平衡率 0.1%）、机械特性试验均合格。打开开关面板，检查二次回路接线无过热、松动现象。使用 500V 绝缘电阻表测量二次回路绝缘，各回路对地绝缘电阻为无穷大；测量开关分合闸线圈直阻合格（合闸线圈：48.8Ω、分闸线圈：47.6Ω）；测量分合闸线圈动作电压合格（分闸：52V、合闸：67V）；测量合闸闭锁电磁铁线圈直流电阻合格（2.1kΩ）；测量储能电机绝缘合格（大于 1GΩ，直流电阻 12.2Ω）；对整流桥 V1、V2、V3 检查合格（内部二极管导通电阻约 4MΩ，反向不导通，电阻均为无穷大）。

5 月 8 日，厦门 ABB 开关厂家技术人员到现场配合检查，检查开关本体、动作机构及二次回路均正常。

2）继保专业人员现场检查。开关室就地检查保护装置，无启动及动作告警和记录，检查保护出口触点未闭合，电位正确；对保护装置进行检验及定值核对，各项功能正常，定值正确。对分闸中间继电器 K12 检验，动作电压 63V，返回电压 20V，动作功率 2.33W，满足要求，动作后继电器触点变位正确。检查就地事故按钮，密封良好，无人为碰触迹象，测量该回路电位正确，对地和相间电缆绝缘均为 800MΩ 以上，无接地或短路现象。对整个开关柜内二次回路电缆绝缘进行测试，未发现短路或接地现象。

调取开关跳闸前后的 DCS 趋势，发现在开关分闸前 16s 时，2 号机组 110V 直流 B 段存在接地现象，1s 后恢复，3s 后再次出现且一直持续到开关分闸，开关分闸后随即翻转为直流正极接地，持续 4s，然后又翻转为负极接地，持续 5s 后基本恢复正常。开关跳闸过程曲线，如图 5-69 所示，红色为直流正母线电压，蓝色为直流负母线电压，绿色为 2B 送风机电流。

开关跳闸前直流负极接地，正母线对地电压为 106.4V，负母线对地电压为 11.0V；开关跳闸后翻转为直流正极金属性接地，电压为 0V，持续 4s 后又翻转为直流负极接地。

3）热工专业检查。2 号机组跳闸后，检查后分析认为 2B 送风机为外部跳闸，DCS 未发出分闸指令。2B 送风机跳闸时及开关在试验位 DCS 远方分合动作正常。

检查现场控制卡件，如图 5-70 所示。检查 DCS 记录未发出分闸指令，分闸反馈及合闸反馈动作，DCS 报“外部跳”。

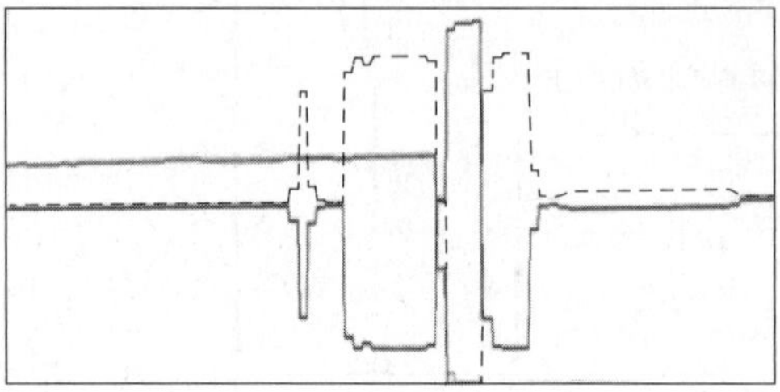

图 5-69　开关跳闸过程曲线

图 5-70　检查现场控制卡件

对分闸回路模拟试验，2B 送风机 6kV 开关柜分合闸二次回路，如图 5-71 所示。为分析跳闸原因，对开关柜内分闸回路各触点进行接地模拟试验。

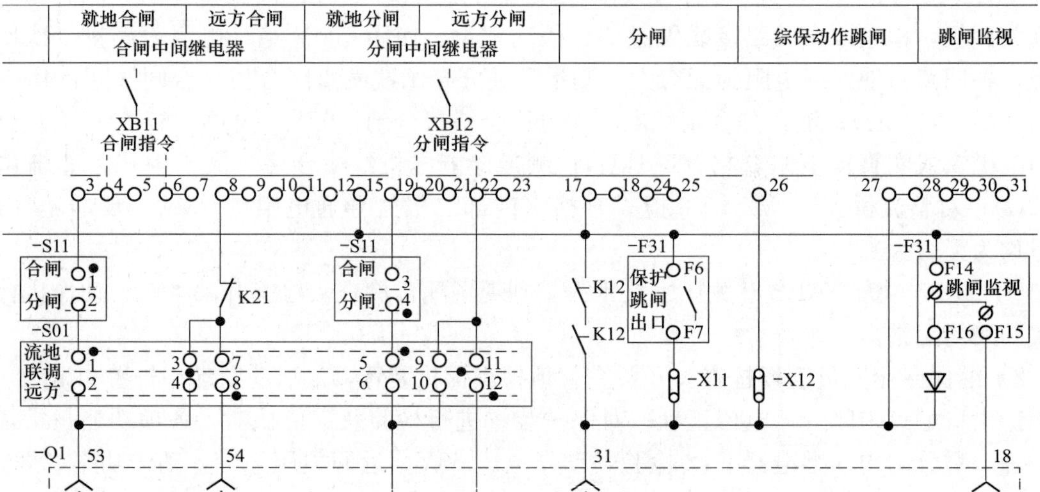

图 5-71　2B 送风机 6kV 开关柜分合闸二次回路

根据当时直流电压变化和开关跳闸情况，分析判断在分闸回路存在负极接地情况。接地点在开关分闸线圈前端，随即出现正极接地，开关跳闸。负极接地点在开关分闸线圈前端时直流电压波形，如图 5-72 所示。

图 5-72 中，直流正母线电压、直流负母线电压，均为金属性接地，与故障时直流母线电压幅值不符。

当负极接地点在开关分闸中间继电器 K12 前端时，随即出现正极接地，开关跳闸。负极接地点在分闸继电器前端时直流电压波形，如图 5-73 所示。负极接地时，直流正母线对地电压为 105.8V，负母线对地电压为 11.4V，与故障时直流电压基本相符。

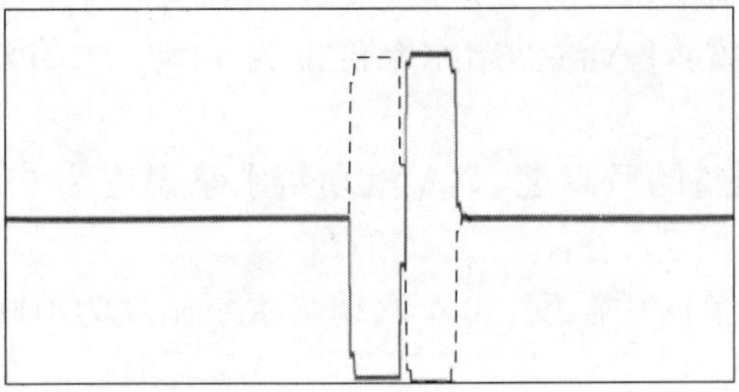

图 5-72 负极接地点在开关分闸线圈前端时电压波形

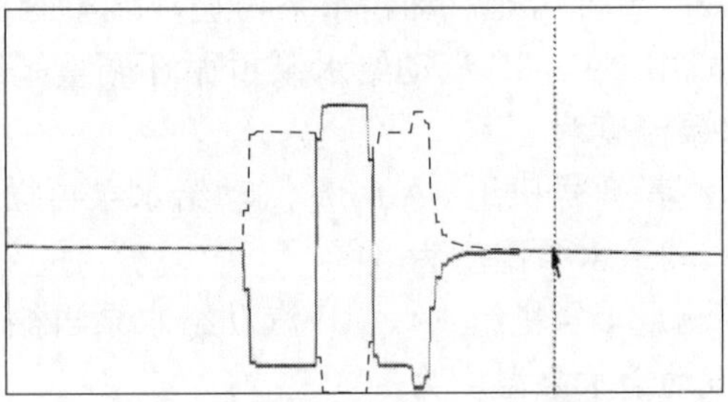

图 5-73 负极接地点在分闸继电器前端时直流电压波形

根据以上两次试验，对比故障时直流电压变化情况，基本确定负极接地点在分闸中间继电器 K12 之前，经过就地/远方转换把手、电缆，直到 DCS 分闸出口继电器的触点这一区间，但无法做到与故障波形精确一致。

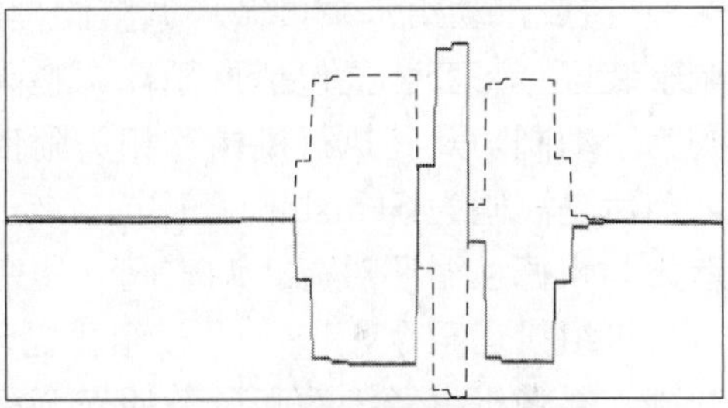

图 5-74 负极接地点在分闸继电器前端手动分闸直流电压波形

当负极接地点在开关分闸中间继电器 K12 前端时，通过 DCS 发出分闸指令，开关跳闸。负极接地点在分闸继电器前端手动分闸直流电压波形，如图 5-74 所示。负极接地时电压为 105.8V，与故障时直流电压基本相符，开关分闸时翻转为正极接地，且为金属性接地，持续时间为 3s，与故障现象基本一致。

4）根据研究院专业人员意见再次组织排查情况。5 月 6、7 日，研究院专业人员先后到电厂参与此次 2B 送风机跳闸和 2 号机组非计划停运事件的调查分析工作。电厂根据专业人员提出的分析建议于 5 月 10 日上午再次组织对 2B 送风机跳闸回路进行检查：检查 DCS 分闸指令电缆绝缘，用 1000V 绝缘电阻表对电缆各线芯对地绝缘进行测试，测量分闸指令线，其中一根线芯阻值为 0.5MΩ，另一根线芯阻值为 0.6MΩ，绝缘阻值偏小，考虑到 2B 送风机跳闸当天，天气阴雨潮湿，电缆绝缘更低，导致两根线芯接地，引起风机跳闸回路导通，风机跳闸。对备用线芯进行绝缘测量，均为无穷大，目前已对 2B 送风机分闸指令两根线芯更换为备用芯。

根据以上现场模拟试验及故障排查结果，判断导致 2B 送风机跳闸的原因为 2B 送风机分闸指令两根线芯绝缘低导致 110V 直流系统接地，造成开关柜内的分闸继电器 K12 动作使 2B 送风机开关跳闸。

（2）省煤器入口流量低原因检查情况。

1）省煤器入口流量低保护动作原因。送风机 RB 保护动作后，总煤量、给水流量跟踪机组负荷同步降低，两台汽动给水泵再循环电动隔离阀因汽动给水泵入口流量降至450t/h同时联锁开启。2A、2B汽动给水泵再循环调整阀均存在内漏（计划2020年9月份2号机组A级检修期间更换和修复），2A、2B汽动给水泵再循环流量增加，省煤器入口给水流量和给水压力下降，汽动给水泵出口与省煤器出口给水压差减小，省煤器入口流量快速下降至0，虽然给水主控指令由50%自动增加至58%，但省煤器入口流量仍低于保护动作值，造成省煤器入口流量低保护动作，锅炉灭火，机组跳闸。

2）事件后对汽动给水泵再循环调整阀后测温情况。5月6日，2号机组运行中，测量2号机组2A、2B汽动给水泵再循环调整阀后温度，2A汽动给水泵温度为148℃、2B汽动给水泵温度为151℃。

测量3号机组3A、3B汽动给水泵再循环调整阀后温度，3A汽动给水泵温度为67℃、3B汽动给水泵温度为84℃。

测量4号机组4A、4B汽动给水泵再循环调整阀后温度，4A汽动给水泵温度为100℃、4B汽动给水泵温度为90℃。

在汽动给水泵再循环调整阀后测温结果高于3、4号机组。测温证实2号机组汽动给水泵再循环调整阀内漏大。

3）造成汽动给水泵再循环调整阀内漏的原因。电厂的每台汽动给水泵各配置1套再循环调整装置；每套装置包括再循环调整阀（气动）、前后隔离阀（前隔离阀为电动阀、后隔离阀为手动阀）及其执行机构和相关附件。原装再循环调整阀为美国COPES-VULCAN阀门，前后隔离阀为SamshinSC阀门。2、3号机组分别于2017年、2015年将再循环调整阀改造为苏州德兰循环对流式调整阀（硬密封）。

自机组投运至今，1～4号机组再循环调整阀频繁发生不同程度的内漏，阀芯、阀组组件冲刷，影响机组经济性和设备的安全稳定运行。

2019年9月份，2号机组2A汽动给水泵再循环调整阀解体，解体后的阀座密封面，如图5-75所示；解体后的阀芯密封面，如图5-76所示。由图5-75和图5-76可以看出，阀芯、阀座密封面有明显冲蚀损伤。

图5-75　解体后的阀座密封面

图5-76　解体后的阀芯密封面

机组历次汽动给水泵再循环调整阀检修记录见表5-3。

表 5-3　　机组历次汽动给水泵再循环调整阀检修记录

机组	品牌或制造商	检修日期	解体检修情况
1号机组	COPES-VULCAN	2016年A级检修	（1）A、B汽动给水泵再循环调节阀，阀芯、阀座冲刷严重，阀笼有异物卡涩。 （2）A、B汽动给水泵再循环调节阀电动门，阀芯、阀座冲刷严重
		2018年C级检修	A汽动给水泵再循环前电动门阀芯、阀座冲刷严重
		2020年B级检修	A、B汽动给水泵再循环调整门前电动门冲刷，调节阀暂未解体
2号机组	苏州德兰（2017年改造）	2017年B级检修	（1）2B汽动给水泵再循环调节阀，阀笼分层脱焊，返原厂进行修复。 （2）2B汽动给水泵再循环调节阀前电动门，阀芯、阀座冲刷严重
		2019年7月停备	2A、2B汽动给水泵再循环调节阀阀芯、阀座冲刷严重，整体更换
		2019年9月停备	2A、2B汽动给水泵再循环调节阀阀芯、阀座冲刷严重，返原厂家进行修复
3号机组	苏州德兰（2015年改造）	2019年C级检修	（1）3A最小流量调节阀阀芯、阀座密封面吹损严重，更换新阀芯、阀座。 （2）3A最小流量前电动门阀芯、阀座密封面吹损严重，无法修复，外送修补
4号机组	COPES-VULCAN	2017年B级检修	A、B再循环调整门阀芯、阀座密封面有轻微点蚀，阀塞、减压笼套有锈蚀和氧化皮；调节阀前电动门阀芯、阀座密封面完好无损

专业人员分析认为，超超临界机组正常运行中，汽动给水泵再循环调整阀前后压差大。额定负荷时汽动给水泵出口压力31MPa，而除氧器压力0.9MPa，汽动给水泵再循环调整阀前后有超过30MPa的差压，因此，阀门密封面工作环境恶劣。阀门一旦内漏，在高压差下阀门密封面很快被吹损，最终使内漏扩大。

从运行数据分析，汽动给水泵再循环调整阀调整次数多少决定了内漏的严重程度。每次机组启停和机组深度调峰都会对汽动给水泵再循环调整阀的严密性造成损伤。以2号机组为例，自2019年9月2A、2B汽动给水泵再循环调整阀阀芯、阀座返厂修复以来，因电网调峰需要，共启机4次，停机4次，执行40%额定负荷深度调峰26次。启停机次数和深度调峰次数明显高于长周期运行的3号机组（3号机组启停机各2次，未执行深度调峰）。从现场测温情况看，2号机组汽动给水泵再循环调整阀后温度明显高于3号机组，内漏较大。

4）汽动给水泵再循环调整阀存在问题。原装COPES-VULCAN再循环调整阀的基本工作原理是流体先经过滤网过滤渣滓和降压减速后，再经过HUSH套筒内逐渐错开半圆的流道而进行降压，而且使用了软硬密封面组合，共有4个密封面组成的两道密封，密封效果较好，原装COPES-VULCAN调节阀结构，如图5-77所示。但是经过现场使用后发现该阀门存在以下问题。

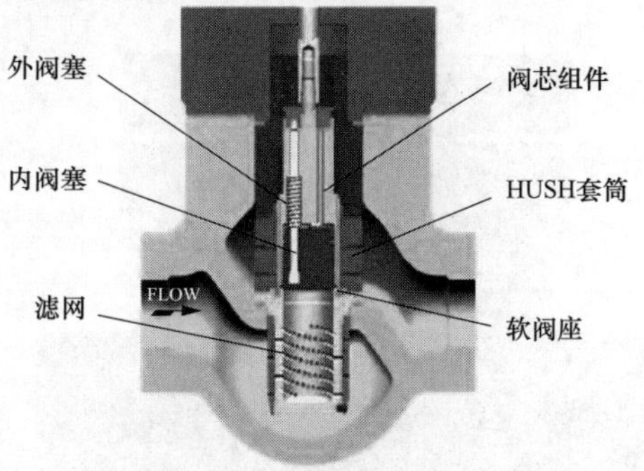

图5-77　原装COPES-VULCAN调节阀结构

① 结构复杂，加工、装配精度要求高，导致检修解体后装配精度和加工精度无法保证，如阀芯、阀座密封面同心度，阀塞与外套筒同轴度无法达到原装要求。

② 较小的渣滓会经过滤网流入阀芯内部，导致阀芯与套筒卡死。

③ 阀芯内部的螺栓因冲刷振动易发生断裂。

④ 高压差的运行工况，多级节流式 HUSH 套筒结构降压效果一般，易在阀芯处产生汽蚀。

⑤ 检修备件采购周期长（约半年），费用高。

2. 原因分析

（1）直接原因。2B 送风机“外部跳闸”导致机组 RB 动作，给水流量降低，触及存在调整阀内漏缺陷的两台汽动给水泵再循环隔离电动阀同时达到其联锁开启定值，两台汽动给水泵再循环流量同时增大，造成汽动给水泵出口给水流量和锅炉上水压差快速下降，触发省煤器入口流量低保护动作。

（2）间接原因。2B 送风机分闸指令两根线芯绝缘低导致 110V 直流系统接地，造成开关柜内的分闸继电器 K12 动作使 2B 送风机开关跳闸，机组 RB 保护动作；两台汽动给水泵再循环调整阀内漏问题未得到根本治理。

3. 暴露问题

（1）热工设备隐患排查不彻底，随着设备运行年限增加，电缆存在老化导致绝缘降低的问题未能提前发现，未制订排查计划和检测方法，未能提早发现设备潜在隐患。

（2）设备治理工作不深入，针对汽动给水泵再循环内漏问题，长时间得不到根治，设备治理工作停留在事后，未能从源头上分析造成频繁内漏的根本原因，未能制订有效的治理计划和根治措施。

（3）专业人员分析、解决问题能力存在不足，专业管理和设备管理水平有待进一步提高。

（三）事件处理与防范

1. 事件处理

（1）基于机组安全运行的前提下或在停机状况下，对 2B 送风机开关柜至 DCS 之间控制电缆进行绝缘测试（测试时解开电缆两端回路）；对 2B 送风机 DCS 卡件继电器进行校验，对 2B 送风机开关柜内控制回路进行排查，包括远方/就地转换开关等。

（2）鉴于以上原因，电厂对汽动给水泵再循环调整阀进行了改造，通过结构优化等措施，对阀门内漏进行治理。通过调研选用了苏州德兰循环对流式调节阀，苏州德兰循环对流式调节阀结构，如图 5-78 所示。

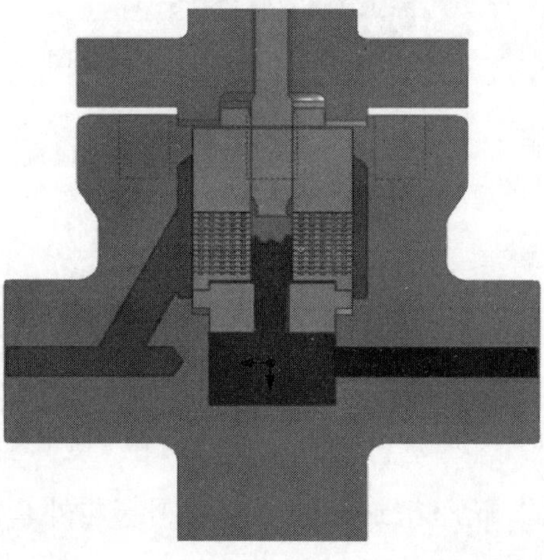

图 5-78 苏州德兰循环对流式调节阀结构

新款阀门与进口阀门最大的不同是减压部件由多级截流式变为循环对流式，简单化了阀芯组件整体结构，取得了一定的效果，但是因为阀门使用工况恶劣，该问题仍未能彻底根治。

（3）针对汽动给水泵再循环调整阀频繁内漏采取的措施。

1）日常维护：专业在机组运行期间，每日对汽动给水泵再循环阀门、管路进行检查测温（测温仪或红外成像仪），随时掌握再循环运行情况，做好劣化分析，为检修策划提供依据。

2）检修方面：逢修必检，对于调整阀因其阀座可分体，一旦发现冲刷等缺陷，阀芯、阀座整套外送，由原厂家或专业检修厂家进行修复，以确保密封面修复质量和阀芯、阀座的配合精度（同心度等）。

3）运行操作：为避免汽动给水泵再循环调整阀在小开度时加剧冲蚀，在运行操作上进行了控制，首先再循环调整阀不在小开度停留，最小使用开度控制为20%；其次，在机组运行中关闭再循环隔离电动阀，防止调整阀内漏加剧。

4）逻辑优化：汽动给水泵再循环调整阀的0位死区由5%调整到20%，增加汽动给水泵再循环隔离电动阀在汽动给水泵流量小于450t/h时联锁开启逻辑，防止汽动给水泵跳闸时再循环调整阀不开打闷泵，损坏汽动给水泵（此逻辑还有待进一步优化）。

2. 事件防范措施

（1）利用机组检修、停备机会，开展热工设备隐患专项排查，提前制订排查计划和检测方法，对重要设备电缆的绝缘进行测试，对发现问题的电缆进行更换。

（2）提升全厂直流系统管理水平，保证机组安全稳定运行。当出现直流系统一点接地时，采用拉路的方式及时查找和消除。同一直流母线段，当出现同时两点接地时，立即采取措施消除，避免由于直流同一母线两点接地，造成继电保护或断路器误动故障。

（3）提前采购汽动给水泵再循环调整阀备件，厂内常备一套备件，利用机组停备或检修，随时对内漏严重的汽动给水泵再循环调整阀阀芯、阀座进行更换，避免长周期采购对现场缺陷处理的制约。在2020年下半年2号机组A级检修中更换存在内漏的汽动给水泵再循环调整阀。

（4）提高设备治理的标准和水平，针对汽动给水泵再循环内漏问题组织专业人员专项攻关，调研应用于超超临界机组的汽动给水泵再循环阀门使用状况，吸取先进做法和改造经验。

（5）结合机组运行工况，制订《防止汽动给水泵再循环调整阀冲刷内漏技术措施》，在机组启停和深度调峰时段，确保汽动给水泵运行安全和最小流量的前提下，提早关闭再循环隔离电动阀，避免再循环调整阀在小开度下运行、长时间冲刷内漏。

（6）针对此次RB动作过程中的给水流量下降，接近汽动给水泵再循环隔离电动阀联开定值的情况，对汽动给水泵再循环隔离电动阀联开逻辑进行优化，联开定值由450t/h调整到380～400t/h，同时，A、B两台汽动给水泵的定值设置为阶梯式，避免同时开启造成双倍流量、压力扰动，拟将A汽动给水泵再循环隔离电动阀联开定值调整为400t/h，B汽动给水泵定值调整为380t/h。

（7）建立汽动给水泵再循环内漏检测台账。在汽动给水泵再循环管道上加装温度测点，随时监测阀门内漏趋势，做好劣化分析，为机组检修策划提供依据，做到逢停必检。

（8）开展点检员和热工人员业务技能培训，掌握设备构造和故障排查方法，提高发现问题、解决问题的能力。

（9）密切关注2号机组110V直流系统运行状况，加大巡检和监视力度；做好110V直流系统接地事故预想及应急预案。

第五节 独立装置故障分析处理与防范

本节收集了因独立装置异常引发的机组故障3起，分别为ETS系统DI卡件故障导致机组跳闸、ETS系统接线端子老化短路导致机组跳闸和空气预热器漏风控制系统PLC控制器异常导致锅炉 MFT。

这些重要的独立装置是否运行可靠直接决定了机组设备保护可靠性，其重要性程度应等同于重要系统的 DCS，应给予足够的重视。

一、ETS 系统 DI 卡件故障导致机组跳闸

某电厂 7 号机组为哈尔滨电气集团有限公司生产的 300MW 燃煤机组，DCS 采用美国 Honeywell 公司的 TPS3000 分散控制系统，汽轮机数字电液调节系统（DEH）、给水泵汽轮机数字电液调节系统（MEH）和汽轮机危急遮断系统（ETS）采用美国艾默生公司的 OVATION 控制系统。出厂日期是 2005 年，投产日期是 2006 年 12 月，最后一次大修日期是 2014 年 8 月。

（一）事件过程

2020 年 3 月 21 日 23 时 29 分 38 秒，7 号机组负荷 132MW 运行，运行人员无设备启停操作。ETS 动作信号发出，机组跳闸，DCS 首出“ETS 跳闸”。保护动作顺序为热工保护 ETS 系统装置动作，汽轮机跳闸联跳锅炉、发电机。

（二）事件原因查找与分析

1. 事件原因检查

检查 DCS 中 SOE 显示保护动作顺序为“ETS 已动作”“发电机故障停机”和“锅炉 MFT”。检查 ETS 首出“备用通道三”保护动作，该通道为 ETS 站 B2 号 DI 卡件 12 通道，在卡件中并未实际接入热工保护信号电缆，ETS 站 B2 号 DI 卡件接线，如图 5-79 所示。

检查 DEH 历史趋势，机组跳闸时，该备用通道信号发生翻转，由“0”变为“1”，DEH 历史曲线，如图 5-80 所示，信号翻转时间为 2020 年 03 月 21 日 23 时 41 分 54 秒。由于 DCS 与 DEH 时钟偏差 12 分 16 秒，校正后 ETS 动作时间与 SOE 记录时间一致，与首出情况相符，说明在逻辑上本次保护次序正确。ETS 保护的“备用通道三”首出逻辑，如图 5-81 所示。ETS 保护的“备用通道三”动作逻辑，如图 5-82 所示。

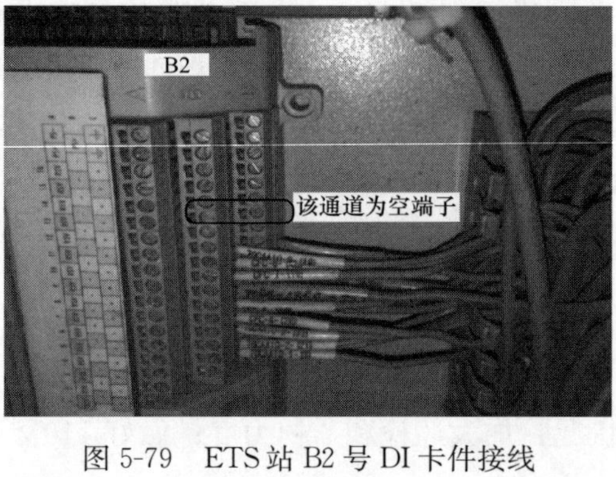

图 5-79　ETS 站 B2 号 DI 卡件接线

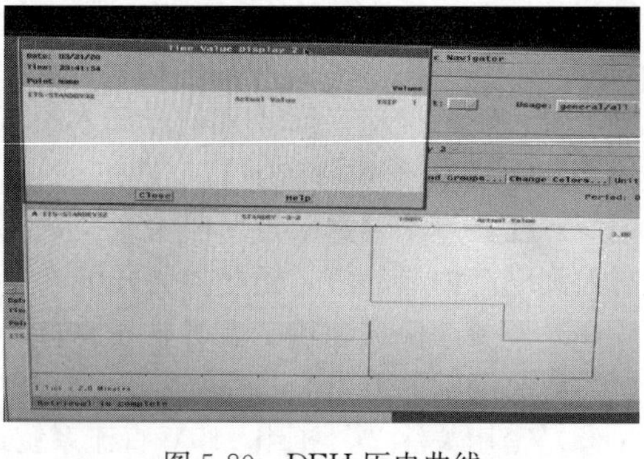

图 5-80　DEH 历史曲线

热工专业对端子排进行检查，未发现松动或短路现象；对系统接地及信号接地线进行检查，未发现异常，未见卡件内、外部地线报警。监控录像和相关人员的汇报表明机组跳闸时电子设备间无人开展工作。更换备用通道的 DI 卡件后，机组于 3 月 22 日 4 时 47 分重新并网。

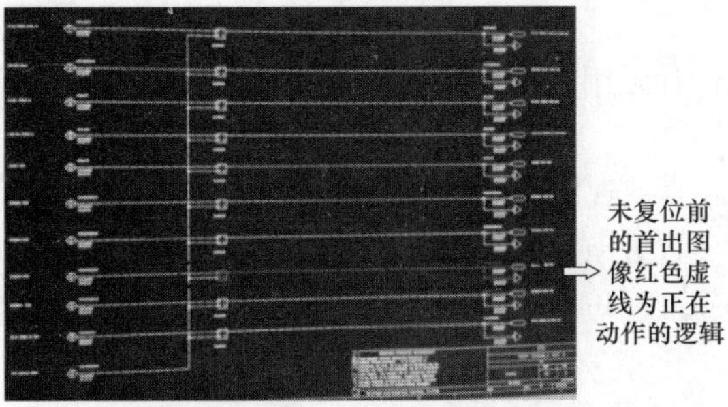

图 5-81　ETS 保护的“备用通道三”首出逻辑

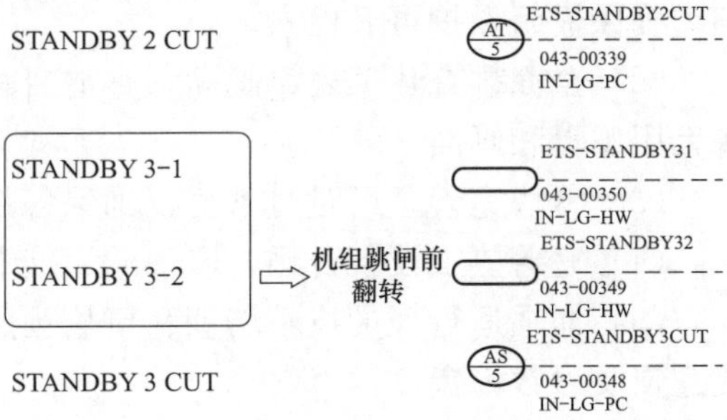

图 5-82　ETS 保护的“备用通道三”动作逻辑

2. 事件原因分析

（1）直接原因。ETS 保护“备用通道三”信号动作是此次跳闸事件的直接原因。ETS 系统中设计了 16 个主保护跳闸信号，4 个备用通道，其中已使用的主保护信号卡件端子排接线，备用通道卡件端子排不接线，备用通道的逻辑功能正常，保护投切开关投入，当主机需要新增保护功能时，只需增加电缆即可将主保护进行扩展。本次 7 号机组跳闸，首出“备用通道三”保护动作，检查逻辑发现备用通道逻辑由未接线的卡件通道触发，触发原因可能是由于卡件故障或是卡件输入端子排短接。

（2）间接原因。

1）机组 ETS 保护设计不合理，设计有逻辑功能正常的备用保护通道，存在保护误动的风险。热工检修专业对 ETS 主保护设计功能理解有误，在历次梳理程序中未能发现 ETS 主保护程序备用通道参与主保护动作，逻辑组态未进行删除或有效隔断，增加了备用通道故障导致跳闸信号动作的可能性。

2）保护投切管理制度存在问题，未能在制度中有效明确备用通道的投退状态，增加了备用通道故障导致跳闸信号动作的可能性。

3）ETS 设备台账记录不全，未对设备进行有效的技术管理，未及时发现 ETS 系统卡件故障，导致机组跳闸信号动作。

3. 暴露问题

（1）运行专业培训不到位，对热工保护投切状态不掌握，对备用保护信号为保护投入状态不了解。

（2）专业技术管理存在漏洞，对机组 ETS 保护功能如何设置认识不清，管理不到位，对无效的通道参与主保护没有及时发现，并要求切除。

（3）DCS 与 DEH 时钟不一致，给事故分析带来不便。

（三）事件处理与防范

1. 事件处理

（1）所有备用通道的逻辑软开关解除，待机组检修时删除备用通道逻辑。

（2）更换 DI 卡件。

（3）将故障卡件送 OVATION 公司进行检测，继续分析卡件故障原因。

2. 事件防范

（1）加强保护管理，举一反三，全面梳理，对热工、电气相关逻辑保护设置和保护装置进行全面排查，发现问题及时整改，同时修订保护投切管理制度，确定机组保护投入明细，确保机组保护可靠投入。

（2）全面排查热工逻辑画面，查清目前系统中无用逻辑的情况，待机组检修时删除所有无用逻辑和画面。

（3）尽快完善全厂对时系统，确保各系统时钟一致。

（4）完善热工设备台账，ETS设备卡件进行有效管理，制定设备更换及改造计划。

（5）加强运行人员技术培训和事故预想工作，重点学习和掌握热工、电气重要保护系统逻辑及参数设置。

二、ETS系统接线端子老化短路导致机组跳闸

某公司6号机组容量为135MW，2003年投产发电，DCS采用新华控制工程有限公司XDPS-400+系统。

（一）事件过程

6号机组实际负荷88MW，主蒸汽流量410t/h，主蒸汽压力13.0MPa。6号锅炉A、B一次风机运行，自动投入；A、B送风机运行，自动未投；A、B引风机运行，自动投入。A、B、D磨组运行，自动投入。机组协调投入，AGC投入。6号机组B凝结水泵运行，B给水泵运行，凝抽背投入运行。

16时11分38秒，6号机组ETS动作。

16时11分39秒，发电机出口开关分闸状态。

16时11分40秒，锅炉MFT动作，机组跳闸。

运行人员检查高中压主汽门，调速汽门各抽汽，气动门及电动门，供热系统气动门和电动门已关闭，汽轮机转速下降后高压启动油泵启动。

（二）事件原因查找与分析

1. 事件原因检查

（1）DCS检查情况。监盘人员检查发现DSC跳闸原因为ETS动作，ETS显示屏显示发电机水位故障保护。DCS历史曲线，如图5-83示，DCS内ETS动作首出界面胀差条件状态变红，机组跳闸后的现场设备跳闸顺序与实际跳闸顺序相同。检查画面发现画面内汉字跳闸取点为ETS跳闸，显示状态变红。

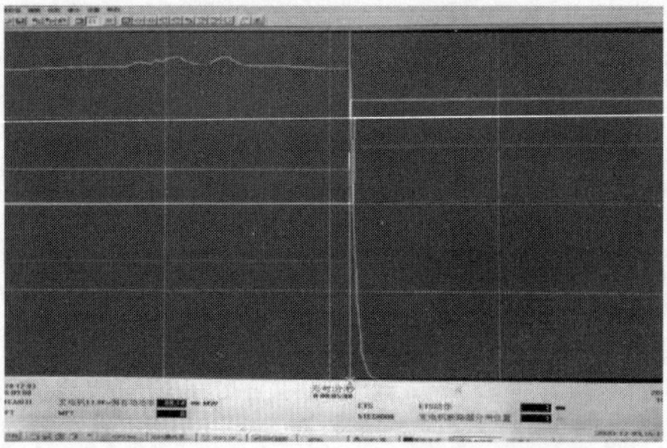

图5-83　DCS历史曲线

（2）ETS系统检查情况。检查ETS面板，首出“发电机水位故障保护”；查询ETS面板逻辑发电机水位故障，显示点在ETS逻辑中选取的信号为di000218，对应ETS输入通道为22通道，该通道为电气发电机A套保护装置动作，根据对应关系查找ETS接线端子发现接线端子积灰较多，且有轻微烧毁痕迹，故障端子，如图5-84所示。判断为该通道接线端子损坏导致接线短路，造成ETS动作。

2. 原因分析

（1）ETS系统2003年投产，端子老化并积灰，造成信号短路，导致保护误动。

(2) 发电机 A 套保护动作为单点保护，不符合《防止电力生产事故的二十五项重点要求（2023版）》（国能发安全〔2023〕22 号）第 9.5.2 条“所有重要的主、辅机保护都应采用“三取二”的逻辑判断方式……”要求。

3. 暴露问题

(1) 热工专业未针对长周期运行设备制定相关的巡检计划或专项检查计划。

图 5-84 故障端子

(2) 检修期间只对机柜及卡件进行清灰工作，未对端子情况进行检查。

(3) ETS 面板首出“发电机水位故障保护”，与实际保护动作内容不符，在逻辑保护试验中未及时发现，影响了事故后原因的查找。

(4) 热工专业保护柜接线图纸不清晰，接线回路不清楚，信号线接线标识不清。

(5) 现场部分保护为单点保护。因相关安装建设时间较早且经过多次改造，电气保护柜及热工 ETS 保护 PLC 相关通道已无备用通道，未制定相关措施。

（三）事件处理与防范

1. 处理情况

原因查找后，热工专业对损坏端子进行拆除，更换备用端子，并对更换后的端子进行检查测试。更换后电气配合进行试验，试验正常后通知运行点火启动机组。

2. 防范措施

(1) 运行期间，按设备巡检要求重点检查 ETS、TSI、DEH 系统控制柜内设备。

(2) 检修期间对热工、电气保护设备的接线进行重新核查，并绘制出最新的图纸，经审批手续后下发现场。

(3) 检修期间，按要求对控制柜和端子进行清灰。对电子间和配电间空调口进行清灰，并在出风口加装滤网。

(4) 检修期间对热工保护涉及的内容进行全面试验核查，对画面内容与实际不符的各类问题进行修改。

(5) 加强对班组人员的技术培训，增强班组成员技术水平。

三、空气预热器漏风控制系统 PLC 控制器异常导致锅炉 MFT

2020 年 4 月 27 日 19 时 50 分，某厂 1 号机组负荷 225MW，锅炉空气预热器、一次风机、送风机及 A、B 引风机运行，A、B、C、D 四套制粉系统运行，空气预热器漏风控制系统“自动跟踪”状态。

（一）事件过程

17 时 46 分，1 号机组负荷升至 140MW，按照运行规程要求，联系热控及锅炉专业投入空气预热器漏风控制系统“自动跟踪”状态。

19 时 51 分，DCS 报“空气预热器主电机事故跳闸”声光报警，检查空气预热器主电机跳闸，备用电机联启，备用电机电流 90A。运行值班人员就地检查空气预热器本体，发现空气预热器运行有较大摩擦声；就地检查空气预热器漏风控制系统，发现 A2 扇形板与其他扇形板位置反馈不一致，按“强制提升”无效。

19 时 54 分，空气预热器备用电机跳闸，锅炉 MFT 动作。

故障处理后，28 日 2 时 52 分，锅炉重新点火；6 时 01 分，机组并网。

（二）事件原因查找与分析

1. 事件原因检查

运行人员通知锅炉、热控和电气等专业人员到现场，跳闸过程相关参数曲线，如图 5-85 所示，空气预热器漏风控制系统显示画面，如图 5-86 所示。

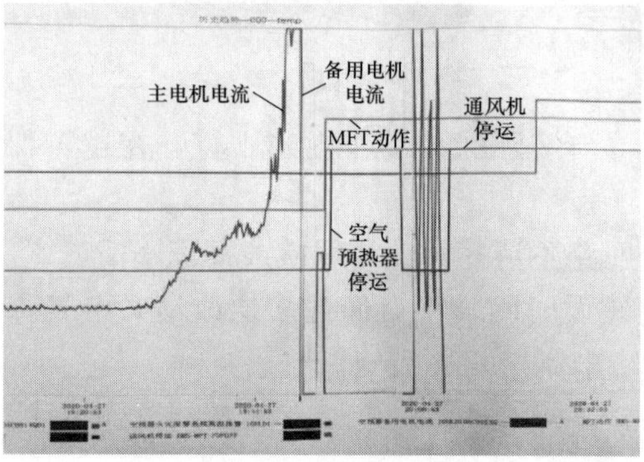

图 5-85　跳闸过程相关参数曲线

图 5-86　空气预热器漏风控制系统显示画面

运行人员多次点动投入空气预热器气动马达，但空气预热器无法正常运转。

20 时 10 分，热控专业到现场确认空气预热器漏风控制系统所有操作功能失效，重新启动后显示正常，强制将 A1、A2、A3 和 A4 扇形板提升至最高位。

21 时 15 分，运行人员点动气动马达进行盘车，未出现异常后，投入气动马达连续运行。锅炉检修人员打开空气预热器人孔门，从外部使用强光手电逐个查看格仓，未发现异常。

22 时 34 分，在冲洗模式下启动空气预热器备用电机运行，电流在 24.3～41.6A 规律性波动。23 时 45 分，空气预热器备用电机电流呈下降趋势，停止空气预热器备用电机；启动空气预热器主电机运行，电流在 25.1～31.5A 波动。2 时 30 分，空气预热器主电机电流稳定在 23～24A。申请省调同意后，机组启动。

2. 原因分析

（1）直接原因：1 号锅炉空气预热器漏风控制系统 A2 扇形板与空气预热器转子发生卡涩，引起空气预热器主/备用电机过流跳闸。

（2）间接原因：判断 1 号机组空气预热器漏风控制系统 PLC 控制器异常，导致 A2 扇形板调节异常。运行人员未及时发现空气预热器电机电流增大，未能及时采取措施。

3. 暴露问题

（1）对于处于恶劣环境的设备没有采取防范措施，空气预热器漏风控制柜管理不规范。柜门密封不严，空气预热器漏风控制系统 PLC 控制器 CPU 模块，以及散热模块处有较多积灰，发热较为严重。

（2）运行人员和热控专业人员未详细排查空气预热器漏风控制系统存在的异常，未发现 PLC 控制系统存在的隐患。

（3）运行人员监盘不到位、发现不及时。空气预热器电流增大后发现不及时，未能及时采取措施。

（4）空气预热器电机无电流大报警，未及时提醒运行人员注意。

（三）事件处理与防范

（1）结合1号机组B级检修，对1号机组空气预热器漏风控制系统PLC控制柜积灰进行清理，完善封堵措施。

（2）梳理空气预热器漏风控制系统PLC逻辑组态，查阅功能块运行状态及逻辑关系，对部分硬件驱动进行升级。联系空气预热器漏风控制系统厂家，进行进一步分析。

（3）增加空气预热器电流大报警。当空气预热器电流偏大时，能及时提醒运行人员进行处理。

（4）利用1号机组B级检修，对空气预热器漏风情况进行全面治理，防止热风、热烟和热灰外漏。

（5）督促运行人员将经常变化的参数做成趋势组，并设定合理区间，放在一个画面上，当参数发生变化时能及时从曲线中反映出来，从而提高运行人员监盘质量。

第六章

检修维护运行试验过程故障分析处理与防范

机组从设计到投产运行必定要经过基建、运行和检修维护等过程。各过程面对的重点不同，对热控系统可靠性的影响也会有所不同，总体来说，新建机组主要取决于基建过程中的把控；投产年数不多的机组主要取决于运行中预控措施的落实，而运行多年的机组则主要取决于运行检修维护中的质量控制。

本章对检修维护运行过程中的27起案例进行了分类，分别就检修维护、运行和试验过程因操作不当引发的机组跳闸案例进行了分析和提炼。其中，检修维护过程中的问题主要集中在检修操作、组态修改、接线的规范性和电缆防护等方面；运行过程中的问题主要集中在运行操作和报警后处理能力等方面；试验过程中的问题则主要集中在试验的规范性方面。希望借助本章案例的分析、探讨、总结和提炼，能提高相关人员在不同阶段过程中运行、检修和维护操作的规范性和预控能力。

第一节　检修维护过程故障分析处理与防范

本节收集了因检修、维护工作失误引发的机组故障12起，分别为退出保护误操作导致“给水流量低低”大联锁保护动作、热工检修人员强制信号错误导致机组跳闸、处理SIS系统环保数据上传中断故障时误操作导致两台机组跳闸、给水泵汽轮机转速探头故障处理不当导致MFT、网络施工引起根交换机连通导致两台机组跳闸、热工人员解除信号错误造成DEH失电、接线端子接线不规范导致汽动给水泵跳闸、燃气轮机跳闸油电磁阀供电回路线虚接导致机组跳闸、转子发生动静磨碰导致振动高保护动作、滤油管路破损导致给水泵润滑油压低引起机组跳闸、给水泵机械密封泄漏导致机组被迫停运、重置燃油累积流量处理不当导致汽包水位低MFT。

这些案例大多是机组检修维护期间发生的事件，案例的分析和总结有助于提高热控系统检修维护的规范性和可靠性。

一、退出保护误操作导致“给水流量低低”大联锁保护动作

某热电厂1号机组容量为350MW，2013年10月投产。锅炉型号为HG-1110/25.4-HM2，汽轮机型号为CLN350-24.2/0.4/566/566，发电机型号为QFSN-350-2。

DCS控制系统采用GE新华控制工程有限公司生产的XDPS-400e系统，DEH及ETS系统由哈尔滨汽轮机厂有限责任公司成套供货，均为GE新华控制工程有限公司产品。

2020年8月5日，1号机组负荷210MW，总煤量159t/h，主给水流量640t/h；各辅机设备均运行正常。

（一）事件过程

8时30分，热工检修人员巡视发现1号锅炉给水流量变送器3负压侧三阀组接头处存在渗漏点。巡视人员将缺陷情况汇报热工班长。班长请示热工专业专工、部门主任后安排班组进行消缺工作。

10时30分，检修人员与运行专业及当值人员沟通后，为防止在缺陷处理过程中“给水流量低低”保护误动，计划在消缺过程中退出“给水流量低低”保护，并办理了“热控保护投退申请单”。

14时33分，申请单经各级审批人员审批后，热工班操作人员进行了修改。

14时33分21秒，锅炉MFT动作，首出“给水流量低低”，大联锁保护动作机组异常停运。

16时30分，锅炉点火。

18时18分，1号机组恢复并网运行。

（二）事件原因查找与分析

1. 事件原因检查

经检查，14时33分，申请单经各级审批人员审批后，热工班操作人员（热工点检B）、监护人员（热工班技术员）来到1号机组工程师站执行保护退出操作，原操作是将给水流量低低保护动作模块（DPU10P55B93号模块）输出D强制为0，但实际操作中，操作人员误将输出D的值由“0”改为了“1”，关闭了DPU10P55B93号模块。

2. 事件原因分析

（1）直接原因：热工人员为消除缺陷过程中的安全，退出“给水流量低低”保护，强制DPU10P55B93号模块输出操作时错误，将输出D的值由“0”改为了“1”。

（2）间接原因：热工监护人员监护不到位。

3. 暴露问题

（1）风险管控工作不到位，风险意识不强，对可能引起机组非停的操作，未引起足够重视。操作人执行保护退出操作时，麻痹大意，未经监护人确认即执行了操作，监护未能起到作用。

（2）专业管理不到位，操作人员对热工保护投退操作不认真细致，没有执行操作监护制度。

（3）检修维护工作质量不良，机组检修后仍出现给水流量变送器取样管接头渗漏点的缺陷。

（三）事件处理与防范

（1）加强专业技术管理，细化热工保护投退的操作步骤，执行保护投退操作卡和监护复诵制度。

（2）加强现场作业的风险管控和人员培训，提高风险防范意识，进一步落实各级人员风险管控责任制。

（3）进一步提高控非停意识，完善控非停措施，对可能引起机组非停的操作，提高监护等级，由专业技术管理人员执行现场监护。

（4）加强设备检修质量管理，严格执行修后质量验收，提高设备可靠性。

（5）组织开展安全生产大讨论活动，切实提高安全生产意识，克服长周期安全运行的麻痹思想，全面梳理反事故措施落实执行情况，完善相关操作规程及工作标准，杜绝人员的不规范操作行为。

二、热工检修人员强制信号错误导致机组跳闸

某电厂3号机组锅炉为北京巴布科克·威尔科克斯有限公司制造的亚临界、单炉膛、“W”火焰燃烧方式、中间一次再热、自然循环燃煤汽包炉；锅炉设计燃用无烟煤，制粉系统采用正压直吹式，共配有6台双进双出筒式低速钢球磨煤机。汽轮机为东方汽轮机有限公司制造的中间再热、单轴三缸四排汽、冲动凝汽式汽轮机。发电机为东方电机厂有限公司制造的DH-600-G型三相同步发电机，冷却方式为水-氢-氢。DCS控制系统采用德国西门子TXP分散控制系统。

事件前，2020年12月16日16时50分，3号机组负荷470MW，主蒸汽压力14.16MPa，再热蒸汽压力2.6MPa，主蒸汽温度540℃，再热蒸汽温度534℃，炉膛负压－19Pa，煤量225t/h，6台磨煤机运行，2台送风机手动控制，2台引风机和一次风机自动控制方式运行，2台增压风机变频自动运行，机组CCS、AGC、AVC投入。

（一）事件过程

8时44分，检修部热控一班检修工办理工作票处理“3号机组A侧低压旁路阀后疏水罐液位开关高一值信号、高二值信号故障”缺陷，工作班成员1人。10时01分，工作票被许可；11时10分，工作票终结。11时17分，检修负责人作检修交代“3号机组A侧低压旁路阀后疏水罐高一值液位开关坏，更换新的开关后动作正常。高二值疏水罐液位开关触发不联开疏水门，经检查联开疏水门要与上发电机功率小于30%信号”。

16时20分，运行部副值长发现检修交代有误，电话联系检修负责人进行确认。

16时30分，检修负责人到达二单元集控室，口头向运行主值班员交代，打算在工程师站强制“3号机组A侧低压旁路阀后疏水罐液位开关高二值”信号，对高二值是否联开疏水门进行验证。

16时50分43秒，两台汽动给水泵汽源（四段抽汽）失去，给水流量快速下降。

16时52分00秒，运行人员解除燃料主控自动，手动快速减负荷。

16时53分35秒，运行人员手动打闸3C、3D磨煤机。

16时53分49秒，手动启电动给水泵。

16时55分00秒，手动打闸3E、3B磨煤机。

16时56分03秒，炉膛负压快速下降，导致实际负压值与设定值偏差大，自动切除3A、3B引风机自动，运行人员手动调整炉膛负压。

16时56分14秒，运行人员手动打闸3A、3F磨煤机。

16时59分19秒，炉膛负压大于1700Pa，负压高高保护动作，触发锅炉MFT，联跳汽轮机、发电机。

17点58分，机组在查明事件原因，检查主辅机设备无异常后重新点火，于19时41分21秒并网运行。

（二）事件原因查找与分析

1. 事件原因检查

事件后专业人员检查，3A低压旁路阀后疏水气动门控制逻辑，如图6-1所示；汽轮机跳闸信号联锁逻辑，如图6-2所示；汽轮机跳闸信号强制及MFT动作曲线，如图6-3所示；MFT及汽轮机跳闸记录，如图6-4所示。

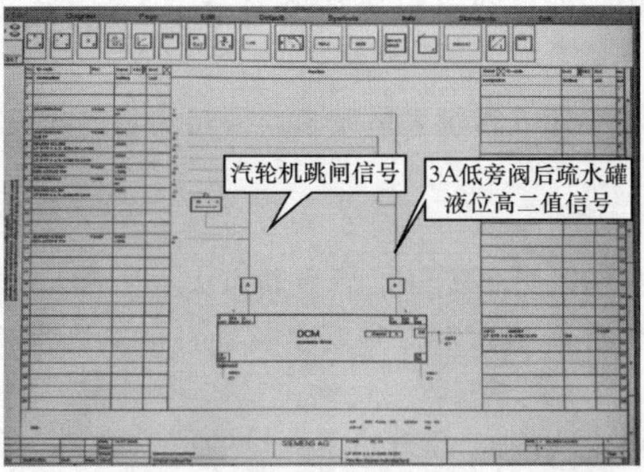

图6-1 3A低压旁路阀后疏水气动门控制逻辑

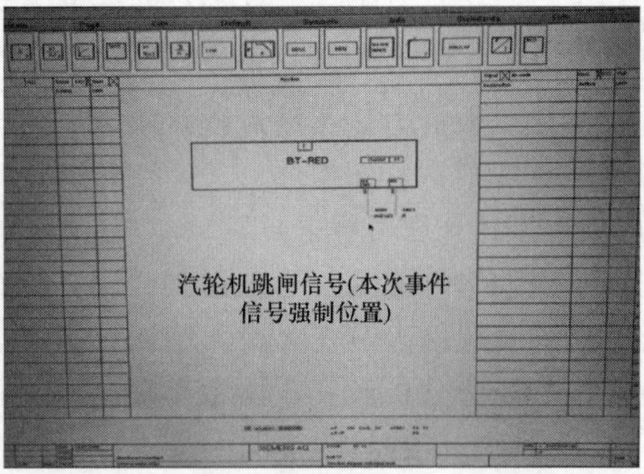

图6-2 汽轮机跳闸信号联锁逻辑

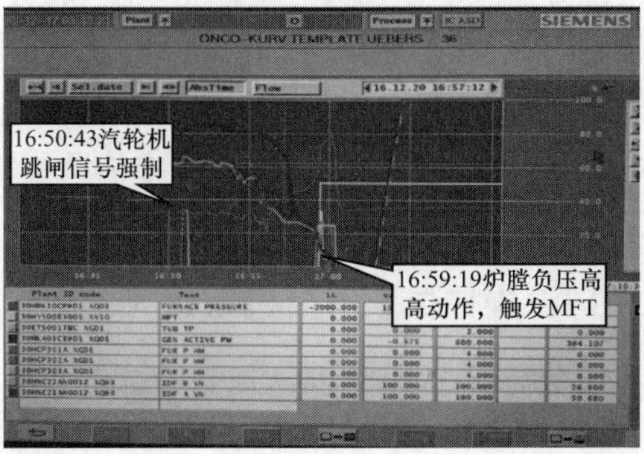

图6-3 汽轮机跳闸信号强制及MFT动作曲线

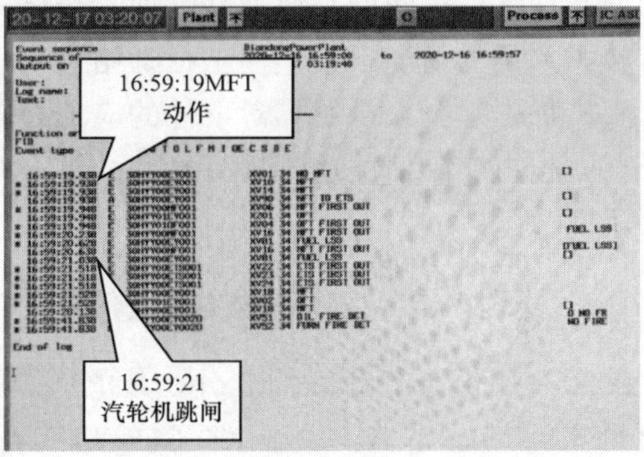

图6-4 MFT及汽轮机跳闸记录

经检查分析，16时50分43秒，检修负责人在工程师站进行信号强制过程中，由于逻辑信号跟踪错误，误将汽轮机跳闸信号由“0”强制为“1”，导致汽轮机1～6号抽汽电动门、1～6号抽汽止回阀自动联锁关闭，汽轮机本体管道疏水气动门、1～6号抽汽电动门前/后疏水气动门、A/B给水泵汽轮机高/低压主汽阀前疏水气动门、A/B低压旁路阀后疏水气动门、BDV阀自动联锁打开，导致两台汽动给水泵汽源（四段抽汽）失去，给水流量快速下降。运行人员手动快速减负荷过程中，将引风机静叶关至16%时，使炉膛负压快速上涨达到负压高高保护定值（1700Pa），触发锅炉MFT，联锁跳闸汽轮机和发电机。

2. 原因分析

（1）直接原因：热工检修人员在DCS工程师站强制信号时，误将汽轮机跳闸信号强制为“1”，造成相应的阀门关闭，两台汽动给水泵汽源（四段抽汽）失去，给水流量快速下降导致机组跳闸。

（2）间接原因：机组被迫快速手动减负荷过程中，运行人员操作不当。

3. 暴露问题

（1）热工检修人员安全意识淡薄，安全技能缺失，风险辨识能力不足，安全规定执行不严，作业前没有意识到操作存在的风险。

（2）热工检修人员技能水平不高，对DCS控制逻辑不熟悉，在本次事件中未能及时发现逻辑信号跟踪错误，同时没有进行信号确认，盲目进行操作，造成信号强制错误。

（3）DCS电子间管理规定落实不到位。检修人员在工程师站进行逻辑信号强制工作时，未严格执行“一人操作、一人监护”的规定，在没有监护人员的情况下独自操作。

（4）运行人员异常应急处理经验欠缺，操作技能不足，事故预想不充分，应急培训不到位。

（5）热工人员力量不足。近几年电厂热工技术骨干离职人员较多，人员力量严重欠缺，难以满足现场维护工作需求。

（三）事件处理与防范

（1）查明事件原因，纠正强制错误，检查主辅机设备无异常后重新点火。

（2）加强检修人员安全教育培训，提高安全责任意识，提升安全技能；认真开展检修作业前安全风险分析及安全技术交底。

（3）强化热工检修人员对DCS控制逻辑的学习培训，提升热工人员的技术能力，熟悉控制逻辑及信号强制操作步骤。

（4）加强电子间、工程师站管理，严格落实执行“一人操作、一人监护”的规定，在没有监护人员的情况下禁止在工程师站进行任何操作。

（5）加强运行人员对异常事件的应急处置培训，提高运行人员的应急操作技能。

（6）根据实际情况适时进行检修人员补充，确保人员力量满足现场日常维护及检修工作要求。

三、处理SIS系统环保数据上传中断故障时误操作导致两台机组跳闸

2020年8月1日15时53分，某电厂1号机组负荷215MW，给水流量687.18t/h，蒸汽流量654.19t/h，A、B给水泵汽轮机运行正常，真空－78kPa，机组在协调模式运行；2号机组负荷218MW，给水流量655t/h，蒸汽流量711t/h，A、B给水泵汽轮机运行正常、真空－80kPa，机组在协调模式运行。

（一）事件过程

15时27分，维护值班人员接值长通知：1号机组SIS系统数据异常。

15时33分，维护值班人员进入1号机组电子间检查SIS系统网络设备。

15时40分，维护值班人员到电子间将1号机组SIS通信站隔离网闸调至双向隔离，查看SIS数据未恢复，随后决定跳过隔离网闸将网线与通信站直接连接。

15时45分，维护值班人员将DCS至隔离网闸A段网线接至通信站端，查看SIS数据未恢复。

15时53分，进入电子间发现机柜下端一根网线掉落至柜门处，网口有一口为空口且未标明具体标识，误认为数据中断与该空网口网线脱落有关，将网线插至该口，查看数据依然异常，再次进入电子间将该网线插至通信站网络接口上，再次查看SIS数据依旧异常。

15时53分39秒，1、2号机组DCS DPU负荷超限。

15时53分54秒，1、2号机组，公用系统DCS画面参数全部显示离线状态。

15时57分18秒，1号机组跳闸。

15 时 57 分 42 秒，网络全部恢复。

15 时 58 分 56 秒，2 号机组跳闸。

22 时 00 分，查明原因后，与省调沟通同意后，机组逐步恢复启动。

8 月 2 日 3 时 30 分，1 号机组并网发电；11 时 33 分，2 号机组并网发电。

（二）事件原因查找与分析

1. 事件原因检查

（1）经检查，维护值班人员处理 SIS 系统上传集团公司环保数据中断故障时，未进入接口机、隔离网闸内部查看实际通信状态找出故障点的情况下，盲目凭经验随意更改网络接线，通过试错的方式处理故障，导致 1 号机组 DCS DPU 负荷率超限，DCS 网络瘫痪。又因为两台机组控制网络通过公用系统连接未实现分区隔离，处理过程中，误将 1 号机组 DCS 网络柜 B 网段 2 号交换机 23 号接口与该网段 1 号交换机 17 号接口短接，造成 DCS 网络环路，导致 1 号机组网络交换机通过公用系统网络交换机与 2 号机组网络交换机连接，让 1 号机组网络风暴通过公用交换机蔓延至 2 号机组，造成 1、2 号机组先后跳闸，且因交换机无管理功能，不能抑制网络环流及风暴。

（2）设备隐患排查不细、深度不够。

（3）DCS 机柜随意布置非本系统设备，与 DCS 无关的 SIS 接口机布置在 DCS 核心交换机机柜，电源取自 DCS 电源，柜内接线混乱，容易造成误动。

2. 事件原因分析

（1）直接原因：维护人员通过试错的方式处理网络故障，引起 1 号机组 DCS DPU 负荷率超限，DCS 网络瘫痪导致机组跳闸。

（2）间接原因：电厂安全生产重要性认识不足，管理薄弱、设备隐患排查不到位，维护不规范。

3. 暴露问题

（1）安全生产极端重要性认识不足，各级人员安全生产责任制落实不到位。电厂 1～7 月份生产领导下班组跟班计划未将信息班纳入，未按照《公司发电单位领导干部下班组跟班管理办法》第四条规定，对所有班组进行跟班检查。本次事件中，现场工作人员存在无票作业、作业前未开展风险辨识与预控、工作无人监护、进入电子间未登记等违章现象。这不是一次偶然的行为，是长期以来安全监管缺失造成的。暴露出电厂日常安全管理存在漏洞，对信息专业等外围专业班组安全管理不重视，监管不到位。

（2）风险预控管理不扎实。未按公司有关风险预控的管理要求，对所有工作任务开展风险辨识，信息专业风险预控库只对 1 项工作任务开展了风险辨识与预控，未对日常的 SIS 系统维护、摄像头维护等诸多工作开展全面的危险源辨识预控工作。各级管理人员审核把关不严格，信息专业风险预控库严重不完善。信息班组部分班组成员工作前未规范填写风险预控本，班前会对班组当天开展工作安全风险交底不到位，各级管理人员对外围班组风险预控监管缺失严重。

（3）技改管理不到位。维护部信息班实施的生产控制大区安全一区与 SIS 通信站之间增加隔离网闸技改工作，对隔离网闸安装位置等未充分论证，对隔离网闸和 DCS 交换机安装在同一机柜存在的风险辨识不到位。各级管理人员对班组提报的设备异动变更申请单和设备变更完工报告单审核签字把关不严格，技术改造工作管理松散。

（4）班组基础管理较薄弱。对信息班等外围设备班组日常管理标准低，星级班组建设水平低，信息班组未纳入班组建设统一管理，班组组织机构不健全，未开展缺陷统计分析、工作票统计分析、技术培训等最基础的常规工作，外围设备班组安全生产基础管理水平低。

（5）设备责任制不落实，设备分工不明确。电力监控系统一区、二区无明确分工界定，设备管理责任不清，界线不明，信息人员可以随意变更一区网络接线，热工设备管理存在巨大漏洞。

（6）设备隐患排查不到位。两台机组控制网络通过公用系统连接，未实现分区隔离，导致1号机组出现网络风暴通过公用系统波及2号机组。交换机无管理功能，不能抑制网络环流及风暴。设备隐患排查不细、深度不够。DCS机柜随意布置非本系统设备，与DCS无关的SIS接口机布置在DCS核心交换机机柜，电源取自DCS电源，柜内接线混乱，容易造成误动。

（7）应急管理不到位。未严格执行《集团电力二十五项重点反事故措施》9.3.2当全部操作员站出现故障时（所有上位机“黑屏”或“死机”），若主要后备硬手操及监视仪表可用且暂时能够维持机组正常运行，则转用后备操作方式运行，同时排除故障并恢复操作员站运行方式，否则应立即执行停机、停炉预案。若无可靠的后备操作监视手段，应立即执行停机、停炉预案”要求，而是网络故障持续3min后通过保护跳闸，给机组安全造成较大安全风险。

（8）检修标准化作业流程未开展。信息专业未按公司“关于补充完善检修文件包（作业指导书）、工序卡等标准化作业文件和流程的通知”的要求组织编制本班组工作范围内的标准检修文件包和工序卡，无检修标准化作业意识，各级管理人员监督管理缺失。

（9）设备设施标示管理缺失。交换机接口标识不清，新增加的网线两端均无明显标记，接口机、网闸各端口无图纸，网络柜内接线不整齐，柜内线束受力不均。

（10）公司电力监控系统制度执行流于形式。未按照《集团电力监控系统安全十不准实施细则》第六条（一）“生产控制大区的各主机应当关闭、禁用或拆除主机上不必要的软盘驱动、光盘驱动、USB接口、串行口、无线、蓝牙、网络空闲端口”封闭交换机多余端口，给后续处理SIS故障时插错端口带来误接入风险。

（11）电子间、工程师站门禁系统管理流于形式。信息人员在运行处未登记、未借钥匙的情况下，擅自通过自身维护门禁的便利，使用最高权限的门禁卡进入电子间工作，门禁管理作用形同虚设，门禁权限管理职责不清，人员权限混乱。

（12）维护人员技术水平薄弱。对网络结构认识不够，消缺过程无具体措施方案，在未进入接口机、隔离网闸内部查看实际通信状态找出故障点的情况下，盲目凭经验随意更改网络接线，通过试错的方式处理故障，消缺过程对设备重要性认识不足，责任心严重缺失。

（三）事件处理与防范

1. 事件处理

（1）立即组织人员对机组与公用系统间的区域划分进行检查，检查各DCS控制系统的区域划分是否正确，交换机是否具有VLAN等管理功能，能否阻止网络风暴对其他设备的影响。

（2）各单位梳理DCS接线和SIS系统接线，明确各接线及端口位置，更新端口接线图。接线两端应有清晰准确的标识，对未使用的接口进行封闭处理，防止误插及误碰。

(3) 完善全厂网络拓扑架构图，要求网络拓扑图与现场实际布置相对应，图中标明设备所在区域（安全Ⅰ、Ⅱ、Ⅲ区），设备地址、设备用途、数据流走向，冗余设备也要标出。生产控制大区和管理信息大区分开绘制的网络图要能有效的衔接起来，同一设备在不同拓扑图中的名称要一致，拓扑图要按照台账信息逐一对照，不可缺项漏项，便于故障发生时准确定位。

2. 事件防范

(1) 严格落实安全生产责任制。按照公司发电单位生产领导干部下班组跟班管理办法规定，将电厂所有生产班组纳入领导跟班带班计划。严禁无票作业，任何检修作业必须做到无风险分析不进入现场、不开工，无监护不作业，杜绝无票作业。严格电子间、工程师站、保护室的出入管理，严禁检修人员未经许可的情况下擅自进入。使用门禁卡、指纹、人脸识别管理方式的单位立即梳理权限，删除超级账户、管理账户、无效账户。进入电子间、工程师站、保护室必须在集控室登记获得许可。

(2) 加强现场全部作业风险分析、三票、标准化作业文件的（三措两案、文件包、工序卡等）修编、使用、管理。严格按照公司“关于补充完善检修文件包（作业指导书）、工序卡等标准化作业文件和流程的通知”要求进行修编，信息班组要针对 SIS 故障编制检修文件包、工序卡、风险预控文件，明确操作检查步骤、危险点，并组织培训考试。

(3) 规范设备技术改造管理。各单位要高标准做好技术改造全过程管理，对技改前期的改造方案要全方位论证，对改造可能造成的安全风险深入辨识。技改“三措两案”要严格履行审批流程，各级生产管理人员严把签字审核关，技改实施阶段要严格按照标准化作业流程做好现场安全、进度、质量管控。对因技改过程管理不到位造成的设备或人身事件，严格追溯相关人员责任。

(4) 梳理各主辅机控制系统，检查机组间、机组与辅助系统间、机组与公用系统间的网络隔离情况，一旦发生网络风暴、阻塞、中断等情况时，应不会对其他系统造成影响。

(5) 严格按公司有关风险预控的管理要求，对班组各项工作深入开展风险辨识，特别是加强对外围设备班组风险预控库建设的审核把关。组织对班组风险预控库内容再梳理、再完善，严格审核把关。现场各项工作必须规范填写风险预控本，班前会、班后会对当天开展工作进行有针对性的安全风险交底，各级管理人员提高对班组风险预控执行情况的严格监管检查。

(6) 重视信息班等外围设备班组日常管理标准，严格按照公司星级班组建设管理办法要求，规范开展班组安全生产基础管理工作。各级管理人员在跟班带班过程中，严格按照公司下发的领导干部下班组跟班检查清单要求，对班组各项安全生产基础管理工作深入检查，严格督导，不断提高外围班组安全生产基础管理水平。

(7) 组织梳理 DCS 与 SIS 系统的设备分工，明确设备管理责任，绘制网络拓扑图，明确所有设备、节点、接线，分工要明确到端口，如水晶头、插头等。严禁跨安全区域进行工作，安全分区必须有明确的物理界限，热工与信息专业的设备要有明显的物理界线，不允许安装在一个机柜中。

(8) 组织修编 DCS 故障预案，包括网络中断、网络风暴，操作员站离线，控制器故障、电源故障等问题，根据严重情况分别制定处理方案，根据故障危及程度，明确故障情况下持续多久必须停机，组织相关人员考试，并开展演练。

(9) 做好信息人员配置及培训规划，进行涉及信息的热工、电气专业等接口部分的专业培训。

四、给水泵汽轮机转速探头故障处理不当导致 MFT

某电厂 2 号锅炉为上海锅炉厂有限公司引进技术制造的超临界参数、变压运行、螺旋管圈直流锅炉，其形式为单炉膛、一次中间再热、四角切圆燃烧方式、平衡通风、固态排渣、全钢悬吊Π形结构、露天布置的燃煤锅炉，锅炉型号为 SG-1913/25.40-M965。汽轮机为上海汽轮机厂有限公司引进西屋技术生产的 N600-24.2/566/566 型超临界、一次中间再热、单轴、三缸四排汽、双背压、凝式汽轮机。给水系统配置两台 50%容量的汽动给水泵和一台 30%容量的电动调速给水泵。

2019 年 11 月 10 日，曾因轴封漏汽量大导致 2A 给水泵汽轮机转速探头 2 损坏，转速测点 2 显示为 0（运行通过调整轴封压力，该缺陷运行中无法处理，生产技术部定为待停给水泵汽轮机处理）。

（一）事件过程

2020 年 1 月 27 日 3 时 52 分，2A 给水泵汽轮机转速测点 3 显示为 0，运行通知热控班处理。热控班值班人员到达现场后，将转速测点 3 变坏点，强制给水自动为 0。由于参与控制给水泵汽轮机的转速探头 2 已损坏，DCS 2 个信号故障时自动切换为正常测量的单点输出，因此热控班要求待白班开票处理。

9 时 58 分，事件发生前 2 号机组负荷 450MW，AGC 投入，主蒸汽参数 20.7MPa、567℃；再热蒸汽参数 2.7MPa、557℃；省煤器入口给水流量 1220t/h；给水泵汽轮机汽源由四抽提供，参数为 0.64MPa、357℃；A 汽动给水泵转速 5074r/min，入口流量 852.6t/h，调节阀开度 45.2%；B 汽给水泵汽轮泵转速 5073r/min，入口流量 860.2t/h，调节阀开度 44.4%；电动给水泵热备用，其他辅机正常运行。A、B 给水泵汽轮机运行，主给水流量 1220t/h，A、B、C、D、E 磨煤机运行。

10 时 00 分左右，热控人员在办理工作票并执行安全措施后，开始 2A 给水泵汽轮机转速测点 3 坏点检查和处理工作。现场确定转速测点 3 探头损坏后，恢复测点端子接线，同时，经核对接线及线号无误后，返回集控室。

10 时 18 分 12 秒，热工人员释放了测点 1（未核实测点 1 是否故障），2A 给水泵汽轮机转速变为 0，给水泵汽轮机调节阀自动全开，主给水流量最大至 1657t/h，值班员立即汇报，并手动启动电动给水泵，将 2A 给水泵汽轮机再循环全开，2B 给水泵汽轮机切为手动减小给水流量，2B 给水泵汽轮机前置泵出口流量最小至 300t/h，再循环自动全开。此时，热控人员又将转速测点 1 强制为 5000r/min，2A 给水泵汽轮机调节阀仍保持全开。

10 时 18 分 56 秒，2A 给水泵汽轮机跳闸，首出“A 给水泵汽轮机超速”，机组 RB 动作，E、D 磨煤机先后跳闸，负荷快速减至 300MW，2B 给水泵汽轮机自动指令增加至 90%，立即并入电动给水泵运行，并增加给水流量，过热度持续上涨。

10 时 21 分 24 秒，过热度 62.2，锅炉 MFT，首出为“锅炉水冷壁螺旋管出口壁温高”。

12 时 45 分，更换 2A 给水泵汽轮机 3 个转速探头后，锅炉点火。

16 时 08 分，2 号机组并网运行。

（二）事件原因查找与分析

1. 事件原因检查

（1）查阅相关曲线。2A 给水泵汽轮机跳闸前后相关曲线记录，如图 6-5 所示；2A 给水泵汽轮机跳闸前后转速（选择后参与控制）曲线记录，如图 6-6 所示。机组跳闸首出及事件记录显示故障过程如下。

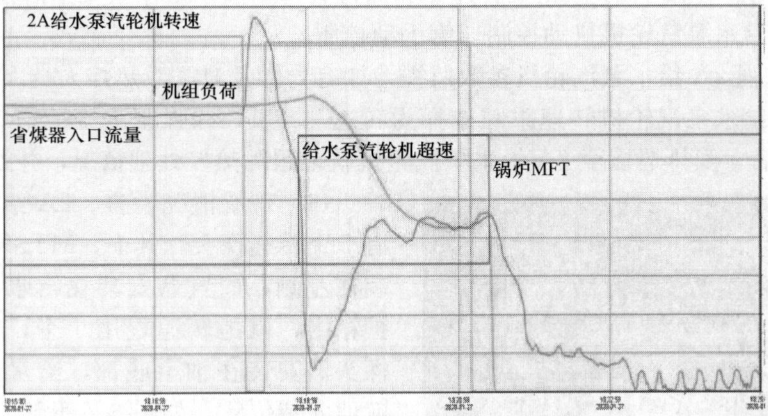

图 6-5 2A 给水泵汽轮机跳闸前后相关曲线记录

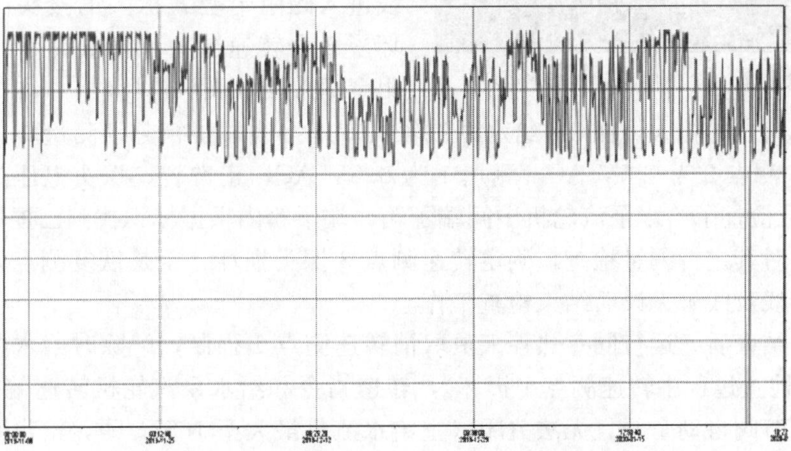

图 6-6 2A 给水泵汽轮机跳闸前后转速曲线记录

10 时 18 分 12 秒，2A 给水泵汽轮机转速突变为 0，给水泵汽轮机调节阀自动全开，主给水流量快速增加，最大至 1657t/h，随后快速下降，过热度快速上升。44s 后，2A 给水泵汽轮机跳闸，事件记录为“A 给水泵汽轮机超速”。机组 RB 动作，E、D 磨煤机先后跳闸，负荷指令快速减至 300MW，2B 给水泵汽轮机自动指令增加至 90%，但给水流量并未增加，过热度持续上涨。

10 时 21 分 24 秒，锅炉 MFT，首出“锅炉水冷壁螺旋管出口壁温高”。

（2）故障发生前情况核实。2019 年 11 月 10 日，因轴封漏汽量大导致转速探头 2 损坏，2A 给水泵汽轮机转速测点 2 显示为 0。运行通过调整轴封压力，该缺陷运行中无法处理，该缺陷在本次机组发生异常前一直存在。

（3）工作票执行情况。2020 年 1 月 27 日 3 时 52 分，2A 给水泵汽轮机转速测点 3 显示为 0，运行通知热控班处理。热控班值班人员到达现场后，将转速测点 3 强制为 0。

2020 年 1 月 27 日上午，热控在办理工作票并执行安全措施后，开始 2A 给水泵汽轮机转速测点 3 坏点检查工作。

由于给水泵汽轮机控制的转速探头 3 个已损坏，DCS 2 个转速信号自动切换为正常测量 1 的单点输出。2A 给水泵汽轮机转速 3 坏点检查开工前，工作票安全措施如下。

1）将 2A 给水泵汽轮机自动控制切为手动控制。

2）运行加强 2A 给水泵汽轮机参数监视，如有异常及时联系热控人员。

3）将 2A 给水泵汽轮机转速跟踪选择为转速测点 1，并强制为当前值（5087r/min）。安全措施完成后，安排巡检至 2A 给水泵汽轮机就地跟踪热控处理情况，并及时反馈。

图 6-7　给水泵汽轮机探头就地安装位置

（4）现场情况检查。2A 给水泵汽轮机共有 7 个转速探头，其中，MTSI 保护用 3 个安装在左侧，前置器安装在给水泵汽轮机旁保护箱内，就地转速表用 1 个，为磁阻卡套式探头，安装在轴承底部，给水泵汽轮机探头就地安装位置，如图 6-7 所示。由于 2A 给水泵汽轮机轴封漏汽，蒸汽冷凝成水后顺着接线进入磁阻卡套式探头的接头内部，先后损坏了 3 个转速探头（测量拆下的三个探头电阻全部开路，确认损坏）。

处理缺陷时，热控人员在 2A 给水泵汽轮机就地接线端子箱分别测量转速 3 测点电压值为 4V AC，测点 2 为 0.5V AC，测点 1 为 6.5V AC，正常转速探头电压为 6.3～6.5V AC。检查人员检查了给水泵汽轮机中间端子箱，端子箱内根据标识找到已损坏的 2 个探头接线端子，并对其进行测量检查，确定转速测点 3 探头损坏，于是恢复测点端子接线，同时，经核对接线及线号无误后结束检查工作。

检查工作结束后，运行同意热控人员取消转速测点 1 强制，解除时给水泵汽轮机转速突变为 0（因检查过程中转速测点 1 损坏），转速指令和给水泵汽轮机转速偏差大使 2A 给水泵汽轮机调节阀自动全开且无法关闭（主给水流量最大至 1657t/h），给水泵汽轮机超速保护动作，2A 给水泵汽轮机跳闸。此时，因 B 汽动给水泵切手动，且再循环门全开，B 汽动给水泵出力增加缓慢。值班员立即汇报，并手动启动电动给水泵，将 2A 给水泵汽轮机再循环全开，2B 给水泵汽轮机切为手动，给水流量减小，2B 给水泵汽轮机前置泵出口流量最小至 300t/h，再循环自动全开，引起“锅炉水冷壁螺旋管出口壁温高”导致锅炉 MFT。

2. 机组跳闸原因分析

（1）直接原因：工作票安全措施不到位，热控值班人员在处理转速测点缺陷结束，解除事前强制的转速测点 1 时，因转速测点 1 损坏，导致 2A 给水泵汽轮机转速变为 0，转速指令和给水泵汽轮机转速偏差大使 2A 给水泵汽轮机跳闸。

（2）间接原因：2A 给水泵汽轮机轴封漏汽，蒸汽冷凝成水后顺着接线进入磁阻卡套式探头的接头内部，使控制用 3 个探头先后损坏。

3. 暴露问题

（1）工作票安全措施存在漏洞。一是工作负责人将唯一正常的转速测点1强制，使给水泵汽轮机转速无法监视和控制，存在重大安全隐患，即使该测点不损坏，在解除强制的瞬间也会产生较大的偏差扰动，同样存在跳给水泵汽轮机风险。该测点为DCS直接输入硬点，原则上不允许强制硬点，应该强制中间点。暴露出工作负责人对给水泵汽轮机转速控制逻辑不熟悉，工作不严谨，技术能力有待进一步提高。二是工作票签发人对给水泵汽轮机转速控制逻辑不熟悉，工作票安全措施不到位。当时将2A给水泵汽轮机自动控制切为手动控制，实质仅仅退出了给水自动，未退出转速自动，若唯一转速信号发生故障，存在给水泵汽轮机失控风险。三是工作票许可人对该工作票审核把关不严，节假日期间非本专业的签发人对工作票的签发不谨慎，未充分认识到该措施可能对给水泵汽轮机运行产生的严重后果，对重要辅机的逻辑保护知识掌握有待进一步提高。

（2）运行值班人员应急处置不到位。2A给水泵汽轮机转速到0后，给水泵汽轮机状态颜色变为停运状态，热控人员又将转速再次强制为5000r/min，给水泵汽轮机状态颜色又变为运行状态，致使运行值班人员判断给水泵汽轮机又恢复正常，延迟了电动给水泵并入运行的时间。在2A给水泵汽轮机跳闸、2B给水泵汽轮机再循环全开的情况下，主给水流量快速下降，虽电动给水泵并入运行，但电动给水泵再循环也是全开，主给水流量上升较慢。2A给水泵汽轮机跳闸到MFT的2分28秒时间内，运行没有适当调整2B给水泵汽轮机再循环门，未意识到锅炉螺旋管管壁过热度快速上升，锅炉螺旋管管壁超温的后果，错过了快速提升主给水流量的最佳时机，暴露出运行操作人员应急操作有待提高，日常仿真机培训和事故预想演练工作有待加强。

（3）节假日保电方案落实不到位。一是节日保电方案中未将2A给水泵汽轮机转速探头存在缺陷列入重大缺陷跟踪范围，风险预控措施存在漏洞。二是值班人员对在节假日期间重大缺陷的处理不重视，思想麻痹大意，在处理方案上把关不严。三是值班安排有问题，当日值班人员中，热控专业没有专业专工或专业主任负责。四是当日值班人员对给水泵汽轮机的相关逻辑保护不熟悉，对该工作的危险点分析不到位，运行值班员对该项工作票把关不严，未能发现其中存在的风险，事故预想不到位。

（4）设备缺陷管理不到位。一是2019年11月10日，2A给水泵汽轮机转速测点2损坏后，维护人员只将离漏汽点较近的探头用保温隔离，没有对所有转速探头进行有效隔离处理。二是运行人员没有及时对给水泵汽轮机轴封压力进行调整，及时减轻给水泵汽轮机轴封漏汽对附近测量元件的影响。三是对重大设备缺陷的认识、分析、跟踪不到位，在具备处理条件且维护和运行技术力量相对充裕的情况下，未安排低负荷时停2A给水泵汽轮机对转速测点2探头进行更换，使得在剩余两个测点同时损坏时，转速无法控制，给水泵汽轮机超速跳闸，存在明显的侥幸心理。维护热控专业对给水泵汽轮机转速信号的重要性认识不够，发现缺陷和隐患后处理不及时，缺陷管理工作松懈。

（三）事件处理与防范

1. 事件处理

（1）更换损坏的全部探头，对给水泵汽轮机轴封压力进行适当调整，在2A给水泵汽轮机轴封漏气未处理好期间，对其附近可能影响的设备做好隔离措施，确保热工保护和控制系统的安全稳定。

（2）根据机组运行情况，运行部适时安排该给水泵汽轮机轴封调整工作。

2. 事件防范

（1）各级人员要加强对工作票填写、签发、审批的审查，特别是对重要辅机、重要保护的工作，需经专业专工及以上人员进行审核把关，严格落实工作票具体要求。

（2）加强设备缺陷管理，组织相关专业技术人员对重大缺陷进行分析、讨论，落实处理方案。

（3）完善节假日及重要活动期间保电措施及重大缺陷管理。加强日常运行和重要节假日期间重大缺陷跟踪监督力度，对不能及时消除的重大缺陷，要在保电方案中进行重要提醒，加强运行监控。综合安排各部门各专业值班人员的搭配，保证值班人员整体技术力量均衡。

（4）加强各级管理人员自身技能学习，不断提高业务素养。运行值班人员要做好各种应急状态下的事故预想，提高应急处置能力。

（5）热工人员规范强制操作，无论强制还是释放，都应分析可能带来的后果，特别是处理就地硬触点相关的缺陷时，建议强制中间点，方便观察原点的状态及数值。

五、网络施工引起根交换机连通导致两台机组跳闸

某公司一期工程装设 2×600MW 燃煤汽轮发电机组。锅炉是由北京巴布科克·威尔科克斯有限公司生产的 B&WB-2080/17.5-M 型、亚临界压力、一次再热、单炉膛平衡通风、自然循环单锅筒锅炉。汽轮机为哈尔滨汽轮机厂有限责任公司制造的 ZKL600-16.7/538/538 型亚临界蒸汽参数、一次中间再热、单轴、三缸四排汽、直接空冷凝汽式汽轮机。DCS 控制系统采用艾默生过程控制有限公司生产的 OVATION 3.3 控制系统。系统信息发布方式为广播式。工业入侵检测系统为浙江国利网安科技有限公司产品。

2020 年 12 月 4 日，该公司双机运行正常，其中，1 号机组负荷 291MW、2 号机组负荷 293MW。

（一）事件过程

10 时 37 分 21 秒，1 号机组负荷 291MW，1 号机组汽轮机“背压超限跳机 1”“背压超限跳机 2”保护动作，锅炉 MFT 保护触发，发电机“逆功率”保护动作，机组解列。跳闸时 DCS 画面变灰色并闪烁，所有参数失真。

10 时 39 分 12 秒，2 号机组负荷 293MW，“背压超限跳机 1”保护动作，机、炉跳闸，发电机“逆功率”保护动作，2 号机组解列。跳闸时 DCS 画面变灰色并闪烁，所有参数失真。

10 时 40 分，运行人员通知工控系统安全防护施工人员“1、2 号机组跳闸”。施工人员立即将插入 2 号机组 DCS 根交换机 11 端口处的网线拔出，停止施工。接着 1、2 号机组所有参数显示恢复正常，检查汽轮机各油泵运行正常。

12 时 30 分，2 号锅炉点火；13 时 55 分，2 号机组冲转；14 时 20 分，2 号机组并网成功。

13 时 54 分，1 号锅炉点火；22 时 19 分，1 号机组冲转；22 时 48 分，1 号机组并网成功。

（二）事件原因查找与分析

1. 事件原因检查

当时，实施 DCS 安全防护技改项目，项目中硬件配置新增两台防火墙、两台安全交换

机、一台工业入侵检测系统、一台系统安全防护检测系统。

(1) 现场施工检查。2020 年 12 月 3 日 15 时，施工人员完成工作：1 号机组 DCS 根交换机的 11 端口→1 号机组防火墙（新增）→1 号机组安全交换机（新增）→工业入侵检测系统 1 端口（新增），完成 1 号机组 DCS 安全防护设备的组网工作；2 号机组防火墙（新增）→2 号机组安全交换机（新增）→工业入侵检测系统 2 端口（新增），未连接 2 号机组系统安全防护系统从防火墙至 2 号根交换机 11 端口的网线，此时，1、2 号机组 DCS 运行正常。

12 月 4 日 10 时 35 分，施工人员进入 2 号机组 DCS，进行根交换机 11 端口与 2 号机组安全防护系统防火墙的网线连接，另一施工人员在工程师站内准备安装监测软件，电厂工作负责人进行工作监护。约 10 时 40 分，运行人员告知系统安全防护施工人员 1、2 号机组跳闸。施工人员立即将插入 2 号机组 DCS 根交换机 11 端口处的网线拔出，停止施工，同时断开安全防护系统与 1、2 号机组 DCS 之间的网络连接，将安全防护系统内所有设备与 1、2 号机组 DCS 实现物理隔离，恢复至施工前的状态。

检查实际施工网络连接方式：1 号机组 DCS 根交换机的 11 端口→1 号机组防火墙（新增）→1 号机组安全交换机（新增）→工业入侵检测系统 1 端口（新增）；2 号机组 DCS 根交换机的 11 端口→2 号机组防火墙（新增）→2 号机组安全交换机（新增）→工业入侵检测装置 2 端口（新增）。实际施工网络拓扑示意，如图 6-8 所示。

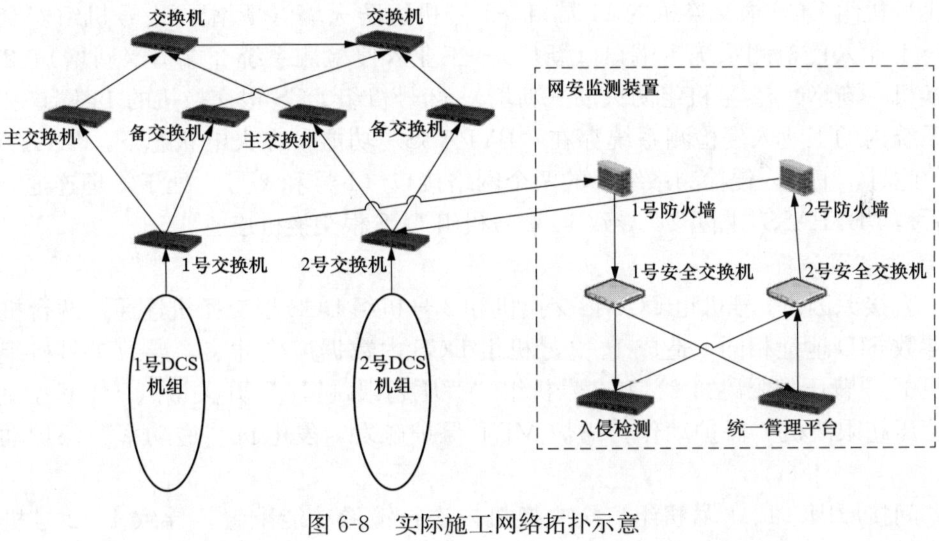

图 6-8 实际施工网络拓扑示意

(2) 施工方案检查。DCS 安全防护系统技改项目开工前，热工班组已开具工作票，工作时间段为 11 月 26 日～12 月 7 日，此次施工在工作票有效期内。DCS 安全防护技改项目，施工方编写了施工技术方案。施工方案完成现场审核批准。开工前完成技术交底，记录完整。

(3) SOE 记录检查。现场调取 1、2 号机组事件发生时刻相关参数开关量 SOE 记录和模拟量信号的历史趋势，发现 1 号机组较多开关量信号 0/1 状态发生翻转，其中，“背压超限跳机 1”和“背压超限跳机 2”开关量信号 0/1 状态跳变；模拟量信号出现与参数性质不相符的突变。2 号机组大量开关量信号 0/1 状态改变，各参数状态混乱；模拟量信号出现与参数性质不相符的跳变。

（4）系统安全防护涉及的两台安全交换机和工业入侵检测系统检测。查看1、2号机组两台安全交换机配置，工业入侵检测系统（IDS）上电后，将其1号端口（LAN）与2号端口（LAN）分别接入两台PC，进行互PING操作，结果发现两台PC之间互PING不通；之后将工业入侵检测系统断电，两台PC之间可以互相PING通。经检查，该设备接口存在“BYPASS”功能，断电状态下，1端口和2端口物理连通。此检测结果表明，1、2号机组两台安全交换机未配置镜像端口。

（5）本次事件致因关系。总结上述查找过程，分析本次事件致因关系，如图6-9所示。

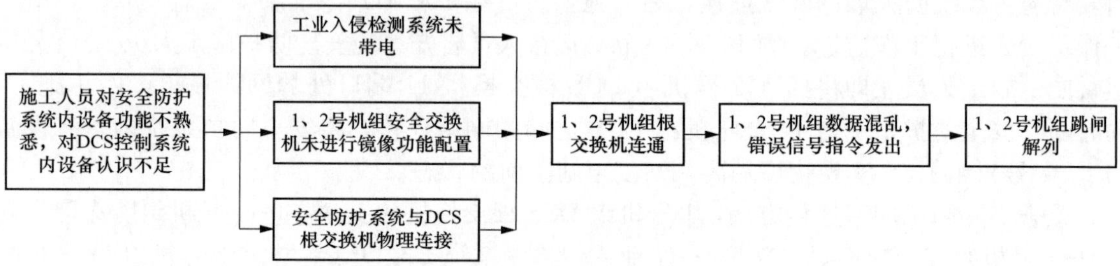

图6-9　分析本次事件致因关系

1、2号机组根交换机通过工业入侵检测装置1和2端口形成物理通路。具体网络连接方式为1号机组DCS根交换机的11端口→1号机组防火墙（新增）→1号机组安全交换机（新增）→工业入侵检测系统1端口（新增）→工业入侵检测系统2端口（新增）→2号机组安全交换机（新增）→2号机组防火墙（新增）→2号机组DCS根交换机的11端口。由于安全防护系统内的工业入侵检测系统存在“BYPASS”功能，在失电状态下，“BYPASS”功能启动，此时，工业入侵检测系统上的两个网络接口（1号和2号）处于物理连通（设备正常上电后是“BYPASS”断开），导致1、2号机组DCS根交换机连通。

2. 事件原因分析

（1）直接原因。1号机组DCS根交换机和2号机组DCS根交换机连通，两台机组DCS内部分参数SID地址相同，造成1、2号机组DCS内数据产生冲突，导致1号机组“背压超限跳机1”“背压超限跳机2”和2号机组“背压超限跳机1”开关量点0/1状态翻转。汽轮机“背压超限跳机”保护动作，锅炉MFT保护触发，发电机“逆功率”保护动作，机组解列。

（2）间接原因。1、2号机组安全交换机未进行镜像功能配置，导致1、2号机组安全交换机（新增）没有镜像功能。

3. 暴露问题

（1）施工人员不熟悉工业入侵检测系统内部结构和配置，对工业入侵检测系统运行状态认识不充分。

（2）施工方在施工前对接入系统了解不充分，对系统中的危险点认识不足。

（3）施工程序不严谨，对设计回路未经任何模拟测试，直接接入DCS。

（4）施工方提供的设备选型不可靠。

（三）事件处理与防范

1. 事件处理

（1）对施工方提供的施工方案重新审核，施工过程中存在的危险点进行逐一落实，如连接网线后，机组间数据是否冲突。施工前对施工方案进行可靠性评估。

（2）在 DCS 加装设备，施工方必须清楚 DCS 及其网络配置情况，在接入 DCS 控制系统前，进行软硬件兼容性静态测试，在确保对 DCS 无任何影响的前提下方可施工。

（3）在施工前对系统安全防护系统的整体回路进行多种工况仿真试验，仿真试验包括对各种危险点和事故预想等极端工况的测试。

2. 事件防范

（1）多台机组共用一套工控安防系统，严禁选用带有“BYPASS”功能的“工业入侵检测系统”。

（2）与“工业入侵检测系统”相连接的安全交换机，在接入生产环境前，必须严格做好端口镜像配置，并测试其有效性。

（3）工控安防系统设备两证不能代表产品的适用性，必须根据现场实际情况进行论证，确保其满足现场安全使用要求。

（4）“工业入侵检测系统”不建议连接在 DCS 根交换机上，若必须连接至 DCS 根交换机，须在根交换机上做镜像端口。建议每台机组均单独配置工控安防系统。

（5）加强相关人员工控安防知识培训，提高施工管控、质量验收和后期运维水平。

六、热工人员解除信号错误造成 DEH 失电

某电厂 1 号机组为 200MW 机组，锅炉为 N210/CC160-12.75/535/535，发电机为哈尔滨电机厂有限责任公司 QFKN-210-2 型。DCS 采用本土化 DCS。

2020 年 3 月 19 日，1 号机组光轴供热运行，2 号机组切缸供热运行，电气系统标准运行方式。

（一）事件过程

当天，1 号机组负荷 86MW，主蒸汽压力 12.83MPa，主蒸汽温度 535.3℃，再热蒸汽压力 1.42MPa，再热蒸汽温度 513.1℃，汽包水位 6mm，排烟温度 125.4℃，主蒸汽流量 391t/h，给水流量 368t/h，采暖抽汽流量 290t/h。1、2 号引风机运行，1、2 号送风机运行，1、2 号一次风机运行，1、2 号磨煤机运行，1 号给水泵运行，1 号凝结水泵运行，2、3 号低速循环水泵运行，机组运行正常。热网供水温度 92℃，回水 44℃，流量 7800t/h。

17 时 04 分 25 秒，事故音响报警、光字牌报警，汽轮机跳闸、锅炉灭火，1 号发电机-变压器组与系统解列。检查汽轮机 ETS 首出原因为“DEH 超速”，锅炉 MFT 首出原因为“汽轮机跳闸”，1 号发电机-变压器组保护信号为“热工保护”动作。

（二）事件原因查找与分析

1. 事件原因检查

3 月 18 日，因磨煤机有故障，准备倒磨运行，担心锅炉灭火，安排热工人员将 ETS 保护中锅炉 MFT 跳汽轮机的保护项目解除，热工人员误将 DEH 失电解除。MFT 跳汽轮机的保护在 u4 端子排的 13、14 通道，热工人员误将 u3 端子排的 13、14 解除，对应点是 DEH 失电，解除后未发生异常现象。

3 月 19 日，检查人员发现保护项目解除有误，派人重新检查确认，检查人员使用万用表通断挡检查时，检查人员想先测量 u3 的 13、14 通道判断是否断开，使用了万用表通断挡，一根表笔接触 13 端子，另一根却接触 16 端子，万用表通断挡接到卡件上相当于短线

作用，13和15通道相通，属于公共端。该操作相当于把15、16端子短接，15、16端子对应点是DEH超速停机，导致DEH超速保护误动，引起机组解列。

2. 事件原因分析

（1）直接原因。专业人员检查回路时，操作错误引起机组跳闸。

（2）间接原因。专业人员业务能力欠缺，检修过程不规范。

3. 暴露问题

（1）停磨煤机不应解除MFT跳汽轮机信号，应解除燃料丧失保护，解除MFT跳汽轮机相当于扩大了解除范围。

（2）解除重要主保护信号应有总工签字及操作票，本次事件既无总工签字，亦未严格执行解保护制度。

（3）未实行一人监护一人工作制度，多次操作均为一人独立完成，造成误操作。

（三）事件处理与防范

（1）加强热工人员的“基本功”技能培训，制定针对生产技能人员的培训计划和要求，切实提高技能人员的技术水平，避免错误使用万用表。

（2）坚持“两票三制”常态化治理。全面梳理“两票三制”治理情况，倒查治理不力责任，从严监督考核“两票三制”执行过程中的各类违规违章问题，不断提升“两票三制”治理工作成效，杜绝工作中的随意性。

七、接线端子接线不规范导致汽动给水泵跳闸

2020年5月7日，某厂3号机组负荷446.5MW，汽包水位3.46mm，给水泵汽轮机A工作油泵B运行，给水泵A转速4348r/min，给水泵汽轮机A速关油压0.799MPa，前置泵A出口流量664.9t/h。

（一）事件过程

15时20分26秒，给水泵汽轮机A速关阀全开信号丢失，触发给水泵A转速遥控撤自动，转速指令跟踪不变，给水泵汽轮机转速和前置泵A出口流量开始下降。

15时20分27秒，给水泵汽轮机A速关油压0.786MPa，工作油泵A备泵联锁自启。15时20分32秒，前置泵A出口流量下降至315.9t/h，给水泵汽轮机A转速降至3594r/min，给水泵汽轮机A低流量保护判断条件触发。

15时20分34秒，给水泵汽轮机A再循环阀自动开，流量回升。

15时20分37秒，给水泵汽轮机A运行信号消失，给水泵A出水电动门保护自关和电动给水泵C自启指令触发。

15时20分39秒，给水泵汽轮机A再循环阀全开，给水泵汽轮机A转速2790r/min，给水泵汽轮机A低流量保护判断条件消失。

15时20分41秒，给水泵A出水电动门开信号消失，前置泵A出口流量142.6t/h，给水泵汽轮机A转速2796r/min。事件发生期间，机组负荷和汽包水位基本稳定。

（二）事件原因查找与分析

1. 事件原因检查

事件后，检查给水泵汽轮机A停机电磁阀2223阻值开路且失电动作，导致回油管路无回油压力。速关阀因速关油失去触发关保护动作。转速下降至2800r/min以下时给水泵

汽轮机A停运，与正常情况比较，停运信号滞后了6s。

检查给水泵汽轮机跳闸逻辑，为下述条件四取二触发。

（1）给水泵汽轮机A停运信号由速关阀全关。

（2）转速小于2800r/min。

（3）给水泵汽轮机跳闸指令。

（4）给水泵汽轮机速关油压开关3PS4608A和速关油变送器3PT4614A小于0.15MPa。

检查给水泵汽轮机A停运较正常情况停运信号滞后6s的原因是给水泵汽轮机A停运信号由速关阀全关后压力开关点3PS4608A1信号未发出，压力开关点3PS4608A1信号未发出的原因是信号端子接线有绝缘皮压在端子下，造成导线和端子接触不良。

2. 事件原因分析

（1）直接原因：给水泵汽轮机A停机电磁阀2223阻值开路。

（2）间接原因：检修维护不规范。

（三）事件处理与防范

（1）二、三期给水泵汽轮机表征停运的速关油压定值由小于0.15MPa改为试验论证值小于0.3MPa，3、4号机组给水泵汽轮机A停运信号中给水泵汽轮机速关油压开关3PS4608A和速关油变送器3PT4614A小于0.15MPa取与判断，改为取或判断。

（2）3、4号机组新增给水泵汽轮机A、B未在速关阀试验状态且开信号丢失大屏报警信息。

（3）规范接线端子接线，确保导线与端子间裸露1mm附近，防止压住导线绝缘引起接触不良。

（4）强化包括给水泵汽轮机停机电磁阀在内的主重要电磁阀状态台账点检，临停和机组检修期间安排专项检查，定期对二期给水泵汽轮机停机电磁阀线圈更换。

（5）加快8号机组给水泵汽轮机遮断模块试点改造项目，持续推进二、三期给水泵汽轮机停机遮断装置技改项目。

八、燃气轮机跳闸油电磁阀供电回路线虚接导致机组跳闸

（一）事件过程

2020年10月15日10时34分55秒，某热电厂燃气轮机二拖一机组运行，负荷770MW（其中，1号燃气轮机256MW、2号燃气轮机258MW、3号汽轮机259MW）。

2020年10月15日10时34分55秒502毫秒，1号燃气轮机跳机，对报警事件与历史曲线进行查询，确认跳闸首出“1号燃气轮机火焰失去”，跳闸信号为燃气轮机失去火焰跳机（Lossof Flame Trip-L28FDT）。

（二）事件原因查找与分析

1. 事件原因检查

1号燃气轮机跳闸后，运行值长汇报市调，同时，组织热工、继电保护和机务专业人员进行分析、检查，查找跳闸原因。

（1）1号燃气轮机触发跳机时的曲线分析。检查1号燃气轮机跳机时各燃料阀与火检信号快速降低曲线（如图6-10所示），引起1号燃气轮机跳闸的原因为燃烧火焰消失。

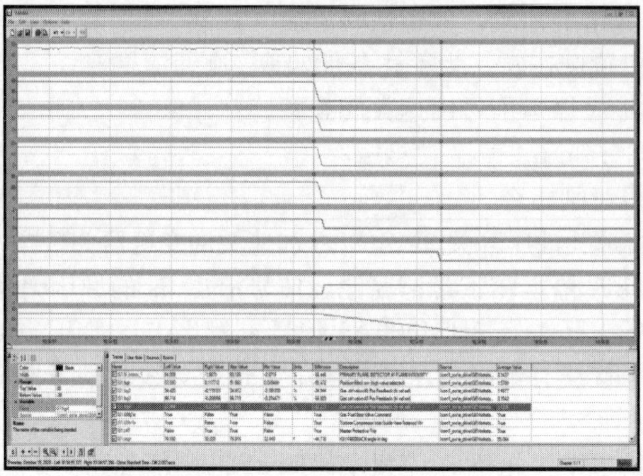

图 6-10　1 号燃气轮机跳机时各燃料阀与火检信号快速降低曲线

10 时 34 分 55 秒 296 毫秒，速比阀 SRV 由 57.9％快速全关，全关的时间为 10 时 34 分 55 秒 421 毫秒（全关时间跨度约 125ms）。

10 时 34 分 55 秒 381 毫秒，燃料阀 GCV2、GCV3、GCV4 快速全关，其中，GCV2 由 34.4％全关、GCV3 由 66.3％全关、GCV4 由 62.0％全关，全关的时间均为 10 时 34 分 55 秒 463 毫秒（全关时间跨度约 82ms）。

10 时 34 分 55 秒 463 毫秒，1 号燃气轮机的 1、2、3、4 号火焰强度同时快速降低，至 10 时 34 分 55 秒 502 毫秒，满足主要保护逻辑中“4 个火焰检测信号之中任意 3 个低于 6.25％”的条件，触发火焰消失主要保护逻辑。

（2）现场设备检查情况。查找燃烧火焰消失引起 1 号燃气轮机跳闸的原因，从曲线上看，1 号燃气轮机跳机前，速比阀与 2、3、4 号燃料阀同时快速关闭，根据此现象分析认为是油系统异常造成燃料阀、速比阀异常关闭，进而导致燃烧火焰消失。进一步排查：

1）查询 1 号燃气轮机伺服阀定期巡检记录（如图 6-11 所示），速比阀、各燃料阀、IGV 参数均正常，在此次跳机前无异常缺陷。

伺服机构名称	板卡位置	G1		G2		G3		备注
		伺服电流(%)	偏置补偿电流(%)	伺服电流(%)	偏置补偿电流(%)	伺服电流(%)	偏置补偿电流(%)	
GCV1	1C4A Scrvo#2	fag1	FAG1NSC	fag1	FAG1NSC	fag1	FAG1NSC	
		/	/	/	/	/	/	
GCV2	1A5A Scrvo#1	fag2	FAG2NSC	fag2	FAG2NSC	fag2	FAG2NSC	
		−3.26	5.2	−2.83		/	/	
GCV3	1B5A Scrvo#1	fag3	FAG3NSC	fag3	FAG3NSC	fag3	FAG3NSC	
		−2.83	3.1	−2.71		/	/	
GCV4	1C5A Scrvo#1	fag4	FAG4NSC	fag4	FAG4NSC	fag4	FAG4NSC	
		−3.12	2.5	−3.19		/	/	
SRV	1C4A Scrvo#1	fagr		fagr		fagr		
		−2.196		−2.93		/		
IBH	1C5A Scrvo#2	cabhx		cabhx		cabhx		
		3.18		2.86		/		
IGV	1B5A Scrvo#2	cagv		cagv		cagv		
		−2.67		−2.33		/		
备注：5号燃机检修。1、2号燃机伺服阀状态正常。								
说明： ● FAGnNSC(n=1/2/3/4)的报警值为±10%，若监视到较大变化及时汇报； ● GCV1/2/3/4、SRV、IGV的伺服电流典型值为−1.37~−3.97；IBH的伺服电流典型值为1.37%~3.97%，若监视到超限，及时汇报；								

图 6-11　1 号燃气轮机伺服阀定期巡检记录

2）机务专业检查液压油站与燃气小间、透平间内的各油管线、阀体上的跳闸阀块、油站上的跳闸油回路、跳闸油电磁阀本体，均未发现存在漏油情况。

3）热工专业对逻辑进行检查，确认在燃料阀、速比阀快速关闭的过程中，阀门的指令均维持在原指令，无异常变化，跳闸油指令在1号燃气轮机跳机前均维持在True，确认跳闸油失去不是由于逻辑指令变化或阀门指令变化。检查影响燃烧配比的指令FXG3S在63.1%，能够满足PM3足够的燃料配比，燃烧脉动情况良好、燃烧分散度情况良好。

4）对跳闸油电磁阀进行内阻测量。跳闸油电磁阀20TV-1、20FG-1A、20FG-1B的内阻分别为172、180、168Ω，均符合典型值，无电磁阀异常损坏的痕迹。对跳闸油电磁阀从机柜至就地接线的线路进行绝缘摇测，电磁阀20TV-1、20FG-1A、20FG-1B两根线路的相间与单相对地电阻均为无穷大，电缆绝缘良好。

5）对IGV、燃料阀、速比阀进行活动试验，确认阀门均能正常动作，现场阀门无卡涩情况，在阀门动作过程中，跳闸油压正常。

6）对跳闸油电磁阀20TV-1、20FG-1A、20FG-1B在机柜内的电路进行检查，对接线情况进行检查，机柜内用于外供电110V DC的空气开关均投入正常，测量接触器11与14端子，电阻均为无穷大，说明接触器未故障；检查输出线路，发现IGV跳闸油电磁阀20TV-1的输入端负极线路存在松动，线缆外部固定线鼻子，线鼻子可以在端子排内转动。针对此异常，进行模拟试验，将1号燃气轮机2、3、4号燃料阀及IGV开启至跳机前的开度，分别模拟20TV电磁阀与20FG-1A、20FG-1B电磁阀供电回路异常时阀门的动作情况。

① 模拟20FG-1A、20FG-1B跳闸油供电回路异常后，速比阀与燃料阀均快速关闭，但IGV维持原开度，与跳机时的现象不一致。

② 模拟20TV跳闸油供电回路异常后，速比阀、燃料阀、IGV均快速关闭，与1号燃气轮机跳机时的现象一致。1号燃气轮机跳机后模拟试验，如图6-12所示。

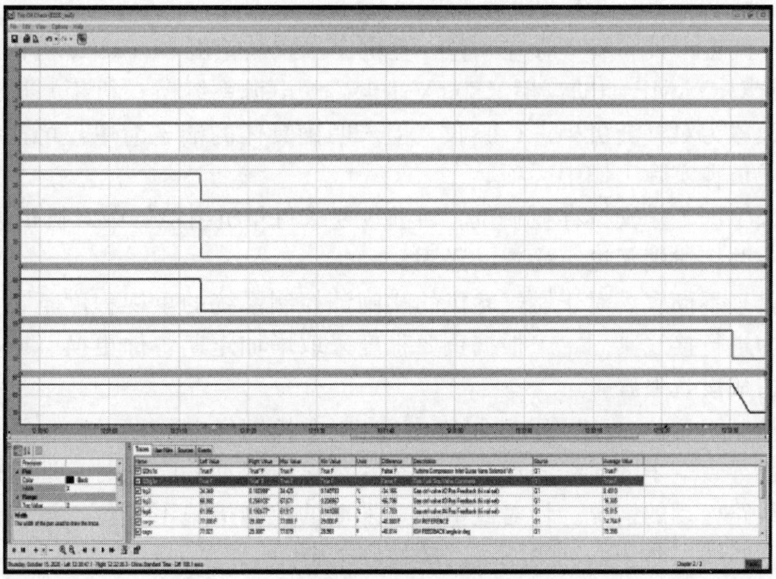

图6-12　1号燃气轮机跳机后模拟试验

图 6-13　20TV-1 跳闸油电磁阀负极位置

确认了具体的故障点后，安排对20TV 电磁阀电源回路的所有端子进行紧固检查，同时，安排对 1 号燃气轮机其他跳闸油系统电源回路及其他电磁阀回路进行检查、紧固（20TV-1 跳闸油电磁阀负极位置，如图 6-13 所示）。处理完成后，对所有燃料阀、速比阀、IGV 进行离线试验，试验结果均合格。

2. 事件原因分析

（1）直接原因：1 号燃气轮机 IGV 跳闸油电磁阀 20TV-1 电源负极供电回路的接线端子内部线接触不良，造成电磁阀间断性失电打开，引起 1 号燃气轮机跳闸油系统压力失去，速比阀与三个燃料阀在 0.15s 内快速关闭，进而导致燃烧火焰强度下降，触发保护动作造成 1 号燃气轮机跳机。

（2）间接原因：隐患排查不彻底、检修质量管理不到位、工作人员责任心不足。

3. 暴露问题

（1）检修质量管理不到位。查询检修记录，设备工程部热工车间安排在 2020 年二拖一机组检修 1 号燃气轮机 MarkVIe 机柜检修项目中，对所有机柜的接线进行紧固，但从20TV-1 电磁阀电源端子的松动情况来看，工作负责人对端子的紧固不力，验收人质量监督执行不到位，没有及时发现跳闸电磁阀电源系统存在接线松动的情况。

（2）机组检修过程中的质量监控不到位。工作班成员在完成常规检修工作后，未进行全面验收，未发现接线端子存在虚接的情况，在机柜日常巡检中频繁打开、关闭机柜的柜门，可能引起接线端子进一步松动。

（3）热工车间生产技术管理存在缺位。查询 1 号燃气轮机 MarkVIe 机柜检修作业指导书，其中，要求对 GAMP 辅助盘柜（20TV-1 电磁阀电源系统所在机柜）进行线路检查与紧固，质检点设置为对整套机柜进行验收，但未明确具体的端子清单，可执行性不强，容易造成工作班成员在实际工作中丢项。

（4）设备部生产工作安排存在缺位。目前仅要求每年机组检修中对机柜进行常规维护，未安排定期对重要接线端子进行检查、紧固。

（5）隐患排查不彻底。对于燃气轮机的跳闸油控制系统的重视程度不足，目前仅安排机组每年检修中进行接线紧固，未根据重要程度采取增加定期备件更换、调高检查维护的频率等措施，造成设备失修。

（6）隐患控制不到位。GAMP 盘柜中存在 15 个长期带电的端子，日常巡检中开、关机柜的柜门可能导致端子内接线松动，尤其是存在接线松动的隐患时，巡检时开关柜门可能进一步增加线路松动的情况。针对此情况，采取的控制措施不到位，没有制定具体的防止常闭回路异常断线、防止振动影响线路的控制措施。

（7）对热工专业隐患排查督查不到位。2017 年起，在集团公司的指导下，热工专业持续开展管理专项提升工作，在此期间共计排查出涉及单点保护与联锁的隐患逻辑 19 项，均已完成整改，但未继续深入监督热工专业对系统其他薄弱点进行排查，导致间接引起此次1号燃气轮机跳机的隐患未得到彻底治理。

(8) 燃气轮机安全油系统设计存在不足，安全裕度低。2018年，在隐患排查过程中曾发现燃气轮机的单点保护与长带电电磁阀的风险，以正式传真的方式发送给GE公司，要求对存在的风险进行优化。关于跳闸油系统的单点长带电电磁阀，GE公司回复不同意进行优化，主要考虑是目前电厂与GE公司签订CSA协议，主机包修，跳闸油电磁阀的设计是GE公司常规的设计方式，如果机组跳机后由于跳闸油系统拒动造成主机损坏，责任无法界定。在GE公司正式回复后，未进一步深入开展工作，被动地接受现有设计，导致隐患长期存在。

（三）事件处理与防范

(1) 检修过程中，落实接线端子紧固的工艺质量标准，对接线端子紧固后进行再次检查，确保质量标准到位。对于重要回路的验收，全部体现在作业指导书中，一人操作、一人验收，双人共同对验收结果负责。

(2) 增加跳闸油电磁阀回路的维护频率，并对其他主要保护回路的测点与接线端子加强维护力度，作为机组日常停备消缺的必检项目进行安排。对影响机组安全稳定运行的接线端子进行梳理，形成具体清单，明确责任人，明确涉及主要保护系统需要检查的内容，结合机组日常调峰、停备消缺的时间段进行安排，定期、分批次对重要端子排进行紧固。每次检查过程中明确具体清单，每个回路检查完成后打勾确认，避免丢项。

(3) 举一反三，排查2、5号燃气轮机是否存在相同隐患。其中，5号燃气轮机正处在检修期，按照新要求执行验收流程。2号燃气轮机同样存在接线松动的隐患，利用2号机组停备调峰的机会进行消除。

(4) 对目前执行的巡检方案进行优化，在GAMP辅助盘柜中安装有跳闸油系统的电源回路和监视燃气轮机危险气体与振动的3500系统。对3500系统进行优化，将自诊断报警信号引入MarkVIe系统，要求班组专责工在日常巡检中不打开燃气轮机GAMP辅助盘柜的柜门，通过逻辑诊断报警进行巡检，避免振动导致接线松动。

(5) 继续深入开展专项隐患排查工作：组织热工专业继续开展专项隐患排查，对主要保护台账进行重新梳理，不局限于直接触发主要保护的回路，对所有可能影响机组安全稳定运行的因素进行深入排查，发现隐患后及时制定整改措施。

(6) 从燃气轮机跳闸油系统的配置情况来看，安全裕度较低、安全风险与误动概率较大。向GE公司发送正式传真，要求对燃气轮机跳闸油系统进行冗余设计。在优化完成前，执行维护措施，每两年对该系统中二极管、接触器等易损件进行更换。

(7) 组织全员学习此非停事件，深刻吸取事件暴露的问题，对照日常维护、检修工作中的漏洞进行查漏补缺，进一步完善技术管理、生产管理，提升工作班成员的责任心与维护水平。

九、转子发生动静磨碰导致振动高保护动作

某电厂汽轮机由哈尔滨汽轮机厂有限责任公司生产的超临界、一次中间再热、单轴、双缸双排汽、凝汽抽汽式汽轮机，型号为C350/280-24.2/0.4/566/566，旁路系统采用30%B-MCR电动两级串联旁路系统，配置一台100%汽动给水泵组（主给水泵），50%电动给水泵组（启动备用给水泵）；锅炉为上海锅炉厂有限公司生产的350MW级超临界机

组，锅炉为超临界参数变压运行螺旋管圈直流炉，单炉膛、一次中间再热、四角切圆燃烧、平衡通风、Ⅱ形布置、固态排渣、全钢架悬吊结构；发电机为哈尔滨电机厂有限责任公司制造，额定容量为350MW，最大连续输出功率380MW，定子电压20kV，定子电流11887A，静止励磁，水-氢-氢冷却方式，额定氢压0.35MPa。

（一）事件过程

2020年01月22日，事件前2号机组负荷315MW，主蒸汽温度566℃、再热蒸汽温度567℃，制粉系统A、B、C、D、E五台磨煤机全部运行，入炉煤量180t/h，协调控制方式，AGC“O”模式，机组投入供热，采暖抽汽量204t/h，机组各项参数运行正常。

16时38分，接省调度通知，要求两台机组带满出力。

18时30分，机组负荷带至315MW。2号机组轴承1X、1Y振动在65～80μm变化，其他轴振无波动。

21时29分，2号机组大机轴承1X、1Y振动分别由98、90μm开始上升，值长立即下令降负荷，负荷设定值由313MW降至300MW。

21时31分，2号机组大机轴承1X、1Y振动升高至131、122μm，值长令调整汽轮机进汽阀位，观察1X、1Y振动仍持续升高（1X振动185μm、1Y振动177μm）。运行人员手动将综合阀位快速关至87%，总煤量由181t/h手动降至134t/h左右，负荷快速降至246MW左右，负荷由315MW降至246MW耗时约10分53秒。

21时40分，因2号机组1X、1Y振动仍持续升高，1X振动率先升高至动作值254μm（汽轮机保护设置：报警值125μm，动作值254μm），汽轮机跳闸、锅炉MFT、发电机解列。运行人员按照规程规定进行停机操作。

（二）事件原因查找与分析

1. 事件原因检查

（1）曲线查找。事件后，热工专业人员查阅2号机组DCS历史曲线，其中，负荷调整时1X、1Y振动值变化曲线，如图6-14所示。

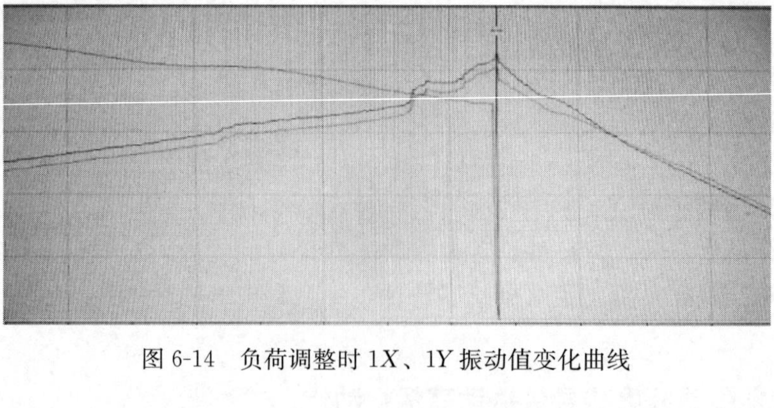

图6-14　负荷调整时1X、1Y振动值变化曲线

22时30分，2号机组跳闸后，专业人员查阅DCS 2号汽轮机惰走过程历史曲线（1号轴承惰走期间振动情况，如图6-15所示）。

从曲线上未发现异常，惰走时间52min，与正常停机惰走时间基本一致（2019年8月27日，停机惰走53min；2019年10月22日，停机惰走54min）；盘车电流24A，与正常

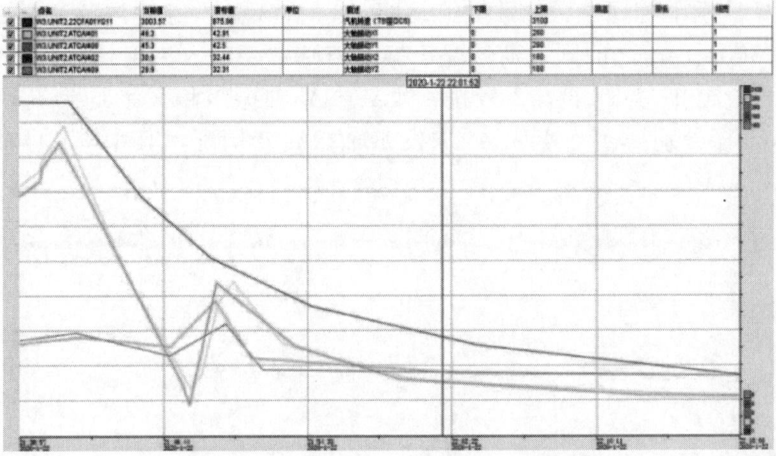

图 6-15　1 号轴承惰走期间振动情况

停机盘车电流基本一致（正常 25A）。各瓦轴振、轴瓦绝对振动、轴瓦温度、机组膨胀、胀差、轴向位移等数据均正常，检查汽缸内部、轴承箱油挡及轴承箱内部无碰磨异声，说明本次振动对轴系危害不大。

22 时 50 分，与研究院振动专家沟通，分析认为在机组投入盘车、大轴偏心正常后，可进行冲转，观察轴系冲转过程，并与历史振动值对比，若无明显异常则并网带负荷观察运行。鉴于公司对外供热量较大（供暖面积 850 万 m^2，1100GJ/h），单机不能满足要求，且轴系检查未见异常，结合专家建议，决定进行机组启动、冲转，进一步观察振动变化情况。

1 月 23 日 3 时 55 分，机组冲转，过临界时 1X、1Y 振动分别为 113μm 和 112μm，之后能够快速恢复到 30μm 以下；定速 3000r/min 后各瓦轴振、瓦振、瓦温均正常。汽轮机冲转过临界及定速机组振动曲线，如图 6-16 所示。各专业人员对机组进行全面检查、对比分析，轴系各项数据未发现异常，决定申请并网带负荷观察振动情况。

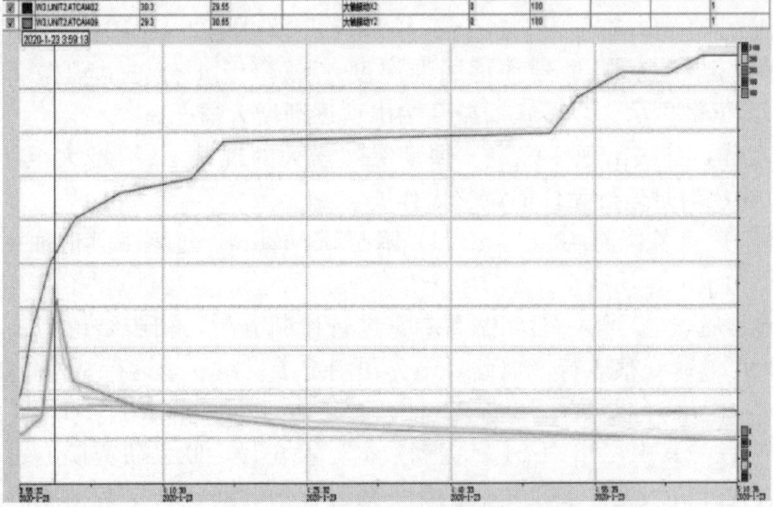

图 6-16　汽轮机冲转过临界及定速机组振动曲线

5 时 54 分，请示中调同意，2 号机组并网。8 时 46 分，机组带负荷至 267MW，1X、1Y 轴振为 36、34μm，与之前同负荷情况下振动值基本一致。为保持轴系平稳，暂保持机组单阀运行方式。至 1 月 31 日，2 号机组 1X、1Y 轴振平稳，平均为 37、35μm，负荷 300MW 时最大轴振分别为 47、45μm，未发生轴振突变情况，其中，1 号轴振振动曲线，如图 6-17 所示。

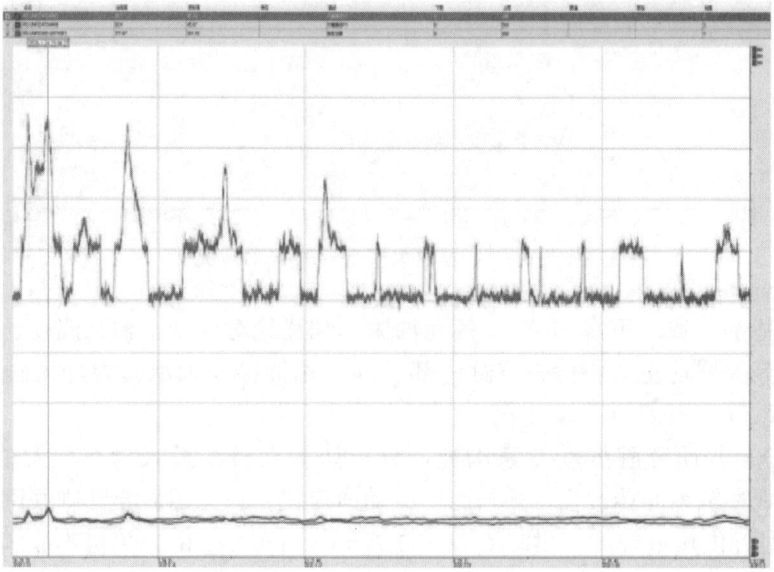

图 6-17　1 号轴振振动曲线

专业人员根据上述查找分析后，决定继续严格执行轴振大安全技术措施，密切跟踪、检查、分析 1 号轴振变化情况。

1）若持续稳定、可控，则计划 3 月初待供暖负荷降低、单机满足供热条件时，申请停运 2 号机组进行轴承解体检查。

2）若发现轴系振动异常、存在安全风险，将立即安排机组停机检查。

（2）振动现象追溯。查看历史记录，2019 年 12 月 22 日 12 时 13 分，机组负荷 235MW 且保持稳定，汽轮机 1 号轴承回油温度 47.73℃，1 号轴承轴振 1X 为 53.5μm，1Y 为 51.18μm，正常显示。之后，轴振开始出现逐渐增大情况。

1）12 时 36 分，首次出现 1X、1Y 振动突然增大的现象，1X 增大至 109.79μm、1Y 增大至 103.85μm，当时运行无任何调整操作。

2）13 时 24 分，1X 降至 42.85μm，1Y 降至 35.62μm。过程中其他轴振无波动，所有轴承瓦振、瓦温均正常、无波动。

振动出现异常后，电厂第一时间联系专家进行诊断分析，初步结论为 1 号轴承处存在动静轻微碰磨，可继续观察运行。据此，该公司制定了机组安全运行技术措施并执行。

其后在 2019 年 12 月 30 日、12 月 31 日、2020 年 1 月 6 日、1 月 11 日也出现过 1X、1Y 振动增大的现象（其中，12 月 31 日振动数据见表 6-1），联系研究院专家到厂查找振动原因。经现场查找分析认为，多数发生在升负荷过程中，通过稳定负荷或降负荷，振动均能恢复到正常值（50μm 以下），其他 2～6 号轴振均正常、无波动，说明转子本身不存在缺陷，1号轴承处存在动静轻微碰磨。

表 6-1　　12月31日振动数据

测点	变化前		变化最大值		变化后	
	通频振幅（μm）	一倍频	通频振幅（μm）	一倍频	通频振幅（μm）	一倍频
1X	48	45μm∠281°	116	111μm∠300°	49	48μm∠279°
1Y	44	42μm∠13°	112	109μm∠29°	46	46μm∠8°
2X	23	14μm∠96°（二倍频）	27	15μm∠101°（二倍频）	25	16μm∠122°（二倍频）
2Y	22	12μm∠294°（二倍频）	25	12μm∠219°（二倍频）	22	13μm∠316°（二倍频）

通过多次调取TDM系统振动数据，振动频谱主要为一倍频，其他倍频幅值较小。经过与专家的沟通分析，初步认为汽轮机转子与1号轴承侧部件发生动静碰磨导致轴振突变。怀疑前轴承箱油挡存在污垢板结，不排除轴瓦或主油泵挡油环、汽封等部位与转子存在动静碰磨现象，详细碰磨部位需要结合停机对轴承解体检查后方能确认。

2. 事件原因分析

（1）直接原因：2号机组1号轴承处存在动静轻微碰磨，导致1号轴振1X、1Y突然增大，汽轮机轴振大保护动作（≥254μm）跳机、锅炉MFT、发电机解列。

（2）间接原因：发生轴系振动异常后未引起高度重视，主观上偏向性地认为是偶发事件，对可能造成的后果估计不足，相关技术措施不完善，未能认真排查技术管理上的漏洞或不足。专业人员在发生多次轴振波动后，跟踪、分析问题的能力和经验不足，缺乏有效手段。

3. 暴露问题

（1）本次非停事件充分暴露出专业管理人员责任心不强，生产长期稳定运行使专业管理人员对安全生产现状松懈、麻痹，存在侥幸心理，最终造成了本次非停事件。

（2）专业技术人员对汽轮机轴系振动可能引起机组非停甚至可能造成设备损坏未引起高度重视，技术分析不彻底，防范措施不完善，在12月下旬已发生多次轴振升高的情况，但没有进行细致严谨地分析，并制定切实有效的技术措施，轴振波动的规律没有掌握，给设备运行留下较大隐患。

（3）设备管理存在漏洞，对于发生的轴振异常情况，不排除设备检修工艺、设备质量存在问题，归根到底说明设备管理不够精细，具体碰磨原因需待解体后做进一步分析，查找设备管理方面存在的短板。

（4）设备精密点检工作开展不到位，针对轴振异常变化，未持续进行数据跟踪、比对、分析，对汽轮机振动大可能造成的后果评估不足。

（5）专业技术人员能力不足，对发生轴振异常后的原因查找、故障判断、问题分析、跟踪监测等方面做得不够，分析问题、解决问题的能力有待提高。

（三）事件处理与防范

（1）加强对机组运行中振动的监视和分析，重新修订并严格执行《2号机组轴振大安全技术措施》，特别是升、降负荷或供热调整过程中。升降负荷速率不宜过快，稳定轴封温度，当振动超过 80μm 时，应暂停升、降负荷或供热调整，待振动稳定后再继续操，并及时组织专题分析，确定处置方案。

（2）制订检修方案，机组停运后组织对前轴承箱内部件进行检查，重点检查各轴承箱油挡积碳情况；检查调整油挡间隙符合标准要求；检查调整轴封间隙符合标准要求；对轴封体保温进行检查及必要的修复治理；检查轴瓦及主油泵挡油环，确保挡油环活动灵活、间隙符合标准要求；检查各轴瓦乌金是否正常，检查各轴瓦垫铁接触是否良好，并进行必要的调整处理，消除动静碰磨造成的轴振异常情况。

（3）加强技术监控管理，对机组运行振动数据加强分析，掌握设备劣化趋势、异常情况，及时与研究院保持沟通、联系，确保及时发现异常、及早采取有效措施。

（4）加强技术培训。组织员工认真学习《防止电力生产重大事故的二十五项重点要求（2023 版）》（国能发安全〔2023〕22 号）中关于防止汽轮机损坏的相关措施要求，并落实到设备管理、技术管理、检修管理、运行管理的全过程中，切实提高员工专业技术水平。

（5）进一步完善汽轮机转子技术台账、设备检修台账。按要求及时完善相关技术台账，做好检修记录整理总结，以便能够很好地为设备缺陷分析提供有力的技术基础。

十、滤油管路破损导致给水泵润滑油压低引起机组跳闸

某热电厂 10 号机组为哈尔滨汽轮机厂有限责任公司制造的超高压、一次中间再热、单轴、双缸双排汽、双抽凝汽式机组。给水系统配置 2 台 100%容量 DG750-180 液力耦合调速给水泵组，一运一备，两台给水泵配置一台滤油机可在线滤油。

2020 年 02 月 27 日 11 时 20 分，10 号机组负荷 170MW，主蒸汽压力 13.5MPa，主蒸汽温度 541℃，主蒸汽流量 550t/h，工业抽汽流量 89t/h，1 号给水泵运行，电流 425A，给水泵转速 5494r/min，勺管位置 73%，给水泵润滑油压 0.24MPa，机组运行正常，2 号给水泵备用（备用状态出口门全开，勺管开度 30%），1 给水泵滤油中。

（一）事件过程

11 时 17 分 55 秒，1 号给水泵润滑油压低一值（定值 0.1MPa，开关量）报警，1s 后辅助油泵联启，值长立即安排人员就地检查。

11 时 20 分 26 秒，1 号给水泵润滑油压低二值（定值 0.08MPa，开关量）保护动作，10 号机组 1 号给水泵跳闸，给水流量由 615t/h 快速下降到 0。7s 后，2 号给水泵联锁启动成功，值班员手动将勺管以速开模式操作两次（每次 4%）开至 38%，随后将勺管开度置数至 80%以提高给水流量。

11 时 21 分 13 秒，锅炉 MFT 保护动作，首出原因为汽包水位低三值（定值－230mm）。停炉不停机保护动作，负荷以 200MW/min 速率降至 6MW，工业抽汽切除。

11 时 35 分 00 秒，复位锅炉 MFT，具备点火条件。陆续投入 AA2、AA4、BC1 大油枪运行，燃油量 1.4t/h。炉膛火检 A 层 2 号角火检，B 层 1、2 号角火检正常，3、4 号角火检不稳定。

11 时 52 分 40 秒～12 时 05 分 25 秒，期间分别投入 A2、A4、A1、A3 给粉机，A3 给粉机投入后，炉膛烟温 340℃，一次风温 237℃，投入给粉机，转速 219r/min，主蒸汽压力 3.75MPa，主蒸汽温度 337℃。

12时06分46秒～12时09分30秒，炉膛烟温348℃，一次风温236℃，投入B1给粉机，转速231r/min，主蒸汽压力3.8MPa，主蒸汽温度339℃。

12时09分15秒，炉膛负压下降至573Pa，B层4号角、C层1号角、D层4号角有火检显示，40s后消失，A层2号角，B层1、2号角有火检显示。

12时09分30秒，停运B1给粉机，炉膛烟温402℃，主蒸汽压力3.7MPa，主蒸汽温度353℃。

12时12分40秒，投入AA1油枪助燃，油量增加0.7t/h，未检到火检信号，油枪自动退出。

12时12分43秒，炉膛压力高MFT动作，送风机掉闸。

12时25分00秒，就地查无异常后开始启动送风机，陆续投入AA4、AA2、BC1大油枪及4台A层给粉机。12时37分02秒，由主蒸汽压力0.98MPa、烟温216℃开始回升。

12时53分00秒，就地检查AA2、AA4大油枪灭火，仅剩余BC1大油枪正常运行，退出各给粉机运行。陆续投入各个大油枪均不着火，检修进行处理，主蒸汽压力温度开始下降。

13时09分00秒，主蒸汽压力低至0.76MPa，负荷－2MW。

13时11分06秒，10号发电机逆功率保护动作，发电机解列，汽轮机跳闸。

19时35分00秒，10号机组并网。

（二）事件原因查找与分析

1. 事件原因检查

1号给水泵运行趋势，如图6-18所示。11时20分26秒，10号机组1号给水泵跳闸，给水流量由615t/h快速下降到0。2号给水泵运行趋势，如图6-19所示，11时21分09秒，2号给水泵入口流量达到380t/h，再循环门开始联锁关闭，19s后全关。

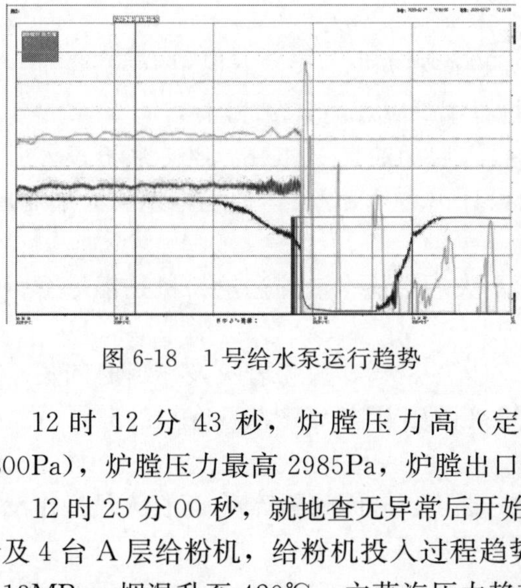

图6-18　1号给水泵运行趋势

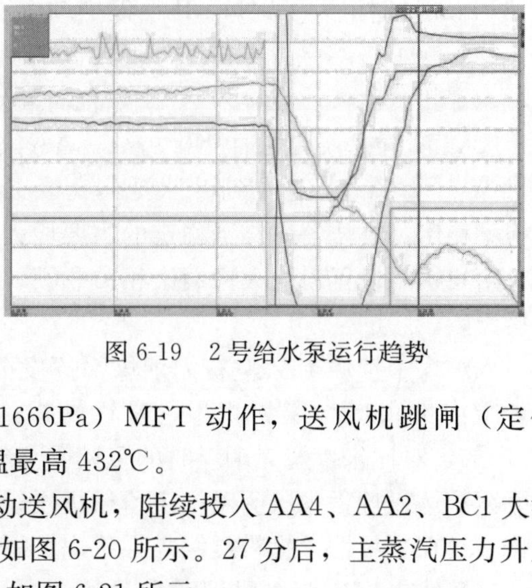

图6-19　2号给水泵运行趋势

12时12分43秒，炉膛压力高（定值1666Pa）MFT动作，送风机跳闸（定值2800Pa），炉膛压力最高2985Pa，炉膛出口烟温最高432℃。

12时25分00秒，就地查无异常后开始启动送风机，陆续投入AA4、AA2、BC1大油枪及4台A层给粉机，给粉机投入过程趋势，如图6-20所示。27分后，主蒸汽压力升至1.13MPa，烟温升至420℃。主蒸汽压力趋势，如图6-21所示。

（1）给水泵跳闸原因查找。1号给水泵润滑油压低导致给水泵跳闸，经现场检查，滤油机出口软管接头处有裂口，滤油机出口软管裂口，如图6-22所示。

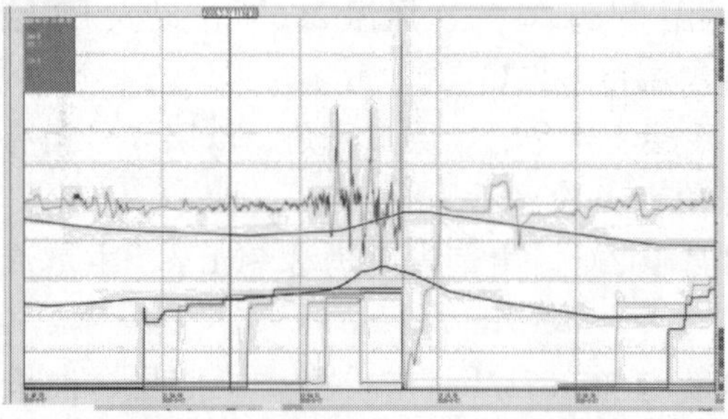

图 6-20　给粉机投入过程趋势

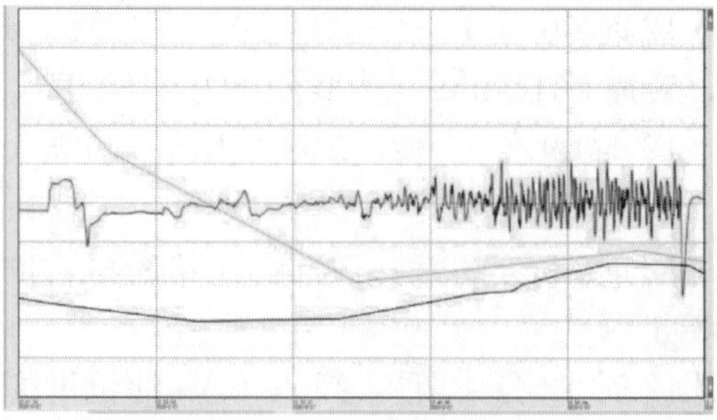

图 6-21　主蒸汽压力趋势

图 6-22　滤油机出口软管裂口

裂口原因是滤油机出入口管道采用钢丝塑料软管连接，运行中受油系统管道振动影响处于碰磨状态，钢丝塑料软管在压制接口向下位置受到金属接头的剪切作用发展成裂口，造成润滑油大量跑油，而检修部滤油工作负责人擅自离开滤油现场，未安排替班人员，导致滤油工作无人看护，未能及时发现油管泄漏，最后引起耦合器油箱油位低，导致润滑油压低跳泵。

（2）锅炉 MFT 原因查找。10 号机组当时高负荷运行（给水流量 615t/h），1 号给水泵跳闸后汽包水位急速下降，2 号给水泵联启（勺管位置开度在 30%，再循环门全开），手动置数调节勺管开度仍无法满足所需流量（2 号给水泵联启至锅炉 MFT 动作时长 45s），加上给水泵备用状态勺管开度未设置在线跟踪逻辑，增加了给水泵勺管人为调整时间，引起了汽包水位快速下降。当汽包水位低三值（−230mm）时触发了锅炉 MFT 保护动作。

（3）锅炉爆燃原因查找。运行人员未发现 B1 燃烧器灭火，未及时退出 B1 给粉机，造成炉内煤粉浓度大，在投入 AA1 油枪时发生爆燃是锅炉爆燃的直接原因。

AA2 油枪投入后用油量 0.9t/h，AA4 油枪投入后用油量 1.3t/h，BC1 油枪投入后用油量 1.4～1.5t/h，达不到设计要求（单支油枪设计出力 0.8t/h），油枪堵塞、火焰变形、火检不稳定是燃烧器燃烧不稳定的主要原因。

给粉机未设置对应火检消失相关联锁，火检消失后未能自动停运给粉机是锅炉爆燃的间接原因。

入炉煤中掺烧 15%左右无烟煤，挥发分低（6%～8%），煤粉着火及燃尽时间长，导致炉膛内部未燃尽煤粉积聚，是锅炉爆燃的间接原因（当日飞灰一值 12.52%，二值 10.74%，对比未掺烧无烟煤时的飞灰升高约 8%）。

锅炉运行规程中未明确规定给粉机投运条件（温度、时间间隔等），运行人员操作没有依据，存在盲目性，投粉过快是导致锅炉爆燃的间接原因。

（4）发电机逆功率保护动作原因查找。机组恢复过程中，锅炉油枪无法稳定燃烧，导致主蒸汽压力持续下降，机组无法维持最低负荷是造成发电机逆功率保护动作的直接原因。

停机后对油枪抽枪检查，油枪喷嘴均存在积碳，部分喷嘴堵死，油枪堵塞情况，如图 6-23 所示，影响雾化效果。对燃油进行检查，目测发现油中水分含量偏高，含有杂质。

图 6-23　油枪堵塞情况

锅炉 MFT 后，机组恢复过程中，锅炉发生爆燃，延缓了机组恢复时间是造成主蒸汽压力持续下降的原因之一。

锅炉 MFT 后，机组负荷在 10MW 上下波动，没有稳定在最低负荷，也是导致主蒸汽压力持续下降的原因之一。

2. 事件原因分析

（1）直接原因：滤油机出口软管接头裂口泄漏，导致 1 号给水泵因润滑油压低跳闸，引起汽包水位快速下降，低三值触发锅炉 MFT 保护动作。

（2）间接原因：2 号给水泵备用状态勺管开度未设置在线跟踪逻辑，增加了给水泵勺管人为调整时间。

3. 暴露问题

（1）对疫情期间保证安全稳定工作重视不足。未落实上级单位关于疫情防控期间确保安全生产稳定的要求，没有采取严格控制现场作业、加强现场安全检查频次等强化安全管控的措施。

（2）给水泵滤油工作不重视，设备管理问题突出。汽轮机专业未执行滤油机管理要求，班组“三讲一落实”流于形式，在对给水泵滤油期间，检修部负责人未严格执行负责人离开现场超过 10min 应及时停止滤油工作相关规定，擅自离开滤油现场，运行巡视检查未能及时发现异常，滤油工作出现无人看护情况。

（3）设备点检技术水平有待提高，设备劣化分析不到位。给水泵滤油机自 2015 年投运以来，接头管路使用的塑料软管一直未进行更换，未考虑油温影响，压制软管金属接头易出现损伤，汽轮机专业点检未及时发现，对滤油风险掌握不足，暴露出专业技术人员对重要辅机附属设备管理精细度不够。

（4）隐患排查不彻底，专业技术管理存在漏洞。

1）给水泵油位未设置远程监控，运行值班员只能通过巡检定期监视，缺乏实时监控手段。

2）备用给水泵勺管开度设置值偏低，不能在机组高负荷时起到备用泵作用；给水泵再循环门联锁关闭条件设置值偏高，应对突发工况不能满足流量需求。

3）润滑油压模拟量信号报警发出较晚，报警作用失去应有效果。

（5）运行管理不到位，事故处理能力不足。

1）重要辅机主要参数监视不到位，未及时发现给水泵润滑油压下降，未进行分析判断，采取有效措施。

2）机组 MFT 后停炉不停机恢复调整过程中预控能力不足，对油枪燃烧状态、给粉机灭火判断不准确，反映出运行应急培训不到位。

3）运行专工对停炉不停机动作后的操作调整措施不完善，对煤质、油枪、DEH 等问题考虑不全面，没有在现场给出明确的调整意见。

(6) 防止锅炉灭火放炮反事故措施落实不到位，生产管理基础工作不扎实。

1) 燃油系统定期工作标准低，定期试验不能反映油枪是否处于可用状态，检修维护未定期对雾化部件进行清理及雾化试验。

2) 油库燃油品质缺乏监督，油罐定期排污未观察排油含水情况。

3) 运行规程未明确规定给粉机投运条件（温度、时间间隔等），运行人员操作没有依据，存在盲目性，规程修订不严谨。

4) 给粉机跳闸未设置火检信号消失联停逻辑，对锅炉内部爆燃危害认识不足。

（三）事件处理与防范

1. 事件处理

(1) 根据给水泵设计参数和相关技术资料，改变润滑油压模拟量测点取样位置，增加多级压力低光字牌报警，研讨增加润滑油外置油箱，设置油位远传测点监视及报警功能可行性。

(2) 优化备用给水泵勺管跟踪控制逻辑，修改给水泵再循环门联锁关闭定值，邀请电力科学研究院专家研究给水泵跳闸后机组控制方式及快速甩负荷控制逻辑优化的可行性。

(3) 结合机组检修，改造火检设备确保信号可靠后增加火检消失联跳对应给粉机逻辑，对全炉膛灭火保护逻辑进行优化，提高火检可靠性。

2. 事件防范

(1) 全厂职工牢固树立“保人身、保电网、保设备”的安全意识，就如何提高生产管理和技术培训等方面组织生产部门大讨论，吸取经验教训，切实提高安全生产管理水平。

(2) 全面检查滤油设备塑料软管，举一反三，排查类似隐患，将滤油设备的连接软管更换为金属管道，并加装观察孔。增加1台给水泵滤油机，单台给水泵对应单台滤油机，增加设备可靠性，严格执行设备滤油规程。

(3) 优化油枪耗油量计量装置，便于运行人员记录真实用油量，油枪前单独设置过滤装置，保证燃油质量。

(4) 加强运行人员培训，开展机组典型工况重要参数技术比武，提高运行人员监盘质量及发现异常的能力。

(5) 仿真机演练过程中，在事故处理演练的同时要结合机组、重要辅机启停、辅机切换等常规操作，建立运行人员对设备启动到建立稳态的时间观念，开展各种工况下的事故演练。

(6) 细化煤质掺烧工作，尤其是涉及煤种改变、燃烧工况改变的情况下，完善不同煤种在事故情况下的稳燃措施，增加就地巡视人员安全防护用品相关要求。

(7) 细化定期工作标准，要求每周对2只油枪抽枪检查，进行雾化试验，并对炉前滤网清理；每10天对油枪进行投油试验，并记录单支油枪用油量，根据耗油量与设计值对比分析油枪状态；每月对油罐内部及燃油管路内燃油油质分析，根据油品化验结果定期对油罐进行排污。

(8) 针对本次锅炉内部爆燃衍生危害，锅炉专业利用检修期间对炉膛内部结构部件进行检查，消除隐患。

(9) 开展机组高负荷下给水泵跳闸后确保不跳机、低负荷阀位控制技术难题攻关行动，充分利用专家技术组平台，解决实际问题。

十一、给水泵机械密封泄漏导致机组被迫停运

（一）事件过程

2020 年 04 月 17 日，汽轮机专业点检在点检过程中发现，2 号机组给水泵驱动端机械密封排污口有漏水现象，初步判断驱动端机械密封有轻微泄漏。在当日点检日志中填写此项目，并加强监督，每日重点检查给水泵机械密封运行情况。

2020 年 04 月 22 日 01 时 59 分，运行值班人员巡检发现 2 号机组给水泵驱动端机械密封泄漏量有增大趋势，设备部组织发电部、检修部人员现场查看后，确认 2 号机组给水泵驱动端机械密封泄漏量有持续增大趋势，机械密封已趋于失效，需停机更换。

2020 年 04 月 23 日 0 时，经请示调度同意，2 号机组滑参数打闸停机。2 号机组由运行转入检修，检修计划工期 12 天。

（二）事件原因查找与分析

1. 事件原因检查

停机后对 2 号机给水泵驱动端机械密封进行拆卸解体检查，包括机械密封动环密封 O 形圈，静环密封 O 形圈，动静环密封面。发现机械密封动环、静环密封 O 形圈存在轻微变形。动静环密封面无明显毛刺、破损、沟槽。检查动环密封面存在明显磨损减薄，导致机械密封动环内侧金属台面直接与静环碳化硅密封面蹭磨，对机械密封进行了更换。

2. 事件原因分析

（1）直接原因。在长期运行中，机械密封动环碳化硅密封面减薄量较大，造成机械密封动环内侧金属台面直接与静环碳化硅密封面蹭磨，导致机械密封失效是造成 2 号机组给水泵机械密封泄漏致机组停运的直接原因。未泄漏机械密封面结构，如图 6-24 所示；泄漏机械密封面磨损失效后结构，如图 6-25 所示。

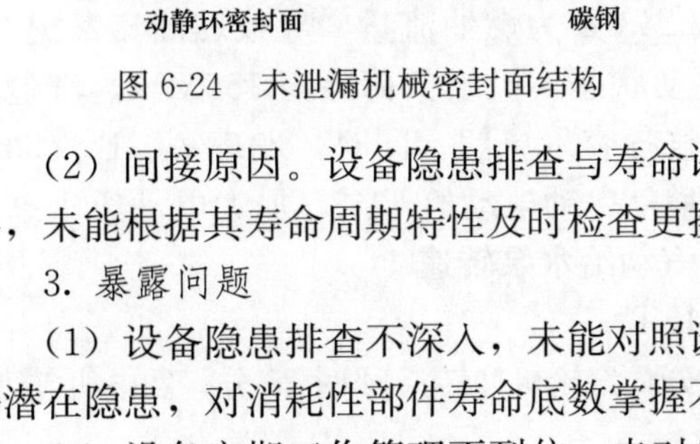

图 6-24　未泄漏机械密封面结构

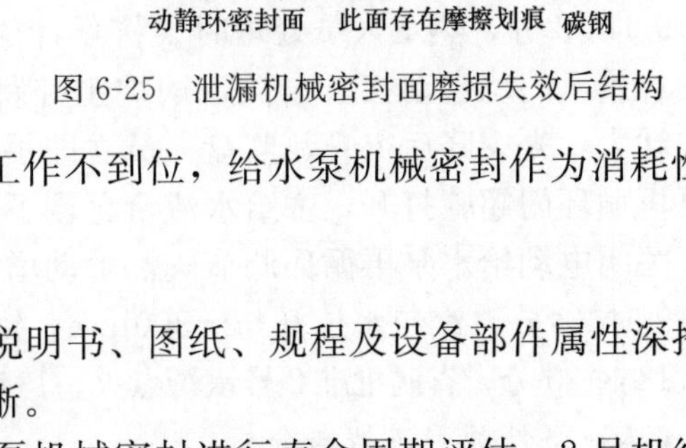

图 6-25　泄漏机械密封面磨损失效后结构

（2）间接原因。设备隐患排查与寿命评估工作不到位，给水泵机械密封作为消耗性部件，未能根据其寿命周期特性及时检查更换。

3. 暴露问题

（1）设备隐患排查不深入，未能对照设备说明书、图纸、规程及设备部件属性深挖设备潜在隐患，对消耗性部件寿命底数掌握不清晰。

（2）设备定期工作管理不到位，未对给水泵机械密封进行寿命周期评估，2 号机组给水泵自 2017 年 1 月投产至今，未安排机械密封等部件的解体检查项目，为事故的发生埋下了隐患。

（3）重要辅助设备管理重视程度不足，重要辅机均为单列布置，给水泵、引风机等单

辅机未按照主机管理标准执行。

（三）事件处理与防范

1. 事件处理

对2号机组给水泵驱动端机械密封和非驱动端机械密封进行更换。

2. 事件防范

（1）持续开展设备隐患排查治理工作，对隐蔽问题、细节问题深入排查，发现问题及时分析处理，彻底消除设备安全隐患，防止隐患扩大化。

（2）强化设备管理，根据设备说明书、图纸、规程，对设备检修情况进行梳理，明确设备检修项目、周期及内容，并安排策划、实施，提高设备安全运行的可靠性。

（3）结合机组检修工作，根据主要辅机均为单列辅机及机组需全天候供热的实际情况，制定切实可行的设备检修计划，提升主要辅机设备管理水平。

（4）加强专业技术培训工作，拓展培训深度，针对设备原理结构、使用寿命开展风险辨识和事故预想，确保机组安全稳定运行。

十二、重置燃油累积流量处理不当导致汽包水位低 MFT

某电厂2号机组为亚临界参数燃煤发电机组，2006年10月份投运。锅炉是由上海锅炉厂有限公司制造的SG-1036/17.5-M882型亚临界压力一次中间再热控制循环汽包炉，采用等离子点火方式，机组运行中，炉前油系统处于冷备用状态。汽轮机是上海汽轮机厂有限公司生产的C330-16.7/0.8/538/538型亚临界中间再热、单轴、双缸双排汽、抽凝式汽轮机，发电机为山东济南发电设备厂有限公司生产的330MW空冷发电机。热工控制设备采用新华控制工程有限公司的XDPS-400+系统。

2020年5月21日，2号机组负荷165MW，机组“O”模式运行，主蒸汽压力15.82MPa，主蒸汽温度541.78℃，再热蒸汽压力1.83MPa、再热蒸汽温度533.7℃；给水流量487.29t/h；汽包水位−3.05mm；A、B磨煤机运行；A、B汽动给水泵正常运行，电动给水泵正常备用。

（一）事件过程

21日碳资产核查时，需要提供2号锅炉燃油流量累积值，检查发现2号锅炉无燃油流量及燃油累积流量，于是电厂根据盘煤燃油累计流量数值，由电厂热工人员重置处理。

9时18分，热工人员处理时误将累计流量22243置为燃油流量，导致燃油流量突变，锅炉容量风门均自动接近全关，锅炉主控跳为手动状态，机组负荷降至155MW，汽包水位波动大，先突降后突升，监盘人员立即手动调整各容量风门。同时，发现A、B汽动给水泵再循环门超驰打开，主给水流量急剧下降，紧急启动电动给水泵，加大电动给水泵出力，关闭电动给水泵再循环调节阀，手动增加A汽动给水泵转速。

9时22分，汽包水位低与−300mm，锅炉MFT。

13时20分，省调批准2号锅炉点火；13时56分，汽轮机冲转；14时27分，发电机并列。

（二）事件原因查找与分析

1. 事件原因检查

（1）历史曲线查找。查阅“SOE记录”曲线，9时22分41秒，锅炉MFT。首出原因为“汽包水位低低”。查阅事故过程中机组主要参数趋势曲线，如图6-26所示。

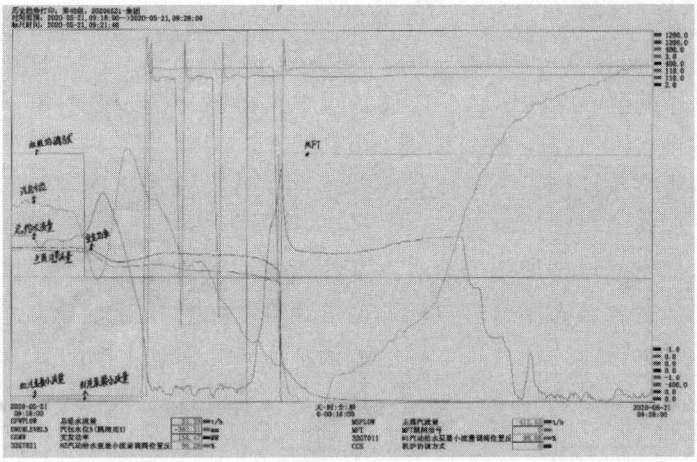

(a) 主要参数趋势曲线1

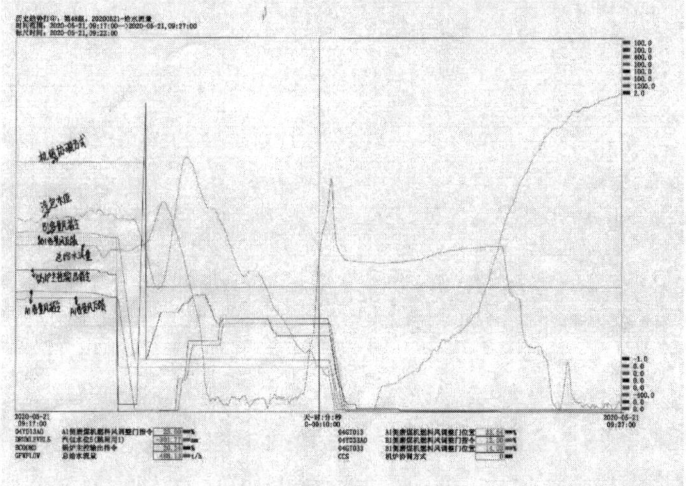

(b) 主要参数趋势曲线2

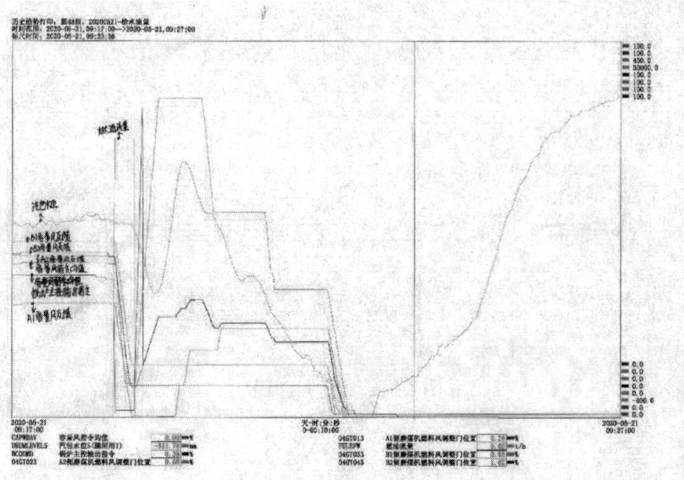

(c) 主要参数趋势曲线3

图 6-26　事故过程中机组主要参数趋势曲线

由记录曲线可知，A1、A2、B1、B2 容量风挡板 2s 内由 36.73%关至 2%，锅炉汽包水位 30s 内由 15.21mm 降至－144.71mm，随后升至 141mm，主给水流量自动降低，A、B 给水泵入口流量降低至 148t/h，A、B 汽动给水泵再循环门超驰打开，主给水流量急剧下降，汽包水位低至－300mm，触发锅炉 MFT 动作。

（2）容量风挡板突关原因。燃油流量突然增加，致使锅炉煤燃料计算需求量降低，锅炉主控指令突降，导致容量风门突关。

（3）燃油流量值突然增加原因。热工人员在重置燃油累积流量时，因误动导致燃油流量实时值突然增加。逻辑组态不合理（燃油流量计算，如图 6-27 所示），在燃油泵未运行、各油枪均未投入、燃油无压力情况下，燃油流量不应参与锅炉主控调节。

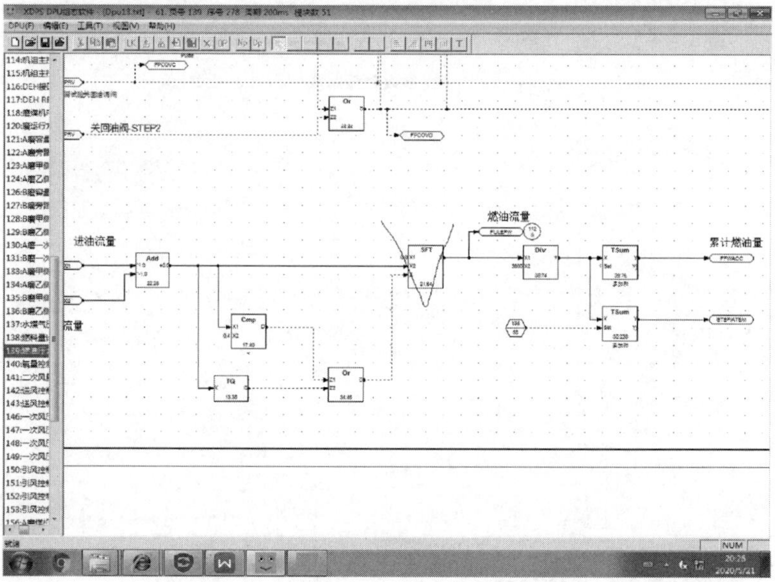

图 6-27　燃油流量计算

2. 事件原因分析

（1）直接原因：热工人员误动燃油实时流量，燃油流量值突然增加，导致锅炉煤燃料计算需求量降低，锅炉主控指令突降，容量风门突关，锅炉主控指令输出快速降低，汽包水位大幅波动，导致汽包水位低低 MFT。

（2）间接原因：维护管理措施与人员专业水平培训不到位，逻辑组态不合理的安全隐患未能及时发现。

3. 暴露问题

（1）安全生产责任制落实不到位，未落实上级公司制定的防非停控制措施中关于防止组态逻辑操作引起的不安全事件管理规定。

（2）保电措施落实不到位，影响机组安全运行的工作，未执行特殊时段重要工作调整的规定。

（3）现场维护工作危险点分析不到位，未能辨识出在检查燃油累积流量过程中可能产生的危及机组安全运行的风险。

（4）燃油系统长期备用期间维护管理不到位、重视程度不足，未能发现燃油累积流量参数为零的异常现象。

（5）落实公司热工逻辑梳理及隐患排查不到位，排查深度、广度不够，未能发现锅炉主控逻辑不合理的安全隐患。

（6）生产技术人员及管理人员业务技能差，不能满足安全生产管理的需要，技术培训不到位。

（7）反事故措施落实不到位，未能深刻吸取类似机组非计划停运事件的教训。

（三）事件处理与防范

1. 事件处理

燃油流量逻辑增加限幅模块，上限采用油枪投运数量×单支油枪出力×1.2，下限采用油枪投运数量×单支油枪出力×0.8，投入试运行。

2. 事件防范

（1）切实做好安全生产责任制落实工作，持续做好防非停控制措施，加强对措施执行情况的监督、检查、考核。

（2）严格执行特殊时段及单机运行期间保电措施，禁止在机组运行时进行与正常运行调整无关的其他调试、试验等工作。

（3）结合工作实际切实开展危险点分析与预控工作，对于逻辑修改组态工作，编制逻辑修改操作卡及事故应急预案，准确辨识工作中的危险源。

（4）提高对长期备用的设备管理力度，结合设备特点，编制定期试验、维护管理工作清单，并认真落实。

（5）继续开展热工逻辑梳理及隐患排查工作，利用1号机组备用期间对锅炉主控逻辑涉及燃料系统热工逻辑进行优化。

（6）开展生产人员技术培训工作，提高人员业务素质和技能。针对DCS控制系统进行切块培训，逐步熟悉、掌握控制逻辑。

（7）任何测点拆除或强制时，必须事先排查清楚用途，逐一采取措施后，方可允许工作。

（8）机组检修、设备消缺、系统巡检、定期工作、逻辑修改、保护投退等应制定相关操作规程及工作标准，杜绝人员的不规范操作行为。

（9）严格按照集团公司要求深入开展逻辑梳理及隐患排查治理工作，为每个重要保护回路和主要自动调节回路建立隐患排查卡，热控和运行人员要熟练掌握AGC、一次调频、RB、锅炉主控、汽轮机主控、给水控制、燃烧控制等主要自动调节回路的控制策略，提高在自动解除情况下手动处理异常的能力。

第二节　运行过程操作不当故障分析处理与防范

本节收集了因运行操作不当引起机组故障13起，分别为加负荷中减温水调整不当造成给水流量突增导致机组跳闸、给水泵定期切换操作不当导致汽包水位高信号触发MFT、氧量控制调整不当导致锅炉总风量低信号触发MFT、运行人员未及时发现汽水分离器温度高导致锅炉MFT、运行人员监盘和应急处置不力导致锅炉MFT、运行人员监盘和处置不及时导致再热蒸汽温度保护动作停机、冲洗致使控制柜进水误关给水泵进口电动门引发跳机、给水管路切换异常导致汽包水位高保护动作、磨煤机漏粉引燃电缆烧损导致汽包水位信号触发 MFT、取样操作不当导致凝汽器真空低信号触发 ETS 动作、运行人员误停空气预热器电源导致机组跳闸、运行人员进行电气倒闸时误操作导致 MFT 动作跳闸、运行人员误操作导致全部火焰信号失去触发 MFT。

运行操作是保障机组安全的主要部分，一方面，安全可靠的热控系统为运行操作保驾护航，另一方面，运行规范可靠的操作也能及时避免事故的扩大化，提高机组运行的规范性和可靠性。

一、加负荷中减温水调整不当造成给水流量突增导致机组跳闸

（一）事件过程

2020 年 8 月 9 日 15 时 34 分，某电厂 1 号机组负荷 340MW，CCS 协调方式运行，AGC 投入运行，AGC 负荷指令 344.81MW。主蒸汽压力 24.67MPa，再热蒸汽压力 4.76MPa，给水流量测点 1、2、3 分别显示 1129.68、1136.02、1129.40t/h，主蒸汽流量 1118.28t/h，给水泵自动运行，给水泵汽轮机转速 5832r/min。

15 时 37 分 56 秒，1 号机组负荷 345.18MW，给水泵汽轮机转速升到 6000r/min，给水泵由自动跳手动，CCS 自动退出，给水泵汽轮机进汽阀总阀位开度 148.72%。主给水流量 1、2、3 分别显示为 1216.45、1217.3、1217.42t/h。

15 时 39 分 22 秒，1 号机组负荷 350MW，给水泵汽轮机进汽阀总阀位开度 148.72%，给水泵汽轮机转速升至 6057.79r/min，给水流量 2 超量程变坏点。立即手动连续点击关给水泵汽轮机总阀位由 148.72%关至 147.36%，给水泵汽轮机转速由 6057.79r/min 开始下降。54s 后，锅炉给水流量 2 继续超量程变坏点，同时，主给水流量 1 和 3 超量程变坏点，给水流量 3 个信号均为坏点。

15 时 40 分 46 秒，1 号锅炉 MFT 动作机组跳闸，机炉电大联锁动作正常，汽轮机跳闸，发电机解列，厂用电切换正常。MFT 跳闸首出“点火记忆位置，给水流量低Ⅲ”。

查明原因后，8 月 10 日 12 时 36 分，1 号机组并网运行。

（二）事件原因查找与分析

1. 事件原因检查与分析

事件后，热工人员查阅历史参数曲线和运行相关操作记录，发现运行人员在 1 号机组加负荷过程中减温水调整不当，造成给水流量突增，超过给水流量变送器设置量程，导致三个 DCS 给水流量测点变坏点，同时，因保护逻辑设置不合理造成锅炉 MFT 保护动作，机组跳闸。

2. 暴露问题

（1）生产管理基础薄弱，对 DCS 保护配置不熟悉。热控、运行人员均不掌握两个给水流量判断为坏点会触发 MFT 保护动作，反映出电厂运维人员对热工保护逻辑未能认真开展梳理。投产一年来，全厂对热工主保护逻辑仍然存在盲区，各级人员安全生产责任制落实不到位，生产管理存在薄弱环节。

（2）热工控非停工作流于形式，控非停“三个专项治理”措施落实不到位。各级管理人员对隐患排查重视程度不够，排查工作落实不力，对重要保护如给水流量量程设置未认真核对，造成给水流量量程设置不合理长时间未发现。对重要参数设置、自动调节系统、

保护等，以及存在的问题缺乏认真分析、研究，缺少针对性的措施。

（3）培训工作不到位。全厂对重要保护测点如给水流量超量程测点变坏点导致锅炉给水流量低保护 MFT 不清楚，热工逻辑说明、运行规程都未能将保护动作造成后果进行说明，反映出电厂对生产技术管理基础薄弱，未能有计划地开展 DCS 逻辑培训。

（4）运行监盘操作调整不到位。机组夏季高负荷运行期间，对给水泵异常参数变化未及时发现，大幅调整减温水时造成给水泵转速异常升高，给水流量突增，超过给水流量变送器设置量程，为事故发生埋下了隐患。

（三）事件处理与防范

（1）各单位结合本次事件，开展机组各主辅保护排查，排查主要保护测点故障后对机组的影响、测点故障信号是否参与保护，排查主辅保护在部分变坏点、全部变坏点后机组自动调系统的工作情况，是否有后备监视手段。

（2）各单位要结合本次事件对热工测点的量程进行梳理，排查夏季主要参数接近极端情况时，热工测量表计是否存在超限无法正常显示的情况，重新审核修订热工定值清册。

（3）各单位要重新梳理热工主机保护 DCS 逻辑，修编、修订热工逻辑说明、运行规程，制定培训计划，组织人员培训并考试。

（4）各单位要修订完善夏季大负荷期间保证机组安全运行技术措施，明确各设备系统参数限制条件，重点明确汽动（电动）给水泵参数限制条件。

二、给水泵定期切换操作不当导致汽包水位高信号触发 MFT

某电厂 3 号机组为 135MW 直接空冷发电机组，控制系统采用和利时 MACS 652 DCS 控制系统，于 2006 年 6 月投产。

2020 年 1 月 13 日 9 时 00 分，3 号机组负荷 84MW，平均床温 893℃，主蒸汽温度 534.9℃，再热蒸汽温度 536.8℃，主蒸汽压力 9.46MPa，再热蒸汽压力 1.91MPa，主给水流量 304.69t/h，主蒸汽量 319.26t/h，汽包水位 3.67mm，A 给水泵运行，勺管开度 56.65，再循环开度 0，B 给水泵备用，机组运行正常。9 时 27 分 01 秒，机组负荷 84MW，汽包水位高三值保护动作，锅炉 MFT 动作，锅炉跳闸首出“汽包水位高三值”。

（一）事件过程

9 时 09 分，根据定期工作计划，接值长令开始执行 3 号机组给水泵定期切换工作，计划由 A 给水泵切换为 B 给水泵运行。切换前，对 B 给水泵再循环调节阀进行灵活性开关试验，5min 后开关试验正常，将 A 给水泵勺管自动调节解除，再循环调节阀联锁切为手动方式。

9 时 20 分 52 秒，切除 B 给水泵联锁开关，启动 B 给水泵。

9 时 22 分 33 秒，B 给水泵转速 547r/min，B 给水泵勺管缓慢开启。

9 时 24 分 05 秒，操作人员开始关闭 B 给水泵再循环调节阀。

9 时 25 分 32 秒～36 秒，运行人员操作 A 给水泵勺管开度由 58%关至 37.5%，同时，开启 A 给水泵再循环调节阀。

9 时 25 分 53 秒，运行人员操作关 B 给水泵再循环调节阀，指令 18%，阀位反馈仍为 79%，判断为再循环调节阀卡涩，准备将负荷切回 A 给水泵运行。

9 时 26 分 06 秒，汽包水位降至－40.81mm，此时 A 给水泵勺管开度 37.5%。运行人员发现主给水流量下降较快，连续操作增加A给水泵勺管开度，由37.4%开始上升，14s后上升至99.05%，A给水泵再循环调节阀76%，汽包水位−10.23mm。

9时26分44秒，汽包水位24.94mm，事故放水门自动开启。

9时27分01秒，汽包水位高三值（280mm）保护动作，锅炉MFT动作。

（二）事件原因查找与分析

1. 事件原因检查

事件后，查阅DCS中B给水泵再循环调节阀切换前开关试验趋势（如图6-28所示），给水流量等主要参数趋势历史曲线，如图6-29所示。9时20分52秒，启动B给水泵，勺管开度为0%，再循环调节阀开度100%。A给水泵转速3417.25r/min，勺管开度56.49%，运行人员操作再循环调节阀开度至10.33%，流量351.51t/h，主蒸汽量321.34t/h，主给水流量307.56t/h，汽包水位7.74mm。

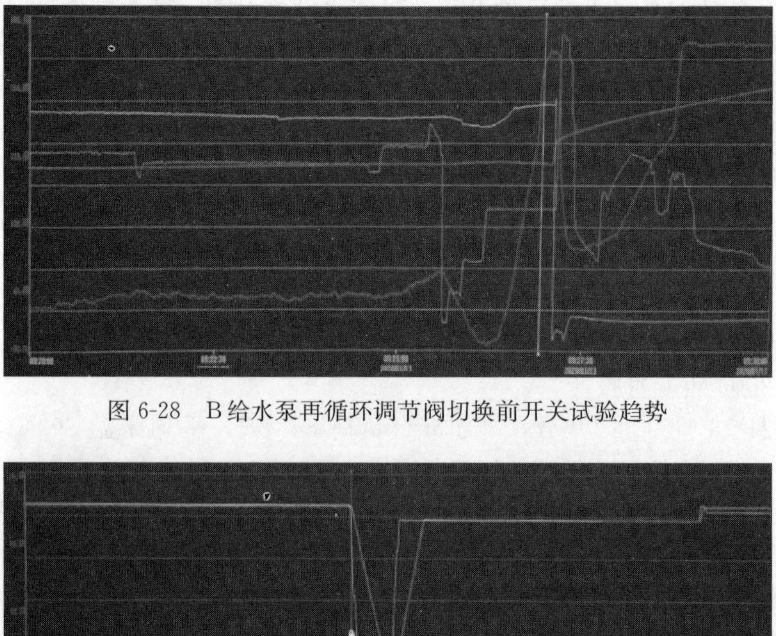

图6-28　B给水泵再循环调节阀切换前开关试验趋势

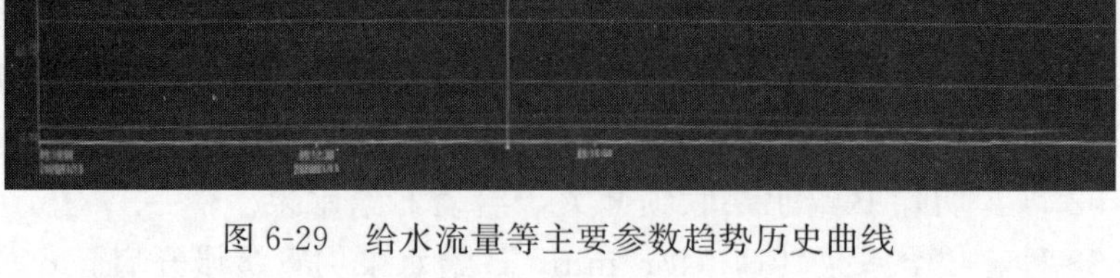

图6-29　给水流量等主要参数趋势历史曲线

9时22分33秒，B给水泵勺管缓慢开启时，出口流量26.6t/h。A给水泵转速3393.44r/min，勺管开度55.73%，流量332.24t/h，主蒸汽量318.53t/h，主给水流量291.64.56t/h，汽包水位20.3mm。

9时24分05秒，操作人员对B给水泵再循环调节阀开始关闭，B给水泵调整趋势，如图6-30所示。指令73%，阀位反馈为79%，B泵转速1625.82r/min，勺管开度为16.5%。A给水泵转速3393.44r/min，勺管开度55.73%，流量331.15t/h，主蒸汽量

341.9t/h，主给水流量285.78t/h，汽包水位18.34mm。

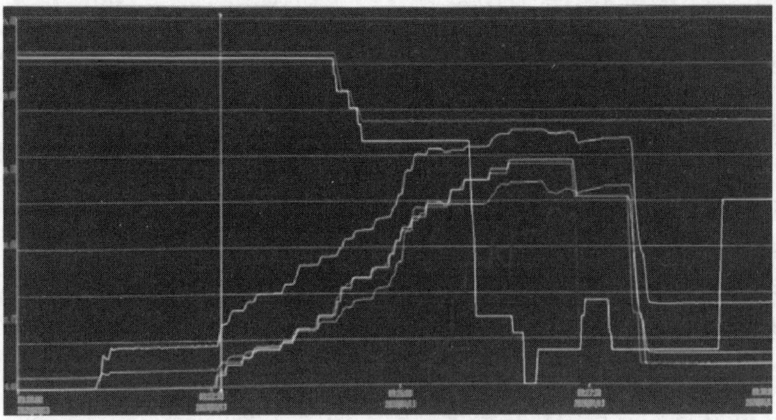

图6-30　B给水泵调整趋势

9时25分32秒～36秒，运行人员关小A给水泵勺管开度，开启A泵再循环调节阀后，转速3476r/min下降到3024r/min，出口流量337t/h降至37.3t/h。B给水泵转速3159r/min，勺管开度为54.05%，流量59.90t/h。主蒸汽量317.04t/h，主给水流量16.44t/h，汽包水位34.46mm。A给水泵调整趋势，如图6-31所示。

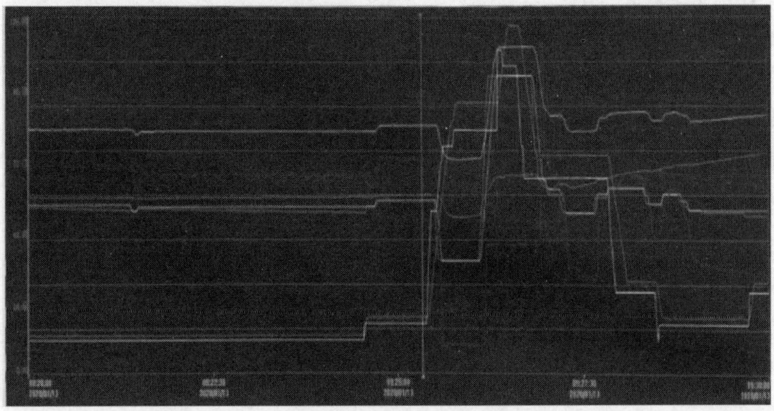

图6-31　A给水泵调整趋势

9时25分53秒，主蒸汽量306.61t/h，主给水流量113.72t/h，汽包水位29.21mm。运行人员操作关B给水泵再循环调节阀至18%，但阀位反馈停留在79%。13s后，汽包水位降到－40.81mm，当给水泵转速3016.1r/min，流量47.06t/h时，A给水泵勺管开度由37.4%开大。

9时26分20秒，A给水泵勺管开度开至99.05%，再循环调节阀76%，主蒸汽量310.19t/h，主给水流量205.68t/h，汽包水位－10.23mm。24s后，汽包水位24.94mm，主蒸汽量330.78t/h，事故放水门自动开启。

9时26分58秒，汽包水位快速升至345.58mm（此时，主蒸汽量333t/h，主给水流量205.78t/h），3s后，汽包水位高三值保护动作。

2. 故障分析

(1) 直接原因。3号机组给水泵切换（由A泵切换至B泵），在A给水泵勺管开度调降过快、B给水泵调出力增加的过程中，运行人员看到B给水泵再循环调节阀未及时关回，汽包水位快速下降时，判断为B给水泵再循环调节阀卡涩，连续调整A给水泵勺管开度至100%，幅度过大，引起汽包水位迅速升高，导致汽包水位高高（280mm）保护动作，锅炉MFT。

(2) 间接原因。3号机组B给水泵再循环调节阀执行机构力矩偏小，导致该阀在带压工况下不能迅速关回（启泵前和停泵后开关试验灵活），导致给水泵定期切换工作未能正常进行。此外，运行操作票内容不完善，对调整速率没有定量明确要求，即操作人员应对分步操作后的实际反馈量确认后，再进行下一步操作。

3. 暴露问题

(1) 运行人员在操作过程中执行管理制度不到位，意识不强。

(2) 各级管理人员安全生产责任落实不到位。安全生产“三基”建设工作开展不扎实，对降非停“三个专项治理”工作分解落实不到位，缺少定期切换工作相关要求，给水泵定期切换操作票、风险预控票不完善，对操作的风险分析不到位。运行人员事故应急能力欠缺，操作随意性强。运行标准化管理与集团要求有较大差距。

(3) 给水泵再循环调节阀执行机构力矩偏小，导致该阀在带压工况下不能迅速关回（启泵前和停泵后开关试验灵活）。

(4) 运行操作监护人员未起到监护作用，监护工作流于形式；运行专工在发生运行异常工况下，未能及时判断异常原因，异常分析和技术指导不到位。

(5) 作业风险分析不全面，运行人员对给水泵切换操作风险辨识不到位，对切换失败产生的后果及影响估计不足。

(6) 生产相关部门对运行标准化管理落实不到位。对公司相关制度、规程、预案措施的学习不深入、不细致，在异常事件的应急处置过程中未能认真分析和精密操作。开展反事故演练的针对性不强、培训不到位。

(7) 对集团公司内部类似事件的学习认识不到位、教训吸取不深刻，隐患排查不到位；未能深刻吸取兄弟单位汽包水位高高保护动作机组跳闸事件的教训，举一反三排查不深入，整改闭环不彻底。

（三）事件处理与防范

(1) 组织全员进行深刻反思，结合两级集团公司安全生产集中整治工作，召开专题会，深刻吸取本次非停事件教训，深挖安全生产思想上和管理中存在的问题。

(2) 进一步宣贯学习和落实各级安全生产责任制，持续开展安全生产“两学一树”“三基”建设工作，从责任落实、制度执行、工作作风、人员培训、现场管理等方面查找管理短板，狠抓规范标准的有效执行落地。深层次挖掘在安全管理中存在的问题，按照“五定”原则进行整改闭环，持续提升降非停管理能力和水平。

(3) 吸取本次非停事件教训，重点开展以下工作。

1) 运行管理人员跟踪监盘操作，重点跟踪中风险及以上操作和定期工作。

2) 组织保护逻辑排查和学习、交底、考试，提高运行人员应对异常情况的分析处理能力。

3）组织修订定期工作标准和定期工作操作票库，补充完善操作票内容，提升运行标准化管理水平。

4）立即安排对给水泵再循环门电动执行机构进行接线检查，并咨询厂家，核对执行机构力矩是否存在调整余量，结合厂家建议与实际，综合考虑制定再循环门解体检查检修计划。

（4）强化运行岗位培训，认真组织开展降非停“三个专项治理”行动；2020年，组织运行全体人员，针对给水泵定期切换、汽包水位异常、主蒸汽参数突变等进行仿真机培训，提高运行人员应对异常工况分析处理能力。

（5）进一步全面梳理完善异常工况处置预案，制定有效防范预控措施，开展应急演练；对机组非正常运行方式的操作调整进行风险辨识和评估，结合机组实际开展风险评级，逐一制定防范措施；完善操作票及风险预控票，对调整速率进行定量明确要求，切实提高风险管控能力。

三、氧量控制调整不当导致锅炉总风量低信号触发MFT

某热电有限责任公司配有两台135MW机组，锅炉型号为SG-420t/13.7-M761，上海锅炉厂有限公司制造的超高压中间再热自然循环锅炉，具有中间夹弄的Ⅱ形布置，全钢结构，双排柱布置。制粉系统是中速磨煤机正压直吹式制粉系统。锅炉配有两台一次风机、两台送风机。锅炉FSSS总风量保护设定为“锅炉负荷50MW以上，锅炉总风量低于30%（130t/h）”时，触发锅炉MFT动作。

（一）事件过程

2020年07月27日，6号锅炉A、B一次风机运行，A、B送风机运行，A、B引风机运行，B、D磨煤机运行，风机自动调节，AGC投入运行。机组负荷70MW，主蒸汽压力9.08MPa，给水流量204t/h。

23时00分00秒，AGC负荷指令在65～72MW波动。

23时23分左右，运行人员解除A、B送风机及一次风机自动，根据送风机风压及锅炉总风量进行手动调整。

23时39分05秒，锅炉因总风量低于30%触发锅炉总风量低MFT保护动作。

07月28日0时38分，机组重新并网。

（二）事件原因查找与分析

1. 事件原因检查

（1）历史数据检查情况。事件后，热工人员查阅参数历史记录曲线，总风量异常历史曲线，如图6-32所示。23时00分，6号锅炉氧量A侧4.31%，B侧5.2%，锅炉总风量201km^3/h，AGC负荷指令在65～72MW波动，且一直延续到机组跳闸。

23时22分41秒，锅炉总风量开始在135～182km^3/h波动。

23时22分41秒，检查二次风B侧风量测点显示为0km^3/h，之后B侧风量测点在0～44km^3/h。

23时23分左右，运行人员解除A、B送风机及一次风机自动进行手动调整，将A送风机转速由505r/min降至430r/min，出口风压0.51kPa；B送风机转速由440r/min降至330r/min，出口风压0.57kPa。此时，A侧一次风量为62t/h，B侧一次风量为50t/h，锅炉总风量为170t/h。

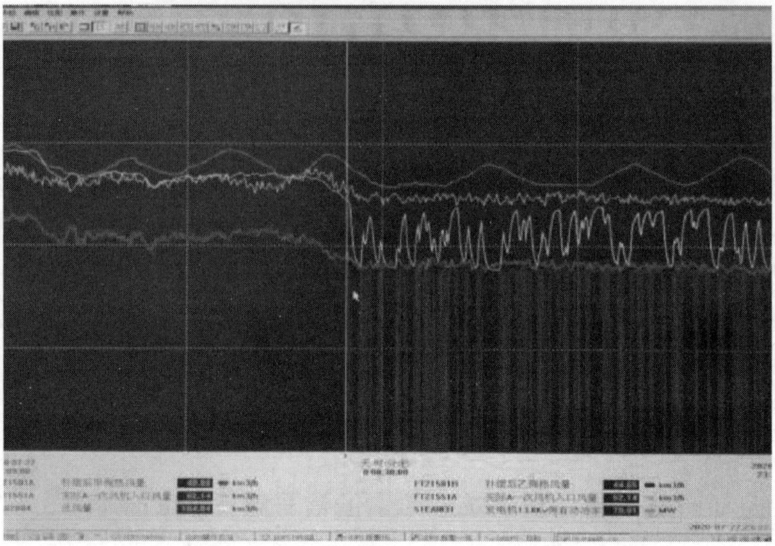

图 6-32　总风量异常历史曲线

23 时 38 分 55 秒，二次风 B 侧风量测点再次显示为 0km^3/h。B 侧二次风量测点异常历史曲线，如图 6-33 所示。

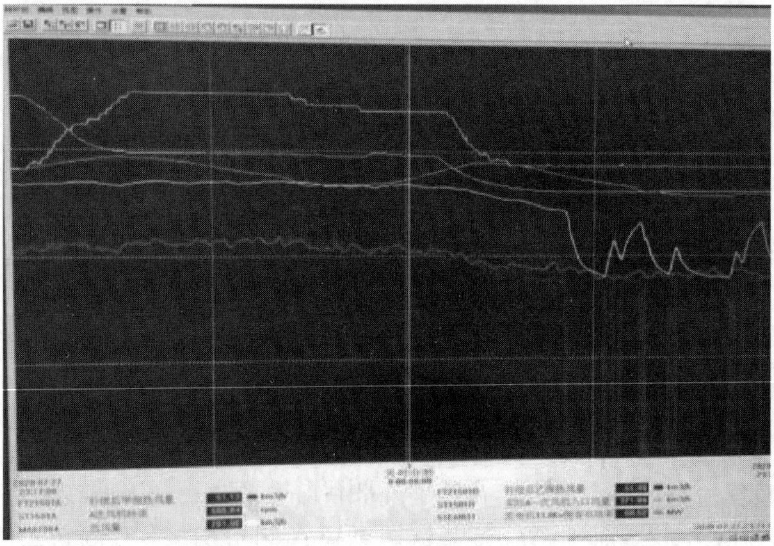

图 6-33　B 侧二次风量测点异常历史曲线

23 时 39 分 02 秒，二次风 A 侧风量测点由 47km^3/h 显示到 0km^3/h，A 侧二次风量测点异常历史曲线，如图 6-34 所示。

23 时 39 分 03 秒，风量低于 30%（130t/h），触发总风量低 MFT 保护动作。

（2）二次风数据异常检查。6 号锅炉补偿后 A、B 侧二次风热风风量是由热风风压（压力源节点）及热风温度两个点计算所得，当热风风量小于 0.01 时，补偿后 A、B 侧热风风量计算值为 0。

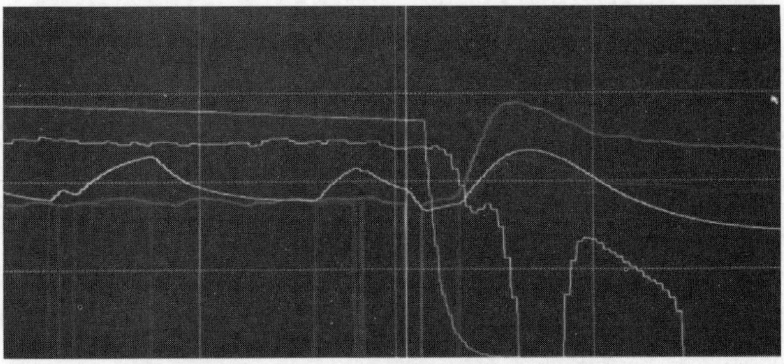

图 6-34 A 侧二次风量测点异常历史曲线

23 时 22 分 41 秒，二次风 B 侧风量测点风压显示为 0.52kPa，热工测量计算 B 侧热风风量（压力源节点）及 B 侧热风温度两个点，显示 B 侧热风风量小于 0.01，补偿后 B 侧热风风量计算值为 0，并在 0.01 上下变化。

23 时 39 分 01 秒，二次风热工测量计算 A 侧热风风量（压力源节点）及 A 侧热风温度两个点，显示 A 侧热风风量小于 0.01，补偿后 A 侧热风风量计算值为 0，此时，A、B 侧二次风量同时到零，引起总风量低于 30%，触发 MFT 动作。

2. 故障分析

（1）直接原因：A、B 二次风量由风压和温度计算得到。机组负荷低时 A、B 侧二次风量波动，运行人员手动调整二次风压时过低，造成经计算得到的 A、B 侧二次风量同时到零，总风量低触发锅炉 MFT 保护。

（2）间接原因：运行人员运行经验不足，操作能力培训不够。

3. 暴露问题

（1）运行人员对总风量变低未给予足够的重视，未及时发现总风量波动，总风量调整偏低。

（2）热工专业未设定各热风风量低报警显示，导致风量异常波动未报警输出。

（三）事件处理与防范

（1）加强运行人员的能力培训，提高设备参数异常的敏感力，及时发现异常测点的能力。

（2）举一反三，对其他机组保护进行检查，确保测点显示正常。

（3）加强设备隐患排查，及时消除影响机组安全运行的隐患。

（4）安排热工人员准备好机组的各项主保护逻辑及注意事项，给发电部讲课。

（5）热工专业对机组各保护涉及的测点增加报警设置，异常时及时提醒运行人员。

四、运行人员未及时发现汽水分离器温度高导致锅炉 MFT

（一）事件过程

2020 年 5 月 20 日 10 时 33 分，2 号机组负荷 330MW，主蒸汽压力 16.88MPa，主蒸汽温度 595℃，再热蒸汽压力 2.79MPa，再热蒸汽温度 594.48℃，A、B、D、F 磨煤机运行，总煤量 154t/h，给水流量 954t/h，AGC 运行方式。AGC 升负荷时，总煤量由 154t/h 上升至 230.4t/h；机组各参数未调整稳定情况下 AGC 指令降负荷，由 430MW 降至 370MW。

过程中，汽水分离器温度升至 470℃，触发 MFT 动作。

（二）事件原因查找与分析

1. 事件原因检查

2 号机组在 AGC 升负荷时，受主蒸汽压力与目标值偏差影响，锅炉给煤量快速升高，由 154t/h 上升至 230.4t/h，造成锅炉热负荷增大；机组各参数未调整稳定情况下，AGC 指令由 430MW 降至 370MW，给水量由 1231.7t/h 降至 1115.36t/h，主蒸汽温度升高至 609℃，过热器减温水量自动由 64t/h 增加至 174t/h。由于过热器减温水取自省煤器出口，造成自动减负荷过程中水冷壁流量低，水冷壁冷却效果降低，汽水分离器温度升温过快，运行人员对参数敏感性不强，调整不及时、不到位，最终汽水分离器温度升至 470℃，触发 MFT 动作。

2. 事件原因分析

（1）直接原因。运行人员技术水平欠缺，对重要参数敏感性不强，当汽水分离器温度异常上升时，手动调整不及时，最终汽水分离器温度升至 470℃，触发 MFT 动作。

（2）间接原因。

1）汽水分离器温度高（470℃）触发锅炉 MFT 为机组主保护之一，但温度达到高报警（455℃）时，仅模拟量数值在 DCS 画面上的显示由黑色变为红色，未设置声光报警，没有引起运行人员重视；另锅炉厂家提供的报警值与动作值接近，在特殊工况下，允许调整的时间过短。

2）运行人员监盘质量不高、责任心不强，未及时发现汽水分离器出口温度升高趋势，并采取有效措施，延误调整时机。

3. 暴露问题

（1）专业技术水平不足。运行人员在 AGC 升负荷时，未考虑升负荷及主蒸汽压力偏差问题，造成水煤比失衡，在降负荷过程中，因主蒸汽温度升高，过热器减温水流量升高，给水流量虽进行了 80t/h 的偏置，但水冷壁实际流量降低，运行人员判断滞后，最终导致汽水分离器出口温度高保护动作，暴露出运行人员技术水平不足、应急处理能力薄弱的问题。

（2）运行管理不到位。发电部未针对防止汽水分离器温度高的问题制定相应的技术措施，且汽水分离器温度高报警未设置声光报警、报警值与动作值过于接近，暴露出运行技术措施不完善，运行管理存在漏洞，运行人员操作风险把控能力不足的问题。

（3）责任心不强，监盘质量不高。运行监盘人员未及时发现汽水分离器出口温度上升的趋势，导致未提前采取控制措施，暴露出运行人员对重要操作的风险点把控不到位。

（4）思想认识水平不足。未充分吸取公司近期及集团公司内非停事件经验教训，降非停行动计划落实仍存在差距，安全生产管理水平有待提高。

（三）事件处理与防范

（1）深刻吸取教训，认真学习集团公司、新疆公司下发的非停报告，举一反三，进一步加强对运行日常危险点分析、事故预想、降非停措施落实工作的动态管理。

（2）立即再次组织学习《中国大唐集团有限公司发电设备设施事故征兆管理指导意见（试行）》（生产〔2020〕16 号），对照《指导意见》中的设备事故征兆内容进行认真排查，对排查出的预警问题组织做好统计、分析，重点问题纳入督办，做到限期治理、定期检查、闭环管理、有效防范。

（3）发电部管理人员组织制定防止汽水分离器出口温度高运行技术措施，并组织学习、落实。

(4) 发电部值际深入开展事故预想工作，各值际接班后对当班计划内的重点工作开展事故预想，提高运行人员的应急处理能力。

(5) 将汽水分离器温度高报警的定值由455℃修改为445℃，同时，发电部全面梳理各主辅机跳闸及涉及主保护参数的声光报警项目，维护部针对缺少项目进行补充完善。

(6) 发电部全面排查运行人员的技术薄弱环节，并组织专项技术培训，结合仿真机培训，提升运行人员技术能力水平。

五、运行人员监盘和应急处置不力导致锅炉MFT

某电厂1号机组为350MW超临界空冷机组，主要辅机单列布置，锅炉采用对冲燃烧，前墙自下而上布置B、C、D层燃烧器，后墙自下而上布置A、E层燃烧器，其中，A、B同层，C、E同层。1号机组自2019年11月8日启动后连续在网运行266天。

(一) 事件过程

2020年7月31日9时10分，1号机组负荷175MW，AGC投入，主蒸汽流量503t/h，给水流量518t/h，主蒸汽压力15.1MPa，主蒸汽温度566℃，再热蒸汽压力1.97MPa，再热蒸汽温562℃，1B、1C、1E磨煤机运行，1D磨煤机备用，1A磨煤机检修，总煤量约77t/h，水煤比6.7。

09时14分，主蒸汽压力14.2MPa，主蒸汽温度564℃，再热蒸汽压力1.84MPa，再热蒸汽温度560℃，总煤量78t/h。09时18分，主蒸汽压力13.8MPa，主蒸汽温度560.6℃，再热蒸汽压力1.72MPa，再热蒸汽温度558℃，总煤量83t/h。

09时20分56秒，运行人员发现1B磨煤机1个火检消失，立即拉弧稳燃失败，1B磨煤机“2/4火检无火”保护动作，1B磨煤机跳闸。

09时21分38秒，1C磨煤机“2/4火检无火”保护动作，1C磨煤机跳闸。

09时21分50秒，1E磨煤机“2/4火检无火”保护动作，1E磨煤机跳闸。与此同时，1号锅炉MFT动作，机组跳闸。MFT首出“全炉膛燃料丧失”。

(二) 事件原因查找与分析

1. 事件原因检查

查看DCS历史数据记录曲线，1B、1C、1E磨煤机火检消失跳闸，如图6-35所示；1B磨煤机扰动曲线，如图6-36所示。

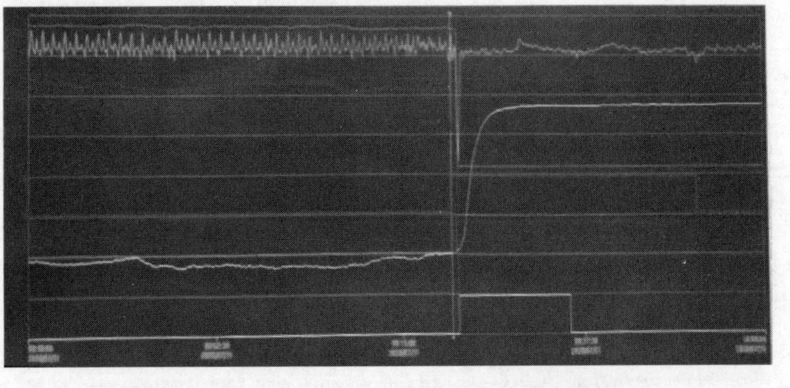

图6-35　1B、1C、1E磨煤机火检消失跳闸

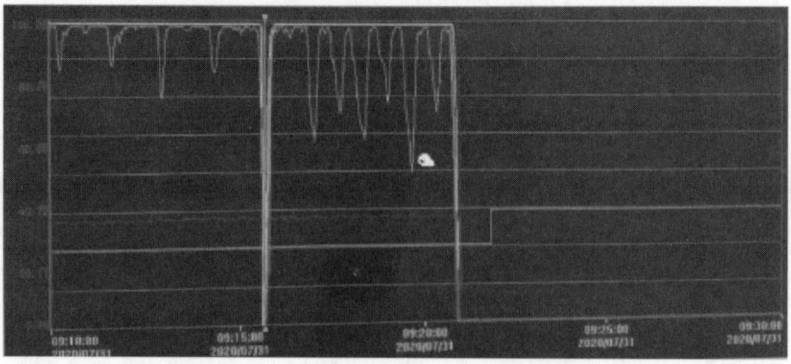

图 6-36　1B 磨煤机扰动曲线

根据参数记录曲线和运行操作及报警记录分析，掺配煤质不均导致 1B 给煤机暗断煤，运行人员未及时发现，并投入等离子稳燃，引起“2/4 火检无火”保护动作跳闸 1B 磨煤机，继而对炉膛燃烧造成扰动，引起 1C、1E 磨煤机“2/4 火检无火”保护相继动作，导致锅炉 MFT。

跳闸后化验 1B 磨煤质，低于最低 3800kcal/kg 要求。煤质分析数据见表 6-2 和表 6-3。

表 6-2　　煤质分析数据（一）

磨煤机	全水分（%）	空干基水分（%）	空干基硫（%）	空干基灰分（%）	挥发分（%）	氢值（%）	弹筒热量（J/g）	高位发热量	低位发热量
	M_t	M_{ad}	S_{tad}	A_{ad}	V_{ad}	H_{ad}	$Q_{b,ad}$	$Q_{net,ar}$	$Q_{net,ar}$
1B 磨煤机（低）	2.40	1.11	2.99	53.52	21.02	3.57	14996	13727	3283
	12.40	1.11	2.99	53.52	21.02	4.00	14996	12006	2871
1C 磨煤机（低）	12.60	2.66	0.74	32.54	25.92	3.57	21112	17921	4286
	12.60	2.66	0.74	32.54	25.92	4.00	21112	17841	4267
1E 磨煤机（高）	1.60	1.36	3.32	39.92	26.18	3.57	19167	18015	4308
	12.60	1.36	3.32	39.92	26.18	4.00	19167	15666	3746

表 6-3　　煤质分析数据（二）

样名	煤量	全水 M_t	水分 M_{ad}	灰分 A_{ad}	挥发分 V_{ad}	硫位 S_{tad}	弹筒发热量（MJ/kg）	氢位 H_{ad}	收到基低位（MJ/kg）	低位发热量（J/g）	热位 C_3V_g
B		24	1.11	53.52	21.02	2.99	14.996	3.57	13.727	13727	3282.68
C		12.6	2.66	32.54	25.92	0.74	21.112	3.57	17.921	17921	4285.62
E		1.5	1.36	39.92	26.18	3.32	19.167	3.57	18.015	18015	4308.24

2. 事件原因分析

（1）直接原因。掺配煤质不均导致 1B 给煤机暗断煤，“2/4 火检无火”保护动作跳闸 1B 磨煤机，引起炉膛燃烧不稳导致锅炉 MFT。

（2）间接原因。1A 磨煤机退备后磨组组合方式受限，下层单台磨煤机运行时，未充分考虑到异常工况对锅炉燃烧稳定性带来的潜在风险，及时将 1B 磨煤机调整为高热值煤种。此外，低负荷时段采用两低一高磨组掺配方式运行，锅炉稳定性相对较差。

3. 暴露问题

（1）1 号机组长期连续稳定运行，运行人员思想有所松懈，监盘质量差，在非停发生前 5min，1B 磨煤机的 1、2、4 号火检闪烁，未及时发现并投入该磨煤机等离子稳燃。

（2）运行人员培训不到位，在非正常工况下，针对薄弱环节事故预想及演练不到位，突发事件应变能力差，对磨煤机暗断煤处理经验欠缺。

（3）1A 磨煤机退备后，未平衡好安全和经济性的关系，及时调整配煤掺烧方式，将 1B 磨煤机调整成高热值煤种。

（4）配煤掺烧管理不到位，入炉煤热值未达到值长上煤要求（值长要求 1B、1C 仓上煤热值为 17.5～19MJ/kg）。

（5）受汽车卸煤沟封闭改造影响，卸煤沟配煤受限。为保证双机供煤安全，提高接卸速度，未严格执行入厂煤在卸煤沟混配要求，煤质不均。

（6）煤场管理不到位，未严格执行三大块定期清理制度要求，致使大块杂物进入输煤皮带。

（7）输煤系统设备维护不到位，碎煤机、滚轴筛磨损严重，未及时治理，不能有效防止大块杂物进入原煤仓。

（三）事件处理与防范

（1）强化运行管理。提高运行人员监盘质量，及时发现异常，并采取有效防范措施。认真反思本次跳机教训，值班人员要充分认识到责任心的重要性，严肃对待运行每步操作，确保机组安全经济运行。

（2）加强运行人员技能培训。通过仿真训练提高运行处理事故能力，通过集中讲课培训提高低负荷稳燃调整操作技术能力。

（3）针对运行方式或设备存在的薄弱环节，当班做好事故预想。

（4）完善低负荷稳燃技术措施，及时优化配煤掺烧方式，非标准运行方式时，优先考虑机组运行安全，根据设备缺陷、煤质情况，对磨煤机组合、分仓上煤做出调整。

（5）燃料专业严把验收质量关，确保煤质掺配均匀、分堆存放，运营部严格按照值长要求上煤，确保煤质符合要求。

（6）严格执行管理制度，各负其责，防止给下一流程造成困难。发生影响掺配工作正常进行情况时，及时采取相应措施。

（7）加强设备管理，确保机组安全稳定运行。对输煤系统存在缺陷进行整治，使各设备可靠运行，减少制粉系统断煤、停运风险。

六、运行人员监盘和处置不及时导致再热蒸汽温度保护动作停机

2020 年 9 月 24 日，某公司两台机组运行，2 号机组负荷 390MW，主蒸汽压力 17.5MPa，给水流量 1179t/h，蒸汽流量 1162t/h，中间点温度 370℃，总煤量 181t/h，水煤比 5.6，主蒸汽温度 556℃，再热蒸汽温度 552℃，2A、2B、2C、2E 制粉系统运行（2A 给煤机手动控制，其余 3 台给煤机投自动），2D 制粉系统退出备用，2F 制粉系统正常备用，机组 CCS、AGC 投入。

（一）事件过程

3时10分20秒，主蒸汽压力18.2MPa，过热蒸汽温度557℃/551℃，再热蒸汽温度557℃/549℃，左侧再热蒸汽减温水调整门开度28%，右侧再热蒸汽减温水调整门开度0%，总煤量190t/h，2号机组AGC指令由394MW上升至401MW。

3时14分44秒，2号机组AGC指令由401MW上升至411MW。

3时15分26秒，2号机组负荷411MW，主蒸汽压力17.4MPa，过热蒸汽温度566℃/545℃，再热蒸汽温度552℃/550℃，总煤量231t/h，运行人员启动2F制粉系统。

3时15分3秒，主蒸汽压力17.4MPa，过热蒸汽温度566℃/545℃，再热蒸汽温度553℃/550℃，总煤量243t/h，运行人员开右侧再热蒸汽减温水调整门至16%。3时17分40秒，再热蒸汽温度562℃/559℃，运行人员开右侧再热蒸汽减温水调整门至100%。

3时21分28秒，主蒸汽压力18.8MPa，过热蒸汽温度569℃/561℃，再热蒸汽温度578℃/564℃，左侧再热蒸汽温度温升率10℃/min，运行人员退出2号机组AGC自动，将总煤量减至193t/h。

3时22分20秒，主蒸汽压力19.1MPa，过热蒸汽温度572℃/565℃，再热蒸汽温度585℃/568℃，左侧再热蒸汽温度温升率17℃/min，手动打跳2F制粉系统。

3时23分16秒，主蒸汽压力19.4MPa，过热蒸汽温度575℃/569℃，再热蒸汽温度592℃/572℃，左侧再热蒸汽温度温升率12℃/min，手动打跳2E制粉系统。

3时24分16秒，再热蒸汽温度591℃/568℃，左侧再热蒸汽温度温升率−7℃/min，运行人员关闭右侧再热蒸汽温度减温水调整门至0%。1分15秒后，运行人员启动2E磨煤机。

3时27分28秒，左侧末级再热器出口蒸汽温度2由594℃下降至544℃，再热蒸汽温度10min下降50℃保护动作，触发汽轮机主保护，汽轮机跳闸，锅炉MFT，发电机-变压器组解列。

3时49分01秒，锅炉吹扫完成。

4时19分40秒，锅炉点火成功。

5时48分44秒，2号机组重新并网运行。

（二）事件原因查找与分析

1. 事件原因检查

事件后，专业人员查看DCS历史曲线记录，其中，加负荷过程中总煤量超调曲线，如图6-37所示。

2F制粉系统启动后，2E磨煤机煤量减小，在入口一次风压不变情况下，磨煤机通风量在3min内由70t/h升高至98t/h，表明2E制粉系统堵磨被吹通，大量隐性煤粉瞬间进入炉内，造成再热蒸汽温度异常升高，上升过程中，值长下令手动打闸2F制粉系统，盘前人员没有意识到问题的严重性，未第一时间执行拍磨操作，导致左侧再热蒸汽温度持续升高，最高至594.3℃。

由于未第一时间打闸2F制粉系统，之后被迫连续打闸两台磨煤机，锅炉燃烧急剧减弱，再热蒸汽温度迅速下降，再热蒸汽温度大幅下降曲线，如图6-38所示。

2. 事件原因分析

（1）直接原因。运行人员操作不当：机组加负荷过程中，2E制粉系统堵磨吹通，运行

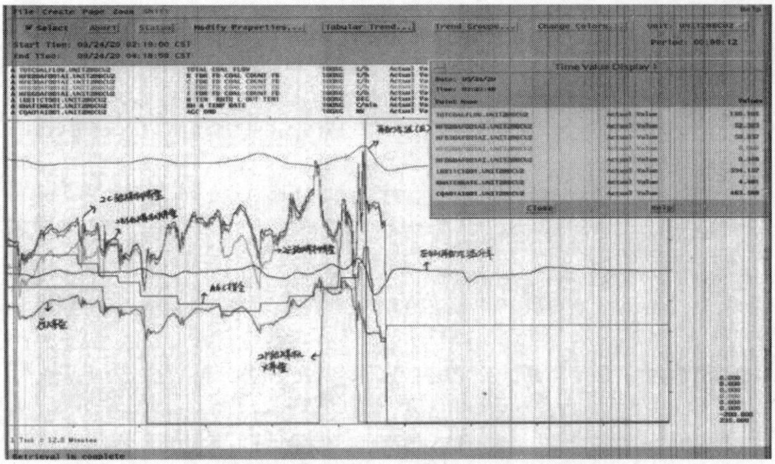

图 6-37　加负荷过程中总煤量超调曲线

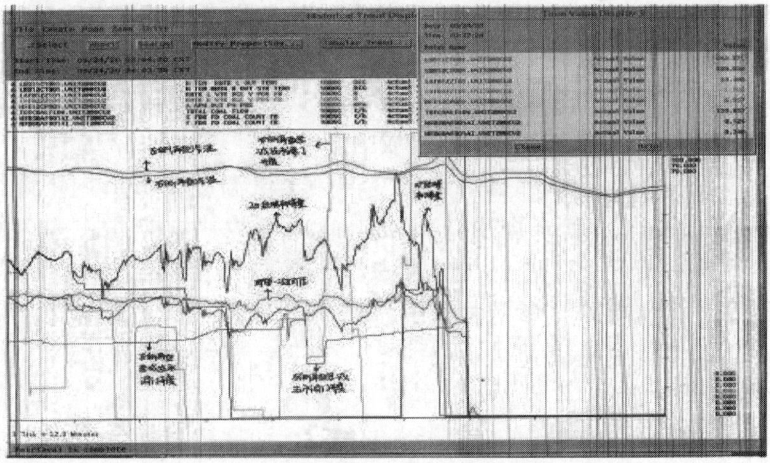

图 6-38　再热蒸汽温度大幅下降曲线

人员操作不当，引起再热蒸汽温度“10min 下降 50℃保护”动作，导致汽轮机跳闸。

（2）间接原因。主、再热蒸汽温度 10min 下降 50℃保护配置测点选择不合理：主、再热蒸汽温度 10min 下降 50℃的保护设置是防止发生汽轮机水击，因此，该保护测点选取炉侧末过出口和末再出口温度不合理。此次事故中当“炉侧左侧再热蒸汽温度 10min 内下降 50℃”条件满足时，汽轮机中联门前再热蒸汽温度由最高 572℃下降至 552℃（降幅 20℃），如图 6-39 所示，汽轮机 TSI 参数稳定。因此，主、再热蒸汽温度 10min 下降 50℃保护温度测点选取位置应优化，以保证机组安全的前提下给运行人员处理异常争取时间。

3. 暴露问题

（1）运行人员运行技能水平不足。在机组加负荷过程中，发现 2B、2C、2E 制粉系统煤量超过 55t/h 后，启动备用磨煤机不及时，导致加负荷过程中各台磨煤机煤量达到 60t/h，对磨煤机参数监视不到位，未发现 2E 磨煤机有堵磨迹象。而当再热蒸汽温度大幅升高时，采取连续打闸两台磨煤机处理后，引起电负荷与锅炉热负荷失调，未考虑到后续造成蒸汽温度大幅下降的后果及应采取的措施，导致再热蒸汽温度降幅失控。

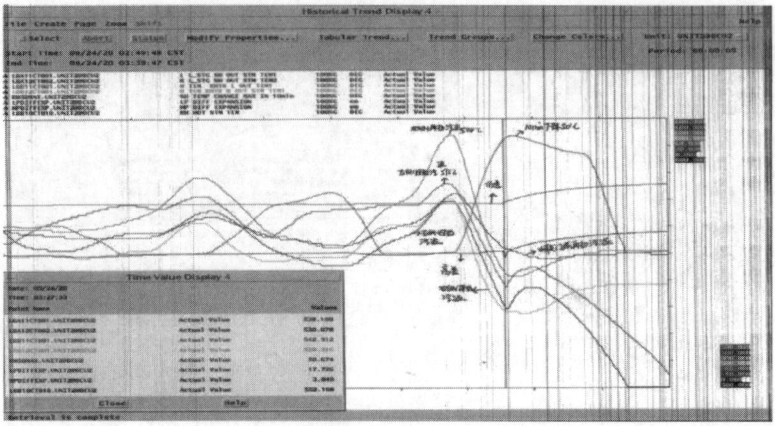

图 6-39　再热蒸汽温度变化曲线

（2）专业技术管理不到位，操作卡内容不具体。制粉系统启停操作卡中对操作细节要求不全面，对磨煤机启停前主、再热蒸汽温度情况没有关注，对风煤比、加载压力等参数没有量化标准，可操作性不强，同时，对现场缺陷不敏感。2 号机组左侧再热蒸汽减温水调节阀开方向卡涩、2E 磨煤机石子煤量大缺陷未引起足够重视，未制定有针对性的技术措施，以指导运行人员防止缺陷、隐患扩大造成的影响。

（3）机组主要保护测点选取不合理。主、再热蒸汽温度 10min 内下降 50℃保护温度测点选取的是炉侧末过出口和末再出口温度，此次事故中，当炉侧左侧再热蒸汽温度 10min 内由 594℃下降至 544℃时，汽轮机中联门前再热蒸汽温度由最高 572℃下降至 552℃，降幅 20℃，汽轮机 TSI 参数稳定。锅炉侧主、再热蒸汽温降不能准确反映汽轮机进汽温降。

（三）事件处理与防范

1. 事件处理

（1）暂时退出“主、再热蒸汽温度 10min 内下降 50℃”主保护，并下发运行技术交底，运行人员发现机侧蒸汽温度 10min 下降 50℃时手动打闸停机。

（2）针对“主、再热蒸汽温度 10min 内下降 50℃”主保护条件，组织召开优化分析专题会，会同东方汽轮机有限公司、电力试验研究院专家商议“主、再热蒸汽温度 10min 内下降 50℃”主保护温度测点改取机侧，评估机侧增加温度测点的可行性。

2. 事件防范

（1）细化培训内容，规范运行操作。开展专项仿真演练，重点对机组加减负荷过程中的蒸汽温度调控、蒸汽温度异常处置、制粉系统启停、制粉系统堵磨、断煤等操作进行专项培训，并进行考试。开展运行规程、系统图、保护定值、操作票等基础培训，每月进行一次针对性考试，巩固人员基础知识、基本技能。

（2）按照“四不放过”原则，组织各运行班组分析、学习本次非停事件，结合自身岗位制定班组、部门防范措施，发电部安全主管负责监督落实。

（3）强化专业技术管理，完善相应技术措施，制定下发“防止主、再热蒸汽超温的技术措施”“防止制粉系统堵磨的技术措施”，明确蒸汽温度调控及制粉系统启停注意要点。开展蒸汽温度异常、制粉系统事故处理专项授课，熟练掌握典型事故处理要点。

(4) 规范运行常规操作，修订完善“制粉系统启停操作卡”内容，增加主蒸汽温度、再热蒸汽温度、加载压力、风煤比等参数，量化参数限值，提高操作卡的可行性，防止人员操作过程不规范而造成机组参数异常变化；增加制粉系统风煤比参数及相应报警，提高运行人员异常分析判断能力。

(5) 加强专业分析管理，认真开展缺陷分析评估。对缺陷、隐患进行分析评估，逐项制定相应的技术措施，提前防控，避免因防控措施不到位，导致不安全事件的发生。

七、冲洗致使控制柜进水误关给水泵进口电动门引发跳机

2020 年 07 月 19 日，某电厂 1 号机组电负荷 230MW，1A、1B、1D、1E 磨煤机运行，总煤量 126t/h，主蒸汽压力 19.21MPa，主蒸汽温度 570℃，再热蒸汽温度 570℃，给水流量 760t/h，四段抽汽压力 0.84MPa。

(一) 事件过程

19 日 23 时 27 分，发电部值班人员发现 1 号机组给水流量骤降。

19 日 23 时 28 分，锅炉 FSSS 系统发“给水流量小于 231t/h”的给水流量低三值保护动作，锅炉 MFT 动作，汽轮机跳闸。

查明事件原因处理后，重新启动 1 号机组。20 日 12 时 03 分，并网运行。

(二) 事件原因查找与分析

1. 事件原因检查

事件后，运行值班员就地检查发现滤网前电动门处于关闭状态。热控人员查看就地柜，阀门关闭指示灯亮，阀门处于全关位。检查控制柜周边冲洗水较多，打开控制柜，发现按钮潮湿有水迹，柜内设备有少量积粉，电缆进线口存在少量水迹。使用万用表检测按钮关节点显示无电压，确认已闭合，从而造成 1 号机组给水流量低三值保护动作。检修人员处理后，打开滤网前电动门，对系统进行全面排查无异常。

针对水迹，专业人员检查发现 7 月 19 日 23 时 00 分，运行五值 6 号皮带输煤值班员启动冲洗水泵，使用 0.5MPa 冲洗水管对皮带间进行清扫工作，值班员 1 由皮带中部往皮带尾部清扫，值班员 2 由中部往头部清扫，23 时 25 分左右，值班员在冲洗皮带北侧地面、窗台、旁边管道和墙面卫生时，造成 1 号机组给水泵前置泵入口第一道滤网前电动门控制柜进水，电动门关触点短路而关闭了电动门。

2. 事件原因分析

(1) 直接原因：6 号皮带输煤系统的值班员冲洗 6 号皮带，造成 1 号机组给水泵入口滤网电动门控制柜进水，关按钮触点接通，关闭了电动门。

(2) 间接原因：①发电部对现场作业方法和风险防控措施不具体，未将输煤运行劳务派遣人员上岗资格管理纳入部门统一管理；②设备部对全厂设备划分出现遗漏、就地环境对设备产生的影响考虑不周、隐患排查治理整改闭环不到位等问题；③单辅机专项隐患排查小组，对前置泵入口第一道滤网前电动门操作就地控制柜防水措施与存在的风险未辨识。

3. 暴露问题

(1) 7 月 3 日，发电部下发“进一步做好输煤皮带卫生清扫工作的通知”，要求输煤区域管道、墙面、房顶等进行冲洗，未明确电气设备、控制箱严禁冲洗的要求，在下发通知

前没有组织排查冲洗可能存在的风险。各级管理人员在例行检查时，未发现输煤巡检人员冲洗皮带间的不规范行为和该控制柜存在进水的风险。

（2）2019年1月，设备部对全厂设备进行重新划分，下发《公司生产设备分工管理标准》，没有对此阀门就地控制柜进行责任分工，造成1号机组给水泵前置泵入口第一道滤网前电动门控制柜日常设备维护未开展、定期清扫未执行、日常设备管理成为盲区。

（3）发电部未对输煤运行劳务派遣人员进行上岗资格考试。造成本次事件的值班员于2月27日入厂后，进行厂部、部门、班组三级教育培训和跟班学习3个月后，部门和班组未进行上岗考试，6月底因人员调动，开始独立接岗担任皮带巡检员，安全技能不能满足现场工作需要，对控制柜进水带来的风险认识不清。

（4）1号机组给水泵前置泵入口第一道滤网前电动截止门就地控制柜安装位置不科学，临近6号皮带间北侧窗台，在冲洗窗台、墙面和临近管道时，冲洗水极易进入控制柜。

（5）给水泵前置泵入口第一道滤网和其前电动截止门、电动旁路门为调试期间加装设备，在DCS画面无开关状态显示，不利于日常监控。

（6）风险管控意识不强。5月份，厂部针对降非停工作成立单辅机专项隐患排查小组，排查出前置泵入口第一道滤网前电动门存在单点保护。因正常运行中该阀门无操作，热控专业制定了退出保护的措施，但对控制柜设置在6号皮带的操作按钮在柜面，存在人员误开关的风险未正确辨识，没有制定相应的防护措施。

（三）事件处理与防范

（1）该电动门运行期间没有需要关闭的工况，为防止电动门误动，临时采取切除该电动门电源的措施。

（2）利用停机检修期间对给水泵入口管道系统进行优化改造。

（3）对全厂电气、热控盘柜防尘、防爆、防潮措施进行排查整改，对无法立刻整改的制定防范措施。

（4）持续深入开展针对全厂单辅机设备的隐患排查工作，完善设备定期管理标准，明确定期工作项目、周期及责任人。

（5）加强技术培训，提高专业管理人员对设备深层次隐患问题的发现能力。

（6）组织细化各岗位设备责任清单，真正做到设备到人、责任到人，实现设备管理无盲区、无死角。

八、给水管路切换异常导致汽包水位高保护动作

2020年5月7日9时39分，9号机组启机过程中，机组负荷118MW，主蒸汽温度512℃，再热蒸汽温度504℃，主蒸汽压力10.58MPa，再热蒸汽压力1.29MPa，汽包水位43mm，主给水流量348t/h，主给水压力14.73MPa，B汽动给水泵带负荷运行，A汽动给水泵旋转备用，电动给水泵停运备用，B汽动给水泵出口流量386t/h，B汽动给水泵转速4496r/min。

（一）事件过程

9时39分26秒，9号机组负荷118MW，准备进行主给水切换。切换前，给水大旁路调节阀开度为95%，9号机组长投入B汽动给水泵转速自动和大旁路调节阀自动，发出“管路切换”操作指令后（采取自动方式），发现给水流量、汽包水位、B汽动给水泵转

速异常上升，主给水电动门在自动开启过程中，给水大旁路调节阀未在程控自动状态下关小。

9 时 41 分 11 秒，汽包水位上升至 170mm，立刻将给水大旁路调节阀切至手动位置，手动减小给水大旁路调节阀开度至零，发现给水大旁路调节阀关闭后汽包水位仍然有持续上升趋势，立刻关闭给水大旁路前电动门，将 B 给水泵汽轮机切至手动位置，减小 B 给水泵汽轮机转速，同时关闭主给水电动门。

9 时 41 分 33 秒，汽包水位升至 250mm，触发锅炉 MFT 动作，锅炉灭火。

9 时 41 分 43 秒，汽包水位升至 300mm，触发汽包水位高三值保护动作，汽轮机跳闸。

13 时 56 分，机组参数合格重新冲转；14 时 22 分，9 号机组并网成功；15 时 22 分，机组负荷 120MW 手动由给水大旁路切换至主给水正常；16 时 30 分，机组负荷 160MW，恢复正常运行方式。

（二）事件原因查找与分析

1. 事件原因检查

事件后查阅，机组跳机过程中部分参数趋势，如图 6-40 所示，9 时 41 分 11 秒的后续操作，虽将 B 给水泵汽轮机切至手动位置，减小 B 给水泵汽轮机转速，同时关闭主给水电动门，但因为主给水电动门行程长（约 4min），还未开到位，无法关闭。

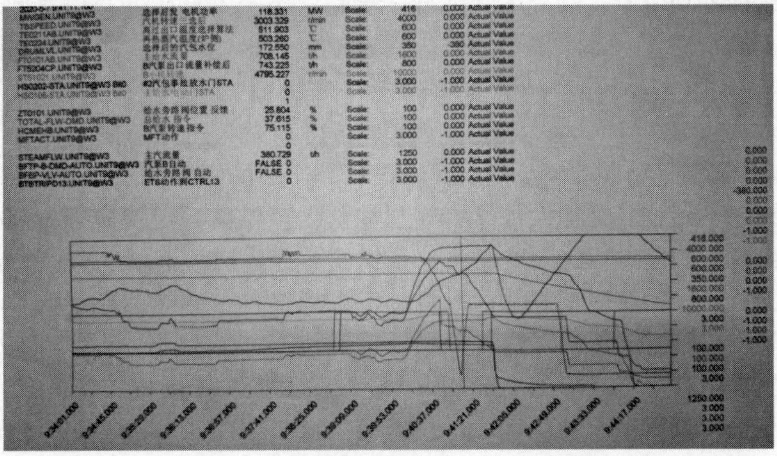

图 6-40　机组跳机过程中部分参数趋势

检查给水控制逻辑：当所有给水泵处在手动状态下，给水指令由电动给水泵或汽动给水泵的手动输入指令来控制；当有一台给水泵投入自动后，此时如果给水旁路阀不在自动状态下，由于启动过程中，汽包水位为单冲量控制，此时，给水指令由汽包水位偏差来进行控制；当有一台给水泵投入自动后，如果给水旁路阀在自动状态下，给水指令则自动转为给水差压控制，由给水泵出口压力和汽包压力的差值与其设定值的偏差进行控制，设定值由运行人员进行设定；在启动过程中，水位主要由旁路阀开度进行控制，进一步检查分析逻辑，可看到：

（1）主给水“管路切换”逻辑中，没有差压高闭锁操作的限定，给水压力与汽包压力的差压值不论高低均允许自动切换。

（2）主给水大旁路调节阀投自动，B给水泵汽轮机转速投自动情况下，使用程控自动切换给水管路，汽动给水泵转速调节不跟踪汽包水位调节，只跟踪给水压力与汽包压力差压调节。

由（2）逻辑可知，汽包水位在上升至高水位情况下，B汽动给水泵转速依据给水差压加大出力。根据DCS曲线记录，期间B给水泵汽轮机转速异常变动由4496r/min升至4817r/min，主给水流量由375t/h增加至745t/h，导致汽包水位升至250mm时触发锅炉MFT动作。升至300mm时发生机组跳闸。

另切换给水旁路时，给水压力与汽包压力压差高（约5MPa），主给水电动门开启和B汽动给水泵转速同时增加造成给水流量大幅急剧升高，现场查看差压高的原因为给水大旁路二次电动门未开到位（DCS盘显示全开状态），为保证给水流量从而给水泵汽轮机转速自动提高，给水压力不断增大。

2. 事件原因分析

（1）直接原因：主给水"管路切换"发生异常后，运行人员手动干预不及时，采取措施不力，造成汽包水位300mm而导致汽轮机跳闸。

（2）间接原因：主给水"管路切换"逻辑不完善，给水大旁路二次电动门未开到位导致给水压力与汽包压力差压高。

3. 暴露问题

（1）运行培训不到位。运行人员对机组异常处理经验不足，各岗位之间的协调、配合不默契，运行人员对汽包水位监视不到位，未采取有效措施，导致汽包水位迅速升高，保护动作跳机。

（2）主给水"管路切换"时，B汽动给水泵转速和大旁路调节阀动作逻辑为跟踪差压（给水母管和汽包压力差）自动调节，逻辑中没有差压高闭锁操作限定，需要优化。

（3）事故预想不到位。在切换主给水等这种重大操作前一定要做好事故预想，针对操作过程中可能出现的问题进行必要的讨论，根据设备的运行状态做好事故预想。

（4）运行人员对控制逻辑不熟悉，风险分析不到位，未考虑到自动调节动作对汽包水位的影响，对切换主给水操作的风险辨识和管控不到位。

（5）检修质量不高，试运再鉴定把关不严，检修后遗留下给水二次门行程不到位缺陷，试运再鉴定过程也没有发现此问题，运行人员在主给水切换前对给水差压偏高这一异常也未重视，导致异常事件发生。

（三）事件处理与防范

1. 事件处理

完善优化逻辑保护，咨询集团电力试验研究所，优化主给水切换逻辑，提高自动调节可靠性，增加主给水调节闭锁功能。

2. 事件防范

（1）强化技术培训。发电部针对机组启动重大操作，利用仿真机培训每季度对集控人员逐一进行轮训，使集控每位运行人员都能熟悉主要操作流程及风险管控措施。设备管理用两个月的时间，由专业人员针对主要自动调节系统和保护系统，对运行人员讲解逻辑，分析调节原理、保护和联锁条件。

（2）加强设备检修质量及试运再鉴定把关。加强设备检修质量管理，细化再鉴定验收表，确认就地与DCS实际位置一一对应，阀门开关时间正常，运行人员加强参数分析判断，及时发现异常情况。

（3）制定典型异常处理预案措施。异常处理预案措施包括值长在异常情况下的统一协调指挥，异常处理过程中的分工、协调、配合，异常处理要点，重点监控参数、系统等，并定期进行演练。

（4）加强整改。举一反三，结合“春季查回头看”专项行动，组织全体生产部门人员吸取此次非停教训，重点抓好现场作业监护不力、技术培训不到位、问题整改不闭环等管理问题的整改，进一步提高风险防控能力。

九、磨煤机漏粉引燃电缆烧损导致汽包水位信号触发 MFT

2020年6月17日，3号机组正常运行，晚班接班3号机组协调方式，A、D磨煤机及汽动给水泵运行，参数正常。

（一）事件过程

因A磨煤机电机前轴承温度高，检修要求停运A磨煤机，以紧固地脚螺栓。

18时11分，启动B磨煤机，停止A磨煤机运行。

19时03分，A磨煤机检修工作完成，启动A磨煤机运行。

19时20分，停运B磨煤机。

20时00分，AGC加负荷，再次启动B磨煤机运行，巡操就地检查发现隔声罩上方漏粉大，汇报监盘主操，主操即安排巡操对C磨煤机进行启动前检查，准备倒换磨煤机运行。

20时25分，启动C磨煤机，约2min后巡检人员现场发现3号锅炉B磨煤机隔声罩上及附近构架位置等处冒烟，立即汇报监盘主操进行检查处理，监盘人员立刻投入B磨煤机惰化蒸汽。此时，3号机组负荷252MW，主蒸汽压力12.49MPa，汽包水位−7mm。

20时28分17秒，3号机组跳闸，ETS首出“炉跳机”，MFT首出“汽包水位高”，运行人员按规程进行停机处理，并断开锅炉0m相关设备电源。

为彻底检查该磨煤机及附近区域电缆桥架、附属风粉管道、支吊架等，于18日09时55分向电网公司汇报申请3号机组转检修。

（二）事件原因查找与分析

1. 事件原因检查

事件后调阅参数，B磨煤机停磨约10s后，磨煤机容量风压短时间由停磨时的6.9kPa急剧上升至最高14.7kPa，随后骤降至约2.8kPa，因磨煤机已停运，监盘人员未发现参数异常。

现场检查，3号锅炉B磨煤机驱动端、非驱动端出粉管防爆门冲开，如图6-41所示；汽包水位信号电缆（四根）及相邻控制电缆受损，如图6-42所示。

2. 汽包水位保护动作分析

3号机组共有A、B、C、D四个汽包水位测点，分布于汽包两侧，汽包水位保护采用B、C、D三个水位测点信号进行高低值判断，定值205mm或−280mm，由高低保护信号进行三取二逻辑判断，同时，对三个水位测点进行品质检测：当有一个测点品质坏时，将该点退出逻辑判断，自动转为二取一的判断方式；当有两个测点品质坏时，两个测点退出

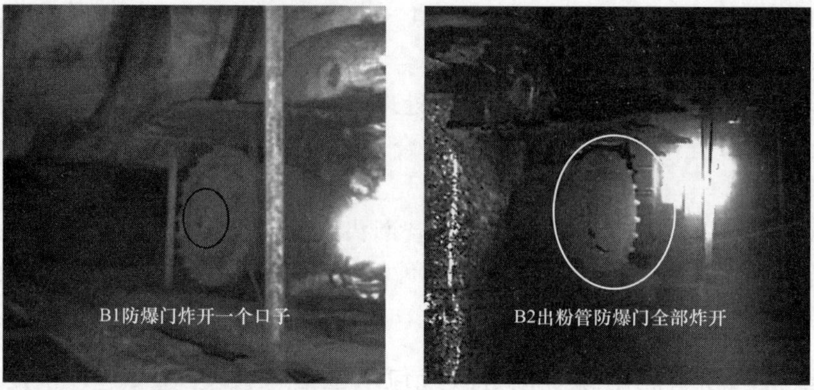

图 6-41　B 磨煤机驱动端、非驱动端出粉管防爆门冲开

图 6-42　汽包水位信号电缆（四根）及相邻控制电缆受损

逻辑判断，自动转为一取一的判断方式。

6 月 17 日 20 时～21 时，汽包水位 C、B、D、A 点先后发生异常突变，C、B 两点水位先后于 20 时 27 分 53 秒、20 时 28 分 10 秒超过保护定值，汽包水位高三值保护动作跳机。水位保护动作参数曲线，如图 6-43 所示。之后，D、A 汽包水位测点也分别于 20 时 32 分 57 秒、20 时 40 分 35 秒发生异常突变。

测量四个汽包水位测点电缆，线间全部短路，变送器测量回路无电流电压。检查历史数据曲线，C、B、D 汽包水位测点品质检测未出现坏质量，因此，保护未将因电缆损坏变化异常的测点退出逻辑判断，导致汽包水位保护动作。

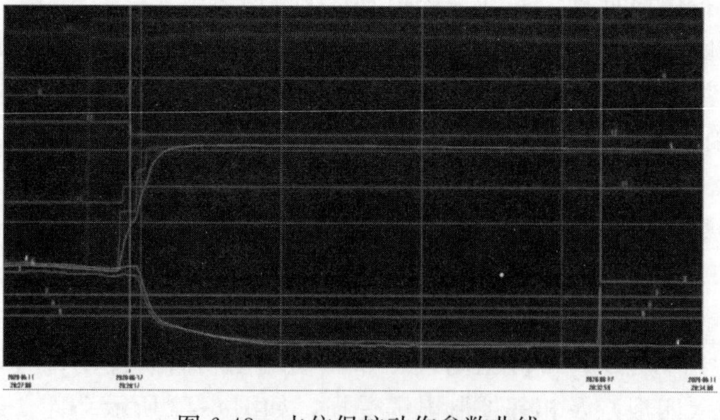

图 6-43　水位保护动作参数曲线

进一步检查分析，汽包水位测点品质检测未检测出坏质量的原因是汽包水位的计算逻辑中，页间引用功能块未设置品质传递，导致品质检测传递中断，DCS 专用测点品质检测模块不能检测出测点坏质量。页间引用模块品质传递设置为不传递。热工人员将页间引用功能块设置成品质传递，即检测到坏质量。页间引用功能块设置成品质传递，即检测到坏

质量。

查阅参数发现，3 号锅炉 B 磨煤机 19 时 20 分停运后，磨煤机容量风压有突增现象，综合之后磨煤机启动漏粉大的现象，判断此时磨煤机内发生了爆燃，导致出粉管防爆门损坏。

20 时 05 分，启动磨煤机后，磨煤机大量漏粉，并扩散至隔声罩、构架、桥架等处，被阴燃的煤粉引燃。

3. 原因分析

（1）直接原因。3 号锅炉 B 磨煤机停运时发生爆燃，防爆门冲开，再次启动时煤粉外漏并自燃，导致在附近的汽包水位信号电缆损坏，汽包水位高三值保护动作跳机。

（2）间接原因。

1）配煤掺烧不当，挥发分过高。根据掺烧组提供的 3 号锅炉配煤掺烧方式，B 磨煤机上中硫高挥煤低位发热量 26572kJ/kg，干燥无灰基挥发分 38.86%。事后在 3 号锅炉 B1、B2 原煤仓取样分析，干燥无灰基挥发分分别为 37.51%、38.28%。

2）燃用高挥煤措施执行不到位。3 号锅炉 B 磨煤机停运过程中未严格执行燃用高挥煤措施，导致磨煤机停运后发生爆燃，防爆门冲开。

4. 暴露问题

（1）管理问题。

1）生产系统对降非停工作重要性认识不到位、管理不严格，没有深入吸取集团公司和系统内同类事故教训，降非停管理、技术措施执行不到位。

2）防止制粉系统爆炸风险意识不足。公司虽成立了配煤掺烧组织机构，制定了《关于燃用高挥煤的重点管理要求与技术措施》，但分管配煤掺烧的公司领导没有组织对燃用高挥煤带来的安全风险进行深入专题研究，没有组织对新煤种进行试烧、摸清规律、确定针对性的掺烧方案；现掺烧方案中没有对上仓原煤及燃料采购提出挥发分上限要求；对制度、措施执行情况监督、检查不足，制度、措施落实不到位。

3）燃用高挥煤措施执行不到位。接班会上班长没有通报各原煤仓的煤种详细情况，仅在班组群内下发了配煤掺烧单，也没有附文字说明。配煤掺烧方式为晚班开始 B2 高挥煤更换为高硫煤，但因煤仓原有存煤，实际需要到早班才有可能烧到高硫煤，而运行人员误判为原来上的高挥煤已变更为低挥发分的高硫煤。此外，燃用高挥煤的磨煤机停运后没有对参数进行监视，未能发现磨煤机停运后发生爆燃，并进行针对性的检查和处理。

4）燃用高挥煤措施执行监督不到位。发电部对值长、班长在接班会上通报上煤情况的工作监督不到位。管理人员没有对上高挥煤的磨煤机风速、风温等参数进行检查、抽查。

5）培训管理不到位。3 号锅炉 B 磨煤机启动后漏粉大，主操没有立即停止运行，而是采取倒换磨煤机运行的方式，为事态扩大留下隐患，运行人员异常处理能力有待提高。

6）隐患排查治理留有空挡。虽根据集团公司要求组织开展了电缆防火隐患排查，并进行了整治，防止了事态扩大，但仍存在“没看到、没想到”，制粉系统区域电缆仍存在隐患。此外，热工管理提升工作期间，开展了多次热控系统隐患排查，未能发现汽包水位保护测点品质检测没有设置品质传递，品质检测失去作用。

（2）技术问题。

1）配煤掺烧方案不细致。未针对开机时段制定对应的管理要求与技术措施，未全面考虑开机时因制粉系统低出力、长时间运行带来的燃爆风险。

2）燃用高挥煤措施执行不严格。

① 为追求开机节油，未遵循一台磨煤机不同时上 2 个仓高挥煤的原则，导致制粉系统燃爆风险增大。

② B 给煤机下煤不好，对应侧风粉管温度无法维持，未执行管理措施中“上高挥发分煤的给煤机禁止采用单进双出方式运行，给煤机不下煤应及时捅煤。如果确需单台给煤机运行，必须单进单出，严格按照要求控制粉管温度”要求。

③ B 磨煤机 19 时 20 分停运，未执行停磨抽粉、投惰化蒸汽等相关措施。

3）汽包水位保护逻辑页间引用模块没有设置品质传递，导致品质检测传递中断，未能检测出测点品质为坏质量，存在主要保护误动隐患。

（三）事件处理与防范

（1）完善配煤掺烧方案，设置入炉煤挥发分上限值。

1）立即调整运行的 4 号机组配煤掺烧方式，只保留 A1 原煤仓为高挥煤，控制高挥煤的掺烧比率小于等于 20%。

2）严格控制干燥无灰基挥发分超过 35%的单一煤种调运量，停止采购靖东物流（陕）矿点的燃煤。

（2）防范措施。

1）进一步提高对降非停工作重要性的认识。定期组织学习集团公司非停周报，开展对照检查和问题整改，严格落实降非停管理、技术措施。

2）提高防止制粉系统爆炸风险认识。组织专题会议，吸取本次非停事件教训，深入研究燃用高挥煤安全风险，制定、完善配煤掺烧安全约束条件。

3）完善、细化燃用高挥煤运行管理要求，确保制度可执行、措施能落地。

① 补充运行控制及管理措施，增加开机时段对应管理要求与技术措施，增加磨煤机逢停必清理漏粉的要求。

② 燃用高挥煤磨煤机的启停操作，由值长或班长监护。

③ 燃用高挥煤磨煤机停运后，仍应加强对重要参数的监视，启动后有明显漏粉的必须紧急停运，并落实防爆措施。

④ 管理人员每天对燃用高挥煤的运行控制措施执行情况进行检查，对值班人员进行现场抽考、落实责任。

4）组织运行人员学习本次非停事件通报，吸取事件教训，组织燃用高挥煤防止制粉系统爆炸的制度、措施学习，提高安全意识和操作水平。

5）强化燃用高挥煤防止制粉系统爆炸相关制度、措施管理，严格执行考核要求，严肃制度执行刚性。

6）继续深入开展电缆防火隐患排查治理。制定电缆防火隐患排查治理专项方案，重点检查制粉系统区域电缆防火措施执行情况。

7）继续深入开展热工管理提升工作。针对水位保护品质检测回路问题，由于故障较为隐蔽，且同类型隐患在其他地方存在的可能性较高，为预防同类异常发生，要对所有测点的品质检测回路进行排查，回路所有功能块应设置成品质传递。

十、取样操作不当导致凝汽器真空低信号触发 ETS 动作

2020 年 10 月 23 日，某电厂 1 号机组按省调要求并网；15 时 05 分，负荷 84MW，B、

C制粉系统运行，总煤量60t/h，主给水流量406t/h，集水箱A启动疏水泵变频运行；主蒸汽压力12.98MPa，主蒸汽温度446℃，再热蒸汽压力1.58MPa，再热蒸汽温度426℃，1A真空泵运行，1B循环水泵运行，机组原背压10.6kPa突然升至21.3kPa，汽轮机跳闸。

（一）事件过程

10月23日，按照省调要求1号机组14时00分并网。14时47分，机组负荷升至81MW，储水箱液位3.36m（HWL阀开度A侧21%，B侧0%），集水箱液位0.21m，集水箱A启动疏水泵变频运行，频率18Hz，手动将启动疏水泵出口至凝汽器调节阀关至41%，调整集水箱液位。14时49分，机组负荷87MW，锅炉进行转态工作（湿态转干态）。

14时56分，机组背压由10.6kPa快速上涨，就地检查并关闭机侧所有有压疏水至凝汽器气动门，背压上升趋势未见明显变化。

14时59分，启动1B真空泵；15时03分，启动高效真空泵和1A循环水泵。

15时05分，1号机组背压升至21.3kPa，汽轮机跳闸，发电机解列、锅炉MFT，ETS首出“凝汽器真空低”。

（二）事件原因查找与分析

1. 事件原因检查

1号机组跳闸后，查看DCS历史记录曲线，凝汽器背压变化趋势，如图6-44所示；锅炉启动疏水系统，如图6-45所示。

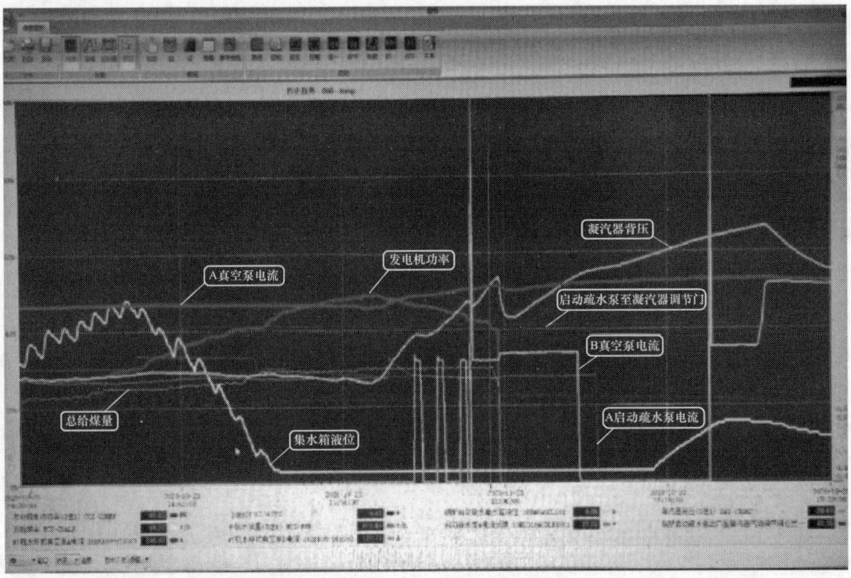

图6-44 凝汽器背压变化趋势

检查真空系统参数，发现在机组正常升负荷过程中，锅炉集水箱液位降低导致凝汽器真空低。立即停运锅炉集水箱A启动疏水泵，并关闭启动疏水泵出口至凝汽器电动门，凝汽器背压逐步恢复正常。

检查锅炉集水箱液位计，其为具有远传功能的磁翻板液位计，集水箱启动疏水泵及启动疏水泵出口至凝汽器调节阀均接受该液位信号控制。水位计取样时，因液位失真，失去了对集水箱真实液位的监视且不能投入正常的自动控制，为防止启动疏水泵及启动疏水泵

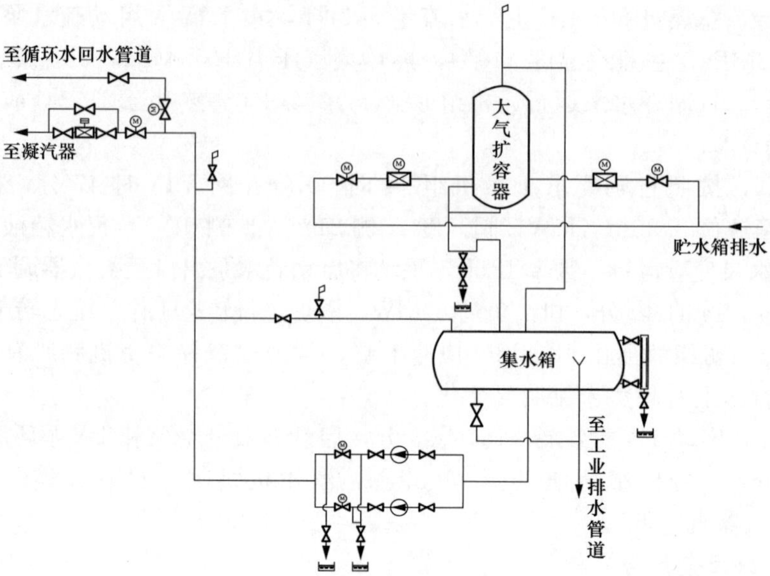

图 6-45　锅炉启动疏水系统

出口至凝汽器调节阀的异常动作，运行人员在 DCS 上对锅炉集水箱 A 启动疏水泵置“禁操”，疏水泵出口至凝汽器调节阀选择“手动”调节。

2. 事件原因分析

（1）直接原因。1 号机组凝汽器真空低保护动作导致汽轮机跳闸，发电机解列。

（2）间接原因。机组启动过程中，锅炉炉水取样系统无水样，采用锅炉集水箱液位计放水门进行取样、化验，取样过程中造成锅炉集水箱液位计显示异常，失去了对集水箱真实液位的监视且不能投入正常的自动控制。

3. 暴露问题

（1）运行人员技能水平欠缺，人员培训不扎实。

1）在机组启动过程中危险点预控分析不到位，运行人员对重要参数监控不到位。

2）人员事故处理能力不足，异常原因分析不清楚，未能及时发现背压升高的根本原因，错失了最佳处理时间，造成事故的扩大。

3）仿真机事故演练针对性差，深度不足，重结果、轻过程，未能真正起到练兵作用。

（2）技术管理缺乏敏感性、超前预控能力不强。

1）设备缺陷管理不到位，炉水取样管发生堵塞后处理不及时、不彻底。

2）技术管理人员对炉水取样的重要性、疏水箱水位的重要性认识不够，思想上没有引起足够的重视，对疏水箱水位计排污门取样引发的安全风险未引起高度警觉，未能有效制定防范措施，暴露出技术管理不够深入，发现问题的敏感性不足，分析问题、解决问题的能力亟待提高，技术管理缺乏深度。

（3）运行作业管理不到位、风险控制能力不足。

1）机组启动过程中，对现场发生的异常问题处置指挥不当，运行操作不规范，针对重要、重大操作及作业环节未进行风险分析，风险控制能力不足。

2）水位计采样结束后，未及时恢复水位监视、控制。

3）运行设备置“禁操”后，未加强设备监视、调整，安全意识薄弱。

（三）事件处理与防范

（1）规范运行人员操作，完善异常情况时在DCS挂“禁操”的管理规定，无特殊情况严禁实施挂“禁操”操作。特殊情况下，应通过相关专业主管许可，并做好风险控制措施和记录。

（2）规范汽水取样操作，全面梳理汽水系统取样点问题及缺陷，及时进行消缺处理，提高设备可靠性。

（3）开展启停机专题培训、安全风险性较大运行操作专题培训、非停专题培训，对公司投产以来发生的异常事件、系统内外非停全面梳理，并制定培训计划；开展重要辅机故障、重要参数扰动大处理专项仿真演练，提高运行人员实际操作和异常分析、事故处理能力，确保安全稳定运行。

（4）优化启动疏水系统保护逻辑，增加启动疏水泵出口压力低报警及联锁；优化锅炉启动疏水泵变频、泵出口调整门及锅炉疏水箱水位控制逻辑。对联锁逻辑全面梳理，并邀请系统内专家对全厂主辅机保护逻辑隐患开展全面排查。

（5）结合自身岗位，从思想、管理、技术根源上剖析发生事故的原因，各专业、班组对机组及设备启停操作中、运行中、切换中、专业及系统衔接处有可能导致异常、故障、非停的安全隐患进行全面排查，建立台账，并制定防控措施。

十一、运行人员误停空气预热器电源导致机组跳闸

2020年6月23日，1号机组正常运行，2号机组调停备用、2A、2B空气预热器主辅电机处于停运状态。8时50分，1号机组有功负荷396.44MW，总风量1477.38t/h，总煤量161.02t/h，主蒸汽调节阀总指令71.21%，给水流量986.83t/h，主蒸汽压力19.5MPa，再热蒸汽压力2.78MPa，主蒸汽温度582℃，再热蒸汽温度597℃；A、B引风机运行，A、B送风机运行，A、B一次风机运行，C、D、E、F磨煤机运行，A、B空气预热器辅电机运行，A、B空气预热器主电机停运，A、B空气预热器主辅电机联锁投入。

（一）事件过程

08时30分，电检部联系运行办理电气第二种工作票，清扫检查2号锅炉A、B空气预热器主辅电机控制柜和变频器。

08时43分，2号机组单元长打印好隔离票，交运行当班操作人员，安排执行隔离票上的安全措施。

08时52分，当班操作人员来到1、2号机组保安段配电间执行安全措施。

08时54分13秒～08时54分28秒，1号锅炉A、B空气预热器运行辅电机相继失电停运，主电机因失电无法联锁启动。

08时54分36秒，两台引风机跳闸（首出“空气预热器全停延迟5s”），触发FSSS主保护条件，锅炉MFT，首出“两台引风机全停”。

检查各保护联锁动作正常，汽轮机跳闸，发电机-变压器组开关跳闸，厂用电切换正常，检查各辅助系统运行正常，按机组跳闸处理，汇报省调值班员。确认操作人员走错间隔，误将1号机组A、B空气预热器主辅电机停电，检查1号机组主辅设备无异常，进行1号机组恢复工作。

10时30分，1号锅炉吹扫完成，锅炉重新点火成功。

13时10分，蒸汽参数合格，汽轮机冲转。13时25分时汽轮机满速。

13时49分，1号机组并网，逐步恢复1号机组正常运行。

（二）事件原因查找与分析

1. 事件原因检查

事件后，专业人员检查1号锅炉A空气预热器主电机电源接至400V保安1A段10BMA08G间隔，辅电机电源接至400V保安1B段10BMB08F间隔，1号锅炉B空气预热器主电机电源接至400V保安1B段10BMB08G间隔，辅电机电源接至400V保安1A段10BMA08F间隔。就地控制电源取自各变频器柜内隔离变压器。检查1号机组跳闸过程中DCS空气预热器相关信号变化情况（空气预热器停电后发出主变压器频柜故障信号至DCS）。

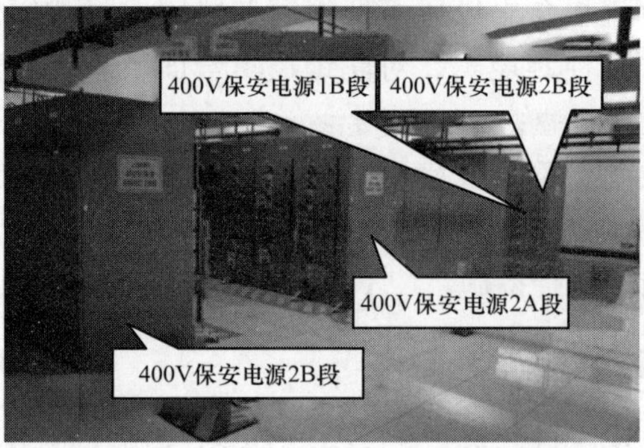

图6-46　保安段配电间电源位置

08时52分，当班操作人员来到1、2号机组保安段配电间执行安措（保安段配电间电源位置，如图6-46所示）“断开2号锅炉A空气预热器主辅电机电源抽屉开关，并将电源抽屉开关抽至检修位置”，“断开2号锅炉B空气预热器主辅电机电源抽屉开关，并将电源抽屉开关抽至检修位置”时，误将1号机组A、B空气预热器主辅电机停电。

08时53分38秒，空气预热器A主变压器频柜故障信号来，此时，空气预热器A主电机处于停运状态，DCS触发空气预热器A主电机停运指令。

08时53分58秒，空气预热器B主变压器频柜故障信号来，此时，空气预热器B主电机处于停运状态，DCS触发空气预热器B主电机停运指令。

08时54分13秒，空气预热器B辅变频柜故障信号来，此时，空气预热器B辅电机运行状态，电流8.74A，触发联锁跳闸逻辑，发出空气预热器B辅电机分闸指令，空气预热器B辅电机停运。

08时54分28秒，空气预热器A辅变频柜故障信号触发，此时，空气预热器A辅电机处于运行状态，电流9.33A，触发联锁跳闸逻辑，发出空气预热器A辅电机分闸指令，空气预热器A辅电机停运。

检查A、B辅电机跳闸后DCS发出联锁启动A、B空气预热器主电机信号正常，因A、B空气预热器的主电机失电、联锁失败。

08时54分36秒，引风机跳闸条件“空气预热器全停延迟5s”满足，两台引风机跳闸，锅炉MFT。

2. 事件原因分析

（1）直接原因。运行当值操作人员在2号机组调停消缺相关设备停电操作执行工作票安措过程中，错误断开1号机组A、B空气预热器电源，造成2台空气预热器全停，触发2台引风机跳闸，导致锅炉MFT动作。

（2）间接原因。发电部技术管理、培训管理、安全管理方面有缺失，运行操作人员安全意识薄弱，电气操作不规范，操作时的核对工作执行不到位，运行操作风险预控分析、交底监护工作不到位。

3. 暴露问题

（1）运行值班员安全风险意识差，未养成良好的工作习惯，操作前没有认真核对开关编号、名称，导致走错间隔，误停电。

（2）运行操作400V电气开关停送电未严格执行该发电公司《操作票管理实施细则》3.2.9条规定“拉合断路器（开关）的单一操作”，应执行监护制度的要求。

（3）2号机组单元长对操作人员操作风险交底不到位。

（4）发电部运行管理工作不到位，造成年轻员工对现场操作风险、后果未充分认识，风险辨识能力较差。对2号机组调停安排设备消缺，部门管理人员未充分考虑检修工作对运行机组带来的风险，对检修设备和1号机组运行设备的隔离未做详细的安排、布置。

（三）事件处理与防范

（1）整理公司及系统内运行误操作事件，组织全体运行人员学习，吸取教训。

（2）组织学习电气安全工作规程、《操作票管理实施细则》等相关制度，操作中仔细核对设备名称、编号和位置，严格执行操作监护制度，形成良好的操作习惯。

（3）加强操作风险预控、规范运行操作风险交底工作。

（4）加强年轻员工的培训，提高技能水平及风险辨识能力，提高人员责任心。部门管理人员提高风险意识，安排工作时，同步考虑安全风险和控制措施。针对1、2号机组保安段、220V直流母线、保护室等重要区域，停运机组和运行机组设备要设置明显的隔离标识。

十二、运行人员进行电气倒闸时误操作导致MFT动作跳闸

某热电2020～2022年的1、2号机组除灰、脱硫系统日常运行维护工作，通过招标选定由某公司负责。该公司成立有灰硫运维项目部组织机构，设有灰硫运行经理、运行专工各1名，灰硫运行人员共40人，分为四班三倒，纳入了热电厂生产管理体系，与主机运行同步交接班，服从当班值长调度，由热电厂发电运行部对口管理。

2020年4月5日16时10分，灰硫运行人员在进行电气倒闸操作过程中，误断开脱硫PC1段至1号烟气MCC段进线电源A1开关，造成1号烟气MCC段失电，引起运行浆液循环水泵全部跳闸，1号机组脱硫FGD故障保护动作，导致1号锅炉MFT动作跳闸。

（一）事件过程

16时00分，1号机组运行正常，负荷155MW；脱硫系统运行正常，1号吸收塔3台浆液搅拌器A、B、C全部运行，5台浆液循环水泵中1C、1D、1E运行，1A、1B备用；脱硫PC1段带1号烟气MCC段、2号烟气MCC段运行。同时，2号机组处于C级检修中，脱硫PC2段检修工作结束，运行人员准备进行2号烟气MCC段母线电源倒换操作。当时运行交接班时间到，灰硫运行专工考虑到重大操作的工作连续性，仍安排由白班灰硫运行人员继续完成本次操作。因白班班长A某忙于填写运行交接记录、专工B某在就地监督操作，均疏忽了安排人员对脱硫DCS运行人员C某监护。

16时09分，灰硫运行专工A某告知灰硫值班员D某（监护人）“将2号烟气MCC由脱硫PC1段带倒至脱硫PC2段带，恢复正常运行方式”，灰硫值班员D某通过对讲机联系

灰硫控制室白班运行人员“将 2 号烟气 MCC 由脱硫 PC1 段带倒至脱硫 PC2 段带”。期间，白班运行人员多次通过对讲机重复告知 C 某执行该操作，C 某在灰硫控制室通过对讲机询问“是否是小开关”，D 某在就地通过对讲机回复 C 某“断开脱硫 PC1 段至 2 号烟气 MCC 段进线方形开关”。

16 时 10 分，灰硫控制室白班运行人员 C 某在脱硫 DCS 画面进行“将 2 号烟气 MCC 由脱硫 PC1 段带倒至脱硫 PC2 段带”操作。

16 时 10 分，E 某等人就地发现 1 号烟气 MCC 失电，立即告知值班员 D 某通过对讲机联系 C 某合上刚断开的脱硫 PC1 段至 1 号烟气 MCC 段进线电源开关。

16 时 10 分，1 号脱硫浆液循环水泵入口门全部失电，入口门开状态信号消失，1C、1D、1E 浆液循环水泵全部跳闸，锅炉 MFT 保护动作。

（二）事件原因查找与分析

1. 事件原因检查

（1）检查事件发生前的原脱硫 FGD 故障停机信号逻辑：涉及脱硫装置的设备安全问题，满足下面任意一条，需要停主机（以 1 号 FGD 为例，2 号 FGD 与此相同）。

1）五台循环水泵（1A、B、C、D、E 吸收塔循环水泵）同时停运（停止反馈）延时 5s。

2）1 号 FGD 入口原烟气温度（三取二）大于 180℃（单点坏质量或速率高于 5℃时切除）延时 30s。

当出现以上任一情况时，触发 FGD 故障信号 1、2、3，三取二 MFT 跳闸。

（2）检查事件发生前的原吸收塔循环水泵保护跳闸条件。

1）吸收塔循环水泵液位保护投入且吸收塔液位（三取二）小于 L1 液位（4m）延时 5s。

2）吸收塔循环水泵运行且吸收塔循环水泵入口阀门不在开位置。

3）吸收塔循环水泵任一轴承温度（二取一）大于 90℃（坏质量剔除）延时 5s。

4）吸收塔循环水泵任一电机轴承温度（二取一）大于 90℃（坏质量剔除）延时 5s。

5）吸收塔循环水泵电机绕组温度（单相二取一且三相三取二）大于 130℃（坏质量剔除）延时 5s。

6）吸收塔循环水泵减速机油泵不在运行位置且延时 10min。

（3）现场检查。事件后查看，PC1 段至 1、2 号烟气 MCC 段断路器画面，如图 6-47 所示；MCC 段断路器操作窗口，如图 6-48 所示。

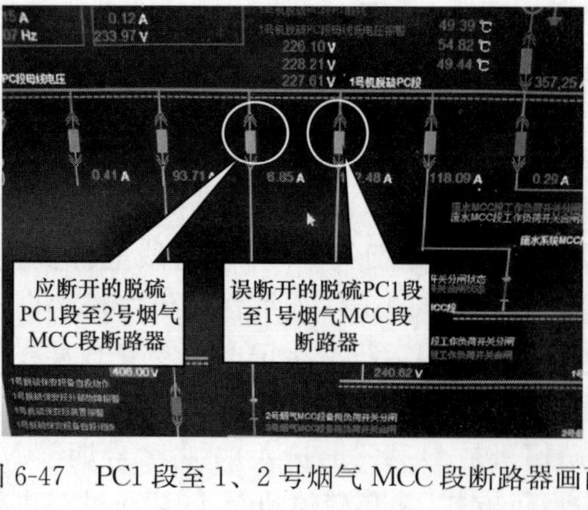

图 6-47　PC1 段至 1、2 号烟气 MCC 段断路器画面

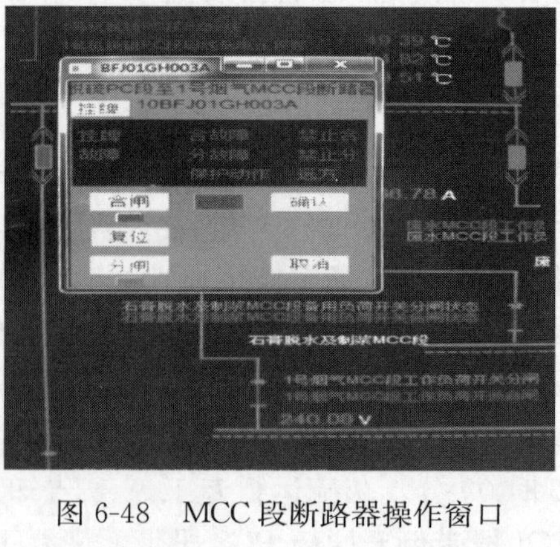

图 6-48　MCC 段断路器操作窗口

根据事件过程，检查确认16时10分，灰硫控制室白班运行人员C在脱硫DCS画面进行“将2号烟气MCC由脱硫PC1段带倒至脱硫PC2段带”操作时，误将脱硫PC1段至1号烟气MCC段的断路器分闸，造成1号脱硫浆液循环水泵入口门全部失电，1C、1D、1E浆液循环水泵全部跳闸，导致锅炉MFT保护动作。

2. 事件原因分析

（1）直接原因。

1）灰硫运行当值操作人在DCS上错误断开脱硫PC1段至1号烟气MCC段进线电源开关，造成1号烟气MCC段母线失电，1号机组脱硫浆液循环水泵入口门全部失电，开状态信号消失，联锁跳闸1号机组1C、1D、1E浆液循环水泵，触发脱硫FGD故障，导致锅炉MFT动作。

2）灰硫运行当值监护人未对操作人的操作尽到监护职责，未执行唱票、复诵程序，造成本次误操作导致非停事件发生。

（2）间接原因。

1）运行人员未严格执行操作票管理制度，违章指挥，将本应在集控室进行操作监护的监护人叫到了脱硫废水MCC配电间，导致操作人在操作过程中失去监护。

2）运行当值班长作为当班运行负责人，未对操作人、监护人的工作状态及时掌握，未对灰硫运行专工的违章指挥提出质疑，也未在监护人离开后及时安排其他人员对操作人的操作过程进行监护，间接导致本次非停事件发生。

3）浆液循环水泵保护跳闸条件设置不合理，浆液循环水泵运行且入口阀门不在开位置，不等于阀门处在关位置，无延时跳闸浆液循环水泵的逻辑有待改进。

4）浆液循环水泵全停延时5s FGD故障停机的逻辑设置不合理，没有留给运行人员足够的事故处理抢救恢复时间，在浆液循环水泵保护误动的情况下可能造成影响扩大化，导致整个机组跳闸。

5）灰硫集控室脱硫DCS画面上的断路器（开关）名称命名不规范，无开关编号，易造成操作人员误操作。

（3）管理原因。

1）运维项目部运行培训工作不到位，运行人员业务素质不高，安全技能、业务技能匮乏，不能正确辨识DCS画面上的设备。

2）运维项目部安全管理工作不到位，运行人员未严格执行操作票管理制度，操作票监护制度执行流于形式；管理人员违章指挥，使电气倒闸操作失去监护。

3）运维项目部运行管理工作不到位，运行人员未严格执行运行交接班管理制度，违反交接班前后30min内不得进行重大操作的规定，交接班期间进行了重大电气倒闸操作。

4）发电运行部对外委单位的等同化管理工作不到位，在对灰硫运行的技术管理、培训管理、安全管理方面有缺失，监管力度不够。尽管发电运行部电气主管和运行值班人员到达了脱硫废水MCC配电间现场，但未对灰硫运行人员的操作过程进行有效监督和指导，未发现操作人操作过程中监护人不在岗位失去监护。

5）生产技术部技术管理工作不到位，在2台机组投运后，未对脱硫系统涉及主机跳闸的保护进行认真梳理。

3. 暴露问题

（1）本次事件为运行人员误操作造成的人因事件，可控。

（2）本次事件从管理角度看，如果严格执行操作票管理制度、运行交接班制度，本次事件可能避免，可控。

（3）本次事件从技术角度看，如果浆液循环水泵保护跳闸条件和脱硫FGD故障停机信号逻辑设置合理，本次事件可能避免，可控但不易控。

（4）外委单位灰硫运行人员违反操作票管理制度，在执行电气操作时，管理人员违章指挥，监护人离开岗位，操作人失去监护。

（5）外委单位灰硫运行人员未严格执行公司运行交接班管理制度，交接班期间进行重大电气倒闸操作。

（6）外委单位灰硫运行人员虽有电工操作证，但实际安全技能、业务技能欠缺，不能正确辨识DCS画面上的电气设备，不胜任岗位需求。

（7）浆液循环水泵保护跳闸条件设置不合理，浆液循环水泵全停延时5s FGD故障停机的信号逻辑设置不合理。

（8）灰硫集控室DCS画面上的断路器（开关）名称命名不规范，无开关编号。

（9）发电运行部对外委单位的等同化管理工作不到位，对外委单位灰硫运行的技术管理、培训管理、安全管理方面有缺失。

（三）事件处理与防范

（1）安环部、生技部、发电部加强对生产现场两票尤其是操作票执行情况的监督、考核力度，对外委单位实行有效的等同化管理。

（2）公司范围各运行班组（包含外委单位）严格执行公司交接班管理制度，发电部、生技部、安环部加强检查、监督、考核。

（3）电厂要求4月7日下午全厂范围停工半天（除保证运行机组的正常消缺外），生产各部门、各班组（包括各运维单位）全员参加强化学习《防止电力生产事故的二十五项重点要求（2023版）》（国能发安全〔2023〕22号）中防止电气误操作事故部分、公司“操作票管理制度”“工作票管理制度”及“4月5日1号机组非停事件报告单”初稿。

（4）约谈外委单位企业法人，针对运维项目部人员现状、管理问题提出严重警告，要求其从人员入厂资质、管理人员配置、现有人员技能培训、安全培训方面对运维项目部进行全面整顿，制定专项培训提升计划，并对此次事件责任人进行考核，电厂安环部、生技部、发电部监督其整改方案实际执行。

（5）由生技部组织对脱硫浆液循环水泵保护跳闸条件和FGD故障停机信号逻辑进行讨论优化，全面排查其他系统涉及主机保护逻辑的设置合理性。

（6）由生技部负责对灰硫集控室DCS电气画面进行优化，规范断路器（开关）名称，增加开关编号设置，发电部对相应操作票中的开关名称、编号进行更新。

十三、运行人员误操作导致全部火焰信号失去触发MFT

2020年2月12日，某电厂2号机组负荷330MW，总风量1245t/h，氧量4.15%，磨煤机容量风换算燃料量174.7t/h，A、B引风机运行，A、B送风机运行，A、B一次风机运行，B、C、E、F磨煤机运行，A磨煤机检修，D磨煤机备用，机组AGC、CCS、一次调频投入。

（一）事件过程

14时52分，检修部热控工作负责人办理工作票，对2号锅炉左、右侧二次风流量测点吹扫检查。要求安全措施如下。

（1）解除 2 号锅炉炉膛总风量低低保护。

（2）强制 2 号锅炉左侧二次风总流量三选模块出口为当前值。

（3）强制 2 号锅炉右侧二次风总流量三选模块出口为当前值。

（4）退出 2 号锅炉 A、B 送风机自动。

（5）退出 2 号机组 CCS 控制方式。

16 时 00 分，运行交接班。05 分时，热控 A 某联系值长“2 号锅炉左、右侧二次风量测点吹扫检查工作已完成”，值长回复“先观察运行无异常后再恢复保护”。

16 时 45 分 42 秒，启动 D 磨煤机，准备按负荷曲线（17 时 00 分～17 时 15 分逐渐升至 380MW）升负荷。

16 时 45 分 57 秒，缓慢开启 2D 磨煤机两侧容量风门（至 16 时 58 分 42 秒，2D 磨煤机两侧容量风门均开至 25%）。

16 时 47 分 10 秒，副值 B 某向单元长 C 某申请投入 2 号锅炉送风机自动及 CCS，C 某汇报值长。

16 时 47 分 20 秒，观察 2 号锅炉左、右侧二次风总风量测点无异常，值长汇报公司领导同意恢复 2 号锅炉总风量低低 MFT 保护。

16 时 48 分 52 秒，值长下令单元长 C 某投入送风机自动。

16 时 52 分，副值 B 某发现工业电视画面闪烁，汇报单元长 C 某，同时将送风偏置由 －50 减至 －70；16 时 55 分～16 时 57 分，送风偏置由 －70 减至 －160。

16 时 53 分，热控 A 某在 ERP 上提交 2 号锅炉左、右侧二次风流量测点吹扫检查联锁保护恢复联系单；3min 后，值长 D 某批准。

16 时 56 分 29 秒，F4 煤火检开始频繁闪烁。

16 时 58 分，投入 E2、B3 油枪运行。

16 时 58 分 49 秒，将 A、B 送风机解至手动，手动将 A、B 送风机动叶由 81%、76% 关至 79%、74%。

16 时 59 分 01 秒～16 时 59 分 04 秒 897 毫秒，F、C、E、B、D 磨煤机跳闸，首出“磨煤机失去火焰”。

16 时 59 分 05 秒 303 毫秒，炉膛负压降至 －1745Pa，2 号机组跳闸，锅炉跳闸首出“失去全部火焰”。

（二）事件原因查找与分析

1. 事件原因检查与分析

事件后查阅，参数 DCS 历史曲线记录，如图 6-49 所示。

16 时 53 分 21 秒～16 时 58 分 17 秒，氧量由 4.5%升至 5.78%，磨煤机容量风换算燃料量由 178t/h 升至 194.6t/h，A、B 送风机动叶自动开大，电流由 85A 升至 133A，总风量由 1280t/h 升至 1596t/h，A、B 引风机给水泵汽轮机转速由 3253r/min 升至 3922r/min，A、B 引风机给水泵汽轮机调节阀开度由 39.9%升至 79%。

16 时 58 分 57 秒氧量升至 5.76%，总风量升至 1689t/h，A、B 引风机给水泵汽轮机转速升至 3956r/min，炉膛负压降至 －298Pa 持续快速下降。

2. 事件原因分析

（1）主要原因。在总风量测点强制未恢复、总风量低低 MFT 保护未投入的情况下，

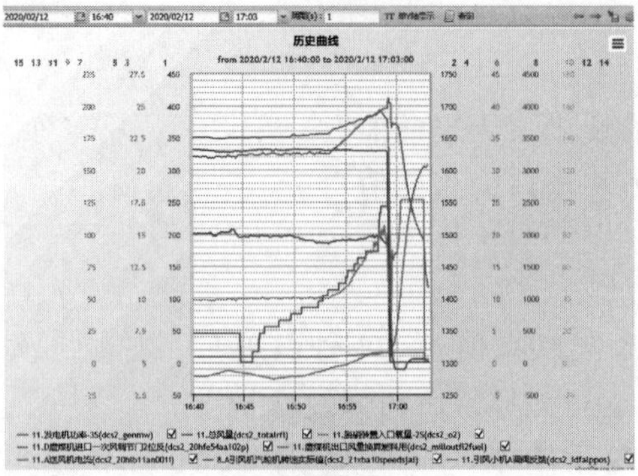

(a) 历史曲线1

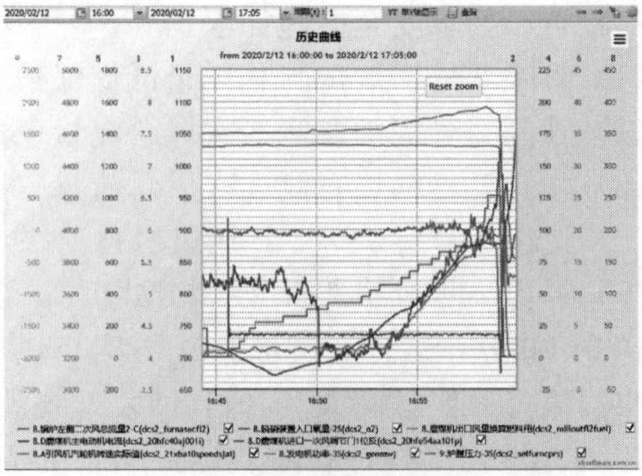

(b) 历史曲线2

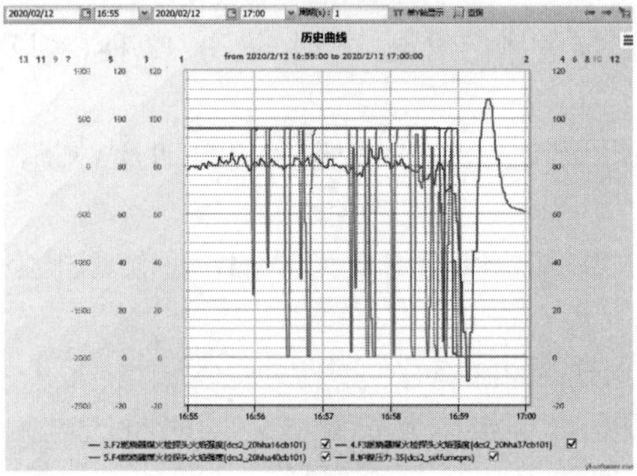

(c) 历史曲线3

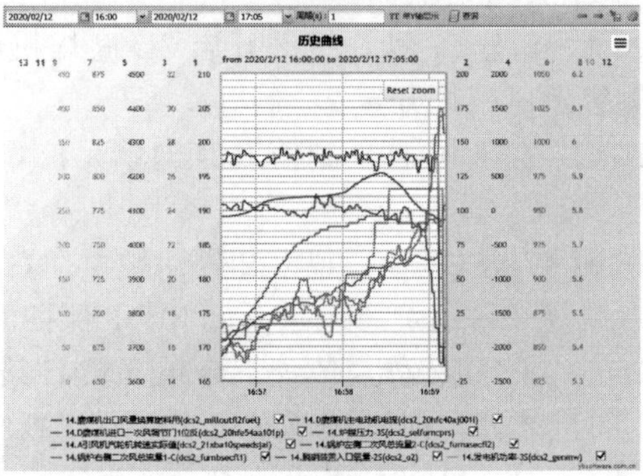

(d) 历史曲线4

图 6-49　参数 DCS 历史曲线记录

运行人员误投入送风机自动，发现异常后也未及时准确采取有效调整措施，导致送风机动叶持续开大，由于机组负荷较低，将炉膛火焰吹灭，5 台磨煤机同时跳闸，“失去全部火焰”保护动作导致锅炉 MFT。

（2）次要原因。交接班制执行不到位，接班人员（从值长到副值）对“2 号锅炉左、右侧二次风流量测点吹扫检查”工作票的安全措施不清楚，未针对此项工作存在的安全风险进行提前预控。

3. 暴露问题

（1）在总风量测点强制未恢复、总风量低低 MFT 保护未投入的情况下，错误投入送风机自动。

（2）交接班不到位，未对重要工作开展风险分析和预控。

（三）事件处理与防范

（1）参照公司“保护、联锁和报警系统投退管理制度”修订公司相关制度，采用保护投退操作卡规范保护投退操作。

（2）加强交接班管理，交接记录中必须纳入重要保护、自动退出等设备状态和重要检修工作进展情况，接班负责人组织风险分析、部署预控措施，做好事故预想。

第三节　试验操作不当引发机组故障案例分析

本节收集了因检修试验操作不当引起机组故障 2 起，分别为未从源头进行联锁试验导致升负荷时临界火焰丧失触发 MFT、DCS 升级改造后系统动态试验不全造成机组跳闸。

检修试验操作是机组正常运行过程中的定期操作，这些事件都是检修试验中操作不当引发机组故障的典型案例。希望通过对这些案例的分析进一步明确试验过程中的危险源，完善试验安全措施。

一、未从源头进行联锁试验导致升负荷时临界火焰丧失触发 MFT

（一）事件过程

2020 年 12 月 07 日 9 时 30 分，某厂 6 号机组 DCS 升级改造后，带负荷 300MW 运行，磨煤机 B、E、F 运行，运行人员进行高低压加热器投运，同时开始升负荷。

10 时 36 分，机组升至 400MW，发生临界火焰丧失触发 MFT。

（二）事件原因查找与分析

事件发生后，对事件原因进行检查，发现锅炉 F 层火焰信号未收到而触发 MFT。

煤层 F 运行状态判断逻辑页，如图 6-50 所示。检查临界火焰丧失触发 MFT 逻辑条件为“功率大于 400MW 与煤层火焰总数量除以磨煤机给煤机运行台数小于 5.95”。当时 B、E、F 三台磨煤机运行。

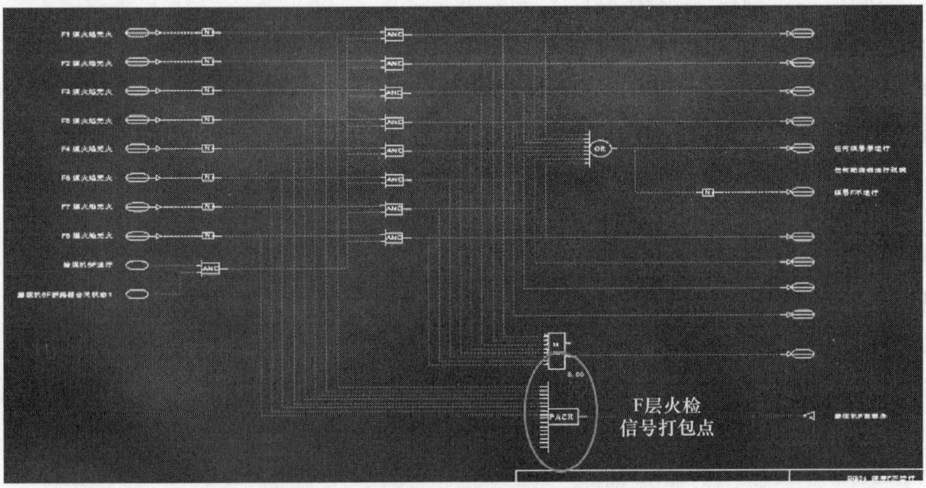

图 6-50　煤层 F 运行状态判断逻辑页

经分析查找，锅炉 F 层火焰信号未收到的原因是 F 层火焰打包点（PACK）设置错误[相当只有 8×2=16（应当 8×3=24）除以 3 小于 5.95]。

针对打包点（PACK）设置错误的原因进行分析，火焰的就地至 DCS 信号在前期已进行联调确认，联锁试验时默认该引用点为确认点，未从 DI 源头进行试验。

（三）事件处理与防范

（1）重新从 DI、AI、RTD 等机柜卡件端子处进行 MFT 信号动作试验，完成核对，确保所有火检信号至 MFT 跳闸回路正确。

（2）针对所有主保护和辅机保护的测点，重新从 DI、AI、RTD 等机柜卡件端子处至保护逻辑进行信号检查核对。

（3）考虑取消 DCS 非必要的保护打包点（PACK），改为分散的引用信号点。

二、DCS升级改造后系统动态试验不全造成机组跳闸

2020年05月28日，某电厂6号机组62汽动给水泵平衡管法兰后发现砂眼呲水，02时14分，启动电动给水泵；03时52分，停运62汽动给水泵消缺。过程中，汽包水位低二值保护（－279mm延时5s）动作，锅炉MFT保护动作停机。

（一）事件过程

20时08分00秒，6号机组负荷232MW，61汽动给水泵、电动给水泵运行，汽包水位7mm，四台磨煤机运行，主蒸汽流量192kg/s，机组协调方式运行。

20时08分13秒，62汽动给水泵消缺结束，预暖完成开始冲转。

21时10分18秒，汽动给水泵并泵完成，运行人员手动停运电动给水泵。

21时10分55秒，电动给水泵顺控停步序自动关给水母管憋压阀。

21时11分12秒，给水母管憋压阀全关，汽包水位由－5mm降至－28mm。

21时13分34秒，61汽动给水泵由于低流量保护跳闸。

21时14分34秒，62汽动给水泵由于出口压力高保护跳闸。

21时14分42秒，由于给水中断，汽包水位迅速降至－281mm，汽包水位低二值保护（－279mm延时5s）动作，锅炉MFT灭火。

21时14分45秒，三台给水泵全停（延时10s）保护触发汽轮机跳闸，机组解列。

查明原因是电动给水泵顺控功能块参数设置错误，予以修改并检查6号机组DCS控制系统其他顺控逻辑和功能均无异常后，21时59分点火，22时56分汽轮机冲转，23时20分机组并网成功。

（二）事件原因查找与分析

1. 事件原因检查与分析

检查控制逻辑发现，6号机组给水憋压阀由于电动给水泵顺控停步序逻辑块参数错误，顺控停步序第59步STEP功能块跳步参数CRIT为1（正常应为0），致使汽动给水泵运行闭锁条件失效，停运电动给水泵时自动由59步跳至60步，顺控判断为给水泵全停自动关给水母管憋压阀，造成给水中断，给水泵全停。

针对设置错误追溯，6号机组于2019年10月实施DCS控制系统升级改造，由西门子公司将原T-XP系统控制逻辑整体转换为T3000系统逻辑代码时，电动给水泵顺控逻辑停步序第59步STEP功能块跳步参数CRIT错误转换为1，导致电动给水泵顺控停运时步序异常跳转至第60步，误发憋压阀关指令导致本次事件。

2. 事件原因分析

（1）直接原因。控制系统升级改造时，电动给水泵顺控停步序逻辑块参数设置错误。

（2）间接原因。6号机组于2019年10月实施DCS控制系统升级改造后，逻辑参数检查和功能测试过程中未能发现参数错误，系统动态试验不全面。

3. 暴露问题

（1）2019年10月，完成该机组DCS升级改造后，在对热工保护、调节、联锁等逻辑检查核对中，未发现电动给水泵停运顺控存在的参数错误情况，暴露出技术管理人员技能水平欠缺、安全思想认识不高、工作开展不扎实，机组DCS升级逻辑检查核对工作不认真、不细致等问题。

（2）该机组DCS升级改造后，在机组启动前进行了电动给水泵启动和停运的静态测试，但对机组运行工况下停运电动给水泵未进行针对性研究分析，暴露出热工专业技术改造管理工作不到位，项目过程监管没有全覆盖，技改质量验收流程不完善。

（3）DCS升级至今已有半年时间，期间热工专业持续开展设备安全隐患排查工作，但仍未能查出该逻辑存在的安全隐患，暴露出专业技术人员思想上对隐患排查工作重视不够，工作不细不实，存在盲区死角，专业人员综合技术能力需进一步提升。

（三）事件处理与防范

（1）举一反三，迅速对1～6号机组DCS升级后的逻辑开展同类代码隐患排查，立即消除逻辑块参数错误隐患，避免同类事件再次发生。

（2）强化思想认识，狠抓执行落实。深入学习宣贯集团公司安全生产会议精神，重点开展好安全简报、非停通报的学习，真正把安全生产工作落到实处，进一步强化安全责任意识，落实责任，严格监督。

（3）完善项目过程管控，确保技改质量验收。深入学习集团公司技术改造项目管理标准，严格技改项目质量管控，检修前策划环节明确项目验收的具体标准方法，凡是改动的控制逻辑必须进行全工况试验，对因条件限制不能进行试验的，相关专业技术人员进行研究确认，确保检修技改项目投运后安全可靠运行。

（4）建立控制逻辑运行热工人员联合检查机制，将DCS逻辑检查纳入日常工作，对逻辑进行全面普查，发现并消除隐患。

（5）全面检查机组汽水、风烟等关键工艺过程的阀门、挡板控制逻辑，对照工艺深入分析逻辑的合理性，优化控制逻辑。

（6）坚持“四不放过”原则，举一反三，杜绝同类事件再次发生。吸取本次事件教训，提高全员隐患危机意识，树立小隐患就是大事故的理念，制定具体的排查计划，开展控制逻辑隐患专项排查，消除盲区死角隐患，提高设备本质安全水平。

（7）组织对逻辑修订过程中需注意的典型问题进行梳理，形成培训课件，开展针对性技术培训，并做好学习培训与日常维护、隐患排查、故障处理工作的结合，有效提高员工业务技能。

第七章

发电厂热控系统可靠性管理与事故预控

发电厂热控系统的可靠性直接影响整个机组的安全稳定运行，随着专业预控工作的不断深入，热控系统可靠性有了较大提高，但受老化、环境变化、煤质变化、工况变化等多因素影响，热控原因造成的机组异常或跳闸事件仍时有发生，如第二～六章的2020年故障案例很多都具有典型性，那些由于设计时硬件配置与控制逻辑上的不合理、基建施工与调试过程的不规范，检修与维护策划的不完善、管理执行与质量验收的把关不严、运行环境与日常巡检过程要求的不满足，规程要求的理解与执行不到位等原因，带来热控设备与系统中隐存的后天缺陷（设备自身故障定为先天缺陷）造成机组非停事件的案例，其中很多故障本都是可避免的。因此，深入开展发电机组热控系统隐患排查，能够尽早发现潜在隐患和及时维护，实施可靠性预控是专业永恒的主题。

本章总结了前几章故障案例的统计分析结论，摘录了一些专业人员发表的论文中提出的经验与教训，结合专业跟踪研究和已出版的2016～2019年发电厂热控系统故障分析处理与预控措施Ⅰ～Ⅲ的基础上，进一步补充了减少发电厂因热控专业原因引起机组运行故障的措施，供检修维护中参考实施，提升机组热控系统的可靠性。

为保证机组长周期安全可靠运行，需要汲取其他单位发生的非停事件经验教训，结合主辅设备厂家提供的热控保护设计要求，依据热控保护相关规程规范要求，根据机组实际运行情况不断进行优化完善，逐步提高热控保护系统的可靠性。

第一节　控制系统故障预防与对策

热控系统的可靠性提升是一项综合性、系统性工作，不仅要关心考核事件案例，也应关注可能引起跳闸的设备异常、潜在隐患和有可能整体提高电厂的运行优化及可靠性的案例。需要进行改造升级的系统应果断的及时改造，不需要改造升级或近期计划无法安排升级改造的设备，应认真规划日常维护计划，参考往年其他兄弟电厂的案例、经验，提前实施相应的预控防范措施，以减少热控系统故障发生的概率，保证机组的安全可靠运行。

一、电源系统可靠性预控

电源系统好比人体中的血液，为控制系统日夜不停地连续运行提供源泉，同时，要经受环境条件变化、供电和负载冲击等考验。运行中往往不能检修或只能从事简单的维护，这一切都使电源系统的可靠性十分重要。

影响电源系统可靠性的因素来自多方面，如电源系统供电配置及切换装置性能、电源系统设计、电源装置硬件质量、电源系统连接和检修维护等，都可能引起电源系统工作异常而导致控制系统运行故障。本节在《发电厂热控故障分析处理与预控措施（2019 年专辑）》第七章第一节内容基础上，进一步提出以下预控措施。

1. 电源的配置

电源配置的可靠性需要人员继续关注，2018 年某机组控制系统因失电导致机组跳闸，经查该机组电源设计为一路保安和一路 UPS，但均来自同一段保安段电源，当该段保安电源故障时直接导致 DCS、DEH、ETS、TSI 等系统失电。因此，除 DCS、DEH 控制系统外，独立配置的重要控制子系统（如 ETS、TSI、METS、MEH、火焰检测器、FSS、循环水泵等远程控制站及 I/O 站电源、循环水泵控制蝶阀、燃气轮机火灾保护系统、燃气轮机调压站控制系统等）电源，不但要保证来自两路互为冗余且不会对系统产生干扰的可靠电源（二路 UPS 电源或一路 UPS 一路保安段电源），而且要保证二路电源来自非同一段电源，防止因共用的保安段电源故障，UPS 装置切换故障或二路电源间的切换开关故障时，导致控制系统两路电源失去。

应保证就地两个冗余的跳闸电磁阀电源直接来自相互独立的二路电源供电，就地远程柜电源直接来自 DCS 总电源柜的二路电源（二路 UPS 或保安段电源＋UPS），否则存在误跳闸的隐患，如某厂 METS 设计 2 路 220V 交流电源经接触器切换后同时为 2 个跳闸电磁阀供电，2 个跳闸电磁阀任一个带电给水泵汽轮机跳闸，此设计存在切换装置故障后两路电磁阀均失电的隐患；另一电厂循环水控制柜电源设计为 UPS 和 MCC 电源供电，运行中由于循环水控制柜 UPS 电源装置接地故障，同时造成 MCC 段失电，当从 UPS 切至 MCC 电源时，两个控制器短时失电重新启动，导致循环水出力不足，真空低保护动作停机。

对于保护联锁回路失电控制的设备，如 AST 电磁阀、磨煤机出口闸阀、抽气止回阀、循环水泵出口蝶阀等若采用交流电磁阀控制，应保证电源的切换时间满足快速电磁阀的切换要求。类似磨煤机系统和给煤机控制系统的电源应该成组匹配，不同磨组之间的控制电源等应该分开配置，例如，A 磨煤机的动力电源与 A 给煤机的电源应一致，A 磨煤机的润滑油泵和液压油泵只有单套时应与 A 磨煤机的动力电源同段，应防止某一电源失去，多台磨组跳闸；磨煤机出口闸阀若采用交流电磁阀等控制，应将闸阀电磁阀的电源分开配置，不可配置在同一电源切换装置；给煤机控制器及就地控制回路电源不可取自同一 UPS 电源或同一段电源上。

此外，应在运行操作员站设置重要电源的监视画面和报警信息，主重要设备的电源报警应设置为一级报警，以便问题能及时发现和处理。

2. UPS 可靠性要求

UPS 供电主要技术指标应满足厂家和《火力发电厂热工自动化系统检修运行维护规程》（DL/T 774—2015）要求，并具有防雷击、过电流、过电压、输入浪涌保护功能和故障切换报警显示，且各电源电压宜进入故障录波装置和相邻机组的 DCS 以供监视。UPS 的二次侧不经批准不得随意接入新的负载。

机组 C 级检修时应进行 UPS 电源切换试验，机组 A 级检修时应进行全部电源系统切换试验，并通过录波器记录，确认工作电源及备用电源的切换时间和直流维持时间满足要求。

自备 UPS 的蓄电池应定期进行充放电试验，自备 UPS 试验应满足《火力发电厂热工自动化系统检修运行维护规程》（DL/T 774—2015）要求。

3. UPS 切换试验

目前，UPS 装置回路切换试验，二十五项反事故措施提出仅通过断电切换的方法进行，虽然基建机组和运行机组的实际切换试验过程大多数也是通过断开电源进行，但近几年已发生电源切换过程控制器重启的案例证明，这一修改不妥当。因为没有明确提出试验时电压的要求，运行中出现电源切换很可能发生在低电压时，正常电压下的断电切换成功，不等于电压低发生切换时控制系统能正常工作。DCS 控制系统对供给的电源一般要求范围不超过±10%，实际上要求电源切换在电压不低于 15%的情况，控制系统与设备仍能保持正常工作，因此，检修期间需做好冗余电源的切换试验工作，规范电源切换试验方法、明确质量验收标准。

（1）UPS 和热控各系统的电源切换试验，应按照《火力发电厂热工自动化系统检修运行维护规程》（DL/T 774—2015）或《火力发电厂热工自动化系统可靠性评估技术导则》（DL/T 261—2022）要求进行，试验过程中用示波器记录切换时间应小于等于 5ms，并确保控制器不被初始化，系统切换时各项参数和状态应为无扰切换。

（2）在电源回路中接入调压器，调整输入主路电源电压在允许的工作电压范围内，控制系统工作正常；当电压低至切换装置设置的低电压时，应能自动切换至备用电源回路，然后再对备用电源回路进行调压，保证双向切换电压定值准确，切换过程动作可靠无扰。

（3）保证切换装置切换电压高于控制器正常工作电压一定范围，避免电压低时，控制器早于电源切换装置动作前重启或扰动。

4. UPS 硬件劣化

UPS 装置、双路电源切换装置和各控制系统电源模块均为电子硬件设备，这些部件可称为发热部件，发热部件中某些元器件的工作动态电流和工作温度要高于其他电子硬件设备。随着运行时间的延续，所有电子硬件设备都将发生劣化情况，但发热部件的劣化会加速，整个硬件的可靠性取决于寿命最短的元器件，因此，发热部件的寿命通常要短于其他电子硬件设备。控制系统硬件劣化情况检验，目前没有具体的方法和标准，都是通过硬件故障后更换，这给机组的安全稳定运行带来了不确定性，在此建议如下。

（1）应建立电源部件定期电压测试制度，确保热控控制系统电源满足硬件设备厂家的技术指标要求，并不低于《火力发电厂热工电源及气源系统设计技术规程》（DL/T 5455—2012）和《火力发电厂热工自动化系统检修运行维护规程》（DL/T 774—2015）要求。同时，还应测试两路电源静电电压小于 70V，防止电源切换过程中静电电压对网络交换机、控制器等造成损坏。

（2）建立电源记录台账，通过台账溯源比较数据的变化，提前发现电源设备的性能变化。

（3）建立电源故障统计台账，通过故障率逐年增加情况分析判断，同时，结合电源记录台账溯源比较数据的变化，实施电源模件在故障发生前定期更换。

（4）已发生的电源案例由电容故障引起的占比较大，很多时候，由于电容的失效还不能从电源技术特性中发现，但是会造成运行时抗干扰能力下降影响系统的稳定工作，因此，对于涉及机组主保护控制系统的电源模块应记录电源的使用年限，建议在 5～8 年内定期更换。

（5）热控控制系统在上电前，应对两路冗余电源电压进行检查，保证电压在允许范围内。

5. 落实巡检、维护责任制

若巡检、维护到位，有些故障的影响扩大本可避免，如6月23日4时10分27秒，某电厂9号机组跳闸，ETS保护动作、首出显示DEH故障、DEH报警画面显示DEH 110%超速，SOE记录为DEH故障停机、ETS动作汽轮机跳闸。检查发现DEH系统双路24V直流电源模块故障，引起系统内所有24V模件、继电器均失电，3块SDP转速卡异常AST 110%超速信号误发，导致DEH故障信号发出，ETS动作，汽轮机跳闸（后更换24V DC电源模块和背板电源连接插头后，恢复正常）。双路电源模块同时故障的概率较少，此案例反映了巡检或维护不到位，甚至缺乏巡检或维护。

应建立电源测试数据台账，将电源系统巡检列入日常维护内容，巡检时关注电源的变化，可利用红外测温方法加强电源模件、接线端子等的巡检，机组停机时测试电源数据进行溯源比较，发现数据有劣化趋势，及时更换模块。

二、采用PLC构成ETS系统安全隐患排查及预控

目前，还有一部分保护系统采用PLC控制器，随着运行时间的延伸，其性能逐步劣化，故障率增加，加上设计不完善，系统中存在一些隐患威胁运行可靠性，需要热控专业重视，以下某电厂案例值得借鉴。

1. 问题及原因分析处理

某电厂ETS系统PLC采用施耐德Quantumn140系列，CPU模件采用53414B（已停产），编程平台为Concept。4月2日10时50分，巡视检查发现1号机组ETS系统2号PLC控制组件工作状态异常：电源模块工作指示灯正常长亮，CPU控制器电源指示灯正常长亮，通信指示灯正常闪烁，运行指示灯“RUN”不亮（正常应长亮），各输入、输出扩展模块工作状态指示灯“Active”不亮（正常应长亮）。

专业人员分析，确定1号机组ETS系统2号PLC控制组件已退出运行。处理1号机组ETS系统2号PLC必须重新启动CPU控制器及相关输入、输出扩展模块，后续工作存在无法预知的风险，并且启动后要进行该控制组件各通道信号的校验测试。机组运行期间不具备测试条件，由于临近机组检修期，所以研究决定暂时维持现状不做处理，待机组停机后进行处理，同时由专业人员制定危险点防范措施。

（1）热控专业加强设备巡视检查，若该PLC控制组件故障退出运行，会造成机组停机，并且在两套PLC系统没恢复前无法启机。

（2）热控专业根据现场实际情况制定1号机组ETS系统1号PLC控制组件故障情况下的紧急处理方案。

（3）运行人员做好事故预想，如果1号PLC故障，热控人员已准备好备件立即处理（处理时间2h），机组投入连续盘车4h以上。

2. 隐患排查及完善建议

ETS系统由两台相互独立的PLC控制组件冗余组成，当其中一台发生故障退出运行时，不会影响另一台正常工作，虽能保证机组继续运行，但ETS系统的可靠性已降低50%，同时，两套独立的PLC控制组件没有远程监视功能，PLC组件故障不能及时发现，

也存在安全隐患。因此，该电厂专业人员针对该事件，结合技术监督及二十五项反事故措施，对现有ETS系统进行隐患排查后，发现以下安全隐患。

（1）四个轴向位移保护信号均由同一块DI卡输入，当该模件故障后，将使该项保护失灵，产生拒动或误动。原则上，应分别进入ETS系统不同的4块DI卡输入。

（2）ETS系统PLC装置中轴向位移保护采用“两或一与”方式（先或后于），其中进行“或”运算的两个信号均取自TSI中同一块测量模件中，当任一TSI卡测量模件故障后，将使保护产生拒动。原则上应该取自TSI不同的测量卡分别进ETS系统不同的4块DI卡输入。

（3）某厂润滑油压低信号1、3接入PLC的同一块DI卡中，2、4接入PLC的另外同一块DI卡中，当任一块DI模件故障时，润滑油压低保护将失灵，产生拒动。同理，抗燃油压低保护、真空低保护均如此。原则上，应分别进ETS系统不同的4块DI卡输入。

（4）ETS试验电磁阀组取样为单一取样，以润滑油压为例，润滑油试验电磁阀组仅有一根取样管路，经试验电磁阀组后分出两路分别给润滑油压1、3和2、4压力开关，当该取样管路渗漏或取样阀门误关时，将导致机组保护误动。同理，抗燃油压低保护、真空低保护均如此。原则上，两路压力开关应分别取样。

（5）以润滑油压低保护在线试验控制逻辑为例：目前，一通道在线试验控制逻辑中，没有润滑油压低压力开关2或压力开关4的闭锁控制，若该两个开关中有动作状态存在，此时，再对润滑油压低一通道在线试验（试验结果使压力开关1和压力开关3动作），则将使ETS保护动作命令发出，机组发生误跳闸。同理，抗燃油压低保护、真空低保护均如此。

（6）由于TSI超速三取二逻辑输出由一个开关量点送至ETS的PLC输入卡中，当该开关量点故障或断开时，或者PLC输入模件故障时，将使TSI中的三取二和ETS中的全部失去冗余作用，致使保护出现拒动作。应取消TSI机柜内TSI超速三取二逻辑，将三路TSI超速信号分别送至ETS中不同的输入模件，在PLC中逻辑组态为三取二方式保护动作。

（7）由于DEH电超速保护信号三取二逻辑输出由一个开关量点送至ETS的PLC中，当该开关量点故障或断开时，将使DEH中的三取二和ETS中的全部失去冗余作用，致使保护出现拒动作。应取消DEH机柜内DEH超速三取二逻辑，将三路超速信号分别送至ETS中不同的输入模件，在PLC中逻辑组态为三取二方式保护动作。

（8）ETS为双PLC系统，两个PLC装置同时扫描输入信号，程序执行后同时输出，当其中一个PLC装置发生死机时，AST电磁阀在机组运行中不能失电，ETS保护则进行了100%的拒动状态，严重影响机组的安全。

（9）由于四个跳闸DO指令（用于控制AST电磁阀）均取自同一块PLC DO模件，当该DO模件故障时，该套PLC的ETS保护功能将失去，AST电磁阀在机组运行中不能失电，ETS保护则进行了100%的拒动状态，严重影响机组的安全。

（10）ETS为双PLC系统，两个PLC装置同时扫描输入信号，程序运行后同时输出，当某一DI模件故障时，由该模件引入的保护跳闸条件将失灵，当该跳闸条件满足时，在该套PLC中的该项保护则不会发出动作命令。即使另一套PLC中，该项跳闸条件满足能够正确发出保护动作命令，但由于两套PLC输出的跳闸命令按并联方式作用于AST电磁且为反逻辑作用方式，只有当两个 PLC 输出的跳闸命令全部动作时，两个闭合的 DO 输出触点全部打开，AST 电磁阀才能失电动作停机。因此，只有一套 PLC 动作时，AST 电磁阀将不能失电，因此，保护将发生拒动。

（11）ETS 控制柜内用于保护输入信号投切的开关为微动拨动开关，固化在一分二输入信号端子板上，并通过插接预制电缆将一路输入信号分为两路分别送至两套 PLC 的 DI 卡，由于微动开关的拨动不受任何限制，也无明显的投入/退出指示，存在误拨动或人为拨动导致保护退出。另外，一分二输入信号端子板与 PLC 的连接采用插头和预制电缆的方式，由于长时间运行，插头焊点存在氧化接触不良的现象。应拆除原一分二输入信号端子板，更换为带有信号保护指示的板卡，板卡与 PLC 采用螺栓压接线方式连接。另外，在 ETS 柜内增加安装能提供向外传输保护投切状态干触点信号的钥匙型保护投切开关，一路输入信号分为两路分别送至两套 PLC 的 DI。投入状态信号由 PLC DO 模件输出后，通过端子排输出到 DCS 机柜，在 DCS 中组态保护投切记录和画面上显示可直观地知道每项保护的投退状态和投退时间。

（12）发电机故障联动汽轮机跳闸信号等重要动作信号（包括发电机故障信号、锅炉 MFT 信号），输入 ETS 中只有一路，不满足《防止电力生产事故的二十五项重点要求（2023 版）》（国能发安全〔2023〕22 号），对于重要保护的信号要采取三取二冗余控制方式，易造成保护拒动或误动。

（13）ETS 系统双路 220V AC 电源无快速切换装置，只是使用了继电器切换回路，存在切换时间长（实际测量切换时间大于 50ms）、回路不可靠等问题，在电源切换过程中引起 PLC 的重新启动，存在误动隐患。

建议各电厂也进行类似排查，及时将排查发现的相关安全隐患汇总制定相应的改造计划，利用机组检修机会进行优化改造，以确保重要保护系统安全可靠运行。

三、DCS 软件和逻辑完善

1. 配置合理的冗余设备

发电机组在建设初期已经配置了大量冗余设备，如电源、人机接口站、控制器、路由器、通信网络、部分参与保护的信号测点，但近两年的控制系统故障案例中，仍有机组在投入生产运行后，由于部分保护测点没有全程冗余配置，而因测点或信号电缆的问题造成了机组非停。

冗余测量、冗余转换、冗余判断、冗余控制等是提升热控设备可靠性的基本方法。因此，除重视取源部件的分散安装、取压管路与信号电缆的独立布置，以避免测量源头的信号干扰外，应不断总结提炼内部和外部的控制系统运行经验与教训，深入核查控制系统逻辑，确保涉及机组运行安全的保护、联锁、重要测量指标及重要控制回路的测量与控制信号均为全程可靠冗余配置。对于采用越限判断、补偿计算的控制算法，应避免采用选择模块算法对信号进行处理，而应对模拟量信号分别进行独立运算，防止选择算法模块异常时，误发高、低越限报警信号。

DCS 控制系统中，控制器应按照热力系统分别进行配置，避免给水系统、风烟系统、制粉系统等控制对象集中布置于同一对控制器中，以防止由于控制器离线、死机造成系统失控，使机组失去有效控制。

2. 梳理优化 DCS 备用设备启动联锁逻辑设置

由于设计考虑不周，备用设备启动联锁逻辑不合理。例如，某机组 2A 引风机润滑油压力突降，压力低低 1、2、3 开关动作后延时 10s 跳闸 2A 引风机，之后 5s，2A 引风机 B 润滑油泵才联锁启动，逻辑设计不合理导致机组 RB 误动作。

某机组允许条件设置不合适导致空气预热器主辅电机联锁异常。A 空气预热器辅助电机跳闸，主电机未联启，空气预热器 RB 动作。检查发现 A 空气预热器辅助电机跳闸时，因空气预热器内温度到达报警值，造成空气预热器火灾与转子停转热电偶故障信号发出，主电机启允许条件并不满足，导致主电机联锁启指令未发出。又由于 DCS 无温度模拟量信号显示，只能通过曲线推测实际温度值偏高。

某机组在进行引风机 RB 试验，11 月 10 日 12 时 13 分，机组运行负荷 95MW，主蒸汽压力 8.5MPa。运行人员手动停止 A 引风机变频器，风机实际已停止，但未触发 RB 动作，炉膛负压迅速增大，最大达 1512Pa，经运行人员手动干预调整正常。原因是 RB 触发逻辑中，只是使用了电机 6kV 开关分合状态作为风机运行停止的判断，缺乏对风机变频器状态的识别。因此，应加强对 RB 逻辑的完善检查，完整地进行静态试验。在逻辑中应增加变频工况下变频器停运作为风机停止的判断条件，将综合信号作为触发 RB 的条件。

7 月 17 日 19 时 24 分，某机组运行人员发现循环水泵 D 跳闸，其跳闸首出“循环水泵运行且出口门全关”保护动作，进一步检查发现出口门电动头内部有积水，清理积水并进行烘干处理后阀门运行正常。分析故障原因是循环水泵出口门电动头内部进水，且逻辑不合理，跳闸保护逻辑未进行二取二判断，仅使用了关位信号，且该信号未进行延时判断。应增加逻辑判断，对关信号采取阀门模拟量反馈小于 5%与上关到位信号，并将处理后的信号进行延时 1s 的判断，避免信号误发。

因此，应利用空余时间，安排专业人员分析梳理、核对备用设备启动联锁逻辑，删除不必要的允许条件，在保证安全可靠的前提下尽可能简化逻辑，确保逻辑合理准确。

3. 逻辑时序及功能块设置应符合 DCS 组态规范要求

设计、优化逻辑时，如未考虑到逻辑的时序问题，也将会埋下机组保护误动的隐患。

（1）某机组基建中 DCS 设计存在时序缺陷，当主油箱液位 3 测点信号发生跳变时，三取二逻辑 MSL3SEL2 封装块内部数据流计算顺序错误，误发信号导致机组跳闸。查找原因的试验过程中发现，当信号从坏质量恢复到好点时，若同时触发保护动作对象，数据流异常会造成坏质量闭锁功能失效，从而导致保护误动。进一步检查分析发现，当 DCS 封装块中存在中间变量时，数据流排序功能并不能保证序号分配完全正确，需进行人工复查和试验确认。事后修改了汽轮机主油箱油位低保护逻辑，增加延时模块，防止出现时序问题或油位测点测量异常导致信号误发。同时，对 MSL3SEL2 封装块及相关类型的封装块采取防误动措施，重新梳理内部数据流问题后，经试验可确保数据流排列正确。

（2）某机组吹灰系统蒸汽减压调节阀压力设定值，根据运行人员讨论后要求修改逻辑，当空气预热器吹灰时将压力目标值设定为 1.5MPa，当短吹吹灰时将压力目标值设定为 1.2MPa。投运后发现程控时可达到运行要求，但无法人为修改设定值，原因是热控人员对 DCS 组态逻辑块运算时序问题没有充分了解，当吹灰系统处于程控时，设定值一直由吹灰条件选出，条件设置应为脉冲信号。当触发吹灰条件时，将新的设定值传递到运行人员输入接口。逻辑页的运算顺序是由逻辑块的序号决定的，故运行人员设定接口逻辑需早于设定值传递的逻辑，按照逻辑顺序流的顺序人为设定的值不能被修改，从而造成自动状态下设定值无法输入。

因此，设计、优化逻辑时，应分析这些逻辑的功能与时序的关系，合理组态，保证逻辑时序及功能块设置符合DCS组态规范要求。

4. 合理设置控制逻辑的三选中模块或三信号输入优选模块预置值及控制参数

由于MARK VIe三选中模块对输入信号的品质，时刻进行质量可靠性评估计算，当其中或全部输入信号不可信时，将输出预先设置的计算方案或预先设置的数值，如果这个预先设置的不合理，将成为设备运行的一个隐患。某机组首次采用MARK VIe系统改造，对热井水位计算预先设定的参数值不合理，当热井水位跳变时，模块输出水位值为0，造成2B凝结水泵跳泵，同时闭锁了2A凝结水泵启动。

某机组控制系统，低压缸前连通管蒸汽压力采用的模拟量三取中算法的判断坏值回路存在问题：当三取中模块取值后，进入后续的大（小）选模块与定值进行比较，当大（小）选模块判断输入为坏值时，直接输出定值零，当仪表管路被冻信号坏质量导致压力测量失真时，导致凝汽器压力保护动作。

某机组采用OVATION控制系统，某日，厂区开始降暴雨，由于热电偶进线端没有做好完全密封，雨水从接线端子处进水，最终导致元件接线盒内部积水，导致高温再热器出口温度1、2显示异常，三点之间偏差较大，高温再热器出口温度控制和保护逻辑采用三选模块为三取中输出，任一点超过控制死区偏差时，输出为剩余两点的平均值，当高温再热器出口温度三点元件都没有坏点且两两偏差超过控制死区时，为避免金属超温，输出为大值，导致高温再热器出口温度高保护误动。

因此，热控人员应对输入信号梳理，确认设置选择输出信号或根据预先设置的数值输出信号正确；同时，优化逻辑，消除输入信号品质下降或信号异常时输出错误信号。此类问题容易在DCS控制系统改造更换系统过程中产生，应给予足够的重视。

5. 逻辑优化前充分论证，确保修改方案与试验验收周全

基建或改造项目的修改方案和质检点内容都应事前充分讨论，若不能保证修改方案完善、质检点内容设置周全，迟早会影响机组的安全运行。某机组日立公司H5000M系统的DEH和ETS改造后，全部功能纳入OVATION DCS一体化控制。由于MFT保护条件中的主蒸汽温度低保护设定值整定错误，主蒸汽温度低保护定值严重偏离了东方汽轮机有限公司提供的设计值，当调节级压力为13.03MPa时，主蒸汽温度保护设定值达到最大值550℃，该动作值偏离原始设计值41.2℃，且在后续试验过程中也没能发现存在的隐患。在机组运行中，由于水煤比（过热度）调节品质差，主蒸汽温度大幅下降，触发主蒸汽温度低保护动作，机组跳闸。这个事件发生前，方案中虽也要求对软硬联锁保护逻辑、回路及定值进行传动试验一环，但试验检查内容不周全，未明确折线函数的检查内容，在主保护试验中没有针对折线函数进行逐点检验，使组态中的错误未能通过试验发现。

因此，逻辑优化时，应加强对优化修改方案和优化后试验内容的完整性检查研讨，完善并严格执行保护定值逻辑修改审批流程，明确执行人、监护人及执行内容；完善热控联锁保护试验卡，规范试验步骤。

6. 深入单点保护信号可靠性排查与论证

单点信号作为保护联锁动作条件时，外部环境的干扰和系统内部的异常都会导致对应

保护误动概率增加，除前述故障案例中发生的多起单点信号误发导致机组跳闸外，另有更多的是导致设备运行异常，例如，1月10日18时18分，某机组因汽动给水泵前置泵入口流量瞬间到0且15s后变坏点，汽动给水泵再循环阀在流量到0后15s内开启到41%但未达到60%，导致最小流量阀保护动作，1号汽动给水泵跳闸，负荷由250MW下降至149MW，电动给水泵联启正常。检查原因是汽动给水泵前置泵入口流量变送器故障。

1月12日20时01分，某锅炉1号给煤机因下插板执行器全关反馈信号导致跳闸，检查原因是执行器内部电缆由于振动引起与执行器壳体发生碰磨，造成绝缘层破损。

另据报道，某岛电厂因供天然气管道上的总阀门问题，导致6部燃气机组全数跳闸，造成全岛无预警大规模停电事件，追究原因是供天然气管道上的总阀门及保护信号均为“单点”。

因此，单点信号作为重要设备与控制系统动作条件，一旦异常会导致十分严重的设备事故甚至是社会安全责任事故。由此可见，单点保护的持续完善对提高机组可靠性的重要性不言而喻，需要继续进行保护与重要控制系统中的单点信号排查，且加深对单点保护的认识深度，不仅排查直接参与保护逻辑的单点信号，还应查找热力系统中那些隐藏着的单一重要设备或逻辑，如循环水泵备用联启逻辑中采用的母管压力低联启逻辑中母管压力取点为单点、真空泵分离器液位低液位开关联启补水电磁阀（如果分离器液位实际低而液位开关未动作补水，分离器将与实际大气相通，导致凝汽器真空低保护动作）。那些二点信号采取“或门”判断逻辑（如电气送过来的机组大联锁中的“电跳机”两个开关量保护信号采用“或门”逻辑），共用冗余设备采用一对控制器（如全厂公用DCS中六台空气压缩机的控制逻辑集中在一对控制器中，控制器或对应机柜异常可能导致所有空气压缩机失去监控或全厂仪用气失去），也应列入“单点”且为重点管控范围。应组织可靠性论证，存在误发信号导致设备误动安全隐患的保护与控制系统，采取必要的防范措施。

7. 压缩空气系统可靠性问题预防

仪用压缩空气系统是现场重要的辅助系统，相关气动调整门、抽汽止回阀、部分精密仪表等均需要仪用压缩空气方可正常工作，如压缩空气内含有水、油、尘等均会导致相关设备工作异常，甚至机组被迫停机。因此，若专业管理上疏忽对仪用压缩空气品质的监督，将会对控制系统的安全运行构成严重安全隐患，例如，2018年12月07日14时40分，某电厂运行值班员监盘发现2号机组2、3号高压加热器正常疏水门开关不动，两台阀门阀位反馈自动全关至0%，远控失灵，现场检查发现气动阀实际全关，调节器液晶屏无显示且内部进水严重，检查气源压缩空气过滤瓶内积水，且附近（2号机组6.3、12.6m高压加热器附近）气动疏水门过滤减压阀过滤瓶内全是水，2号机组低压轴封母管减温水气动门也因调节器气源进水控制失灵，判断为仪用压缩空气内进水。进一步检查2号机组仪用压缩空气为仪用压缩空气系统末端，2号机组0m压缩空气管道最低点排空阀（开启排水）及该排空阀附近凝结水精处理系统气动阀门电磁阀控制箱、气动门气缸均有漏水现象。人为断开相关阀门气源管路、过滤减压阀开始排水，放水过程中发现2号机组0m精处理处仪用压缩空气母管内有大量积水，进一步检查发现精处理处有一根水管与仪用压缩空气管道相连接，检查该管道有一气动阀门内漏导致大量凝结水进入压缩空气管道内，从而导致压缩空气大量带水，手动关严该阀门，并对2号机组进水的气动调整门、疏水门、2号机组仪用压缩空气储气罐及压缩空气管道进行放水，清理压缩空气管道、各进水气动门气缸内积水，并更换2、3号高压加热器正常疏水阀门定位器后，设备恢复正常。

该事件是由于精处理管道上的一气动阀门内漏导致大量凝结水进入仪用压缩空气系统，导致2台气动调整门定位器进水损坏，影响范围涉及3台气动调整门和20余台气动门，威胁着机组设备安全运行。但系统设计存在严重的安全隐患（系统管道接引错误，凝结水系统与压缩空气系统之间仅有一气动门及止回阀，没有有效的手动截止门），机组维护检修中未发现，5月份专业人员针对厂用、仪用压缩空气系统开展隐患排查时也未发现，这说明专业人员对系统设备间的相互影响了解不深入、分析排查不到位，需要专业管理上加强专业培训和对仪用压缩空气控制可靠性、气源品质的监督，消除类似隐患与缺陷，以保证相关设备和仪表安全稳定运行。

8. 及时进行设备改造

随着运行时间的延续，电子产品性能下降，若不及时进行性能检测跟踪和更换，将会导致设备故障发生。例如，02月20日22时28分，运行人员停止1号锅炉2号引风机；22时29分，运行人员发现1号锅炉上层给粉2、3号火检信号显示有火，其他层火检显示火检信号不稳定，但不具备炉内无火条件时，1号锅炉灭火保护装置（独立装置）中“全炉膛灭火”指示灯亮，同时，MFT动作指示灯闪烁。热控人员检查DCS中已触发“全炉膛灭火”SOE信号，其他信号均未触发。经热控人员就地确认给粉机、排粉机未跳闸，燃油速断阀、DCS中MFT动作SOE和MFT光字牌声光报警未触发。据以上状况判断，MFT动作信号实际未输出。22时35分，经值长同意复位灭火保护装置。

事件发生后，热控专业检查火焰检测装置及回路均正常，确定在不具备MFT触发条件的情况下，MFT误发全炉膛火焰丧失SOE信号和MFT面板动作指示信号，而MFT实际未输出。分析原因为此灭火保护装置已使用16年，过于老旧，内部电路板卡设备运行不稳定，导致条件不满足时触发SOE输出。后经外委专业单位对该装置综合分析试验返回后，将两套装置整合为一套可靠的装置，试验合格后安装使用。同时，计划DCS技改时，将灭火保护装置逻辑及信号接线全部引入DCS。

电厂机组跳闸案例统计分析表明，设备寿命需引起关注。当测量与控制装置运行接近2个检修周期年后，应加强质量跟踪检测，若故障率升高，应及时与厂家一起讨论后续的升级改造方案，应鼓励专业人员开展DCS模件和设备劣化统计与分析工作。

第二节 环境与现场设备故障预防与对策

现场设备运行环境相对较差，现场设备的灵敏度、准确性及可靠性直接决定了机组运行的质量和安全。2021年收集的33起现场设备故障（14起执行设备、6起测量仪表与部件、3起管路、6起因线缆、4起因独立装置）引起机组跳闸或降负荷的事件中，有一半以上可预防。近两年发生的故障案例也很类似，不少故障是重复发生且大多故障具有相似性，应引起专业人员的重视。本章结合案例分析提出一些预控意见，供专业人员参考。

一、做好现场设备安全防护预控

1. 调速汽门LVDT支架断裂事件预防

调速汽门LVDT连杆断裂事件每年都有发生，例如，03月02日17时28分，某热电厂运行人员将1号机组调节阀切至顺序阀控制，18时34分，1号调速汽门指令由56.5%降至52.5%、2号调速汽门由35.6%降至33.3%，负荷由69.4MW降至39.3MW，18时35分05秒，运行人员手动增加综合指令，18时35分24秒，负荷恢复至70.1MW。针对负荷下降原因，经热控人员就地检查发现LVDT连杆断裂，热控人员逐渐强制关闭1号机组1号调速汽门，进行在线更换。

经分析，LVDT连杆断裂原因是1号机组1号调速汽门开度在20%以上时，由于汽流激荡引起阀体护套震荡，连接在该护套上的LVDT连杆长时间受应力导致强度降低而断裂。此事件暴露了热控人员日常巡视检查不到位，未考虑到护套震荡和LVDT连杆在受应力作用下易产生裂痕的重大隐患。为预防此类事件的发生，专业应从以下方面进行改进与防范措施。

（1）新设计LVDT连杆时适当考虑尺寸设计，选择更可靠的材质和外委加工，同时，可增大连杆与门体固定支架之间的间隙，避免或减少动静摩擦，以此降低连杆断裂的危险。

（2）加强日常巡视检查，对重点部位制订隐患设备巡视检查卡，定期检查所有调速汽门连杆，及时发现潜在隐患并处理。

（3）通过举一反三，对现场其他可能产生摩擦的重点部位进行全方面排查，防止类似事件再次发生。

2. 规范仪表的检修、投运、校准等规范及方法，防止仪表报警失灵事件发生

检修工作中缺乏安全意识，不能按规程要求规范检修，不能严格执行操作票流程，检修工作结束后未能及时做好扫尾工作等，都将留下事故隐患。

某厂4号机组为660MW超超临界机组。2021年4月17日和18日，化学试验人员多次对汽轮机润滑油油质进行化验均发现4号机组汽轮机润滑油油样中水含量超标。热控人员立即针对该异常事件原因进行查找、分析和试验验证，最终确认是氢水差压低压旁路路阀关闭不到位（由氢水差压低压旁路路阀手轮缺失，操作不便引起），造成了氢水差压低差压开关正负压侧介质出现了来回串流的情况：在定冷水压力高于氢气压力时，定冷水从氢水差压开关的负压侧取样管经旁路阀，再经氢水差压开关的正压侧取样管进入氢侧回油管路，造成定冷水通过密封油系统混入汽轮机润滑油系统，造成汽轮机润滑油含水，汽轮机润滑油箱油位从1554mm升高到1737mm。另一方面，由于氢压取自发电机密封油空侧回油管上部，当发电机内氢气压力升高后，就会出现反方向串流，即密封油通过氢水差压开关的正压侧取样管经旁路阀，再经氢水差压开关的负压侧取样管流入定冷水系统，从而导致定冷水系统进油。

某电厂检修后，空侧密封油过滤器差压报警装置出口取样阀未打开，导致滤网脏污（就地无滤网前后压力表）长时间未报警，引起空侧密封油泵出口憋压，空侧密封油过滤器后油量减少，使密封油系统油氢差压无法维持，空侧备用密封油泵自启动，5s后仍油氢差压小于20kPa，直流事故油泵启动，15s后仍油氢差压小于20kPa，发电机跳闸，导致机组跳闸。

类似事件时有发生，反映了人员责任心不强，安全措施执行不力、检修不规范，同组工作人员未能有效核对。要减少检修不规范造成的类似事件，应做好以下防范工作。

（1）加强检修人员安全教育，提高责任心，严格两票制度管理，工作前应做好风险分析和防范措施，工作结束后及时恢复，并由工作负责人或工作组成员确认。

（2）严格落实对现场设备的巡视检查制度，发现设备异常及时联系，及时处理，不定

期对现场各项检查记录进行抽查。

(3) 定期组织对现场仪表进行检查，确保仪表及设备工作正常，报警可靠输出。

3. 执行机构故障预控措施

执行机构随着使用年限增加，电子元器件的老化导致电动执行机构故障率增加，主要的故障类型有控制板卡故障、风机变频器故障、风机动叶拐臂脱落等，这些就地执行机构、行程开关的异常，有些是由执行机构本身的故障引起，有些则与设备安装检修维护不当有关，这些故障造成就地设备异常，严重的直接导致机组非停。例如，某厂一次风机设备由于厂家设计不合理，拉杆固定螺栓无防松装置，在设备安装时缺少必要的质量验收，运行中螺栓松动、脱落导致拉叉脱开，动叶在弹簧力的作用下自行全开至100%，最终导致炉膛负压低低跳闸。某厂因执行机构及与动调连接安全销未开口引起连杆脱落导致机组跳闸、油路油质变差引起调节阀卡涩导致机组跳闸，通过对相关案例的分析、探讨、研究，提出以下预防措施。

(1) 把好设备选型关，重要部位选用高品质执行机构。目前，市场上执行机构产品较多，质量参差不齐，如某厂控制电磁阀因存在质量问题，短时间运行后就出现线圈烧毁现象导致燃气机组跳闸。因此，应对就地执行机构的电源板、控制板、电磁阀质量进行监督管理（包括备件），选用高品质与主设备相匹配的产品，备品更换后应现场进行功能测试验收，避免因制造质量差给设备带来安全隐患，降低因执行机构故障给机组安全经济运行带来的威胁。

(2) 加强设备的维护管理。将执行机构拉杆固定螺栓和防松装置的可靠性检查列入检修管理，杜绝此类故障的发生。同时，将主重要电磁阀纳入定期检查工作，进行定期在线活动性试验以防止电磁阀卡涩，在控制回路中增加电磁阀回路电源监视，以便及时发现电源异常问题。定期检查、维护长期处于备用状态的设备（如旁路系统控制比例阀、给水泵汽轮机高压调节阀等）。

(3) 进一步优化完善逻辑，提高设备可靠性。从本书所列的执行机构故障案例分析，除执行机构自身存在问题外，控制逻辑存在的问题也是导致机组设备异常发生的一个重要诱因之一，因此需优化完善控制逻辑。

1) 增加主重要阀门“指令与反馈偏差大”的报警信号，便于运行人员及时发现问题。增加“指令与反馈偏差大”切除CCS的逻辑，防止因调节阀卡涩造成负荷大幅度波动。

2) 为提高风机运行的安全稳定性，增加风机变频切工频功能，实现在事故状态下的自动切换。

3) 对一些采用单回路控制的电磁阀，除保证电磁阀质量外，建议整改为双回路双电磁阀控制，也可改为四电磁阀串并联的结构，例如，燃气轮机控制系统的调压站紧急切断阀、燃气辅助截止阀、燃气模块放空阀、天然气安全关断阀、天然气安全关断阀后放空阀、燃气轮机防喘阀等建议采用双电磁阀控制，给水泵汽轮机再循环调节阀的快开电磁阀等可考虑改为双电磁阀控制。主汽门、调节阀等的跳闸电磁阀、燃气轮机控制系统的主重要电磁阀应定期测量线圈电阻值，并做好记录，通过比对发现不合格的线圈应及时更换；燃气轮机控制系统启机前应对主重要电磁阀开展动作试验，分析阀门开关时间的变化情况。

4) 某厂未及时发现厂商提供的调节阀特性曲线及逻辑定值与机组实际运行工况的差异。DEH中主蒸汽压力调节回路中各参数之间不匹配，中调节阀关闭过快，导致给水泵汽轮机进汽压力迅速下降。

4. 测量设备（元件）故障预控措施

部分测量设备（元件）因安装环境条件复杂，易受高温、油污影响而造成元件损坏，为降低测量设备（元件）故障率，根据本书第五章相关案例处理的经验与教训总结，建议从以下几点防范。

(1) 测量设备（元件）在选型过程中，应根据系统测量精度和现场情况选取合适量程，明确设备所需功能；安装在环境条件复杂的测量元件，应具有高抗干扰性和耐高温性能。

(2) 严格按照设备厂家说明书进行安装调试，专业人员应足够了解设备结构与性能，避免将不匹配的信号送至保护系统引起保护误动，参与汽轮机保护的测量设备投入运行后，应按联锁保护试验方案进行保护试验。

(3) 机组检修时，由于测温元件较多，往往会忽视对测温元件的精度校验，尤其在更换备品时，想当然认为新的测温元件一定合格而未经校验即进行安装，导致不符合精度要求的测温元件在线运行。因此，在机组检修时应明确检修工艺质量标准，完善检修作业文件包，对测量元件按规定要求进行定期校验。

(4) 继电器随着使用年限的增长，故障率也将上升，建立 DCS、ETS、MFT 等重要控制系统继电器台账，应将主重要保护继电器的性能测试纳入机组等级检修项目中，对检查和测试情况记录归档，并根据溯源比较制定继电器定期更换方案。通过增加重要柜间信号状态监视画面，对重要继电器运行状态进行监控，并定期检查与柜间信号状态的一致性，以便及时发现继电器异常情况。

(5) 运行期间应加强对执行机构控制电缆绝缘易磨损部位和控制部分与阀杆连接处的外观检查；检修期间应做好执行机构等设备的预先分析、状态评估及定检工作。针对所处位置有振动的阀门，除全面检查外，还应对阀杆与阀芯连接部位采取切实可行的紧固措施，防止阀杆与阀芯发生松脱。

(6) 加强老化测量元件（尤其是压力变送器、压力开关、液位开关等）日常维护，对于采用差压开关、压力开关、液位开关等作为保护联锁判据的保护信号，可考虑采用模拟量变送器测量信号代替。

(7) 排查参加主保护或模拟量控制的主重要参数的高温高压仪表（汽包水位、主给水流量等）同处于同一保温保护柜内，建议同一参数的多个变送器应布置在不同保温保护柜内。

5. TSI 系统故障预控措施

因 TSI 系统模件故障、测量信号跳变、探头故障而引起的汽轮机轴振保护误动的事件时有发生。与汽轮机保护相关的振动、转速、位移传感器工作环境条件复杂，大多安装在环境温度高、振动大、油污重的环境中，易造成传感器损坏；另外，保护信号的硬件配置不合理、电缆接地及检修维护不规范等，都会对 TSI 系统的安全运行带来很大隐患，也造成了多起机组跳闸事故和设备异常事件的发生。通过对本书相关案例的分析、归类，总结出以下防范措施。

(1) TSI 系统一般在基建调试阶段对模件通道精度进行测试，大部分电厂在以后的机组检修中未将模件通道测试纳入检修项目，因此，模件存在故障也不能及时被发现。建议在机组大修时除将传感器按规定送检外，还应对模件的通道精度进行测试，并归档保存，对有问题的模件及时进行更换处理。

（2）对冗余信号布置在同一模件中、TSI、DEH信号电缆共用的，应按《防止电力生产事故的二十五项重点要求（2023版）》（国能发安全〔2023〕22号）第9.5.2条：所有重要的主、辅机保护都应采用“三取二”“四取二”等可靠的逻辑判断方式，保护信号应遵循从取样点到输入模件全程相对独立的原则，确因系统原因测点数量不够，应有防保护误动及拒动措施，保护信号供电亦应采用分路独立供电回路。

（3）传感器回路的安装，应在满足测量要求的前提下，尽量避开振动大、高温区域和轴封漏汽的区域，如在高温区域安装，应采用耐高温类探头，做好隔热措施的同时宜加装仪用空气冷却风或大功率冷却风装置，运行过程中加强就地巡检环境温度情况；就地接线盒应采用金属材质，并有效接地；前置器应安装在绝缘垫上与接线盒绝缘，保证测量回路单点接地。

（4）随着TSI系统使用年限增加，模件因老化而故障率上升，因此，需加强TSI系统模件备品备件的管理，保证备品数量，且定期检测备品，使备品处于可用状态，一旦模件故障可以及时更换。

（5）将TSI系统模件报警信息（LED指示灯状态）纳入DCS日常巡检范围，每次停机期间，连接上位机读取和分析TSI系统模件内部报警信息，以消除存在的隐患。

（6）在机组停机备用或检修时，对现场所有TSI传感器的安装情况进行检查，确保各轴承箱内的出线孔无渗油，紧固前置器与信号电缆的接线端子，信号电缆应尽可能绕开高温部位及电磁干扰源；应记录各TSI测点的间隙电压，作为日后的溯源比较和数据分析。

二、做好管路、线缆安全防护预控

1. 管路故障预控措施

测量管路异常也是热控系统中较常见的故障，本书列举的故障主要表现在仪表管沉积物堵塞、管路裂缝、测量装置积灰、仪表管冰冻、变送器接头泄漏等，这些只是比较有代表性的案例，实际运行中发生的大多是相似案例。通过对这些案例的分析，提出以下几点反事故措施建议。

（1）针对沉积物堵塞，查找分析堵塞原因和风险，实施预防性措施，必要时对水质差、杂质较多（泥沙较多）的管路更换增大仪表管路孔径（如将$\phi 14$的更换为$\phi 18$的不锈钢仪表管或采用更粗的管路配置隔膜类表计测量），同时，加强重要设备滤网的定期检查和清理工作，减轻堵塞。

（2）机组检修时，不仅要检查重要辅机泵体表面，还应将泵轴内部检查列入检修范围内，避免忽视内在缺陷。

（3）对燃气轮机天然气温控阀等控制气源，应控制含油含水量，定期对控制气源质量进行检测；定期对减压阀、闭锁阀等进行清洗去除油污；必要时，可加装高效油气分离器来降低控制气源含油含水量。

（4）风量测量装置堵塞造成测量装置反应迟缓，不能快速响应，导致自动调节系统出现超调、发散等，严重时造成总风量低保护动作。燃烧高灰分燃煤的机组应加强风量测量装置吹扫，发现测量系统异常应缩短吹扫周期。为保证风量测量装置准确性，可增加自动吹扫设备或选用带自动吹扫的风量测量装置。

（5）二次风量自动控制宜取三个冗余参数的中值参与调节控制；被调量与设定值偏差大时自动切手动，偏差值设定值应根据实际工况和量程等因素进行合理设置，避免偏差值设定值不当而导致在异常工况下总风量过低情况发生。

（6）力学测量仪表的接头垫片材质要求应符合《电力建设施工技术规范 第4部分：热工仪表及控制装置》（DL 5190.4—2019）垫片要求，重点应检查高温高压管道测点仪表回路上的接头垫片，不能采用聚四氟乙烯垫片，否则一旦管路接头上有漏点，耐温不满足会加剧泄露情况的发生。

（7）取样管与母管焊接处应防止管道剧烈振动导致取样管断裂，发现管道振动剧烈时，应及时排查原因并消除，必要时可将取样管适当加粗，保证其强度满足要求。

（8）在进入冬季前，安排防冻检查工作，防止仪表管结冰。给水、蒸汽仪表管保温伴热应符合规范要求；给水、蒸汽管道穿墙处的缝隙应封堵，一次阀前后管道应按要求做好保温。

2. 降低控制电缆故障的预防措施

线缆回路异常是热控系统中最常见的异常，如电缆绝缘降低、变送器航空插头接线柱处接线松动、电缆短路、金属温度信号接线端子接触不良等，针对电缆故障提出以下防范措施。

（1）加强控制电缆安装敷设的监督，信号及电源电缆的规范敷设及信号的可靠接地是最有效的抗干扰措施（尤其是FCS），应避免380V AC动力电缆与信号电缆同层、同向敷设，电缆铺设沿途除应避开潮湿、振动区域外，还应避开高温管路区域，确保与高温管道区域保持足够距离，避免长期运行导致电缆绝缘老化变脆而降低绝缘效果；若现场实际情况无法避开高温管道设备区域，则应进行加强保温措施，并定期测温，以保证高温管道保温层外温度符合要求；电缆槽盒封闭应严实，电缆预留不宜过长，避免造成电缆突出电缆槽盒之外；定期对热控、电气电缆槽盒进行清理排查，发现松动积粉等问题及时清理封堵，保证排查无死角，设备安全可靠。

（2）对控制电缆定期进行检查，电缆损耗程度评估、绝缘检查列入定期工作中。机组运行期间，加强对控制电缆绝缘易磨损部位的外观检查；在检修期间对重要设备控制回路电缆绝缘情况开展进线测试，检查电缆桥架和槽盒的转角防护、防水封堵、防火封堵情况，提高设备控制回路电缆的可靠性。

（3）对于重要保护信号，宜采用接线打圈或焊接接线卡子的接线方式，避免接线松动，并在停机检修时进行紧固；对重要阀门的调节信号应尽可能减少中间接线端子；对热控保护系统的电缆应尽可能远离热源，必要时进行整改或更换高温电缆。变送器航空插头内接线应进行焊接，防止虚焊等不规范安装引起接触不良导致设备异常。

（4）定期对重要设备及类似场所进行排查，检查各控制设备和电缆外观、测量绝缘等指标，对有破损的及时处理，不合格的予以更换，对有外部误碰和伤害风险的设备做好安全防护措施。

（5）温度测量系统采用压接端子连接方式的易导致接触不良，因此，应明确回路检查标准及检修工艺要求，避免隐患排查不全面、不深入而埋下安全隐患。

（6）一个接线端子接一根电缆，如需连接两根电缆时，应制作线鼻子，进行接线紧固。接线端有压片时，应将电缆线芯完全压入弧型压片内，防止金属压片边缘挤压电缆线芯致其受损而存在安全隐患。接线端子铜芯裸露不宜太长，防止接拆线时金属工具误碰接地而造成回路故障。

（7）接线盒卡套外部边缘接触面应光滑，防止电缆在振动、碰撞等因素下造成线缆破损，线缆引出点处采取防护措施如热缩套保护等防止产生摩擦。

第三节 做好热控系统管理和防治工作

制度是基础，人是关键。从本书案例分析中可体会到，很多事件、设备异常的发生都与管理和“人”的因素息息相关，一些因对制度麻木不仁、安全意识不强、技术措施不力而造成的教训让人惋惜，例如，本书第六章统计的“检修维护不到位、运行操作不当、试验违规”等引起的事件，有些看上去是很低级的错误，但仍时有发生，反映了管理与“人”因素在执行制度时存在的消极面。因此，应做好人的培养，加强与同行的技术交流，不断借鉴行业同仁经验，开拓视野，促使人员维护水平和安全理念的不断提升；同时，注重制度在落实环节的适用性、有效性，避免陷入“记流水账式”落实制度的恶循环，切实有效做好热控系统与设备可靠管理和防治工作，服务于机组安全经济运行。

在《发电厂热工故障分析处理与预控措施》（第二辑）第七章第三节中提出的相关预控措施基础上，本节根据收集的故障案例和中国发电自动化技术论坛论文提炼的经验与教训，结合本书参编人员的实践，提出热控系统管理和防治工作的相关措施。

一、重视基础管理

由于热控保护系统的参数众多、回路繁杂，为使专业人员更全面、快速、直观地对重要保护系统熟悉，组织专业力量针对机组启停、检修和运行期间常见问题进行总结提炼，编制“主重要保护联锁和控制信号回路表”（包括就地测点位置、接线端子图、DCS 电子间模件通道、逻辑中引用位置等）、“机组启动前系统检查卡”“日常巡检卡”（细化、明确巡检路线、巡检内容和巡检方法等）。编制过程可促使专业人员全面而直观地认识控制系统，完成后不但在每次停机检修、日常巡检期间可利用巡检表做针对性地“从面到点”按照预定的步骤巡检、试验、隐患排查，不但可提高现场作业人员分析处理保护回路异常的效率，还可作为专业培训的教材，长期坚持下去，就能将事故消除于无形，为机组安全稳定运行提供保障。例如，某电厂通过这样工作，产生很好的效果，发现了诸多隐患（如 DCS 继电器柜双路电源供电不正常、吹灰系统程控电源和动力电源不匹配、LVDT 固定螺栓异常松动等）。

上述工作过程中，应集思广益，同时通过参加技术监督会、厂家技术论坛、兄弟电厂调研、学术论文学习等多种渠道，多学习同类型机组典型事故案例，不断搜集汲取适合自身机组特点的经验与教训、技术发展方向和先进做法，博采众长，针对性地排查和消除自身机组隐患，提高控制系统可靠性和机组运行稳定性。

二、加强热控逻辑异动管理

发生的逻辑优化事件或设备异常中，有一些与管理不完善相关，优化前对优化对象缺乏深入理解，没有制定详细的技术方案，导致优化后留下隐患。例如，某 600MW 超临界煤燃烧器有火判定逻辑功能块设置错误，导致全部火焰失去触发 MFT 保护动作。根本原因是工作人员对 DCS 中“AND”功能块的应用理解不够深入，逻辑优化时，机组炉膛调节闭锁增减逻辑设计时，将炉膛压力闭锁增条件只作用在引风机变频操作器，而没有同时闭锁增作用炉膛压力 PID 调节，当闭锁增条件出现和消失时引起指令突变，负压大幅波动导致炉膛压力低低 MFT，反映了逻辑优化人员对一些功能块和逻辑优化设计理解不深，在方案变更后，仅对原修改部分逻辑进行删除，未对功能块内部进行置位恢复，留下的隐患在满足一定条件时发生作用造成事件。

因此，应加强逻辑异动管理，逻辑优化前，提前强化对优化逻辑的理解，制定详细技术方案，包括作业指导书、验收细则、规范事故预想与故障应急处理预案等，有条件时在虚拟机系统修改验证后实施。实施过程应严格执行技术管理相关流程、规定，按技术方案进行。

三、提高控制系统抗外界干扰能力

信号电缆外皮破损、现场接线端子排生锈、接线松动、静电积累、接地虚接、电缆屏蔽问题、动力电缆与信号电缆混合敷设等，都容易对测控信号造成干扰，导致控制指令和维护工作产生偏差。因此，应做好以下预防工作。

（1）为防止静电积累干扰，现场带保护与重要控制信号的接线盒应更换为金属材质，并保证接地良好；机组检修时对电缆接线端子进行紧固，防止电缆接触电阻过大引起电荷累积导致温度测量信号偏差情况发生；为有效释放静电荷，也可将有静电累积现象的信号线通过一个大电阻接地试验，观察效果。

（2）定期检查和测试控制柜端子排、重要保护与控制电缆的绝缘，将重要热控保护电缆更换为双绞双屏蔽型电缆，保护与重要控制信号分电缆布置，并保证冗余信号独立电缆间保持一定间距，以消除端子排、电缆等因绝缘问题引发的信号干扰隐患。

（3）在进行涉及机组热控保护与重要控制回路检查中，原则上禁止使用电阻挡进行相关的测量和测试工作，防止造成保护与重要控制信号回路误动；现场敏感设备附近、电子间和重点区域，原则上禁止使用移动通信设备（除非经过反复测试证明不会产生干扰影响）。

（4）增加提升抗干扰能力措施。优化机组保护逻辑，对单点信号保护增加测点或判据实现保护三取二判断逻辑、增加速率限制、延时模块，进行信号防抖，防止干扰造成机组非停。

（5）加强电缆敷设工作的监督。电缆敷设前必须做好技术交底，走线方式等必须严格执行，不能因为改造项目急于完成而将动力电缆和信号电缆混合敷设。

四、加强检修运行维护与试验的规范性

热控保护系统误动作次数与相关部门配合、人员对事故处理能力密切相关，类似故障会有不同结果。若一些异常工况出现或辅机保护动作操作得当，可以避免 MFT 动作，反之可能会导致故障范围扩大。试验中，除引起机组跳闸编入本书的案例外，另有多起引起设备运行异常，有的因故障处理前的处理方案制定考虑周全而转危为安，有的因故障处理前的处理方案考虑不全面导致故障影响扩大（甚至机组跳闸），具体案例内容如下。

1. 制定处理方案时考虑周全的案例

某电厂3月5日下午，运行人员发现1号机组DCS报单网故障，热控人员检查后发现，DAS2主DPU故障引起网络异常，已自动切至从DPU运行。热控人员针对DAS2系统的故障情况和处理过程中可能遇到的问题，制定了三个故障消除方案。

（1）手动对DPU进行复位。观察故障报警是否存在，若恢复，则不再进行以下操作；若故障存在，则执行（2）。

（2）对主DPU热插拔。若故障消除，则不进行以下操作，反之执行（3）。

（3）在线更换该DPU。为防止更换过程中，主从DPU均初始化带来的风险，故障处理前采取防范措施：由于DAS2部分测点带联锁保护，为防止设备误启动，运行人员将两台顶轴油泵、汽轮机交流润滑油泵、汽轮机直流润滑油泵、氢密封油备用油泵在CRT操作端挂“禁操”牌；同时，热控人员将DAS2的压力修正参数在其他控制器强置为当前值。

3月5日21时05分，热控人员对DAS2主DPU按（1）进行操作，手动将DAS2主DPU面板上开关由“RUN”切换到“STOP”位置。3s后，将DPU面板上的开关由“STOP”切换到“RUN”位置。数秒钟后，主DPU面板上的故障消除，状态恢复正常。大约1min，DCS单网故障消失，系统状态恢复正常。

由上述的处理过程，结合DPU的错误信息、DAS2主从CPU的网络状态（WRAPA、WRAPB），和日立DCS厂家专业人员讨论，确认该主DPU网口故障导致DPU网络异常。同时，也提醒热控人员进行每日巡检中，应将主从DPU状况列入检查，检修时，应对DCS所有站点进行电源、网络、控制器冗余切换试验，以便提前发现异常及时进行处理。

2. 运行检修维护不当导致机组非停的建议

05月27日，某机组负荷205MW时，运行人员发现A、B侧空气预热器出口烟温偏差大，决定对二次风门及风机动叶进行调整，通过减少同侧送风机风量的方式来提高空气预热器出口烟温，减少两侧空气预热器出口烟温偏差。22时58分～23时15分，进行B送风机动叶调整操作四次，B送风机动叶开度由12%逐渐关小至9%，锅炉总风量由537t/h减低至350t/h。23时12分，运行人员由9.79%降至8.89%，送风机电流由23.8A降至23.4A，锅炉总风量由352t/h降至315t/h时，锅炉MFT保护动作，2号机组跳闸，原因是调整操作期间未监视风量参数变化，调整不到位，造成锅炉总风量低于保护动作值（低于350t/h延时180s），锅炉MFT保护动作，发电机解列。因此，要减少机组跳闸次数，除热控需在提高设备可靠性和自身因素方面努力外，还需要：

（1）热控和机务的协调配合和有效工作，达到对热控自动化设备的全方位管理。

（2）强化运行与检修维护专业人员的安全意识和专业技能培训，增强人员的工作责任心和考虑问题的全面性，提高对热控规程和各项管理制度的熟悉程度与执行力度、相关热控设备的控制原理及控制逻辑的掌握深度；通过收集、统计非停事故，并针对每项机组或设备跳闸案例原因的深入分析，扩展对设备异常问题的分析、判断、解决能力和设备隐患治理、防误预控能力。

（3）在进行设备故障处理与调整时，做好事故预想，完善相关事故操作指导，加强运行监视，保证处理与调整过程中参数在正常范围内。

（4）制订热控保护定值及保护投退操作制度，对热控逻辑、保护投切操作进行详细规定，明确操作人和监护人的具体职责，重要热控操作必须有监护人。

（5）在涉及DCS改造和逻辑修改时，应加强对控制系统的硬件验收和逻辑组态的检查审核。

五、热控设备相关的非计划停运事件预控

1. 控制系统硬件故障导致机组非停的预防

（1）热控设备老化日趋严重，异动频繁。近年来，硬件故障一直是热控非停的主要原因。DCS控制系统受电子元器件寿命的限制，运行周期一般在十年到十二年左右，其性能指标将随时间的推移逐渐变差。多家电厂DCS运行时间超过十年，硬件老化问题日渐严重，未知原因故障明显上升，应加强对系统维护，每日巡检重点关注DCS故障报警、控制器状态、控制器负荷率、硬件故障等异常情况；完善控制系统故障应急处理预案，做好DCS模件的劣化统计分析、备品备件储备和应急预案的演练工作，发现问题及时正确处置。按照《火力发电厂热工自动化系统可靠性评估技术导则》（DL/T 261—2022）的要求，对运行时间久、抗干扰能力下降、模件异常现象频发、有不明原因的热控保护误动和控制信号误发的DCS、DEH设备，定期进行性能测试和评估，据测试、评估结果和之前缺陷跟踪，按照重要程度适时更换部件或进行改造。

（2）建立详细DCS故障档案，定期对控制系统模件故障进行统计分析，评定模件可靠性变化趋势，从运行数据中挖掘出有实用价值的信息来指导DCS的维护、检修工作。

（3）通过控制系统电源、控制器和I/O模件状态等的系统诊断画面，及时掌握控制系统运行状态；严格控制电子间的温度和湿度。制定明确可行的巡检路线，热控人员每天至少巡检一次，并将巡检情况记录在热控设备巡检日志上。

（4）重视就地热控设备维护。TSI传感器、火检探头、调节阀伺服阀、两位式开关、执行器、电磁阀等故障多发，是设备检修和日常巡检维护的重点。压力测量宜采用模拟量变送器替代开关量检测装置，如炉膛压力保护信号、凝汽器真空保护信号的检测可选用压力变送器，便于随时观察取样管路堵塞和泄漏情况；有条件的情况下，应在OPC和AST管路中增加油压变送器，实时监视油压，及时处理异常现象。

（5）加强热控检修管理，规范热控系统传动试验行为，确保试验方法正确、过程完整。加强运行设备信号的监视、巡检管理，应避免热控设备“应修未修”“坏了再修”的现象。

（6）设备和系统消缺要做好事故预想，严格执行《热控设备运行维护检修规程》和相关反事故措施，杜绝人为误操作。

2. 深入隐患排查

一些设备的异常情况未能得到及时发现，致使影响范围扩大，反映了点检、检修、运行人员日常巡检不到位，暴露出设备检修质量和设备巡检质量不高。例如，某机组B凝结水泵跳闸，跳闸首出显示为“凝汽器热井水位低”。经查，三个凝汽器热井水位在到达1500mm后均显示为0，并且其测点品质为好点。其原因是DCS在模拟量测点达到20.1mA后，逻辑中对超量程信号进行归零处理而不是实时值保持，后修改了组态逻辑。再如，某项目抗燃油泵正常运行，当汽动给水泵遮断条件在时，抗燃油压保持稳定；当遮断条件消失后，抗燃油压开始下降（下降速度约为1.5MPa/s）。经隔离检查发现，伺服阀有泄漏情况，当遮断条件消失后，伺服阀指令没有在零位，造成油压下降。后修改逻辑，将伺服阀清零指令逻辑改为RS触发器逻辑，并将盘前按钮打闸信号并入清零指令上，从

而避免了在遮断条件消失时伺服阀产生正向指令。

因此，应加强热控保护专项治理行动、规范热控检修及技术改造、巡检与点检过程的标准化操作、监督与管理工作（如控制系统改造和逻辑修改时，加强对控制系统逻辑组态的检查审核、严格完成保护系统和调节回路的试验及设备验收）。

深入开展热控逻辑梳理及隐患排查治理工作，为所有电源、现场设备、控制与保护联锁回路建立隐患排查卡片。从取源部件及取样管路、测量仪表（传感器）、热控电源、行程开关、传输电缆及接线端子、输入输出通道、控制器及通信模件、组态逻辑、伺服机构、设备寿命管理、安装工艺、设备防护、设备质量、人员本质安全等所有环节进行全面排查。除班组自查管辖范围设备外，也可组织班组间工作互查，通过逻辑梳理和隐患排查，促进人员全面深入了解机组设备状况和运行控制过程，全面熟悉技术图纸资料，掌握机组主设备和重要辅助设备的保护联锁、控制等逻辑条件和DCS软件组态。

3. 重视人员培训

（1）运行人员对设备熟悉程度不够，在事故处理过程中，不当操作会导致事故扩大化。例如，某机组汽动给水泵MEH调节速度较慢，热控人员在观察比较后，修改了比例作用参数，导致给水泵汽轮机调节指令变化而引起发散振荡，造成给水泵汽轮机出力不足，25s后给水流量低低触发MFT动作。原因是人员对DCS控制系统不熟悉，该DCS有3种PID控制类型，每种控制类型的计算公式各不相同，MEH与DEH采用的是串级控制类型（常规DCS控制默认是并行控制类型）。当处于串级控制类型时，修改了比例作用，也同时加强了积分作用，造成调节发散失控导致机组跳闸。因此，应加强运行技术培训及事故预案管理，通过对运行人员“导师带徒”“以考促培”等培训方式，进行有针对性的事故预想、技术讲课、仿真机实操、事故案例剖析培训，强化仿真机事故操作演练，开展有针对性的事故演练，提升各岗位人员对DCS控制逻辑和控制功能的掌握、异常分析及事故处理能力。强化责任意识，加强运行监盘管理，规范监盘巡查画面频率、确保监控无死角。

（2）提高监盘质量，加强异常报警监视、确认。机组正常运行期间，至少每2min查看并确认“软光字”及光字牌发出的每项报警，通过DCS参数分析、就地检查、联系设备人员鉴定等方式确定报警原因并及时消除；异常处理期间，运行人员对各类报警重点监视，分析报警原因，避免遗漏重要报警信息。

（3）认真组织编写机组重要参数异常、重大辅机跳闸等事故处理脚本，下发至各岗位人员学习，确保运行人员掌握异常处理过程中的操作要点及参数的关联性，提高事故处理的准确性和及时性。

（4）认真统计、分析每次热控保护动作发生的原因，举一反三，消除多发性和重复性故障。对重要设备元件，严格按规程要求进行周期性测试，完善设备故障、测试数据库、运行维护和损坏更换登记等台账。通过与规程规定值、出厂测试数据值、历次测试数据值、同类设备的测试数据值比较，从中了解设备的变化趋势，做出正确的综合分析、判断，为设备的改造、调整、维护提供科学依据。

4. 查找故障时应融合多专业原因

有些故障看起来似有干扰嫌疑，但实际上不一定是电磁干扰引起。同一故障现象，可能会由多种原因引起。在汽轮机阀门清理、整定后，应进行汽轮机行程试验，发现有波动情况时，除热控查找原因外，机务专业还应及时排查管路阻力是否发生变化。

5. 提高监督工作有效性

（1）加强日常监督管理，对原因深入分析，举一反三，务必采取相应的防范性措施，避免由于类似原因导致机组发生强迫停运事件；加强落实学习《火电技术监督管理办法》《防止电力生产重大事故的二十五项重点要求（2023 版）》（国能发安全〔2023〕22 号）等相关文件、标准。

（2）对送、引、一次风机动叶执行机构拐臂的检查、紧固及发现问题的处置要求等工作，设置质量见证点，严格设备检修质量过程管控及验收把关。对具有速率限制与品质判断功能的温度单点保护，在进行联锁保护试验时，除试验断线工况外，还应试验“温度波动并保持后仍然保持好点”的特殊情况，以便回路存在的隐患及时被发现。

（3）加强设备的巡检与点检工作，按规定的部位、时间、项目进行（尤其隐蔽部位设备），做好巡检记录，以及巡检发现问题的汇报、联系及处置情况。加强设备防护及抗干扰治理工作，对于现场设备按规程要求做好防水、防冻措施，并纳入日常定期检查的工作里，避免因防护不到位导致局部设备故障引起机组跳闸；对于现场可能存在的干扰源进行排查和治理，特别是控制电缆和动力电缆交叉布置的情况，做好清理和防护工作，避免因干扰导致信号误动引起机组跳闸。

（4）核对偏差参数定值与动作设置符合机组实际运行工况要求。考虑锅炉结焦、断煤等客观因素易导致水位波动异常，应根据运行实际设置水位偏差解除自动的设定值；梳理重要调节自动解除条件控制逻辑，排查类似隐患制定合理防范措施；RB 保护动作时闭锁给水偏差大切除自动逻辑。

（5）加强技改项目实施中的质量验收。吸取兄弟电厂的经验与教训，在新设备出厂、到货、安装和验收时严格把关，深入系统内部发现设备留存在的不合理设置问题。在技改项目实施过程中，要加强安装的验收工作，加强对设备投运后运行状态的跟踪；完善检修作业文件包，明确涉及风机动叶连接件的检修工艺为质检点。完善运行规程，明确风机动叶故障或电流异常时的具体操作要求。

（6）加强设备异动手续的管理工作，严格执行异动完成后的审核工作，主辅机保护逻辑修改后，应按规程要求对逻辑保护进行传动试验，验证逻辑的正确性。保护逻辑异动前，机组暂时不具备试验条件时，评估实施的可行性，不涉及机组重大安全隐患时，可等机组具备试验条件时再执行，执行后通过验证方可投入该项保护。

（7）规范运行管理，严格执行各项规程和反事故措施要求，完成启机前相关设备的逻辑保护传动试验。规范试验方法和试验项目，确保机组主保护试验的真实性与全面性。重视系统综合误差测试：新建机组、改造或逻辑修改后的控制系统，应加强 I/O 信号系统综合误差测试，尤其应全面核查量程反向设置的现场变送器与控制系统侧数据一致性，避免设置不当导致事件发生。

（8）加强设备台账基础管理工作，设备图纸、逻辑组态及程序备份等资料应有专人负责整理并保管，以便程序丢失或设备故障时能及时恢复。

（9）热控技术监督工作应延伸到基建机组，应从设计之初避免不可靠因素的产生，开展基建机组全过程可靠性控制与评估工作，提高机组安装调试质量，减少基建过程生成的安全隐患。

后　　记

本书收集、提炼、汇总了2020年电力行业热控设备原因导致机组非停的91起典型案例。通过这些案例的事件过程和原因查找分析、防范措施和治理经验，进一步佐证了提高热控自动化系统的可靠性，不仅涉及热控测量、信号取样、控制设备与逻辑的可靠性，还与热控系统设计、安装调试、检修运行维护质量密切相关。本书最后探讨了优化完善控制逻辑、规范制度和加强技术管理，提高热控系统可靠性、消除热控系统存在的潜在隐患的预控措施，希望能为进一步改善热控系统的安全健康状况、遏制机组跳闸事件的发生提供参考。

热控设备和逻辑的可靠性，很难做到十全十美，但在热控人的不懈努力下，本着细致、严谨、科学的工作精神，不断总结经验和教训，举一反三，采取针对性的反事故措施，那么，可靠性控制效果一定会逐步提高。

在编写本书的过程中，各发电集团、电厂和电力研究院的专业人员给予了大力支持，在此一并表示衷心感谢。